El Primer Millón de Dígitos de Pi

editado por

David E. McAdams

Para obtener más información, visite
http://www.piday.org.

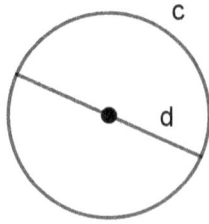

$$\Pi = \frac{c}{d}$$

$$\Pi = \frac{circunferencia}{diámetro}$$

3.141592653589793238462643383279502884197169399375105820974944592

3078164062862089986280348253421170679821480865132823066470938446095

5058223172535940812848111745028410270193852110555964462294895493038

1964428810975665933446128475648233786783165271201909145648566923460

3486104543266482133936072602491412737245870066063155881748815209209

6282925409171536436789259036001133053054882046652138414695194151160

9433057270365759591953092186117381932611793105118548074462379962749

5673518857527248912279381830119491298336733624406566430860213949463

9522473719070217986094370277053921717629317675238467481846766940513

2000568127145263560827785771342757789609173637178721468440901224953

4301465495853710507922796892589235420199561121290219608640344181598

1362977477130996051870721134999999837297804995105973173281609631859

5024459455346908302642522308253344685035261931188171010003137838752

8865875332083814206171776691473035982534904287554687311595628638823

5378759375195778185778053217122680661300192787661119590921642019893

8095257201065485863278865936153381827968230301952035301852968995773

6225994138912497217752834791315155748572424541506959508295331168617

2785588907509838175463746493931925506040092770167113900984882401285

8361603563707660104710181942955596198946767837449448255379774726847

1040475346462080466842590694912933136770289891521047521620569660240

5803815019351125338243003558764024749647326391419927260426992279678

2354781636009341721641219924586315030286182974555706749838505494588

5869269956909272107975093029553211653449872027559602364806654991198

8183479775356636980742654252786255181841757467289097777279380008164

7060016145249192173217214772350141441973568548161361157352552133475

7418494684385233239073941433345477624168625189835694855620992192221

8427255025542568876717904946016534668049886272327917860857843838279

6797668145410095388378636095068006422512520511739298489608412848862

6945604241965285022210661186306744278622039194945047123713786960956

3643719172874677646575739624138908658326459958133904780275900994657

6407895126946839835259570982582262052248940772671947826848260147699

0902640136394437455305068203496252451749399651431429809190659250937

2216964615157098583874105978859597729754989301617539284681382686838

6894277415599185592524595395943104997252468084598727364469584865383

6736222626099124608051243884390451244136549762780797715691435997700

1296160894416948685558484063534220722258284886481584560285060168427

3945226746767889525213852254995466672782398645659611635488623057745

6498035593634568174324112515076069479451096596094025228879710893145

6691368672287489405601015033086179286809208747609178249385890097149

0967598526136554978189312978482168299894872265880485756401427047755

5132379641451523746234364542858444795265867821051141354735739523113

4271661021359695362314429524849371871101457654035902799344037420007

3105785390621983874478084784896833214457138687519435064302184531910

4848100537061468067491927819119793995206141966342875444064374512371

8192179998391015919561814675142691239748940907186494231961567945208

0951465502252316038819301420937621378559566389377870830390697920773

4672218256259966150142150306803844773454920260541466592520149744285

0732518666002132434088190710486331734646516539057962685610055081066

5879696981635747363840525714591028971064140110971206280439039759515

6771577004203378699360072305587631763594218731251471205329281918261

8612586732157919841488291644706095752706957220917567116722910981690

9152801735067127485832228718352093539657251210835791513698820914442

1006751033467110314126711136990865851639831501970165151168517143765

7618351556508849099895998238734552833163550764791853589322618548963

2132933089857064204675259070915481416549859461637180270981994309924

4889575712828905923233260972997120844335732654893823911932597463667

3058360414281388303203824903758985243744170291327656180937734403070

7469211201

```
9130203303801976211011004492932151608424448596376698389522868478 31
2355265821314495768572624334418930396864262434107732269780280731 89
1544110104468232527162010526522721116603966655730925471105578537 63
4668206531098965269186205647693125705863566201855810072936065987 64
8611791045334885034611365768675324944166803962657978771855608455 29
6541266540853061434443185867697514566140680070023787765913440171 27
4947042056223053899456131407112700040785473326993908145466464588 07
9727082668306343285878569830523580893306575740679457163775254202 1
1495557615814002501262285941302164715509792592309907965473761255 176
5675135751782966645477917450112996148903046399471329621073404375 18
9573596145890193897131117904297828564750320319869151402870808599 04
8010941214722131794764777262241425485454033215718530614228813758 50
4306332175182979866223717215916077166925474873898665494945011465 40
6284336639379003976926567214638530673609657120918076383271664162 74
8888007869256029022847210403172118608204190004229661711963779213 37
5751149595015660496318629472654736425230817703675159067350235072 83
5405670403867435136222247715891504953098444893330963408780769325 99
3978054193414473774418426312986080998886874132604721569516239658 64
5730216315981931951673538129741677294786724229246543668009806769 28
2382806899640048243540370141631496589794092432378969070697794223 62
5082216889573837986230015937764716512289357860158816175578297352 33
4460428151262720373431465319777741603199066554187639792933441952 15
4134189948544473456738316249934191318148092777710386387734317720 75
4565453220777092120190516609628049092636019759882816133231666365 28
6193266863360627356763035447762803504507772355471058595487027908 14
3562401451718062464362679456127531813407833033625423278394497538 24
3720583531147711992606381334677687969597030983391307710987040859 13
3746414428227726346594704745878477872019277152807317679077071572 13
4447306057007334924369311383504931631284042512192565179806941135 28
0131470130478164378851852909285452011658393419562134914341595625 8
6586557055269049652098580338507224264829397285847831630577775060 688
8764462482468579260395352773480304802900587607582510474709164396 13
6267604492562742042083208566119062545433721315359584506877246029 01
6187667952401634252257719542916299193064553779914037340432875262 8
8896399587947572917464263574552540790914513571113694109119393251 91
0760208252026187985318877058429725916778131496990090192116971737 27
8476847268608490033770242429165130050051683233643503895170298939 22
3345172201381280696501178440874519601212285993716231301711444846 40
9038906449544400619869075485160263275052983491874078668088183385 10
2283345085048608250393021332197155184306354550076682829493041377 65
5279397517546139539846833936383047461199665385815384205685338621 86
7252334028308711232827892125077126294632295639898989358211674562 70
1021835646220134967151881909730381198004973407239610368540664319 39
5097901906996395524530054505806855019567302292191393391856803449 03
9820595510022635353619204199474553859381023439554495977837790237 42
1617271117236434354394782218185286240851400660443325888569867054 3
1547069657474585503323233421073015459405165537906866273337995851 15
6257843229882737231989875714159578111963583300594087306812160287 64
9628674460477464915995054973742562690104903778198683593814657412 68
0492564879855614537234786733039046883834363465537949864192705638 72
9317487233208376011230299113679386270894387993620162951541337142 48
9283072201269014754668476535761647737946752004907571555278196536 21
3239264061601363581559074220202031872776052772190055614842555187 92
5303435139844253223415762336106425063904975008656271095359194658 97
5141310348227693062474353632569160781547818115284366795706110861 53
3150445212747392454494542368288606134084148637767009612071512491 40
4302725386076482363414334623518975766452164137679690314950191085 75
9844239198629164219399490723623464684411739403265918404437805133 38
```

94525742399508296591228508555821572503107125701266830240292952522011872676756220415420516184163484756516999811614101002996078386909291603028840026910414079288621507842451670908700069928212066041837180653556725253256753286129104248776182582976515795984703562226293486003415872298053498965022629174878820273420922245339856264766914905562842503912757710284027998066365825488926488025456610172967026640765590429099456815065265305371829412703336913785178609040708667114965583434347693385781711386455873678123014587687126603489139095620099393610310291616152881384379099042317473363948045759314931405297634757481193567091101377517210080315590248530906692037671922033229094334676851422144773793937517034436619910403375111735471918550464490263655128162288244625759163330391072253837421821408835086573917715096828874782656995957449066175834413752239709683408005355984917541738188399944697486762655165827658483588453142775687900290951702835297163445621296404352311760066510124120065975585127617858382920419748442360800719304576189323492292796501987518721272675079812554709589045563579212210333466974992356302549478024901141952123828153091140790738602515227429958180724716259166854513331239480494707911915326734302824418604142636395480004480026704962482017928964766975831832713142517029692348896276684403232609275249603579964692565049368183609003238092934595889706953653494060340216654437558900456328822505452556405644824651518754711962184439658253375438856909411303150952617937800297412076651479394259029896959466955657612186561967337862362561252163208628692221032748892186543648022967807057656151446320469279068212073883778142335628236089632080682224680122482611771858963814091839036736722208883215137556003727983940041529700287830766709444745601345564172543709069793961225714298946715435784687886144458123145935719849225284716050492212424701412147805734551050080190869960330276347870810817545011930714122339086639383395294257869050764310063835198343893415961318543475464955697810382930971646514384070070736041123735998434522516105070270562352660127648483084076118301305279320542746286540360367453286510570658748822569815793678976697422057505968344086973502014102067235850200724522563265134105592401902742162484391403599895353945909440704691209140938700126456001623742880210927645793106579229552498872758461012648369998922569596881592056001016552563756785667227966198857827948488558343975187445455129656344348039664205579829368043522027709842942325330225763418070394769941597915945300697521482933665556615678736400536665641654732170439035213295435291694145990416087532018683793702348886894791510716378529023452924407736594956305100742108714261349745956151384987137570471017879573104229690666702144986374645952808243694457897723300487647652413390759204340196340391147320233807150952220106825634274716460243354400515212669324934196739770415956837535551667302739007497297363549645332888698440611964961627734495182736955882207573551766515898551909866653935494810688732068599075407923424023009259007017319603622547564789406475483466477604114632339056513433068449539790709030234604614709616968868850140834704054607429586991382966824681857103188790652870366508324319744047718556789348230894310682870272280973624809399627060747264553992539944280811373694338872940630792615959954626246297070625948455690347119729964090894180595343932512362355081349490043642785271383159125689892951964272875739469142725343669415323610045373048819855170659412173524625895487301676002988659257866285612496655235338294287854253404830833070165372285635591525347844598183134112900199920598135220511733658564078264849427644113763938669248031183644536985891754426473998822846218449008777697763127957226726555625962825427653183001340709223343657791601280931794017185985999338492354956400570995585611349802524990669842330173503580440811685526531170995708994273287092584871

```
8944364600504108922669178352587078595129834417295351953788553457374
260859029081765155780390594640873506123226112009373108048548526357
228257682034160504846627750450031262008007998049254853469414697751
649327095049346393824322271885159740547021482897111777923761225788
734771881968254629812686858170507402725502633290449762778944236216
741191862694396506715157795867564823993917604260176338704549901761
436412046921823707648878341968968611815581587360629386038101712158
552726683008238340465647588040513808016336388742163714064354955618
689641122821407533026551004241048967835285882902436709048871181909
094945331442182876618103100735477054981596807720094746961343609286
148494178501718077930681085469000944589952794243981392135055864221
964834915126390128038320010977386806628779239718014613432445726400
973742570073592100315415089367930081699805365202760072774967458400
283624053460372634165542590276018348403068113818551059797056640075
094260878857357960373245141467867036880988060971642584975951380693
094494015154222219432913021739125383559150310033303251117491569691
745027149433151558854039221640972291011290355218157628232831823425
483261119128009282525619020526301639114772473314857391077758744253
876117465786711694147764214411112635835538713610110232679877564102
468240322648346417663698066378576813492045302240819727856471983963
087815432211669122464159117767322532643356861461865452226812688726
844596844241610785401676814208088502800541436131462308210259417375
623899420757136275167457318918945628352570441335437585753426986994
725470316566139919968262824727064133622217892390317608542894373393
561889165125042440408952719837873864805847268954624388234375178852
014395600571048119498842390606136957342315590796703461491434478863
604103182350736502778590897578272731305048893989009923913503373250
855982655867089242612429473670193907727130706869170926462548423240
748550366080136046689511840093660695463250021458529305000009071510
582362672932645373821049387249966993394246855164832611341461106802
674466373343753407642940266829738652209357016263846485285149036293
201991996882851718395366913452224447080459239660281715655156566611
135982311225062890585491450971575539002439315351909021071194573002
438801766150352708626025378817975194780610137150044899172100222013
350131060163915415895780371177927752259787428919179155224171895853
616805947412341933984202187456492564434623925319531351033114763949
119950728584306583619353693296992898379149419394060857248639688369
032655643642166442576079147108699843157337496488352927693282207629
478282381537409961545598798259891093717126218283025848112389011968
221429457667580718653806506487026133892822994972574530332838963818
439447707794022843598834100358385423897354243956475556840952248445
541392394100016207693636846776413017819659379971557468541946334893
748439129742391433659360410035234377706588867781139498616478747140
793263858738624732889645643598774667638479466504074111825658378878
454858148962961273998413442726086061872455452360643153710112746809
778704464094758280348769758948328241239292960582948619196670918958
089833201210318430340128495116203534280144127617285830243559830032
042024512072872535581195840149180969253395075778400067465526031446
167050827682772223534191102634163157147406123850425845988419907611
287258059113935689601431668283176323567325417073420817332230462987
992804908514094790368878687894930546955703072619009502076433493359
106024545086453628935456862958531315337183868265617862273637169757
741830239860065914816164049449650117321313895747062088474802365371
031150898427992754426853277974311395143574172219759799359685252285
745263796289612691572357986620573408375766873884266405990993505000
813375432454635967504844235284874701443545419576258473564216198134
073468541117668831186544893776979566517279662326714810338643913751
865946730024434500544995399742372328712494834706044063471606325
```

8306498297955101095418362350303094530973358344628394763047756450150
0085075789495489313939448992161255255977014368589435858775263796255
9708167764380012543650237141278346792610199558522471722017772370004
1780841942394872540680155603599839054898572354674564239058585021600
7190313952629445543913166313453089390620467843877850542393905247310
3620129476918749751910114723152893267725339181466073000890277689630
1148109022097245207591672970078505807171863810549679731001678708500
6942070922329080703832634534520380278609905569001341371823683709910
9495164896007550493412678764367463849020639640197668559233565463900
1383631857456981471962108410809618846054560390384553437291414465130
4749407848844237721751543342603066983176833100113310869042193903100
0801437843341513709243530136776310849135161564226984750743032971670
4696406665315270353254671126675224605511995818319637637076179919190
2035795820075956053023462677579439363074630569010801149427141009390
1369138107258137813578940055995001835425118417213605572752210352680
0373572652792241737360575112788721819084490061780138897107708229310
0027976659358387589093956881485602632243937265624727760378908144580
8378550197028437793624078250527048758164703245812907839523245323700
8960298416692254896497156069811921865849267704039564812781021799130
2174163058105545988013004845629976511212415363745150056350701278150
9267142413421033015661653560247338078430286552572227530499988370150
3487930080626018096238151613669033411113865385109193673938352293450
8888322550887064507539473952043968079067086806445096986548801682874
3437861264538158342807530618454859037982179945996811544197425363440
3996029025100158882721647450068207041937615845471231834600726293390
5505482395571372568402322682130124767945226448209102356477527230820
0810635188991526928891084555711266039650343978962782500161101532350
1605196559042118449499077899920073294769058685778787209829013529560
6139788848605097860859570177312981553149516814671769597609942100360
1835591387778176984587581044662839988060006162298486169353373865787
7359833616133841338536842119789389001852956919678045544828584837010
1709672125353875621582310133077668272115726949518179589754693
9926421979155233857662316762754757035469941489290413018638611943910
9628388705436777432242768091323654494853667680000010652624854730550
8615989991401707698385483188750142938909950685453076511680333732200
2651756622075269517914422528081651716677667279305485154204023817400
6089232839170327542575086765511785939500279338959205766827896776440
5318404041855401043513483895312013263783692835808271937831265496170
4599705674507183320650345566440344904536275600112501843356073612220
7659492783937064784264567633881880756561216896050416113903906396010
6202215368494109260538768871483798955999911209916464644119185682770
0045742434340216722764455893301277815868695250694993646101756850600
1671453543158148010545886056455013320375864548584032402987170934800
9105562116715468484778039447569798042631809917564228098739987669730
2376957370158080682290459921236616890259627304306793165311494017640
7376938735140933618332161428021497633991898354848756252987524238730
0775595559554651963944018218409984124898262367377146722606163364320
9640633572810707887581640438148501884114318859882769449011932129680
2715888413386943468285900666408063140777577257056307294004929403020
4204984165654797367054855804458657202276378404668233798528271057840
3197535417950113472736257740802134768260450228515797957976474670220
8409995616015691089038458245026792659420555039587922981852648007060
8376504183656209455543461351341525700659748819163413595567196496540
0321872716026485930490397874895890661272507948282769389535217536210
8507962977851461884327192232238101587444505286652380225328438913750
2738458923844225354726530981715784478342158223270206902872323300530
8621634798850946954720047952311201504329322662827276321779088400870
8614802214753765781058197022263097174950721272484794781695729614230

6585957820908307332335603484653187302930266596450137183754288975579
71449924654038681799213893469244741985097334626793321072686870768
06263991936196504409954216762784091466985692571507431574079380532
92523947755744159184582156251819215523370960748332923492103451462
43744980559610330799414534778457469999212859999399612281615219314
88876938802228108300198601654941654261696858678837260958774567618
50727599295089318052187292461086763995891614585505839727420980909
81729323930106766386824040111304024700735085782872462713494636853
81546969046696869392547251941399291465242385776255004748529547681
79546700705034799958886769501612497228204030399546327883069597624
36151010243655352230690612949388599015734661023712235478911292547
69617600504797492806072126803922691102777226102544149221576504508
20677173571202718024296810620377657883716690910941807448781404907
51782038565390991047759141321543284406250301802757169650820964273
48414695726397884256008453121406593580904127113592004197598513625
79616063228873618136737324450607924411763997597461938358457491598
09766744709300654634242346063423747466608043170126005205592849369
94143408146852981505394717890045183575515412522359059068726487863
75254191128887737176637486027660634960353679470269232297186832771
39323619200777452212624751869833495151019864269887847171939664976
07082521742336566272592844062043021411371992278526998469884770232
82384005565551788907661360130477098438611687052310553149162517283
73272867600724817298763756981633541507460883866364069347043720668
65127568826614973078865701568501691864748854167915459650723428773
69985371390430026653078398776385032381215535597323530686043010675
76083890862704984188859513809103042359578249514398859011318583584
66747237029714978508414585308578133915627076035639076394731145549
83226694570249413983163433237897595568085683629725386791327505554
52449194358912840504522695381217913191451350099384631177401797151
28378546011603595540286440590249646693070776905548102885020808580
87811577381719174177601733073855475800605601433774329901272867725
04318251975791679296996504146070664571258883469797964293162296552
16877300035646304579308840327480771811555330908870255052076804630
34608658165394876951960044084820659673794731680864156456505300498
81616490578831154345485052660069823093157776500378070466126470602
45750579327096204782561524714591896522360839664562410519551052235
23973951288181640597859142791481654263289200428160913693777372229
98332708208296995573772737566761552711392258805520189887620114168
05468736558063347160373429170390798639652296131280178267971728982
93607028806908776866059325274637840539769184808204102194471971386
25608416245112398062011318454124478205011079876071715568315407886
43904121087303240201068534194723047666672174986986854707678120512
73679247919315085644477537985379973223445612278584329684664751333
57369238720146472367942787004250325558992688434959287612400755875
94641370562514001179713316620715371543600687647731867558714878398
08107429530941060596944315847753970094398834914432353668539209946
87964506653398573888786614762944341401049888993160051207678103588
11660202961193639682134960750111649832785635316145168457695687109
02999769841263266502347716728657378579085746646077228341540311441
29418804782543876177079043000156698677679576090966936075594965152
73634981189641304331166277471233881740603731743970540670310967676
74869535878967003192586625941051053358438465602339179674926784476
70847497833365557900738419147319886271352595462518160434225372996
86326749682405806029642114638643686422472488728343417044157348248
83330164056695966886676956349141632842641497453334999948000266998
58881593507357815195889900539512085351035726137364034367534714104
36017546488300407846416745216737190483109676711344349481926268111
73994825060739495073503169019731852119552635632584339099822498624

6   Los primeros millones de dígitos de Pi

670310768318446607291248747540316179699411397387765899868554170318
847788675929026070043212666179192235209382278788809886335991160819
235355570464634911320859189796132791319756490976000139962344455350
143464268604644958624769094347048293294140411146540923988344435159
133201077394411184074107684981066347241048239358274019449356651610
884631256785297769734684303061462418035852933159734583038455410337
010916767763742762102137013548544509263071901147318485749233181672
072137279355679528443925481560913728128406333039373562420016045664
557414588166052166608738748047243391212955877763906969037078828527
753894052460758496231574369171131761347838827194168606625721036851
321566478001476752310393578606896111259960281839309548709059073861
351914591819510297327875571049729011487171897180046961697770017913
919613791417162707018958469214343696762927459109940060084983568425
201915593703701011049747339493877885989417433031785348707603221982
970579751191440510994235883034546353492349826883624043327267415540
301619505680654180939409982020609994140216890900708213307230896621
197755306659188141191577836272927461561857103721724710095214236964
830864102592887457999322374955191221951903424452307535133806856807
354464995127203174487195403976107308060269906258076020292731455252
078079914184290638844373499681458273372072663917670201183004648190
002413083508846584152148991276106513741539435657211390328574918769
094413702090517031487773461652879848235338297260136110984514841823
808120540996125274580881099486972216128524897425555516076371675054
896173016809613803811914361143992106380050832140987604599309324851
025168294467260666138151745712559754953580239983146982203613380828
499356705575524712902745397762140493182014658008021566536067765508
783804304134310591804606800834591136640834887408005741272586704792
258319127415739080914383138456424150940849133918096840251163991936
853225557338966953749026620923261318855891580832455571948453875628
786128859004106006073746501402627824027346962528217174941582331749
239683530136178653673760642166778137739951006589528877427662636841
830680190804609849809469763667335662282915132352788806157768278159
588669180238940333076441912403412022316368577860357276941541778826
435238131905028070185750470463129333537572853866058889045831114507
739429352019943219711716422350056440429798920815943071670198574692
738486538334361457946341759225738985880016980147574205429958012429
810545651083104629728293758416116253256251657249807849209989799062
003593650993472158296517413579849104711166079158743698654122234834
188772292944633517865385673196255985202607294767407261676714557364
981210567771689348491766077170527718760119990814411305864557791052
568430481144026193840232247093924980293355073184589035539713308844
617410795916251171486487444686112476054286734367090466784686702740
918810142497111496578177242793470702166882956108777944050484375284
433751088282647719785400065097040330218625561473321177711744133502
816088403517814525419643203095760186946490886815452856213469883554
445602495566684366029221951248309106053772019802183101032704178386
654471812603971906884623708575180800353270471856594994761242481109
992886791589690495639476246084240659309486215076903149870206735338
483495508363660178487710608098042692471324100094640143736032656451
845667924566695510015022983307984960799498824970617236744936122622
296179081431141466094123415935930958540791390872083227335495720807
571651718765994498569379562387555161757543809178052802946420044721
539628074636021132942559160025707356281263873310600589106524570802
447493754318414940148211999627645310680066311838237616396631809314
446712986155275982014541410275600689297502463040173514891945763607
893528555053173314164570504996443890936308438744847839616840518452
732884032345202470568516465716477139323775517294795126132398229602
394548579754586517458787713318138752959809412174227300352296508089

```
1777050682592488223221549380483714547816472139768209633205083056
479204820859204754998573203888763916019952409189389455767687497308569
559580106595265030362661597506622250840674288982659075106375635699
6821151094966974458054728869363102036782325018232370845979011154847
20876182124778132663304120762165873129708112307581598212486398072124
07868878114501655825136178903070860870198975889807456643955157415
36319319198107057533663373803827215279884935039748001589051942087971
130805123393322190346624991716915094854140187106035460379464337900
58909577211808044657439628061867178610171567409676620802957665770512
91209907944304632892947306159510430902221439371849560634056189342
513057268291465783293340524635028929175470872564842600349629611654
138230077313327298305001602567240141851520418907011542885799208121
984493156999059182011819733500126187728036812481995877070207532406
361259313438595542547781961142935163561223496661522614735399674051584
9986035529533292457523888101362023476246690558164389678630976273655047
2434864307121849437348530060638764456627218666170123812771562137974
614986132874411771455244470899714452288566294244023018479120547849857
45216346964489738920624019435183100882834802492490854030778638751659
1130287395878709810077271827187452901397283661484214287170553179654
307650453432460053636147261818096997693348626407743519992868632383508
87566835950972655748154319401955768504372480010204137498318722596773
8715495839971844490727914196584593008394263702087563539821696205532480
3212267498911402678528599673405242031091797899905718821949391320753431
7079800237365909853755202389116434671855829068537118979526262344924833
924963424497146568465912489185566295893299090352392333336474352037077
0101084388003290759834217018554228386161721041760301164591878053936744
474720599850235828918336929223373239994804371084196594731626548257480994
82509991833006976569367159689364493348864744213500840700660883597235039
532340179582557036016936990988671132109798897070517280755851912699306730992
507040702455685077867906947661262980822516331363995211709845280926303
759224267425755998928927837047444521893632034894155210445972618838003
006776179313813991620580627016510244588692476492468919246121253102757
313908404700071435613623169923716948481325542009145304103713545329662
063921054798243921251725401323149027405858920632175894943454890684639
931375709103463327141531622328055229729795380188016285907357295541627886
764982741861642187898857410716490691918511628152854867941736389066538857
642291583425006736124538491606741373401735727799563410433268835695078149
31378007362354180070619180267328551191942676091221035987469241172837493
126163395001239599240508454375698507957046222664619000103500490183034153
545842833764378111988556318777792537201166718539541835984438305203762819
440761594106820716970302285152250573126093046898423433152732131361216582
808075212631547730604423774753505952287174402666389148817173086436111389
06942027908814311944879941715404210341219084709408025402393294294549387
8640230512927119097513536000921971105412096683111516328705423028470073120
65803262641711616595761327235156666253667271899853419989523688483099930
27574199164638414270779887088742292770538912271724863220288984251252872
1782603050099451082478357290569198855546788607946280537122704246654319214
5281760741482403827835829719301017888345674167811398954750448339314689630
763396657226727043393216745421824557062524797219978668542798977992339579
05758189062252547358220523642485078340711014498047872669199018643882293230
538231855973286978092225352959101734140733488476100556401824239219269506208
3183814546983923664613639891012102177095976704908305081854704194664371312
29969235889538493013635657618610606222870559942337163102127845744646398973
8188566746260879482018647487672727222062676465338099801966883680994159075
77685263986514625333363124505364026105690551318381317426
```

```
1844201890888531963569869627950367384243130113317533053298020166 88
817481342988681585577810343231753064784983210629718425184385534427
620128234570716988530518326179641178579608888150329602290705614476
220915094739035946646916235396809201394578175891088931992112260073
928149169481615273842736264298098234063200244024495894456129167049
508235812487391799648641133480324757775219708932772262349486015046
652681439877051615317026696929704928316285504212898146706195331970
269507214378230476875280287354126166391708245925170010714180854800
636923259462019002278087409859771921805158532147392653251559035410
209284665925299914353791825314545290598415817637058927906909896911
164381187809435371521332261443625314490127454772695739393481546916
311624928873574718824071503995009446731954316193855485207665738825
139639163576723151005556037263394867208207808653734942440115799667
507360711159351331959197120948964717553024531364770942094635696982
226673775209945168450643623824211853534887989395673187806606107885
440005508276570305587448541805778891719207881423351138662929667179
643468760077047999537883387870348718021842437342112273940255717690
819603092018240188427057046092622564178375265263358324240661253311
529423457965569502506810018310900411245379015332966156970522379210
325706937051090830789479999004999395322153622784476603613677697978
567386584670936679588583788795625946464891376652199588286933801836
011932368578558558195556042156250883650203322024513762158204618106
705195330653060606501054887167245377942831338871631395596905832083
416898476065607118347136218123246227258841990286142087284956879639
325464285343075301105285713829643709990356948885285190402956047346
131138263878897551788560424998748316382804046848618938189590542039
889872650697620201995548412650005394428203930127481638158530396439
925470201672759328574366661644110962566337305409219519675148328734
808957477775278344221091073111351828046036347198185655572957144747
682552857863349342858423118749440003229690697758315903858039353521
358860079600342097547392296733310649395601812237812854584317605561
733861126734780745850676063048229409653041118306671081893031108871
728167519579675347188537229369161432040063813224658411111577583 58
581135018569047815368938137718472814751998350504781297718599084707
621974605887423256995828892535041937958260616211842368768511418316
068315867994601652057740529423053601780313357263267054790338401257
305912339601880137825421927094767337191987287385248057421248921183
470876629667207272325650565129333126059505777727542471241648312832
982072361750574673870128209575544305968395555686861188397135522084
452852640081252027665557677495969626612604565245684086139238265768
583384698499778726706555191854468698469478495734622606294219624557
085371272776523098955450193037732166649182578154677292005212667143
463209637891852323215018976126034373684067194193037746880999296877
582441047878123266253181845960453853543839114496775312864260925211
537673258866722604042523491087026958099647595805794663973419064010
036361904042033113579336542426303561457009011244800890020801478056
603710154122328891465722393145076071670643556827437743965789067972
687438473076346451677562103098604092717090951280863090297385044527
182892749689212106670081648583395537735919136950153162018908887484
210798706899114804669270650940762046502772528650728905328548561433
160812693005693785417861096969202538865034577183176686885923681488
475276498468821949739729707737187188400143231276365048145311228 50
990020742409255859252926103021067368154347015252348786351643976235
860419194129697690405264832347009911154242601273438022089331096686
367898869497799400126016422760926082349304118064382913834735467 9725
399262338791582998486459271734059225620749105308531537182911681637
219395188700957788181586850464507699343940987433514431626330317247
747486897918209239480833143970840670840795893581089665647758599 05
```

```
563769525232653614424780230826811831037735887089240613031336477371
011628214614661679404090518615260360092521947218890918107335871964
142144478654899528582343947050079830388538860831035719306002771194
558021911942899922722353458707566246926177663178855144350218287026
685610665003531050216318206017609217984684936863161293727951873078
972637353717150256378733579771801848784588665043358243770041477710
414934927438457587107159731559439426412570270965125108115548247939
403597681188117282472158250109496096625393395380922195591918188552
678062149923172763163218339896938075616855911752998450132067129392
404144593862398809381240452191484831646210147389182510109096773869
066404158973610476436500068077105656718486281496371118832192445663
945814491486165500495676982690308911185687986929470513524816091743
243015383684707292898982846022237301452655679898627767968091469798
378268764311598832109043715611299766521539635464420869197567370005
738764978437686287681792497469438427465256316323005551304174227341
646455127812784577772457520386543754282825671412885834544435132562
054464241011037955464190581168623059644769587054072141985212106734
332410756767575818456990693046047522770167005684543969234041711089
888993416350585157887353430815520811772071880379104046983069578685
473937656433631979786803671873079693924236321448450354776315670255
390065423117920153464977929066241508328858395290542637687668968805
033317227800185885069736232403894700471897619347344308437443759925
034178807972235859134245813144049847701732361694719765715353197754
997162785663119046912609182591249890367654176979903623755286526375
733763526969344354400473067198868901968147428767790866979688522501
636949856730217523132529265375896415171479559538784278499866456302
878831962099830494519874396369070682762657485810439112232618794059
941554063270131989895703761105323606298674803779153767511583043208
498720920280929752649812569163425000522908872646925284666104665392
171482080130502298052637836426959733707053922789153510568883938113
249757071331029504430347159894487868471164383280506925077662274500
122003526203709466023414648998390252588830148678162196775194583167
718762757200505439794412459900771152051546199305098386982542846407
255540927403132571632640792934183342147090412542533523248021932277
075355546795871638358750181593387174236061551171013123525633485820
365146141870049205704372018261733194715700867578539336078622739558
185797587258744102542077105475361294047460100094095444959662881486
915903899071865980563617137692227290764197755177720104276496949611
056220592502420217704269622154958726453989227697660310524980855759
471631075870133208861463266412591148633881220284440694169488261529
577625325019870359870674380469821942056381255833436421949232275937
221289056420943082352544084110864545369404969271494003319782861318
186188811118408257865928757426384450059944229568586460481033015388
911499486935436030221810943466764000022362550573631294626296096198
760564259963946138692330837196265954739234624134597795748524647837
980795693198650815977675350553391899115133525229873611277918274854 2
008689539658359421963331502869561192012298889887006079992795411188
269023078913107603617634779489432032102773359416908650071932804017
163840644987871753756781185321328408216571107549528294974936214608
215583205687232185574065161096274874375098092230211609982633033915
469494644491004515280925089745074896760324090768983652940657920198
315265410658136823791984090645712468948470209357761193139980246813
405200394781949866202624008902150166163813538381515037735022966074
627952910384068685569070157516624192987244482719429331004854824454
580718897633003232525821581280327467962002814762431828622171054352
898348208273451680186131719593324711074662228508710666117703465352
839577625997744672185715816126411143271794347885990892808486694914
139097716736900277758502686646540565950394867841110790116104008572
```

Los primeros millones de dígitos de Pi

```
7445629384254941675946054871172359464291058509099502149587931121961
1359083158826206823321561530868337308381732793281969838750870834833
8804638847844188400318471269745437093732983624028751979208023218788
7448828728437273780178270080587824107493575148899789117397461293200
3510814327032514090304874622629423443275712600866425083331876886500
7564292716055252895449215376517514921963671810494353178583834538655
2556566406572513635750643532365089367904317025978781771903148679633
8408288102094614900797151377170990619549696400708676671023300486722
6314755105372317571143223174114116806228642063889062101923552235466
7116621374996932693217370431059872250394565749246169782609702533599
4750209138366737728944386964000281103440260847128990007468077648444
0887113413525033678773167977093727786821661178653442317322646378477
6978751443320953400016506921305464768909850502030150448808342618455
2087305309731894929164253229336124315143065782640702838984098416022
9503092418971209716016492656134134334222988279099217860426798124577
2853458013382609958771781131021673402565627440072968340661984806766
6158050216918337236803990279316064204368120799003162644491461902199
4582296909921227885539487835380564686488165556229431567312827439000
8264506116289428035016613366978240517701552196265227254558507386400
5852998303791803504328767038092521679075712040612375963276856748455
0791511473134400018325703449209097124358094479004624943134550289000
6806487042935340374360326258205357901183956490893534345101342969617
5452495739606214902887289327925206965353863964432253883275224996055
9869747598823299162635459733244451637553343774929289905811757863555
5556269374269109471170021654117182197505198317871371060510637955588
5889055688528879890847509157646390746936198815078146852621332524733
8376511929901561091897779220087057933964638274906809687691681974922
3656242260871541761004306089043779766785196618914014449252704808811
9714988015420577870065215940092897776013307568479669929554335656139
8477380603946889588764605498387147896848280538470173087111777611599
6635050399793438693391197898871091565417091330826076474063057114111
0988393880954814378284745288383680794188843426662220704387228874133
9478010177213922819119923654055163958934742639538248296090369002888
3593277458550608013179884071624465639974827578365019551422155133399
2819782269842786383916797150912624105487257009240700454884856929500
4481107380879965474815689139353809434745569721289198271770207666133
6024895814681191336141212587838955773571949863172108443989014239488
4966592517313881716026632619310653665350414730708044149391693632622
3737677709585031325599009576273195730864804246770121232702053374233
6670531424482081681303063973787366424836725398374876909806021827855
7862165127385635132901489035098832706172589325753639937905572917555
1600976154590447716922658063151110280384360173747421524760851520999
0161585823125715907334217365762671423904782795872815050956330928022
6684589376496497702329736413190609827406335310897924642421345837400
9011693919642504591288134034988106354008875968200544083643865166177
8805576089568967275315380819420773325979172784376256611843198910255
0074918290864751497940031607038455494653859460274524474668123146877
9434416109933389089926384118474252570445725174593257389895651857166
5759614812660203107976282541655905060424791140169579003383565748699
2528007430256234194982864679144763227740055294609039401775363356555
4719310001754300475047191448998410400158679461792416100164547165511
3370740739502604427695385538439755054887109978520540117516974758111
3449260794336895437832211724506873442319998788441285420647428097355
6258070669831069799352606933921356858813912148073547284632277849088
0870024677763036055512323866562951788537196730346347012229395816066
7925091532174890308408865160611190114984434123501246469280288059966
1342835118847154497712784733617662850621697787177438243625657117799
4500644777183702219991066950216567576440449979407650379999548450022
```

7106659878136038023141268369057831904607927652972777694043613023051
7870805465115424693952651271010529270703066730244471259739399950514
6284047674313637399782591845411764133279046606365841529270190302760
0173394748669603486949765417524293060407270050590395031485229213920
5755948450788679779252539317651564161971684435243697944473559642600
6333910551268260615957262170366985064732812667245219890605498802800
7828814297963366967441248059821921463395657457221022986775997467380
1260693670691340815594120161115960190237753525556300606247983261249
8812881929373434768626892192397778339107331065882568137771723283150
3290825250927330478507249771394483338925520811756084529665905539400
9655685417060011798572938139982583192936791003918440992865756059930
5989100029698644609747147184701015312837626311467742091455740418150
9088000649432378558393085308283054760767995243573916312218860575490
6738322431956506554608528812019023636447127037486344212727257879503
4284863129449163184753475314350413920961087960577309872013524840750
0576371992536504709085825139368634638633680428917671076021111598280
8755399401200760139470336617937153963061398636554922137415979051190
0835882900976566473007338793146789131814651093167615758213514248600
4422924453041131606527009743300884990346754055186406773426035834090
6086055337473627609356588531097609942383473822208729246449768456000
5795625167655740884103217313456277358560523582363895320385340248420
2733716391239732159954408284216666360232965456947035771848734420340
2277066538373875061692127680157661810954200977083636043611105924090
1178895403380214265239489296864398089261146354145715351943428507210
3534530183158756282757338982688985235577992957276452293915674775660
6760510878876484534936360682780505646228135988858792599409464460410
7052044700463151379754317371877560398159626475014109066588661621800
0382669899619655805872086397211769952194667898570117983324406018110
5756580742841829106151939176300591943144346051540477105700543390000
1824531177337189558576036071828605063564799790041397618089553636690
6031621931132502238517916720551806592635180362512145759262383693480
2226658955769946604919381124866090997981285718234940066155521961120
2072030922776462009993152442735894887105766238946938894464950939600
3304543408421024624010487233287500817491798755438793873814398942380
0117627008371960530943839400637561164585609431295175977139353960740
3227924892212670458081833137641658182695621058728924477400359470090
2686626596514220506300785920024882918608397437323538490839643261470
0005324235406470420894992102504047267810590836440074663800208701260
6642094571817029467522785400745085523772089058168391844659282941700
0182882330149715542352359117748186285929676050482038643431087795620
8929254056389466219482687110428281638939757117577869154301650586020
9652174595819888768680408110328432739867198621306205559855266036405
0462821523061545944744899088390819997387474529698107762014871340000
1225355222466954093152131153379157980269795557105085074738747507580
0687653764457825244326380461430428892359348529610582693821034980000
4052484070844035611678171705128133788057056434506161193304244407980
2603779511985486945591520519600930412710027778493015550388953603380
2619293437970818743209499141595933963681106275572952780042548630600
0545238391510689989135788200194117865356821491185282078521301255180
5184937115034221595422445119002073935396274002081104655302079328670
2547405436527175958935007163360763216147258154076420530200453401830
5723382926619153083540951202263291650544261236191970516138393573260
6937601569144299449437448568097756963031295887191611292946818849360
3386473927476012269641588489009657170861605981472044674286642087650
3347998582220906198021732116142304194777549907387385679411898246600
9130916917722742072333676350326783405863019301932429963972044451790
2881228544782119535308989101253429755247276357302268138209180743900
7486714535907786335301608215599113141442050914472935350222230817193

663509346865858656314855575862447818620108711889760652969899269328
178705576435143382060141077329261063431525337182243385263520217735
440715281898137698755157574546939727150488469793619500477720970561
793913828989845327426227288647108883270173732325881824465843624958 0
592560338105215606206155713299156084892064340303395262263451454283
678698288074251422567451806184149564686111635404971897682154227722
479474033571527436819409892050113653400123846714296551867344153741
615042563256713430247655125219218035780169240326699541746087592409
207004669340396510178134857835694440760470232540755557764728450751
826890418293966113310160131119077398632462778219023650660374041606
724962490137433217246454097412995570529142438208076098364823465973
886691349919784013108015581343979194852830436739012482082444814128
095443773898320059864909159505322857914576884962578665885999179867
520554558099004556461178755249370124553217170194282884617402736649
978475508294228020232901221630102309772151569446427909802190826689
868834263071609207914085197695235553488657743425277531197247430873
043619511396119080030255878387644206085044730631299277888942729189
727169890575925244679660189707482960949190648764693702750773866432
391919042254290235318923377293166736086996228032557185308919284403
805071030064776847863243191000223929785255372375566213644740096760
539439838235764606992465260089090624105904215453927904411529580345
334500256244101006359530039598864466169595626351878060688513723462
707997327233134693971456285542615467650632465676620279245208581347
717608521691340946520307673391841147504140168924121319826881568664
561485380287539331160232292555618941042995335640095786495340935115
266454024418775949316930560448686420862757201172319526405023099774
567647838488973464317215980626787671838005247696884084989185086149
003432403476742686245952395890358582135006450998178244636087317754
378859677672919526111213859194725451400301180503437875277664402762
618941017576872680428176623860680477885242887430259145247073950546
525135394595987896197789110418902929438185672050709646062635411732
944649576612651953495701860015412623962286413897796733329070567376
962156498184506842263690367849555970026079867996261019039331263768
556968767029295371162528005543100786408728939225714512481135778627
664902425161990277471090335933309304948380597856628844787441469841
499067123764789582262949046798120899848571635710878311918486302 54
501620929805829208334813638405421720056121989353669371336733392464
416125223196943471206417375491216357008573694397305979709719726666
642267431117762176403068681310351899112271339724036887000996862922
546465006385288620393800504778276912835603372548255793912985251506
829969107754257647488325341412132800626717094009098223529657957997
803018282428490221470748111124018607613415150387569830918652780658
896682362523937845272634530420418802508442363190383318384550522367
992357752929106925043261446950109861088899146585518818735825281 64
302520939285258077969737620845637482114433988162710031703151334402
309526351929588680690821355853680161000213740851154484912685841268
695899174149133820578492800698255195740201818105641297250836070356
851055331787840829000041552511865779453963317538532092149720526607
831260281961164858098684587525129997404092797683176639914655386108
937587952214971731728131517932904431121815871023518740757222100123
768721944747209349312324107065080618562372526732540733324875754482
967573450019321902199119960797989373383673242576103938985349278777
473980508080015544764061053522202325409443567718794565430406735896
491017610775948364540823486130254718476485189575836674399791508512
858020607820554462991723202028222914886959399729974297471155371858
924238493855858595407438104882624648788053304271463011941589896328
792678327322456103852197011130466587100500083285177311776489735230
926661234588873102883515626446023671996644554727608310118788389151

```
1493409393447500730258558147561908813987523578123313422798665035227
2536717123075686104500454897036007956982762639234410714658489578024
1408158405229536937499710665594894459246286619963556350652623405
3394391421112718106910522900246574236041300936918892558657846684612
1567955425660541600507127664176605687427420032957716064344860620123
9821698271723197826816628249938714995449137302051843669076723577
4000539326626227603236597517189259018011042903842741855078948874388
3270306328327996300720069801224436511639408692220745320244624121
1558043545420642151215850568961573564143130688834431852808539759273
4433655384188340303517822946253702015782157373265523185763554098
9540332363823192198921711774494694036782961859208034038675758341115
1882417743914507736638407188048935825686854201164503135763335550944
0319236720348651010561049872726472131986543435450409131859513145
1812764373104389725070049819870521762724940652146199592321423144397
7654670835171474936798618655279171582408065106379950018429593879915
8350171580759883784962257398512129810326379376218322456594236685
3767991131401080431397323354490908249104991433258432988210339846981
4171557560108297065830652113470768036806953229719905999044512090872
7577622535104090239288779424630483280319132710495478599180196967
8353214644411892606315266181674431935508170818754770508026540252941
0921826485821385752668815558411319856002213515888721036569608751506
3187533002942118682221893775546027227291290504292259787710667873
8400006167721546384412923711935218284998243509208918016855727981564
2185819119749098573057033266764646072875743056537260276898237325974
5084479649545648030771598153955827779139373601717422996027353102
7687194494449179397851446315973144353518504914139415573293820485421
2350817391254974981930871439661513294204591938010623142177419918406
0180347949887691051557905554806953878540066453375981862846419905
2204528033062636956264909108276271159038569950512465299960628554438
3833032763859980079292284665950355121124528408751622906026201185777
531374794936205549640107300134885315073548735390560290893352640071
3274732621960311773433943673385759124508149335736911664541281788
1714540230547506671365182582848980995121391939956332413365567770980
0308191027204099714868741813466700609405102146269028044915964654533
010775469541308871416531254481306119240782118869005602778182423502
2696189344352547633573536485619363254417756613981703930632872166
9057222597452091929172621998444096461582694563802395028371216864465
6178523556516412771282691868861557271620147493405227694659571219831
4943381622114006936307430444173284786101777743837977037231795255
4341072234455125555899998646183876764903972461167959018100035098928
6412041951635511087632042676129798265294258829511412758412627327907
9880755975185157684126474220947972184330935297266521001566251455299
4745127631550917636730259462132930190402837954246323258550301096
7069227202270748634190054383026506812141421350571541750575086399076
7394633514620908288893493837643939925690060406731142209331219593620
2982972351163259386772241477911629572780752395056251581603133359
3823115005186268905306583681299881086632632719806112715488587980934
8791291370749823057592909186293919501472119758606727009254771802575
0337730799397134539532646195269996596385654917590458333585799102
0127132045839032008538788816336376851820837278851311752277696097879
6214237216254521459128183179821604411131167140691482717098101545778
1939202311563871950805024679725792497605772625913328559726371211
2019057207714091486450740949267180358151575715140503976109638467555
6929897038354731410022380258346876735012977541327953206097115450648
4212185936490997917766874774448188287063215515865032898164228288
2327468661065927321979071623846421534898524762167890502609980452664
8392954235728734397768049577409144953839157556548545905897649519851
3801007958010783759945775299196700547602252552034453988712538780
```

171960718164078124847847257912407824544361682345239570689514272269
750431873633263011103053423335821609333191218806608268341428910415
173247216053355849993224548730778822905252324234861531520976938461
042582849714963475341837562003014915703279685301868631572488401526
639835689563634657435321783493199825542117308467745297085839507616
458229630324424328237737450517028560698067889521768198156710781633
405266759539424926280756968326107495323390536223090807081455919837
355377748742029039018142937311529334644468151212945097596534306284
215319445727118614900017650558177095302468875263250119705209476159
416768727784472000192789137251841622857783792284439084301181121496
366424659033634194540657183544771912446621259392656620306888520055
599121235363718226922531781458792593750441448933981608657900876165
024635197045828895481793756681046474614105142498870252139936870509
372305447734112641354892806841059107716677821283332810262185587751
312721179344448201440425745083063944738363793906283008973306241380
614589414227694747931665717623182472168350678076487573420491557628
217583972975134478990696589532548940335615613674032764724692212505
759116251529654568544633498114317670257295661844775487469378464233
737238981920662048511894378868224807279352022501796545343757274163
910791972952950812942922205347717304184477915673991738418311710362
524395716152714669005814700002633010452643547865903290733205468338
872078735444762647925297690170912007874183736735087713376977683496
344252419949951388315074877537433849458259765560996555954318040920
178497184685497370696212088524377013853757681416632722412634423982
152941645378000492507262765150789085071265997036708726692764308377
229685985169122305037462744310852934305273078865283977335246017463
527703205938179125396915621063637625882937571373840754406468964783
100704580613446731271591194608435935825987782835266531151065041623
295329047772174083559349723758552138048305090009646676088301540612
824308740645594431853413755220166305812111033453120745086824339432
159043594430312431227471385842030391060709403152335556172767994160
020393975099897629335325855575624808996691829864222677502360193257
974726742578211119734709402357457222271212526852384295874273501563
660093188045493338989741571490544182559738080871565281430102670460
284316819230392535297795765862414392701549740879273131051636119137
577008929564823323648298263024607975875767745377160102490804624301
856524161756655600160859121534556267602192689982855377872583145144
082654583484409478463178777374794653580169960779405568701192328608
041130904629350871827125934668712766694873899824598527786499569165
464029458935064964335809824765965165142090986755203808309203230487
342703468288751604071546653834619611223013759451579252696743642531
927390036038608236450762698827497618723575476762889950752114804852
527950845033958570838130476937881321123674281319487950228066320170
022460331989671970649163741175854851878484012054844672588851401562
725019821719066960812627785485964818369621410721714214986361918774
754509650308957099470934337856981674465828267911940611956037845397
855839240761276344105766751024307559814552786167815949657062559755
074306521085301597908073343736079432866757890533483669555486803913
433720156498834220893399971641479746938696905480089193067138057171
505857307148815649920714086758259602876056459782423770242469805328
056632787041926768467116266879463486950464507420219373945259262668
613552940624781361206202636498199999498405143868285258956342264328
707663299304891723400725471764188685351372332667877921738347541480
022803392997357936152412755829569276837231234798989446274330454566
790062032420516396282588443085438307201495672106460533238537203143
2421126074244584545094580494081820927639140008540422023556260218564
3489941454399504109805918179488826828052066441086319001688568155169
229486203010738897181007709290590480749092427141018933542818429995

```
9881696609938369616443815288772140852680887574882932587358099056700
7558170179491619061140019085537448827262009366856044755965557476485
6740081773817033073803054769736097865438593821872205839023444435088
8674998665060406458743460053318274362961778625180818931443632512055
1070946908135864405192295129324500788339876842933934243512634336500
2043858129128343452973086529097833006712617981031679438553572629600
9987403595704584522308563900989131794759487521263970783759448611390
4519602867512105616389760088800927461158608002078033415914517970733
0368351969777660763737853330120241201120469886092093390853657732222
3924124490515327809509558664594776344822699860748132973026309750288
8121035177231244650953496536930900186377640940943498373132513218622
0802148099226855029484546618147155574447096695301776904342720318922
7706047177845279391604722815343798035396798614243709566832214914655
4380145938292773933960327540480095522318166673803571839327570771422
0467238386246178039762923771312095807893638414479298025880655221299
2620936239306373134966401866195108115834711733120258058667276399922
7635790780638188130691563662741254312595899361196476261014055635033
3995231403231138196562363271989618372548453337020625634642239527666
9435683767613687119629218187545760816170530315907288287007123136666
3087227549186613957773054606599743781098764980241401124214277366088
0827513909593134041558262667895108467761186659576601659981780894144
9857549762843878561002637965431783136340251358141611519020964991333
5487331311150227006819301359295959716401971960536250335584799809633
4887180391116128135959685654788683258564378961731597620024196215522
8962979048198221994622694871374624447290934564700285376949588595911
6067892824910544125159963007813683674902093749157328962700286568299
3444313423473512392982591667395034259958689706972673325827359031211
2887466604514614878503461428277659916080903986525757172630818334944
4418201935333850712923457743755793440621787113300631060033240533991
6936826037461766385657588775802012293665327026710068121681825172914
6082025418928859352444910701382062115538277935652969145765020486433
2828655579347072096348073726921411868954673227677513356901901537233
6690368653891612916888878764075254934942497334271817788927599315966
7193547589880979245252623636590363200708544407845447973482918020822
0449266706344204375553250505275228337788870408040335319234076856300
1093477721256390886404131010738178533383160381352808281190408325644
4018420537467929926220376987180180611226244909092426419858208617511
1771137890516091403815750033664241560952163281971223350231674226000
5679412814062172196418427057843289598028823350598282081966662490355
8577899403331522748177769528436816300885317696947836905806710648288
0835980466988410981351586549069331952239436328792399053481098783000
2745001720654336990661177845543646877236318444647680691428280045511
0746866453928053994091087549391660957316197150331669683099294663499
1427987808422572206971488755806374803088629951184731871247772919100
0702275888934869394562895158029653721504096031077612898312635899644
8934102470360366450586872875890514068412381242473863854279082827333
8279733268855049358743031602747490631295723497426112215174171531333
6186224109138695006888358989623492763173164783400774608866555987333
3821138299287769114954921841920877716060684728746736818861675072211
0172611038306717878566948129487850489430630861699487987031605158844
1082823512741535385133658953329486294944950618685147791058046960399
0693726626703865129052011378108586161888869479576074135855345851511
7680519733344334952301203957707396237713160302428872005373209982533
0089776189731298178819446717311606472314762484575519287327828251277
1824468078242152164695678192940982389262849437602488522790036202199
3866964822156280936053731780408637272684266964219299468192149087011
7075333610947913818040632873875938482695355830773957614479972700033
4728801827852813895032179863452161110666088393140532269449054555277
```

```
86789441757920244002145078019209980446138254780585804844241640 4775
03153605490659143007815837243012313751156228401583864427089071 8284
81675752712384678245953433444962201009607105137060846180118754 3120
72549133499424761711563332140893460915656155060031738421870157 0226
10310191660388706466143889773631878094071152752817468957640158 1047
01696524755774089164456867771715850058326994340167720215676772 4068
12836656526412298243946513319735919970940327593850266955747023 1813
20324371642058614103360652453693916005064495306016126782264894 2437
39716671766123104897503188573216555498834212180284691252908610 1485
52781527776256237504563757694977343368460156077270355096290493 92487
08840628106794362241870474700836884267102255830240359984164595 1122
48527263363264511401739524808619463584078375355688562231711552 0947
22306543709260679735100056554938122457548372854571179739361575 6167
64169289580525729752233855861138832217110736226581621884244317 8857
48879810902665379342666421699091405653643224930133486798815488 6628
66505234699723557473842483059042367714327879231642240387776433 0192
60019228477831383763253612102533693581262408686669973827597736 5682
22790721583247888864236934639616436330873013981421143030600873 0666
16480367899840913359262934023043249749268878316436026810113095 70716
14191283068657732353263965367739031766136131596555358499939860 0565
15592193675997771793301974468814837110320650369319289452140265 0915
46518430993655349333718342529843367991593941746622390038952767 3813
33061774762957494386871697845376721949350659087571191772087547 7107
18993796089477451265475750187119487073873678588902006173733210 75693
30221632062843206567119209695058576117396163232621770894542621 4609
85841023781321581772760222273813349541048100307327510779994899 1977
96388353073444345753297591426376840544226478421606312276964696 7156
47399904371590332390656072664411643860540483884716191210900870 1019
13072607104411414324197679682854788552477947648180295973604939 700
47959604029274629920357209976195014034831538094771460105633344 6998
82082212057828151072918297121191787642488035467231691654185225 6729
23442918712816323259696541354858957713320833991288775917226115 273
37901034136208561457799239877832508355073019981845902595835598 9260
55329967377049172245493532968330000223018151722657578752405883 2249
08582128008974790932610076257877042865600699617621217684547899 6440
70506624171021332748679623743022915535820078014116534806564748 8230
61500339206898379476625503654982280532966286211793062843017049 2402
30198571997894883689718304380518217441914766042975243725168343 5411
21703863137941142209529588579806015293875275379903093887168357 2095
76071522190027937929278630363726876582268124199338480816602160 3722
15471014300737753779269906958712128928801905203160128586182549 4413
35382078488346531163265040764242839087012101519423196165226842 2003
71123046430067344206474771802135307012409886035339915266792387 1101
70622186588357378121093517977560442563469499978725112544085452 2274
81091487430725986960204027594117894258128188215995235965897918 1144
07765335432175759525553615812800116384672031934650729680799079 3963
71496177431211940202129757312516525376801735910155733815377200 1952
44454362007184847566341540744232862106099761324348754884743453 9665
98133871746609302053507027195298394327142537115576660002578442 3031
07342955153394506048622276496668762407932435319299263925373107 6892
13535257232108088981933916866827894828117047262450194840970097 5760
92098372409007471797334078814182519584259809624174761013825264 3955
13525931188504563626418830033853965243599741693132289471987830 8427
60040136807470390409723847394583489618653979059411859931035616 8436
86921948538205578039577388136067954990008512325944252972448666 6766
83464140218991594456530942344065066785194841776677947047204195 8822
04329538032631053749488312218039127967844610013972675389219511 9117
83658766252808369005324900459741094706877291232821430463533728 3519
```

9536482743258331191444590178096077828835837301118575436599589982724
5319253105881150263075425714939430244539318701799236081666113055426
2539958338979429716020703387678150330102801200959972522222280801423
5710947603519255444349299867678178910455590630159538097618759203588
9373419789623589311259839025983102671933041892151096891562250696599
1198283234555030590817307351955037216658702880539921385760370353779
1051780212801295668419841403628727256232144287543022109094727210739
4741349755141907370433182766261772759968888260272252471336833534529
8166927795913288613817663498577289369009657495622871030243625907729
4122190943008717556926257580657099120166596224360802428700245473629
0363948412559548817272724736534677836472019183039987176270375157249
6499222894679232226936191776416146187956139566995677830682903165899
6994307673335082349907906241002025061340573443006957454746821756909
4416515406365846804636926212742110753990421887161276177870142588649
8257752238891845995233762923779155857445494773612955259522265786369
4621183775984737003479714082069941455807190802135907322692331008319
7595106590191212947954086036407573587502058902087045796700070552629
5058114206639074592152733094068236494415908910092202966805233252669
1989113118420162916310768940847235643668081821686572196882683584029
7855007828040434537101836510969517823357430305048526537380735310749
1859177056103739506264035544227515610110726177937063472380499066
9221619711942591204450846417463358993823994651739550900085947999
1360266742614942900664671150671754221770387745076735637421547829059
9110126191575558702389570014051178226469899449179083017954758767609
1680941001358376135785913569244556477644641786671153919513576961049
8649224900834467154863830544779143300976804868783481846727337584369
8927243104474068076852786255851650920882638132336231487333367147649
5204508766276149503899495048095604609896043291233583488599902945269
4002849942808786240398118148847673012167541611066299955536681931239
2874257020637383520200868636913117334697317412191536332467453256309
8713473027174956227014687325867891734558379964351358800959350877
5563562488104938529990076751355135277924124292774885658885665132479
3025147102105753525165118148509027504768455182520963318990685276149
4351382136621523688905787866994322888160283774820355060160298940099
1197138501798716836337441392759736440170070147637066557035043381219
1135764150184518214136198234951596010647527125759351853043328755379
7830575095674254426847122196187091785607839361445113833356491032569
4057338986671781239722375193164306170138595394743678433926709867129
4522111896908402363274114966012434830989299417380305884171666130739
0400675883804321115553794406054977217059428215148861656727712409039
3877277456290971101348851843741186956554497457368452180669829110459
0580042998879538990278043835962840942186055628778842880212755388
8037286400194416142574999042720095952046541705981049899675045119369
4711727722204361026140797508096869751766002371877483480161203102349
6805671126447661237476278521902412025699435347162266089367521983
1118135111465038548950251206557726361454736044268594980743969323319
2971273771573470997139522911826534851555871373366291202427143025039
7632695013509116129529937858646813072264860082708813335381937036829
5988678933212383270532976258573827900978264605459855513183668884
6282651337984916678394097613537662517982582496634587719501243840409
3591408492097337546424744881761840700235695801774101776969250778149
8933866725578985645898510568919609243988415692806969833522402256349
5704973122452693541938370048431833571965166267215755241934019330999
0183193091965829209696562476676836596470195975754739345514337413708
7615173236772042273856742791706982045499530591887243493952409444
6789988463198455048523936629720797774528143994182567894577957125529
4268260899408633173715388962628896294021121088844273765686245276129
1303710173007851357154045330415079594477761435974378037424366469739

2471384104921243141389035790924160364063140381498314819052517209371
0396402680899483257229795456404270175772290417323479607361878788991
33183058430693948259613187138164234672187308451338772190869751049428
43769325024981656673816260615941768252509993741672883951744066932549
65340310145222531618900923537648637848288134420987004809622717122640
74895719390029185733074601043607291909457679946149292904279816877294
26487729952858434647775386906950148984133924540394144680263625402118
61431703125111757764282991464453340892097696169909837265236176874560
58947049681701369749095230720826828878907301900182534258053434217059
28713931737993142410852647390948284596418093614138475831136130576108
46236683723769591349261582451622155213487924414504175684806412063652
01703863301295327776990231186480200675569056822950163549319923059142
46396217025329747573114094220180199368035026495636955866425906762685
68737211033915679383989576556519317788300024161353395624377778408017
48819373095020699900890899328088397430367736595524891300156633294077
90713961546453408879151030065132193448667324827590794680787981942501
95826223203951312520141099605312606965554042486705499867869230217469
89009547850725672978794769888831093487464426400718183160331655511534
27615562240547447337804924621495213325852769884733362691826491743389
87824789278468918828054669982303689939783413747587025805716349413568
43392939606819206177333179173820856243643363535986349449689078106401
96740744365836670715869245211829978938040771375012908586465789057714
26833582768978554717687184427726120509266486102051535642840632368481
80728794071712796682006072755955590404023317874944734645476062818954
15121391629184442976510669479693540168660100551960776873353965116149
30937570968554559381513789569039251014953265628147011998326992200066
39287537471313523642158926512620407288771657835840521964605410543544
36421665622445650429990102565869272791427529311720827939377513261060
52881235373451068372939893580871243869385934389175713376300720319760
81660446468393772580690923729752348670291691042636926209019960520412
10240776481903160140858635584276095370865581642739953493465463145040
40199528537252004957805254656251154109252437991326262713609099402902
26206283675213230506518393405745011209934146491843332364656937172591
44893241590062420206128857329261335968087265000456282845575745965921
20530341310111827501306961509835515632004310784601906565493806542525
22916199181995960275232770224985573882489988270746593635576858256051
80689642853768507720122203479209939361792682065901421656159253067379
44568949070853263568196831861772268249911472615732035807646298116244
01331673789278868922903259334986179702199498192573961767307583441709
85592221701718257127775344915082052784309046194608352174020058386728
49709411023266953921445461066215006410674740207009189911951376466904
48126725369153716229079138540393756007783515337416774794210038400230
89518509945487790393461222086506016050035177626483161115332558770507
35412792499098593734737870811942530551214369797491495186053592040383
02357163527276308746932196221900642608861836761033460022554774778136
41012691906569686495012688376296907233961276287223041141813610060264
04403003599698891994582739762411461374480405969706257676472376606554
16185746905272292382282751867991569833907476711461030227766060200612
46876477728819067916133540198814027579921741676787992316039635694928
51513633647219540611717677387372555728522940054361785176502307544693
86930787349911035218253292972604455321079788771144989887091151123725
06042387537348412570860640690520584521227545338480082053024504565176
69518576913200042816758054924811780519832646032445792829730129105318
38563682120621553128866856495651261389226136706409395333457052698695
96923503530942245438652786776730275404027022463844835532399147513634
41044050092330361271496081355490531539021002299957565837053812619656
83144286057956696622

Los primeros millones de dígitos de Pi   19

15472169562087001372776853696084070483332513279311223250714863020 6
951245395003735723346807094656483089209801534878705633491092366057
554050864111521441481434630437273271045027768661953107858323334857
840297160925215326092558932655600672124359464255065996771770388445
396181632879614460817789272171836908880126778207430106422524634807
454300476492885553409062185153654355474125476152769772667769772777
058315801412185688011705028365275543214803488004442979998062157904
564161957212784508928489806426497427090579129069217807298769477975
112447305991406050629946894280931034216416629935614828130998870745
292716048433630818401264696379258430941854422163590845761460785 58
562473814931427078266215185541603870206876980461747400808324343665
382354555109449498431093494759944672673665352517662706772194183191
977196378015702169933675083760057163454643671776723387588643405644
871566964321041282595645349841388412890420682047007615596916843038
999348366793542549210328113363184722592305554383058206941675629992
013373175489122037230349072681068534454035993561823576312837767640
631013125335212141994611869350833176587852047112364331226765129964
171325217513553261867681942338790365468908001827135283584888444111
761234101179918709236507184857856221021104009776994453121795022479
578069506532965940383987369907240797679040826790407618729547835963
492793904576973661643405359792219285870574957481696694062334272619
733518136626063735982575552496509807260123668283605928341855848026
958413772558970883789942910549800331113884603401939166122186696058
491571485733568286149500019097591125218800396419762163559375743718
011480559442298730418196808085647265713547612831629200449880315402
105530597076663627493283089168809323592900817874119857383171926 16
728834918402429721290434965526942726402559641463525914348400675867
690350382320572934132981593533044464968294413673234421583807616 94
831219333119819061096142952201536170298575105594326461468505452684
975764807808009221335811378197749271768545075538328768874474591593
731162470601091244609829424841287520224462594477638749491997840446
829257360968534549843266536862844893657041118177938064416165312 23
600214918768769467398407517176307516849856359201486892943105940202
457969622924566644881967576294349535326382171613395757790766370764
569570259738800438415805894336137106551859987600754924187211714889
295221737721146081154344982665479872580056674724051122007383459271
575727715218589946948117940644466399432370044291140747218180224825
837736017346685300744985564715420036123593397312914458591522887408
719508708632218837288262822884631843717261903305777147651564143822
306791847386039147683108141358275755853643597721650028277803713422
869688787349795096031108899196143386664068450697420787700280509367
203387232629637856038653216432348815557557018469089074647879122436
375556668678067610544955017260791142930831285761254481944449473244
819093795369008206384631678225064809531810406570254327604385703505
922818919878065865412184299217273720955103242251079718077833042609
086794273428955735559252723805511440438001239041687716445180226491
681641927401106451622431101700056691121733189423400547959684669804
298017362570406733282129962153684881404102194463424646220745575643
960452985313071409084608499653767803793201899140865814662175319337
665970114330608625009829566917638846056762972931464911493704624469
351984039534449135141193667933301936617663652555149174982307987072
280860859626112660504289296665356525166888855721122768027727437 08
917389639772257564890533401038855931125679991516589025016486961427
207005916056166159702451989051832969278935550303934681219761582183
980483960562523091462638447386296039848924386187298507775928792722
068554807210497817653286210187476766897248841139560349480376727036
316921007350834073865261684507482496448597428134936480372426116704
266708319250409976153190768557703274217850100064419841242073964 00

```
1396036015838105659284136845741191027364202741637234882145241013477
1652960312840865841978795111651152982781462037913985500639996032659
1248525308493690313130100799977191362230866011099929142871249388541
6120380204113401888872196934779044975274542880728035093058287542075
5134816660927879353566521255620139988249628478726214432362853676502
5914504683776352825876521391564809721419296755493843755826002531685
3635673137926247587804944594418342917275698837622626184636545274349
7662411138451305481449836311789784489732076719508784158618879692955
8197332506999514026015116755297505754378102422389579257865621284327
3120220071673057406928686936393018676595825132649914595026091706934
7519408975357464016830811798846452473618956056479426358070562563281
1892696630264795359510971276591362331808669215357886078127599105371
7140220450618607537486630635059148391646765672320571451688617079098
4695932236724946737583099607042589220481550799132752088583781117685
2142693347869218952406226579210436203488529262679840139532164587911
5157905046057971083898337186403802441751134722647254701079479399695
3554669619726763255229914654933499663234185951450360980344092212206
7125676987234279407088570704742931733291885238967219713539244924261
7864118863779096281448691786946817759171715066911148002075943201206
1969637795103227089029566085562225452602610460736131368869009281721
0681986185537809820184711541636303262656992834241550236009780464171
0852553761272890533504550613568414377585442967797701466029438768722
5115363801191758154028120818255606485410787933598921064427244898618
9616294134180012951306836386092941000831366733721530083526962357371
7533073865333820484219030818644918409372394440334052449095455801640
6460761581010301767488475017661908692946098769201691202181688291040
8707095609514704169211470274133900522533408348128703530310239196999
7859741390859360543359969707560446013424245368249609877258131102473
2798562072126572499003468293886872304895562253204463602639854225258
4164643242716114198178024825955635449072192265838636626637508359443
1487763515614571074552801615967704844271419443518327569840755267792
6411261765250615952335457187956673170913319358761628255922978308018
5206890151504713340386100310055914817852110384754542933389188444120
5179439699701941126951195265649195941899754183932346474242907027188
7522353439367363366320030723274703740712398256202466265197409019976
2452056198557625760008708173083288344381831070054514493545885422678
5785519153722923795554943334101744201696000906964156127322977702212
1795186837635908225512881647002199234886404395915301846400471432118
6360622527011541122283802778538911098490201342741014121559769965438
8771974853764311582298385331230717511329619045590079380642766958190
1484262799122179294798734890186847167650382732855205908298452980625
9250352128451925927986593506132961946796252373972565584157853744567
5589980324054921869628884903325608514553444391660226257775512916200
7727968526293879375304541810807292858919897153817973434961872329276
1474785019261145041327487324297058340847111233374627461727462658241
5324271059322506255302314738759251724787322881491455915605036334575
4242337791603749525024930223514819613811625639114156103268449580725
0827343176594405409826976526934457986347970974312449827193311386387
3159636361218623497261409556079920628316999420072054811525353393946
0768500199098865538614334957816500899616490796781429011483876456821
7491407562376761845377514403147541120676016072646055685925779932207
0337333398916369504346690694828436629980037414527627716547623825546
1708831898108688068478537055364804693509588180253605297407935386765
1119507937328208314626896007105175552061443378411454995013643244632
8193346389050936545714506900864483440180428363390513578157273973333
4537284263372174065775771079830517555721036795976901889958494130195
9995730179012401939086813565855396619413719444876320798688003716073
03220547423
```

```
5722668968018821234243918859841689722776521940324932273147936692
3400484897605903795809469604175427961378255378122394764614783292
6976545162229028170110043784603875654415173943396004891531881757
6650500951697402415644771129365661425394936888423051740012992055
6854289853897942669956777027089146513736892206104415481662156804
2198384767308717875902792091759006952734566820265133731115180001
8143412096260165862982107666352336177400783778342370915264406305
4071807843358061072961105550020415131696373046849213356837265400
3075098290893646120478911147530370498939528334578240828173864413
2271000296831194020332345642082647327623383029463937899837583655
4559919340866235090967961134004867027123176526666371077872511186
0354037554487418693519733656621772359229396776463251562023487570
1137957120962377234313702120310049651521119760131764194082034373
4851285260291333491512508311980285017785571072537314913921570910
5130965059885999931560863655477403551898166733535880048214665099
7414337611827777233519107412175728415925808725913150746060256349
0377726337391446137703802131834744730111303267029691733504770163
2106616227830027269283365584011791419447808748253360714403296252
2857750098085996090409363126356213281620714534061042241120830100
0858726425211226248014264751942618432585338675387405474349107271
0049754281159466017136122590440158991600229827801796035194080046
5135347526987776095278399843680869089891978396935321799801391354
4255271791022539701081063214304851137829149851138196914304349750
0189980681644412123273328307192824362406733196554692677851193152
7751134464689055042481133614349846048490512583456832664415284897
1397237604032821266025351669391408204994732048602162775979177123
4751097502403078935759937715095021751693555827072533911892334070
2238320775858021371477837877839101523413209848942345961369234047
9987930414446316270721479611745697571968123929191374098292580556
1955207434243295982898980529233664154192563673806894942014712413
4052507220406179435525255522500874879008656831454283516775054229
4803274783044056438581591952666758282929705226127628711040134801
7872248017896840524079243605827424674430767216452703134513541676
4966890127478680101029513386269864974821211862904033769156857624
0699296372493097201628707200189835423690364149270236961938547372
4803298550451120891928798298744678641291594175316756025334353106
2674525450711418148323988060729714023472552071349079839898235526
8723950909365667878992383712578976248755990443228895388377317348
9411227570714109597900479193010467407504114353817824646307959895
5556389918847737813413470702467473621120489862269918885174562517
3251934135203811586335012391305444191007362844756751416105041097
3505852762044489190978901984315485280533985777844313933883994310
4444656692445508859463140817512203313906815965925105468580131338
3815217641821043342978882611963044311138879625874609022613090084
9975430395771243230616906262919403921439740270894777663702488155
4993224588259790206312574369109463932528062416424768684954553249
3801763937161563684785982371590238542126584061536722860713170267
4740131145261063765383390315921943469817605358380310612887852051
5469336392410884676320095670897183674905781630851581381619668822
2204757043759061433804072585386208356551769984267745231958241826
8369827016023741493836349662935157685406139734274647089968561817
0160551104880971554859118617189668025973541705423985135560018720
3350790609464212711439931960465274240508822253597734815191354385
7125325854049394601086579379805862014336607882521971780902581737
0870916460452727977153509910340736425020386386718220522879694458
3876529479510486601739022932745542678566977686593992341683412227
4663015062155320502655341460995249356050854921756549134830958906
5361756938176374736441833789742297007035452066631709296075919896
2773242309025239744386101426309868773391388251868431650102796491
1497737582888913450341148865948670215492101084328080
```

```
78342808941729800898329753694064449699031253998639195816014689952 20
88066228540841486427478628197554662927881462160717138188018084057 2
08471586890683691939338186427845453795671927239797236465166759201 1
05799566396259853551276355876814021340982901629687342985079247184 6
05687482833138125916196247615690287590107273310329914062386460833 3
37863825792630239159000355760903247728133888733917809696660146961 5
03175422675112599331552967421333630022296490648093458200818106180 2
10022766458040027821333675857301901137175467276305904435313131903 6
09248909724642792845554991349000518029570708291905255678188991389 9
62513866231938005361134622429461024895407240485712325662888893172 2
11643294781619055486805494344103409068071608802822795968695013364 3
81426825217047287086301013730115523686141690837567574763723976318 5
75703810944339056456446852418302814810799837691851212720193504404 1
80460472162693944578837709010597469321972055811407877598977207200 9
68938224930323683051586265728111463799698313751793762321511125234 9
73430524062210524423435372905655163406669506165892878218707756794
17608071297378133518711793165003315552382248773065344417945341539 5
20242444970341012087407218810938826816751204229940494817944947273 2
89477011157413944122845552182842492224065875268917227278060711675 4
04697300803703961878779669488255561467438439257011582954666135867 8
67189766129731126720007297155361302750355616781776544228744211472 9
88161480270524380681765357327557860250584708401320883793281600876 9
08130049249147368251703538221961903901499952349538710599735114347 8
29233949918793660869230137559636853237380670359114424326856151210 9
40425958263930167801712866923928323105765885171402021119695706479 9
81403150563304514156441462316376380990440281625691757648914256971 4
16359843931743327023781233693804301289262637538266779503416933432 3
60750024817574180875038847509493945489620974048544263563716499594 9
92098088429479036366629752600324385635294584472894454716620929749 5
49661687741412088213047702281611645604400723635158114972973921896 6
73738264722642221242016560150284971306332795814302516013694825
56701478093579088965713492615816134690180696508955631012121849180 5
84792272069187169631633004485802010286065785859126997463766174146 3
93415956953955420331462802651895116793807457331575984608617370268 7
86760294367778050024467339133243166988035407323238828184750105164 1
33118953703648842269027047805274249060349208295475505400345716018 4
07257453693814553117535421072655783561549987444748042732345788006 1
87314934156604635297977945507535930479568720931672453654720838168 5
85560604380197703076424608349876101345709394877002946175792061952
54925575710903852517148852526567104534981341980339064152987634369 5
42025608027761442191431892139390883454313176968510184010384447234 8
94886952098194353190650655535461733581404554483788475252625394966 5
86999205841765278012534103389646981864243003414679138061902805960 7
85488801078970551694621522877309104467462497979992627120951684779
56848258334140226647721084336243759374161053673404195473896419789 5
42533503630186140095153476696147625565187382329246854735693580289 6
01153679178730355315937836308224861517777054157757656175935851201 6
69294311113886358215966761883032610416465171484697938542262168716 1
40012237821377977413126897726671299202592201740877007695628347393 2
20108815935628628192856357189338495885060385315817976067947984087 8
36097596014973342057270460352179060564760328556927627349518220323 6
14411258418242624771201203577638889597431823282787131460805353357 4
49429762179678903456816988955351850447832561638070947695169908624 7
10001974880920500952194363237871976487033922381154036347548862684 5
95615975519376541011501406700122692747439388589943859730245414801
06123590803627458528849356325158538438324249325266608758890831870 0
70910023737710657698505643392885433765834259675065371500533351448 9
90829388773735205145933304962653141514138612443793588507094468804 5
```

486975358170212908490787347806814366323322819415827345671356443171
537967818058195852464840084032909981943781718177302317003989733050
495387356116261023999433259780126893432605584710278764901070923443
884634011735556865903585244919370181041626208504299258697435817098
133894045934471937493877624232409852832762266604942385129709453245
586252103600829286649724174919141988966129558076770979594795306013
119159011773943104209049079424448868513086844493705909026006120649
425744710353547657859242708130410618546219881830090634588187038755
856274911587375421064667951346487586771543838018521348281915812462
599335160198935559516796893285220582479942103451271587716334522995
418839680448835529753361286837225935339007920166694133909116875880 3
988828869216002373257361588207163516271332810518187602104852180675
526648673908900907195138058626735124312215691637902277328705410842
037841252683288718046987952513073266340278519059417338920358540395
677035611329354482585628287610610698229721420961993509331312171187
891078766872044548876089410174798647137882462153955933333275562009
439580434537919782280590395959927436913793778664940964048777841748
336432684026282932406260081908081804390914556351936856063045089142
289645219987798849347477729132797266027658401667890136490508741142
126861969862044126965282981087045479861559545338021201155646979976
785738920186243599326777689454060508218838227909833627167124490026
761178498264377033002081844590009717235204331994708242098771514449
751017055643029542821819670009202515615844174205933658148134902693
111517093872260026458630561325605792560927332265579346280805683443
921373688405650434307396574061017779370141424615493070741360805442
100295600009566358897789926763051771878194370676149821756418659011 6
160865408635391513039201316805769034172596453692350806417446562351
523929050409479953184074862151210561833854566176652606393713658802
521666223576132201941701372664966073252010771947931265282763302413
805164907174565964853748354669194523580315301969160480994606814904
037819829732360930087135760798621425422096419004367905479049930078
372421581954535418371129368658430553842171628035279128821129308351
575656599944741788438381565148434229858704245592434839259232821803
508333726283791830216591836181554217157448465778420134329982594566
884558266171979012180849480332448787258183774805522268151011371745
368417870280274452442905474518234674919564188551244421337783521423
865979925988203287085109338386829906571994614906290257427686038850
511032638544540419184958866538545040571323629681069146814847869659
166861842756798460041868762298055562963045953227923051616721591968
675849523635298935788507746081537321454642984792310511676357749494
622952569497660359473962430995343310404994209677883827002714478494
069037073249106444151696053256560586778574174721108274357743151 94
060757983563629143326397812218946287447798119807225646714664054850
131009656786314880090303749338875364183165134982546694673316118123
364854397649325026179549357204305402182974871251107404011611405899
911093062492312813116340549262571356721818628932786138833718028535
056503591952741400869510926167541476792668032109237467087213606278
332922386413619594121339278036118276324106004740971111048140003623
342714514483334641675466354699731494756643423654934968458845515 24
150756376605086632827424794136062876041290644913828519456402643153
225858624043141838669590633245063000039221319264762596269151090445 7
695301444054618037857503036686212462278639752746667870121003392984
873375014475600322100622358029343774955032037012738468163061026570
300872275462966796880890587127676361066225722352229739206443093524
327228100859973095132528630601105497915644791845004618046762408928
925680912930592960642357021061524646205023248966593987324933967376
952023991760898474571843531936646529125848064480196520162838795189
499336759241485626136995945307287254532463291529110128763770605570

```
6095313775277518679232921349552451330898679691651290738413021675 73
2386375758200803635757280027544903279530799007994425411087256931 88
0146679355958346764328688769666100973957499678365933978463469599 48
9506104903836474095046952260638580467580730699122904740898791668 72
1171475276447116044019527181695082897333714853092893704638442089 3
2997711258568408466083399340456890267875160087754612679880154658 56
5220612109534907967073655397025761994313766399606060611064069593 30
8281718764260435734253617569437848484952501082664883951597004905 98
3808121052211110919433239511360514464598342107990580820937164645 23
1277040231600721385437234612672609978703856570919985075956346132 48
4601884098501942876879022687345565005191215465440638292538512763 17
6639220509383452043007730170299403626154340013227639109129883278 63
9204123004455516840548898090807791746360924393349126411642400938 80
7463566072623366958427645836982687348158819610585718357674620096 50
5260659292635482914990457683072108932458570737016601739819448502 8
8426039636607460311847862258310565808708703055675958613417007454 02
9656876347741764310517510367328692455585820823720386017817394051 75
1304379948688223200443780431031709210342616749980000730160948145 86
3744887785222730763304953839443453827706087607635420984450083062 47
6302535727810327834617669705442871553153400164970766571959850417 48
1990872014908756860377835919947193433527729472855379257876848323 01
1018593658007172911869676176550537750302930338307064489128114120 25
5061508964110076238245744886551825810581403453201247547232690875 47
5070785776597325428444593530449920700145387489482265564422236963 65
5441942254413382122254774975354946248276805333369832841561386923 63
4433585538684711114304982483989918031654586328935379913053522283 3
4301379533729540162576232280811384994918761441413229337671065634 92
5288145282395062090223578766846501166600973827536604054469416534 22
2390521083145858470355293522199282727605748212660652913855303455 49
7445514703449394868634294596584310241907859236802245607639367841 66
2705185551787029040735573046206396924533077957822459497104201880 43
0001838814290081730394505073427870131244466860092778581811040911 511
7293748736278878749074652855654347488868310641100510230208751077 68
9187815256227352515503795324448577872776170019648537035551676552 09
1193393437628662846198440262952521836785223674751088097815070989 78
4130862458815226609635514018744958369269177990471207264949057372 64
2860052114035812310760066995185361248627467563758962252991164960 66
8765082617341784847893372950567390078786179253514406210453662506 40
4637288156982323175005962610809219552111508593029556549675388626 12
9723399146283584760486276270273097392020014322487075823373549152 46
0856082103288829741839064788699232736913600488374366152235170584 37
7055452108155133612621429118156153017588825735948925071088792621 28
6413924433093837973338678061317952373152667738205802470143352700 9
2438032669517421195076708843263464427491275589077468635821621660 42
7413151702124585860562336314931646469139465624974717419583542186 07
7487110573384584336899396459137406033821593522435947516262391886 85
3078228217639832373061802042465604775279431047961897242995330297 92
4974816840528937910449470045908649918727273454135081019838818646 73
6093925719305119686456018557824502182310658894379865224320506773 79
9661969554724405859224179530068204517953700434724517628935667705 08
4902131077366257516973355274623029430312035962609534235743972496 59
2110106578178261087453188748031874308235736991951563409571627009 92
4444929749105489851519658664740148225106335336794973714251022934 1882
5851173719944991150975837461301055050641977215319293548753711916 30
2620303285886585284801935092258757755974252765840117213423236480 84
0271433563675420463751825552524944329657043861387865901965738802 868
4018940876728167141370336617326501205786539157807030887142615190 75
0014925761129276751930967284539711602136063030905422439663206743 23
```

```
58279788933232440577919927848463333977773765590187057480682867 8347
96562414610289950848739969297070504327530299728722973279344429 88646
41272534816060377970729829917302929630869580199631241330493935 0493
32541235507105446118259114111645453471032988104784406778013807 7131
46540009938630648126661433085820681139583831916954555825942689 5769
84142889374346708410794631893253910696395578070602124597489829 3564
61356078898347241997947856436204209461341238761319886535235831 2996
86226894860840845665560687695450127448663140504735351746873009 806
32278046891224682146080672762770840240226615548502400895289165 7117
61743902033758487784291128962324705919187469104200584832614067 7333
75102719565399469716251724831223063391932870798380074848572651 6123
43493327335666447335855643023528088392434827876088616494328939 9166
39921048830784777704804572849145630335326507002958890626591549 8509
40797276756712979501009822947622896189159144152003228387877348 5130
97908101912926722710377889805396415636236416915498576840839846 8861
68437540706512103906250612810766379904790887967477806973847317 0475
25344215639038720123880632368803701794930895490077633152306354 8374
25681665336160664198003018828712376748189833024683637148830925 9283
37590227894258806008728603885916884973069394802051122176635913 8251
52427867009440694235512020156837777885182467002565170850924962 3747
72681369428435006293881442998790530105621737545918267997321773 5029
36892806521002539626880749809264345801165571588670044350397650 5323
47828732736884086354000274067678382196352226539290939807367391 364
08289872201777674716811819585613372158311905468293608323697611 3450
28175783020293484598292500089568263027126329586629214765314223 3351
79309338795135709534637718368409244442209631933129562030557551 7340
06797374061416210792363342380564685009203716715264255637185388 9571
41641977238742261059666739699717316816941543509528319355641770 5668
62221521799115135563970714331289365755384464832620120642433801 6955
86269856102246064606933079384785881436740700059976970364901927 3328
82613532936112403650698652160639872502672308740339674449783025 8
29689425689674186433613497947524552629142652284241924308338810 3580
05378702399954217211368655027534136221169314069466951318692810 2574
79598560514005021715913317751609957865551981886193211282110709 442
28724044248115340605589595835581523201218460582056359269930347 8851
13206862662758877144603599665610843072569650056306448918759946 6596
77284717153957361210818084154727314266174893313417463266235422 2072
60014601270120693463952056444554329166298660783089068118790090 815
29506362678207561438881578135113469536630387841209234694286873 0839
32043233387277549680521030282154432472338884521534372725012858 9747
69146080831440412586818154004918777228786980185345453700652665 5649
17091542952275670922217474112062720656622989806032891672068743 654
94824610869736722554740481288942424718543236057534116728507575 52057
13115669795458488739874222813588798584078313506054829055148278 5294
89112190538319562422871948475940785939804790109419407067176443 9032
73071213588738504999363883820550168340277749607027684488028191 2220
63688863681104356952930065219552826152699127163727738841899328 7130
56346468822739828876319864570983630891778648708667618548568004 7672
55267541474285102814580740315299219781455775684368111018531749 8167
01642664788409026268282444825802753209454991510451851771654631 1804
90456798571325752811791365627815811128881656228587603087597496 3849
43527567661216895926148503078536204527450775295063101248034180 4584
05943292607985443562009370809182152392037179067812199228049606 9738
23874331262673030679594396095495718957721791559730058869364684 5576
67609245090608820221223571925453671519183487258742391941089044 4115
95993276004450655620646116465566548759424736925233695599303035 5095
81762617623184956190649483967300203776387436934399982943020914 7073
61894793269276244518656023955905370512897816345542332011497599 4896
```

278424327483788032701418676952621180975006405149755889650293004867
605208010491537885413909424531691719987628941277221129464568294860
281493181560249677887949813777216229359437811004448060797672429276
249510784153446429150842764520002042769470698041775832209097020291
657347251582904630910359037842977572651720877244740952267166306005
469716387943171196873484688738186656751279298575016363411314627530
499019135646823804329970695770150789337728658035712790913767420805
655493624646412600243796845437773390264725128194163200768487362517
640659675406936217588793078559164787772747392720029103429495624476
613082007292507345291707642266210476730378631699542374551174565220
227833240968035246676631908610112067458562873174135111622920788651
329412448154716281820798771683463413223622341177882310276598251093
588923591620551087632980879931651725289380012378174348968321515905
624933473702068322321001186373957705674738671021732123752243252416
263580343762536068086691635715945515278178039217743228234366337728
111863905118930759016666507429527583840085446354193171905313636597
249051584091065822018147347990223590671381469051160519223012694823
161134174399447148330408624842691395023367134124251238640266572581
309439676219396554073865242298978797821986379182997095579247473203
032391164104459069079778623155183495930353059237898175158914576504
080251094791234217584828418819501385461656803017550355800549448948
848713516053755934023457489795166024423383214060300959371055884570
525157042662846003544028236787685509826781617655203757956554816778
960389274983556087915411777494235734007641610932940038999821992672
570869573260687749742248020233075251876502559684207606932299885875
798988964607443817881700815488952265167228340452772191069914157646
394852311267947308658031950764551976756289574288817968120900263871
452578583152776151090886317402436956805678730152354278047934142664
952238337071175112653755039423720987846680491394734465307140796225
972871305030772587148755705025825734668666138023514260561161974055
434365486980054448792959702875903522584097826835986664465860456942
413907290952662499329029734405681606838057266260572770884070734714
960600645614540707344327825140874742755067223048453570060922143900
029929816082117170479176145051910081326703752149307405678533111060
583529127810073917499491978451129159136811073940551752080196305393
507402485095537725003670546651623304304250874423242624046321150789
973369299854070416562610419767002024150948924118560924096376044296
120023645907064497706272079190192359648070489236369798601982830872
842285647523531628827913242955248144475055219096720460806895451817
122049303218537406272474215197403057690436026863607807920047762324
295518294735220272443763390277213920877670657162416397517858592544
269234285352743288563368507896519620725194165560618703705502184628
454342578503830000953745182929584404649188386857934839611512971605
816657450967036774958366666931218817636796449436171304160372430506
584851317492640558551940180051809084752118682246169761492432383194
864344159085580110730703112015022434160731579295287529368358203970
033891121141706852193665897894595031543895890153038271430019295890
741499435928940830970770783628759144840370450386189669758112018523
192318686599680385838123703291562075788359487809416882055316051281
901526475928075749581545642213414593781670569928682998956119823538
371578804804787045841753946654976901732203108900703033629117673084
484503721456696444014695451738574341578101586187838392785526093991
305702555755590609470514980934877733200727975730382459894668096808
222213484858738229992817940908256652095816554724752445667436975944
746863763324289042697761067919339109833004223102937282987989032093
910926828363061736101738781236798986451493117024371282858826304862
988844922074156406071470591374055246657569718702173552872454394277
148091793644376506378618613243486357974112585208634599278036887924

983543632984576876501650651153450086957212395075447856831736315571
535270465242352597375134088254616096614407466755142268360319598010
721524635510691718713357316854856312808578344356236709596509499469
688206611851180860342028213318012494109915026014354500174327307936
251130702982504994179942844511464793291545995559095878076216366685
917910654359660652535253202736507259891212556868428020772464877220
109966318295595529033933122843648644759735608598407609472983895424
339326231532399189818522641808312963335463568748288634656185048106
322888055967378445620009414656034992808794051153100575871295525719
641115068503407737106043803712595755969859493620584775120263549473
475347481892622541903526716144292848998575367406921652716300860606
543737368235565886264863436891532180955722044567771373683104580755
845296128328326063196297285279666743629748008213186279218690442843
426307357607039996694307895081472697302538173756949227517953543261
569120405948328609499923664122878812264191485048563280720664185570
595203750303229168944894275783060909108524106014006832742055839697
738231507349961087587637042555649640868550719422563449667324306562
592504745817627332818160170196981665424263787636014530359465384503
254766749997373408356651381860251565202836373891710165454148826744
480091057041861626268379711208861413572796110990882929702296921281
809787989513915042709367864449831964201345668339087759430064424856
230121246145116979219396344095080832292812942704365991464827499843
759421130204182973084171788130903795585456032471708191953027714657
945554755447542844344081393889086097760178573893075186619065050180
771650018407443258540241843605011182429907023234172436745253653495
947990633345407543718126993998337192184854187359798453489345922685
150681826624900780293350126588249742262418853525266367028276624993
498294887483310617642084290169230528996089786041300651090281798050
405871076711790411302174827966823530019602202531855767898433175868
063783599687916015389222202365757655815866114091993948615992091599
175533417830333476431316350127053906970793265678124159064342847213
602352182367412147331244999443341559152743159316874778825331550927
703362029012225977948098553922000645271622808553982789065842334475
528212765176505726632676911410750348458718969964348757751384791481
836351006214668185850963488870814569767220201679911994624177766889
079171368659459607264685388107787830021613682766970262234594187374
767335379988440342704680304255169412715873932039844437460454781 61
130566251764127598211819396611018505628805559425660600323121161809
946221293010024709133471506822684304586803009042428616820255621409
460879000651910994955708158165058289833407394660844575657806366902
728434620185873282529247965052866814085035385198375236374519256227
954902905579070302839501048548359298345428144873043580470533150815
105030015214281171753936491331661726212354055278633080020831770556
302949635942016543330940941771963262341193871051615701017980535516
793708602913667569860971241203685838129576953077981413657001747613
569669861460684914396995738376316958246025133421080726217136019430
180872098885514150241638183259752595931655318658331171268579415272
066122184226614118251546574847831261034783454674925830872998544 74
212064450952332450508774314961665525179716802099172002640937492 19
075699368963302813916472089635817717355558485927065245048625164195
405508013435103233898133783024977018227549063814999647233340796130
414697394763726508692733471084156856084309213162404346298639208416
600559045985064912435052647660676003444416181864036700837741141010
943205889555986586700778636718969440896223213740341135971991331359
465536854466923676525890121084137774324821918127478478922872648929
700323718734561579815998348391004126010507469645994303319788106349
139238124905030614334079183280040639070986725961970983112659601474
737253305268537177421465540058739246237276173649051987133680677239

5257078136068668326139501432950947485159472466752720168431658660880
7512768584755541184381169011622005552113484488960668259227431319 0
7963011587084670117654935393046563356225311244727796669005831190 6
1610197266307397054253143981845737944948678013461821787593907699 96
0202908396567728784690573640156401504769644899394754147460833991 86
9688927115694234549265124664550779255402810503762203596753055860 18
5649205606287909076945333920880884947782889485112215474323019138 32
4556299388102061449026687601020775321091568497783074085964985796 71
5261701003947549453991769879132354655010640735581699940975624814 99
6744327842920276264418979391815839456270817330158216022551965989 87
6937616401986120746675504886111085572676450705262244613022233585 20
7227362004850572892388158849387545352291863997143808840617572862 209
5012250651586310425888413435543197372985621775307202262947555248 30
4444534043488887858117034134534252235431940787797284676018158322 70
9774518092934219318981581248283265895004070485520609983783900341 9
1416304446391638805496587865013750463416956551566182988786307058 423
0696766025405302481147100789978421183048901046405689653970288559 55
3092555863605215895737511408956490584415677493710859648014315874 6
1449125054925319116465382158519737009328019453032057262845265804 60
4633781663142993307664664653076059054896288872418971606022588261 75
7753992205513150937720062486308556282049357575272499556708922163 42
3398360256532873102919400704117691922085001511673567010195897100 17
9701957812089291096941775436990436820256302405482226540190569650 77
1058157424072149633956036527028333440730575007367456226058464988 61
1510168961218111905847171446106871976101745658737379674069713742 32
3875383903031720020020720592848878512391174647167374373792328388 19
6620168762219134623389376259952702567213862211245898021213050140 72
8890430032253550409586681872413936993819306914874471718664618311 19
4260316166407037731648700186479960024304400324224180940227853330 90
1150988087067826883531720076752255313800881878043169019007280483 17
9928741412547612308960683309582837766768828757868868309297600101 19
7453389833195258861963013291709438581661537417179449631917715431 25
0695985348128568461937766989427745917091880252001274990555940728 96
9659479333167224362156789677696670803522903901848573080627567086 76
5862710476940920356559302535274341896592700222704923318682999156 09
3641375700498857304596396152734629396974951748062696451793018719 9
8678853758141597579931480660855723256837430528276417567005028804 04
8942989958094810353483393414492788592526219241554723199714338508 66
3732092663272824351493364070458968385234562474436117525676698776 75
9722343920635750747155291810276261401299248042288399029787992541 85
1749912963028399072963558857989059331779590876907390564602562353 35
6722155225946883829845288292296627513716242217295467867071584092 41
8408414755758253938524096330205134970474069539956789798172786092 04
6228683973577981511186815265988460694975896548131465115039262637 77
4951376155724819511611987725034456471073851343592735553871246237 55
9819381321423844158192907004638977168388720791636174143249707910 96
5816274642971707287172514274589835689709553462682016908535610894 48
9840710058192030217694512077177458879551951047338418473998079630 67
6788584516757572990430697154264238349800987086993367091210839445 35
0624592243231234827854966037465718801489293794514787054060792457 59
0060121962212392872001721558866634573497140953372115165598575794 17
2441988902616701610161155783431502546032878119842402748460851072 24
0667677876085524761777383308950261006438835055020545632434616785 94
5194179566987496851524488384751361818066710831616556420936927052 06
1189851729261714171443465550870630606355101294940030975916779915 84
2604919712095432270267843265429657240327208871432199964531320258 71
0967716512854966996255269860731176371820749882739977060199136209 30
8323073683820645573256376598291257813149222422042797124144162995 12

6594563979275938038380478262316042432539913285112303224703756194232
1733047854078576244013291717992979240783390715757981426816864655382
9468473992058886316559349198678969628404473449680240770928313764
0810335225524271740410767356542444100448334744010172644105295478720
9634589864050120360802445119035099497449397361718157527709378020920
3666813584163626831926340671418279742134254622070541560005095967402
456168404517717479527903532549325891204833857465900967817304160005
210889346107687540042419778030828851812001733695591271377141950113
6130440975327919050489158324639914348353164868154857917863293512392
5552510211182788573696060276931301469661433449642302114382483705633
5327938588952676720766889712744358156320881066501495681435587965
7690985776590276870745365927636497555344961730807816098710324801379
5136170367763457594975686208013996374551762425147780628722265971455
482906769295713643572152674468987889418820751292225756509143552828
874614195097862427527881571566400763721037803194043095844272549269
9871692343318900221415031139987652606887615667402101972017196023
9086108297492763956954115303227546017387079562599357978530244347671
6399591462317931239989986928437975702492369551587297683854005227651
4956144471059719628898888157109415171701518114743513643854005116246
2021311748007919837497001004713634325232815789113554504533719052
7506822915618500332846956792622620819044247334036250389279207158596
0039363153368842724375366799698647934741133198328619441460653922784
0999031438403545650470567895520248271760118743356436902435030856
3130955905525039049273161331173492258464460902453507919018441129932
169977045183285358648042855682220873721361649058630325636891308410
376021567992702000532235543980465311933977545904404507856802139846
5009693429547310269249947586466058091669984160684646087293943808274
3082858174796941728729903110131926755738979840913642534796949434
8037770336463495847686298259010347072786121862300198660798778268424
593383563891957020685352160321163523006498874460020017041305698536
5154668752023859375183280372851143274811699683692849220447380570633
49661871124094783591586926856846358914135985425357768877493274363
4514754488640688180303696524317556883002058607732569597160864854
158344684324899630770113713446751569302448854820771241335577323069
4945806726784523594363150787272815790157307003317879685443627952571
9023623274614262868732738009497741122856237663214904653294072026197
53907174042225953924288816455979657003095714138910693684503626823
1053986743753240052701534745893325679514941854537808827063457295962
16908538353537038141811557381637820903256151986974535764641212549
80760051561417072980469948135934831505681166427932193352798227147
1567340186088721518799669350252700757556099719882863064285448128275
1392806947027501481632897273143473485285290460488327167397898156
367880478044360210900732072736974934463049973144257156043313369038
7618100948873120713482710815889857483265854207510077953118326861708
0370709359276149367825308583404823510036321663789574262025503501
1686154340737950451648289675569835893552202017367954807578190950269
7981271148703431190363112246128295303820512870430929471974594690821
0256347889954317715243796962112812245034260663992688521330791963702
7778044885792057304699080092344018663811325209712309647605998994
79257598510081730396068222199753273016065826852758257669507854726
0349382981335825281786706085126560022688717811253597829337347791412
7362841886561759208328794474109697038798547369840254580632948350
22359393543587480223989760916296250110473931169449100666907230634693
130169711820632535269244043840093724284428209709364856909468920087
3717532525570305435398287278123011398080938670154748858034456318
71319602678548793893316205007675264112044390237583342724298699654786
3685341028488573702547255023656634186809190383886707879072084036
19402164670121534837978151832826472578628815207101081499558980338

```
18961569441756761340717046538512170902123777884333649651872119905 4
07581877394397528364143953044245913903178813004188791887114553148 2
67469987055587931040240388884083850687341625071657274185134952084 9
63670955542450439483948045979156228282483787934152720362263369561 8
05556371076814888893619275742659935823559431530887933052767558747 5
12365065843969475604297192002319868024351719937868100361102312568 3
64256079597410574153628297180046497748573718378639037039015397374 9
11654685499716453941611216417610717145401765190565052520662277883 1
29045719693205990241375395983861982603205495839501675552509644137 1
18222561496014003023035407899209696877507867200038074267970530307 1
67932296015648622808518403352350170608589512912223246117830253163 6
28943946073652771336511631646446199099021224922412315168992767855 8
63736315526002503488487813233001910189399616702731416999626511945 7
42636761965002434737172729028462209798394871065982270009954918877 6
96188505432653211802219444282228425152556141187434018041946141394 5
14712872527592391255964437356833972896331267678234910356332961294 7
19101515714311579549093390326141191865475237624721531102079369115 8
48742205822747343201735585077122437969857965491580627950274097716 8
86114807616315161855306856692457171769220443668433127398933794111 6
29722451699985468562215702417594711769952916550211685500108985761 9
34639455908826270775311465775223884634351937653973498480245497607 6
02440308084489010683876972612370978357824516680117148598367940552
90461982621656691720274262854823933960018254599409254308169691032 9
78411234022885600190549342750223185294712829609693976813734197704 2
78121300147328677605719405969979275512461718434956985641712872481 1
83465420642318714551824152867630567513116267717735061751124546338 7
99426529127010578995671805721436557918350691777930704075732904397 4
94995822410623810514917650238504182730096620171750940590805408957 2
83755406355152219965820757351315707592361539863945921115586400098 8
09755261053838256899272158478504174606516151133788336097601211484 8
70055601658124924706825684427204547289630942030665044529864622359 4
22600855499158914995360649842803457949275700949795945060237877501 9
47062463239495457823082283066840818802521076639074230973720916285
33717680621644693543231791785530583317142084798863034084657264269 3
95570026857605753934788858709460058272323051910811751423491268733 6
58596079989173292891589600181509181633740080603547520005151175102 9
01229924870961545928026206076169827218102916731554892942374085196 7
43307916607849905578210193571366243590883613859808516156417476946
05478554008195353067080308969763045294686823321053287823743894411 5
68517627171163630940147990694945635459295013073900362682100732637 0
08235615069126964318335171625439030469898931426154426359511363466 0
57378654951244574752621678954703628904830484996804037722513431937 3
73441236618586944588064018584073147633792940386340435919419872355 2
63015654608051868676068043160845128459160424413269879125385602991 5
99672787661951950531764883134693257366894644382558139108486209663 7
42674579831301222343872583124422033094571457541470479293875858238 9
97738515213523723895596643122356432626286011474890868171592810668 7
27084008203377186921535235269263472268090825989889840026208152178 2
82611229313118208660070996860365409818326807558247767069504109975 8
61436243552161945353029200254667367996485043373133495208210751199 2
58926638995647569858707901856123791578864374469037871509500112550 2
10038845311923652965599461900474846620642347942329670060529003709 1
75578188708193522146871427235277632559898086948721113845980014123 8
42163827824412736542446748833381679716201128861914154019367129094 7
89902646666443156098372961501968624228250672306166720943546571425 14
93086424887785986827595887490650772602509518295367651811823686169 4
47243607837642947624692263194989219464440683169287661615060508138 4
63194151162025779078630718012311594586038965625265542233462344545 0
```

739478869026815949751311688514369452102168831904461686297633252298
638518188500492869357276476682385556463655449640063176482855757858
661022855156485990882095868944436254698679523822686115969910005636
608292679153375381606611224786953132615853187176388598937792918890
299879387981000369730784895927062541048485931585432339568310423902
990702634437978756918554340897644076013084448197862650794764408301
349424358342818859152592934714363175337495897010728735012707889804
816350456766676932075530518404324461007403216764718360837084750651
269307076608498252990003178503058536821395127350386382460564251033
777558098646433980171862081426630741725922260005110913426810746701
290143016541010649332122837908275150010035300156545975083237729654
396973820477416265710657408216499606262274961879533479070659889748
717795643340648417456457479069251701494998100953534135489087548363
275795224072069862910246717035792514417667038866099069857262605812
408253362252189920004189757457653151230000644457159317017716886354
833330519215820559461173577163211322339319653203861990051161781713
340010705766526899197081690221946470432379535641186606392055586090
344570641517977821450547222788529872101978588460700474200284688737
958442289499743336562718779917211379161644925413297156528795295326
397595385359209501386333805075613695308995475848830242619627589859
415137805158050257675404017857958524488311721050892770892272734319
738238846873071682302487886885510108073522781405371406520758 1072
708481672639770987314551626469114232861030369329843303003236761627
142640675878067318839715150027981633747790787750383079867594045910
739210345874042196170349258081899072059612915864202028857340091149
552388651079113714953346397639881839488045300750747403722809368205
354304949519483328334700751619790086872854399629815756058916376247
230691628711111376760864803237524596649304117539461364643378046711
650555046706718362212857950480671656304276267114299991134876984470
503706379001810968886297217579517324338027806174704963020424929166
191718862433555992820932439194457118863215563201616542470553759386
966246563341215410140322869909301591328858088312412428828763738727
428380385907102927486333515030904453280525977956589205545624342979
827941348917563824007716121733247364285401606100443376414572207859
217155914010378320201321338330963807789040957238105588293927963743
816606868351950592770195153616017221589042878567848206829194416987
181928627308270444163039625471305328438833791337476873582612211625
836027289616245590418967702474538275839665229937123516304898330124
214174557885915942560597924277218199085562798486056174536844789237
969079755945551546468531630244623256740348958454622567448582020424
573919942530942642245042026890381501526836024125598075975236481628
093048912746151196231546114008220563967806585354076686882275426503
812259991620760170895567474465242344520176616503259456659129667863
246213799192229614586714224824928806476803210864779941004100600339
067927523736254602774296007347880383566875220034824576949084568626
960577157019191748922606352081297387974438354832861369395624503929
768057832234021716765559177668403757234844094617629312884926899368
713898388222710602790379900190455833600797392774109266557392331470
259092338906543884223513241153880185592349561399302239196450504503
693529270115663051533519186418648234424999192720272953459599063048
723608041595760029668121116831723660381105428035914457202482564561
057140554624208213435209481084171582895724450720635468160023051201
408480543587425261701768185388355755871741542477544977222141926 13
155252691091755633319323222432185254221827291491598105836897025035
228130021411924860142480680797536996477719394906804683552808347327
610306049409733091690316783097934636611832784531868716462680738833
656704566010423768505801395074436479639222841126979451347730049249
878649656367949099291327125289776519181754279628060849323755208153

Los primeros millones de dígitos de Pi

6111324033971316550439188796019838213858500077324246177884918758148
596426423378897933308194881600401131265256356932446593984006368903
152547229239914144743770696338935761926039189247936317800831026114
195485436051577871600495578865657970665885510428824663630572077789
022667770425126815719795332251076389036819762844028610258805392339
329474672024088541276492386447602161162620824212991660362299184923
782236300983478119522913821847326342285759120979805478285250591837
983368017874112426447460022562414980691400740979721023278539575615
128345806165411117926710427990579394497134946328950456512868847841
871758020504583283874853137369113510255062010277534580943910500102
183397324565047288947687929892594501987507671223637918758647201214
966061151280487096488630562284408393694438721692120849200851558381
251070741955187208093746924259731172811721051928903896370394235776
862127668210931827636649840421249381440979598631142254364839654999
834790843070217643855543512574368282281530322223808347679511135570
148063182004532207237948918635721491062425269939946710153668462341
051533381426847706275852035240992079720869914537301095516415033176
282001969164115460268207236692552751418429969920539853433073068057
372380504167197221127374050789272663406388506867344585607732666483
845780277189114758013231055198784133652185190714606813898688671031
475982646112937954395266728672759948335902597445878687684964626834
844344141359177145877660880778453571839329371937393236408356337576
688468211117993505541020855618849010201600505639541687451082206035
554108176664605241249662244228045452432160320360194641356097920019
590240497929236732989245539901019801121402908686999205758917771880
741461222050247285857153675307478143897305717872683663601576136100
772286319638852646235125538077319459563567965382362499926551804330
796359621106745528521429026294982656755335273100468788657310472466
493326567927331345122955059186232937393326086077451350775309015744
438294873397796053228493583013618379586264803212973684748175164769
136621103603695091066665051717115082782009327883587225983940463068
376318118089044236262199881236826808785792621972166872017455174726
278180326830585488039709770479348310354398559078435527766760331398
846052715031388563324676889271045958519328951391678238577357726581
004798256393551935200552040800287059678249739374788605283564935914
978380377964960005212445834779001756042465866651998077028839438516
380955043049219603244360903400851746604296274309768387151945982644
735940234248211044757291117779587731341553609527595708986125867714
562523994500759380206093550248920084767332293085742222550206455690
239126543663578524724290560532057540308210145123820902174669757979
653475172501465837478848080537735150422240429576036137543248619967
558919392205046999821062931609675651790751322960777857553310265858
425760866867645355209277482755675451771699508789411805936305249944
967012375980065534998739666395394417017059698101512719333118407679
232718539539809764048527846743872316432910029065495308612833302664
007580129618499207022002555972156957588376168784364346792755863573
972253564884133060119289574642809357858081132331433115287482179766
039712579528900364071989233281316116404169377366280132597382222374
268189176489596422703380390592959649696482133114473166765041976781
108490966469425717069457007871264014486522428469488976172567465352
205061621073001019262483146821203551699501522007316384004132030333
242312167082685468931758436630430784350785928104478492663952652398
718644173380085681692321347429754583269402161253332837900960648627
785494126679513674045877416945596140762656625029900692267267876036
587137932796041848839393934692635434154809518362333233175229370352
102914641331275203711716675487206347389232937851072902951446292741
546761947942747166916030497829288961474587026499797079206387240825
023006425544995904011974108535167844409018806462937483544396144003

5352331030404117845722890295818058103212374382589870274737704010683
7777159251264535706508300921479258349892475127453622006105854575599
7369313529707814374284134055195444672148941505745283917160371545300
8252555834320251254241662445752456296445791076971715214709518505500
0355054390631688258105785074635656204791466768055698438455202770990
6971988980723371486956356703177687763789743273492829343905145567060
0744607970476931646278121417138182743785614621970880870210642110570
3778514713588373773882407652804519142713748811055974471831009393750
1976598021002410125112308136826033847449108771613228576026393884900
2849598982365657272042635720263748256494949126291419171306462805950
6698254936032613201925280434617043902892602799314036137026582012100
3128514881585731117821041310335728887181729526271120008147506402680
3046418988769747879173173703813999188824241699421215277604518595670
1190941807373479331099709283155468165639527101046113762540664495860
1838546389822089967783295501114314995936803982223037136329574232170
3574464734210971491743641994731958840052638726959231836423254918400
5595504534377846709470450959420120211422086419127904935994521373920
4871107432314951138042937936554363721726348190757113531270930795270
2952211247953149896990808946657476955651243605611420086639905609900
0038030250612423607750329341347289050131677280971316268349596340920
9224303119508487886710353352002371273020291659297525265703921042140
9634952385708560572343462157695698513406830454833154590753647114690
9682420910232143117176922773853477041779407644100130104859609270720
1132052318538222744487024332710398781147912754608083611568779215130
1131045008366363100751751102590028086427715020962713662397401075280
8445468331618211502789264307297635576105511246203324800531059951110
5054314848295534329598305742724517378865271930007323217362375873270
3148909109455374027048118555719905168393874535206797085921189640780
5489504109405699659887159886336207795504521932156336124685303174700
5443940294182926355240155452316098682553139701880153970459625016900
1796648125015559323114826730056338357972603286017784741496046569720
5783495620587328730124514555763452302986481495441009078835298012070
0126541095251846066620176742045257367994690771908453787482060802900
4825167017661982073061833123921935356900407052154989390344659388090
0475077241695436518580750664904594431888629787235716030224813522040
6010906352145082806397492755128476943549962033991644887919743790200
9571888632002475020791023790730729637463263366745942755637845356910
3673455240148971259094803685662823210050039400731066320752572831470
1151926332892852069672393471750982952602125494764330195357438350920
5828311133911539063376617373077236302798898699857994501659237690670
5488379889294006051628261400481504694828140330839163424865093963500
4589091328059511163345503656348245191505831794980831827281347950500
7727173359496633718821491928378711646390356692577994245739435547300
4493555939684803279020861419681508260648109246885433833298663907450
4780526362916156279880318782827074516303278639075665336219750632240
2486457694597535966732006038982629300007612514947980089567124525690
5598275854857690124636865949422422772717771518496417510715984163572
0724122437196806720392706478942789421712842641334271183184794413340
6064724314115015509855117124146682433123520628406572269260690474790
1964472975283227495698196327787281625954012020538073295825004974450
9308097824095299129654233184987988007716816319860865120883158672560
5065944140618446837496318929137459934216034848228831582897309421610
4736892558516992715531155888876007217034102445874402084434282730040
6730979555566681150130033888958380231464313829002600763228503475830
0780878895180313981020762788985174353478225120846759497430024437890
5842895680752663203627696299460180834941994912706559130840005862650
6399639110406851041282007153246256426371456355757694528492711263550
7719632506589654553648212545926335525729259528149934158787765156920

23119151023373440716991656476398200089698462984399775938539811213
32181032819896994579261764935829748373387752352859464035138238230
62694536345810031936725020698280738433341175283157314342639896416
34712705303477569915580031181591809113788026883854757697292339888
28603230299770430666288695530121027270576339598976894102499684794
98168420119925613480756440406559462383708723688812548949148794873
48086141681055211400184551700844448429484755073273664282722206336
58240174549880829130188391401568090500008495465737300032747797209
91750746178595157799532022372852359204007425152256386166756203188
39811761861196022162847431907970250367459282804678178536647393560
03540382782818457669478233745711382212193261672950104270694095202
65028052289859093500239449087456262053452217311940957783019536051
85038549614062182530618203651827337062111989390244889753863581809
94491815784878336528865436542248302027892417049689651104172759475
01781226785814391748649424357300909171264877160595920974458114629
55422310022008512052258976477811482703942677666427827462593951174
38071986187222655865040300284691469278646800318360346381726405702
70742262034297187555809938687124046562233389146465830554301315509
52851097263005080518826527268533537293733856918269371716773031611
86474948104242151279159101460656979533313377409593674932644146370
24275245393350301309928336485407069840343991212452492755802997988
24092066446404258596620088874191649877302754037292042158109378147
13136226288666694547421244955284909149219337193623402943371255755
69988652966236450353519202677763794248208286056893623152152317885
01452131321491469868548359447068658501098131420589267641611516210
94053567807368100897342458729327052108535726763805642288409296658
84477795279546710735193295474713015079220840328232204428944678218
39654771109021173407251397247573570085531274321999675125958256806
32358808838843662032622661914149347404364980002473983320924118386
67429609269460701418388178110714282439657796388439864782137154249
89472583041145149526872423618996763058816820846327437441210390552
76521871073556425713360114558045585684558650432859917676519619327
11434986654077745145004730727117147957122275720181288644644077751
74603282423173385337652989810442322404677246320479517980971576025
80088576897513405948054826877288477629384645496040270370508539419
02769937066804551719416040376351180185513657545109524703460226002
07417428238494817822549063659920847490375832057446779591067556606
40775009347129817005818769408027992690460594987211763415191488225
18670439557310017937100046657292180372848797971569227888839704198
25456570642890898582795862565990137596875007856985342094439959715
23667673559911557090061413018853956006933050826115788315979018829
12877765396964067539208084858229047556190518637549059417647208090
84485239299663653777468709856801423613707637046742361802921867959
24769777652926292904179839275053432943384476533398501228283627985
15026374542796671771484197573390657287154305432157523544932053465
37542382048448508846345908533866772925385204449844131368637518941
17684862613603681937363513393254080685226921474307329134467625293
22640845330844938647151561813941363435036481779475509763392559882
78690369632386330342579445292292377520328744890200405326681393547
52855017464531717214599508145561364692526650227115337381817597855
79504198807548581133628915490090390806077541575736137375598801875
73075362487370012912238261134381039234372313536898891533749493786
32498494176428141704528408296939917243232867725641504837657731144
93352155385230017811082761636303709020525950377909253411047057004
65652519779256793314108866326405926231788931260315285758716424211
90333798725775874290129037593626972723431489357257241883794186276
86456677586869202760143980501638714352047763788090057892836338177
97388457344100149966433235822257925351711105948560789182401521998
28522694650958763149247127952016446764740270468954543510

```
69826179991402234072854891546806842095743207506621154487626644675 7
98636443880232586360886918759442271521429650664161384963815027972 1
73071265920578266002784718140034209265693070309044570245964675764 9
01852781393148131509203641049845969060225314474822945707025270436 3
04061114455142227669366501254252372074394018277525089414329152151 7
05997454593125946821214351062276330331850433948895127672063729151 2
49368193570319104693572905276288768782500485054800597323075326522 7
79255241991315961791152206941968547918734156699781096702562993993 2
08164507174173490564339865219986639055709352119852439067986150214 4
86239284387398201876022854712303949459661572587509650320071247665 7
59381372124801134153550616754720369579105597461067112541711745369 5
43014719141993731972279716902116135726252431164722893666441426212 4
38549813623694963571282116036854416071082317751078012983042538141 9
08922492085953646108213956481132053160737077720760559934981503424 0
64077512333151215899924629749784547438578559522708926710247919919 96
45043040166005621762962340149282181611520504643814051201017632797 9
02693271222701259270816304579408695938850308858577776769880577120 2
77461858372818585997017721116037109827393214719793766386484316000
84157927253061164085015150016520300200142743337639041878862263527 47
02258984849469077694747613276391052599405660382382371636943555470 6
58174827307182474182726362724046239944028444473642458644475104690 2
99765267497344356985708539057819159958599609675061283091019474886 5
65075126139713632927641583491304208300950851100414074557443784927 8
98576072610576974181963336967905518838322017344376439805368296268 7
32851893953081597213840998753657746635493253113936255978954300091 1
91426740753859254969015797341918371040169991790094567835962857322 4
47147907320456964719786315490862841233325174812784828809848761022 1
00974278347516462790553938519668895696510876062872957459088920170 2
38672074010602453894151954739328142466223126892362650272056402643 0
21776903189555520611271146314671703891577339006545286932720808111
57875737499103532444669361653517522124688660805939738054689486755 6
02588706871030811898922024217495293458219535300991561355360731590 9
56734699069924874268001953821752462105349862701061321590757260240 8
04300827868356293198384271052198354727511764233027995892687273053 1
18355805687527612409197424447633568095687484441045467028352365141 5
27656270080436309747745376780982087349803849825992488106702977549 4
95352282995165465598506874283176285208571961393797828505779014996 2
32139220462341524168238038894466242673730018965433764765036341251 8
28509512088864856294714398779566559280749164896256218592671541469 2
17676839605450081641626056106423144435798230691965780470574714 84
60072968182372287977560496089158178686729362379024157920472836469
70210313975180097841598550007055364938753212574961674875872583259 9
25957615074339186228437988301346044540880817809685491194541193470 2
68965059919860410997653211196581062966550051161836517062029288087 7
60149846167316442686419708923064846305675457388720247601652577608
52937721093358445387107402729259191524626762353817978693064215340 1
31633701135735635111098141821129662210736726269615672674830775248 8
74448416766573702400485083937025583859101226694835806839154547916 6
01645691486305239359779324467255886717416048550387114903176075537 3
21944728305822191558078807524536969327446017473605242058646968697 5
77061218677619720587491045165142715495423853920232526975123495465 4
63090613294600566507283098728033873735155375223563183570253700649 4
09263808031737463485403611466000484687624231089472379165007451797 0
52486284672766337551730368736838564403704980661790920083171078821 0
49818331552614850537354075035108223392474456301096920422788447371
69688950911185736926890336659718522537770329622016708106551812675 8
00940852515068477579219138932138092869611953122090503801810765874 8
83683178827814252786261879667606821977039093260067296151275571252 7
```

```
8643706989835444409613917379035454851804039733313748052358791095558
3040481534804539187854038243236907304310274062641777762657301034703
3840211296690848180461624964873947345844121553025815222149945822499
4194195472564103175021144228086523028022134240931939327276781959906
0811259862396733945899619071679777780259511631477576264028588262514
8158216439944135061960811758904619511585390826133549603880323713522
2451696811805975121895900285917973908665244952804078271302700453774
3726785553250485039746375739464609840856589301848223416149865831503
4660821862236058019481145549035154742662660612950268784097547779814
0726823956931472487609828034508118938340409615343148630112486764653
1547875845494652222753187735608908350438370811208824417599385864663
0939704811725300402030581340904474505115637705410350141668619124852
5269493348297851018111472329874045396127540222219095844050872306623
2688884970422345670001194975185979649409914897138536227945887407609
9043285422812773058183040249451087063369869468674008948109753971009
0849476830410711529550638887652490545659994260773886347394552511448
9720361047937572544723966023547748127494160698351013147640236419491
4610598055637570446515566712365256828270157445284760220781753972337
1640969862649205576687615644577446446649254773467297255570538828590
7892317597067686398249662945556019387315271036272012429312017642522
4644803181954468333763994613138361445704160888342225371558783580701
6115602717754142472333152781356694009898004445823899842006407489589
2389238927522891473294553124042477552083805237951012393843585877545
4999001272068286659998579098429303846007329623842629079721823337274
7669464015269204881430422739438838386988072365034008809524512726001
3615257041577497895464274592866962164154275190720789657656762047087
6291025929888771283405806131718206887950962735523080228036658853093
0270461940061446449186278566424494208162102038327611169622442128639
7311571301189918531699151581650258342812848741492753605073550149275
1649655689498688144578280724154009011617693658986281137459279032257
8489093397688160867085700299534572157942098099722053214575142715411
2209398869874562801165332079254551969851910384281572683512010923679
9524290686799545683083885930136672185211353641724422837049206036481
5444971779988618739061970126506684370640425124459951909006226082179
8454151398740861561892465930844027470147101672547160166860173976919
9766201111998930155354062817781328238679873988318540936514175269040
5027399232695322939310360456984252059471087760223210167746792793562
5307683377220692980995213327549341076406829369625653809798299221502
0076190656713323330719175311095376967431445827047452191856565617305
6185321660425946455385616883759934532767382788781222315372811134173
5545170735532082760440774525442307854537481125966546355745960432703
6854215738696224447960925936750083098914000685383635881778748642710
6882578787407992834182519771408422304894979155179876782746847540849
2899386476349839175392445932931291380807387650050522006666627273438
4454049896801183432553499976250119217678755809806723324167826178257
0891163017980881955837910754011805096216010930804225701805492976467
8411538769143070882475312172313794037236592877104345544696266599992
6233932298641137100126804081160276969402287136507298106445252016551
7338604686504062129245789271472274267638614268236764085164119476626
5143710139385568064270077829659680486077517949221215629173867163546
4988985383575153249743158354139913221365051551384109030902755433236
4412022530077042821114714191814757096183313782294342072543410315558
2818669328386683660726916383696779320102142029046813370491534380592
4654711497083540122724100650394974216418866922744736899506252894502
7771898946913296346758587926423521163354647468642605485613157784036
1143149026954427505648038478887943295655604844339184060202704514682
7824231514065070221048519592072312004933717673835237093088565264344
8419467
```

734538241329688543063024778255435028195957175433268735831728279337
741010263471725258000551089980879204274477838536427497206543092247
960572140033066159793981569706136609839640552028766999172254724020
639606096429945427059154600073536731549880773908300158133516035730
111114109280154122806666705878555092703338500983115676285161649242
550929283039087709889349460723490286585602054220670371568046350038
260527637108239865979318483093676416563607907066052334341113779312
161202058809514614377394768353883950472129452834986548086483788501
946767694562326701998713318455453483736084512767180056787542358871
951058956527978045378344846504681469516775381369518451030832390374
965716214330796386015448161449552393511121218944302382695405786011
646737366479565206587250815927530571313438356992004899961804325495
020521955502061792779930564245836658721675351928175033449923918332
562361626502081490355786124405183440403815991358271738433734045297
449996405991865666415356124243080016261793375092142965808828322195
705784317169794628455133096838246000369899618059298795066037607124
327255975365088203863609588090400380017604750786697443325877232154
383259983998643950114495415077009728226536958394380850912841104162
909663701274249881761634410166742340050683616764823271038894223948
202530869672229252434075060265129885763587813750085100568868743282
747187323242898477335425815041625895502385448906849676764892829707
281158435116760776172604891355851098147895084298498360559365937105
320205997904436973534016628764532063718869382189780157321907629981
036125683876438726985360129448160731761865806680596837338941198266
500873262426696002409088320762261178399915744021058427898450630360
141993392836245540276835099897204218596209020162101565192235842119
488202091237839275571856055416562054553471969786612350583489628212
860820840349731199881077259045458633766108505095830530751284259 6
428597494715967542592403495586097964340196646672175723723707078518
464663837067170299541698329886912472818768027381254962938987607223
408465709509894320165487604793394679468513437326303922309331790687
303169941800740480006872513659785795859947801994965234272868898871
781351617155057783915871386404057895659182321370814005871380883652
304716712718220060186088112572603398624035420675212769089210815522
603293004441018906372365919571195303028824858684782564883005251812
608103542135181224715840046275105924448705837095408353189752152361
034204084507641376742347300588220343231604746330435062814232108294
872409025947644118910322337404979474085782776220482618219514282179
811243726766258468951951069986737402273230026026150597064215274602
326999497006158235928282229783286840199729036537816816002884117306
733244966283840324353650413975362055091052197490957998605957269413
840242675559674863774293058531406648031844531532908153215494345828
804429373556800527667018000947887335886091364949458385268927913655
943428817418645559410296179299581260809706454746509023426184034501
081240335339006107346941209783867162772161370836145151105007720117
042140575102955114913702554533502068141165244769178458694354034118
791350719472868333896624761011830170049726189561183989816053909200
891172772452827329958680838010737813140018760672501269264546450976
733747002367678201352356732426247888048234362900999633010976573057
107450862132187796828074343989648355242714487573058303218024945210
923199120417862983211064561898234504950543971618030395685126538014
922516948784795547241863827862758232782129939782074286755471092498
218244686147958081408355004668755962615790617175902192718697237845
472411298557573179374795351829558429913369281405884804215715380746
853113023354946272141844005632397445875377275180714660165706503537
500007800054761003678636991113239858621322182246246434350103632239
859670172899284252341131543432629303907359534291441393387428218721
484186131279071626858266847205954664035651133279272928367042153333

```
7815648978787243472316577108118905881159220534134477675212977746355
0655110980181145470892170124410634923949242422673834943940786546558
3638685970026019915416838558615578967012722002322003168619541970288
9247574216667668015248082402211115619098290952882934227840640903953
3967200864995696544707521184613434097785777736426316586916989762749
5418868313324751453159002335440951714914081359273191146192006775799
2158563310761254707093396116441508800727293945636849253271858915511
6881472096011415405664003892102811864854595041190055800792839471611
9967600301877000729916613487810389918979927793308260333338333405791
9338601259926635435064710091260634625238574346352684749297906578001
1728766596825621946854107798742184455047104825113899365427994459322
0244389898513442567266932786132950485170204267041681042398878776621
8283501931254549510108703766963812060312761799621889318777830520451
0194812047427052045732125487339039302866808539289855145395183070161
7737253391567927690390733624859034335147611787051779766471010750241
5076816165572539548200948091105863173298917531184160364021950346351
7321959475586008320829267512378849551667250649220720609741203129311
3574353745218554549830258041565179862278016468937481723971338112361
9536373581105739391053691797392934319775188032524352586080827553741
0999721015400800469799279434223454476897075803131490654997645727191
9699628033269209089155838176032139892644880237691008274209066808001
4373992504541223684971940977467046731673788785204941656447370713251
4372831395409623181337647384889412182775687605827547211534840641111
9286609198061422822955249075885258711407213414016352381199891274771
8913139757468280934247282311021898430070244399964290644450844788021
7668653946357835978633014357430738552248011805785516300305948035171
0230529176193766804489745519006229814174022546879385980914228583741
4941429466840567844786299687303736686339751013910079845588319718931
9840420585178312625560990751642566606914485766068367937448062597241
0370993339629283434833266104136871344725962944171536616832569298741
6075193490043675487124501251738822895942643220617183770595166566491
0388962341590342836592467623892154316210947396500986925708950750411
1415781971894579948516829239976768526059090408476925555603209473011
9889261822947383468868847877421474782112462900504876162420975722951
1786073395988696418605399569127426110537996486482728821472986544791
3727051143103641539950430249248903898719047380481217370572566371341
6514715413122056319569952971074484542325785409319607037480624328881
7305740374143132382158355626714275687557551361820191763301086283791
7258551156741723050471906087361627708326296442958048279756363082371
6436161545554061698004581964467066781024334784598806924847727489521
9826204516943700371120191295353112919713801759557797453217970689981
1078697996711614064725835573138528037814479461864582163474520398551
8975123171364079746838514559204145005217721229144669927864765201001
3653978899709419567795422900041438454871434885285565176308029925161
7644424768218649062151219172342568685160060585978089662366883201281
3965312270307465481821199948225388143004016811445036211672024446201
4828296777616016563789757634979554872551080910578133942034727744841
7487698984192182808563041649260299176230362632250441829629652154381
5628760703742186814004738630945015910913254210303256135110757558281
7347856262608093256450743463372334224085585816338537153069458782691
0205239506727247536900139801149643165945829716486863220484179521961
4244983279488063134646201089139328705313455615037887692114592726851
0514677135599589063223865076477828269016803601306170856982886336351
3398216641166133554804037038210034458380815055830340179712082249391
0950385660958557139537463476283240421751934265668639255917743378321
5548207038610563301262376287698173472822425094615318907021508205041
2181039774894076572149908324785285459510024679597393084110627252251
4156964938923682735814346077275980334626431259827888944181849173800
```

```
2687044960388670718647708315647875891178035430820131865658203435 40
7342229283474557696514986839150397614126133607894809975591648249062
5516855367948247405098464960856818891720369987375796439800116529 52
7027723722601935755572023263101476869284762636285189304849269092 64
0985472493648181412831689383283125795662135988355445206674089584 09
2314862575591105196220005030802042573700289966012413635564880280 33
9995694656609588576321992603000468539755980287655583171070639975066
6047614867776356322611612715224267109673618402529108255244615388 57
7666027796080898302837068778139849238125451717898757790676916513 24
6031087551814796001216762016855436138875351111464644596594898628 6
8500384293816775979619127299904591343960428362278214574384910806 62
6737203981596833114583132775573719396476213947036948713448379653 36
7208865076094944310674893862810166860809354876204062953142683679 01
6223243442162500961919886528250184780750093092989616878935144048 52
7844852101949729314912293366428383610958359117926697321050328658 63
7196191306498573320866152431989177517561330725336906062894401403 62
4673579168612419076797307215389609926091477800392182909660567805 15
7424539481270515827865608617662808876754852826435345792975109103 74
3243148049050997201340093871209967992266732745697219975739749835 29
5566344445324345570326260278293136893889629676914900511179164157 396
4151622345962414387998499723972106259104524266556282960145967901 28
6176415352478643304785581496257111395603251503631837450619425879 07
3297479906540337812932343549647709599415970216918103681473383333 06
4151387713221517339840938174656833323752124521204263514948017957 37
0648574825588129624111414646926617747817386015615569677680806354 28
0813392622226805735860439573916273877143508484770186626531697488 86
4738682430941960189287589120213872770961538488095065653207344205 89
8497856821448109934432714379412923407297547932647618296204036144 36
4112746524043691754283856614059594332610091323144864164204976494 7
9552017171086517069812241608482170721710164982479807749180166663 1
8076045716395251838609582718327208657052982558926649231274050673 12
3487720349779982956094106360305165816819038480111470304239018204 57
5837273165208592253994751093890012112219426665445908677926913711 54
9507896665766765460962882777751995705545072979236662085235078168 94
3400320475437404007621799091881351094993966943134279859921580629 27
0421382675621435340592467202350206425854109685955128295988016794 7
4853488276232260898821426027966949488339973538091153102615727526 06
1516646757472311267311304563021016442756282782191487924669897532 09
7832652921682584330479085478336542697584330779557195200010120787 24
0198813494984438436763827041174210036951169011180168326999466120 10
0860532094157901928897613978403516511159934642044414827682054550 63
4184830616197994602704896489524389702584341717731903153309321479 80
5420208961951250759293649016278147407732477257322019135045680559 9
9785692775430546578798428594684085867841341145382412407205667559 82
6482625761903033834174251848538540384703710069087650808535086402 17
6210101567282914356736771103511643978363440428302347807354566914 38
1770474508945872117878391541665309472697951952686392823300371685 0
6787620787754817839108197321829047879932913960788741768330818653 18
1999406597926782213227134596324714095294630761973967499846349363 60
9758067253661551807859814534953582160148026023317625201506366399 39
1351428775115353212411225150570657231152085376502843221015840618 98
2570047043917186490724120891714561202491730043799349994206586637 98
5787346060480619228119464331562925686710879697123496236406193738 81
1218020737915981801097590801132722578430025011137880349579204391 89
9288300516242921760033764107933719681331920675829918260784852475 71
1775242016834934819414005391646393521827371048915003658047925976 15
8343651355349438431915092146293081995018359167094253026540329803 24
9676158439634711435324714370392214861784382826113866885521598461 34
```

```
45058033026369143941743559917537871666881400452968934351987652723 0
08458465501565659895211301104852881693941568670635178319221855955 3
05000298648325444774777199550165082658896713964088980056795806691 6
06580609404851392801022276976156138260831907603324548465286614649 4
29483966773300807073200675104262514142962447145368750970687850660 0
59394026518778610327654702806325729906196897591887386672305110123 7
94932925976495748262551959273944717640092556185211857724430888945 8
93130457097527258670714556514236034181989031519545721886211491710 3
45305965784508261868074364977358317577008647587996432274454895007 8
09667119616215136769508530892336123866628348110293980460743553427 2
72442810490328075676700337727112094912843448745081356882215603305 0
43883517541081483037534434208412208168360581326234576775427931619 8
60454305044485105558004116794337671320558147058727208825360473106 4
96793184796373527884478852058731828660065633493256023590888983537 7
72507970200505414402105594610720764924409136337227897399466397512 3
41178836631250900614162322765702854104850679744981271814676430841 4
10300237525653730495276727548454599978716332533105061902402151814 6
81001465126285103975983941288236986211318315247764967957774419133 2
39479855287165302319986980239839847319817881713331034433989083795 8
00005131965345233833901090970444714347942650262857403151815203546 5
07282311838519865802936213522437975431938019834329143125027577667 5
43168698886028656770135003725896964458686834176473878390665444218 1
92358577310787002319174454287141600302682837240494643603478769035 7
33261881143101081321885527985897303450534403303722769151404531823 6
18783217199889890550829089662419765855980578341428737306480985290 7
82145941126494992196511361256777307699460580206407239180866900201 7
56956417595527211359337589791160475982315587253564456825714374658 5
66889820373705497045290715846973763555870609280120176978053293579 6
78380795022792200105201676898873254108389319250907174288810810708 6
23207551018480041769696826290392399839381162366384787130819320185 5
59267865898070985022953739494217542469625354704395473241339247648 5
21037611777311231385001618713047106477839324875850063619911967787 7
53268071392468984403882659360510854652369222619272403499121038316 2
26297241144083556868049980746048371359252075390170144693739164092 8
64863919053757393294556536775435632948953085479197356181168943469 4
43443643030871444254910609829482881581159563562993377947392209785 1
10406721664480320531067091303759488434578734398473707653747404793 0
80903438244339705830532695856299847938304808177975089019323978819 6
44747281348548648563997367907690393025212859195095945330313797518 5
29818662620117612609532139263391827182563275830591189372106915776 4
38388722784228529009122612514080523150812027262477370667161537297 9
62365171711830918171522805265375933737558128234864296932266784713 3
86959887691580950811504993633735690590084289200705482525461768954 1
64710778011758607143286624044830552364259377579855244869608072673 0
59076502488514081476189179999629290795406069165098627507033091008
86611993183653478110689500553232123231040994315669757128432110589 2
72907562665298306834612688174350276344573487313081278785396682594 8
04502445089945385062622281565720665625908071060090719474158064342 8
96173131515706055811399896076568427723954812062465492792246644108 6
73930170526784065224750410536043235086881525438218840578152295198 7
89560649956069827453289227327038537584209270942946673468959337 77
89658067695128590449057399130794876253979899894685344867084276328 4
76440980465348855120943606428893738371053515595879507510368199958 6
00924794052205154880777749983061313790264128273715757106128173624 9
78364745020722775619521267432735816854961196988825831126166950522 2
40218811466930625749538470869958657459988789278684738719864383790 4
80463746222816126871276345113094783166175997075950853325746028493 7
40010436450345565804494429503453183381290785088833858378697710849
```

```
82066510206279570766983344517793452718037691141020755477431542932
903262953211497882620351598741254642288439527777954992895647543471
589858515900550849005696903693994638054127440782720795881206109501
826667505282910042864401159690915602602458721174560455109407684697
973682748145979040455219048418011545663478335343808815341403723981
788190775763064723383684807661718788752544407318658305011864756320
301713983390078987542441102627774925945578726315160874870250480620
381626062841567542997110084572360794368388317756971160717747601977
362998608470922561241903344303868060751607783650278916662836093176
759695530149368127979354666523938986549220821261327763789820294679
958162439870593623917051175070504939244293712287520721004790036952
035305417470268810031314275311744562464073545200130335154416116128
453063638220620318271412034710573330570609561041999774412943789723
336195293680711629464974174674601619442841957715064212449115406701
731221384206414126967154566438915947177796949351958346843367832214
130374310734291743734376354415907377380776833554545220416075583245
001412712899741014947054886472434158991296092282986240745516058914
963102100005958713471920979723983683128011017526431868611183517017
586754064926579151374058216297242018837510297720276922807801732353
658524866103735524636051974175871823490873819774519960413516046880
860827255906104828222575767463581916629034390705475970348090440043
043333174134614234541274567798725892324090915108730592024279001496
737015134772151425714802387818972789099319232118851804003049762893
873119886876339770569031907414517629750558295079055157128977260343
546722251875194722777503478062988815802764088305858873211408993562
565445263256262930428543993328255032950289369907770549029470796220
083902932214441126573820895685434478522535584373126933754793765994
306991005699082156031450819886494389488679597736520237763805269495
558714542706585174744459646823526941056851933737004914486237606597
957437429493137628495423747696298423620404069903223286254828223354
201652282934434215751270602021538317845218564841150669394364364
463390329462869215001200331723315945993702440466546440107095463
786273667690456425997758603414233762759258536312643708973075795526
996850313206909183067913265420306400314824559862392657597573177591
286253089465412516622840716337014979026738432530161901013729788646
954034256945572630522038762942326480649962381630855003126516805447
885568199731089679575544268392204851309190268824033771201778639860
463980025603720606929534601536735130093516649047599690415348442284
064946435783962739597969701199959968970550071398026714315391239146
116135818340680876053466725530504223979280965662210911118477896503
351900312819308140470647874036715555211403407030398907223233915942
351265297171121449159128746969645445570922804347338410138588742805
072514932018367654986544261906876750303979569390242134374752592028
444937070321982409508528743929412781595864754303669533654646504381
229553856960187081463036000681022319353567758842217066271778752289
539374973944984606881958992605790426632428181883297682570878308901
643540546417536779752140149169816134993044910420427417299073183796
985131245595860639919965966899610800504940072963970989595175746349
501131523954054363842477157673057968997809351123101270000606831560
347056168842081862105906584385468535226530994080955068645181964310
455005698528640369727264496407220910728050656517590053633194257185
826190168520911094446230493872762260130096650980181502161161893149
917555448664845101939640892424535185862966853588072370252086290396
751354424084167679610625407745354397187202203898292588150488174626
321440193245912638467764538782149003218736052884016158146769340972
434249669596797455129521524754130038382417596775542251548689034984
675846106631594198812117971334525092753070140856142635030152714737
087979022966356830017879902880841938939224918844891176700803803875
```

8887801697701113453349115348021065850875700255173632568820097595527487122535718255169787531509556908689854648379484303518706149231357340296313652791276152623061043140923956535229749326101802357414494002010757529248895892932458035188934833623226621107047222795178964311353322215133111281302699657056542366660712427360675833767835191012510994437030462907634661496449559967303212585228400681288632060138439153523932091157906047341393629732349275918089423365652609394831336481029064358631183082596587859784715023449078747678799566742485205104010399975710394022063069173474202089699175600528889873675939662936740172098219541833712823393286247731719643862566531455126992223677667770819864349679984152604519464045901639578960492791392910434902756838172684047052298140890671314915262504417545271011235786801298936828493391396383366078142291794554344916809706649131884537812025796215523212883988829483096025415451583015564562313284503174185769799799107895565679960825291655375861223383807006921957963941983742611767676910050735750147104127391778359634794411592416074096491892386416231443150984337999995741238608455687906501796604659040119009310649145976455087441691709361597805467174658993017041375390468254441984930697739630333614330040322637044138842456485319600091024035914860434195671889198585615655465775089014431777128616456862190012845946074216074295710458314004620124639011021019323688746231874639063905184609082474661222258683171698906360640254048935087506001935383235847779777771841566927112240044551677054193107303883694387978890462421759004666609104016362270064506716725632981356191695775856133339039827759965225099040387093278986221595494379970630648070964941770805812270559330916211844004635893785632435864191061540068204787901621404457877173981029526071730009912179711375424333488226661867180593453500359794062610169455894798528738239461925927383005865786236901271929638265926393781959687776344919278138391527346851031712835011677541289696340176336880334761324250065479448355160024231256646080107867025860376099390800451756260090655554130984042735743005006687743313528206170729903389370532225467004205889640465239361428307918540416966678324070955958770942320094156109555343344349138543884086108248624289859619741256571704240067876712368593535372271091567040606219434726020409941395472013175524491583459442749191929135023558344041872069743458860538337018589765720622546686389914740617138440911140542444892418125280587378444375990337027144323207852046419314755947583142919416971906297697904498821308019258759048587570102804989009276466743181741931273879879190866705646017414104518365473639211201831272642135299075075316741860411390850791740441726580092889664003508561829937247213684341314956929570401981300160608754127957466419031797332593924021074167670242353517422118285715161832976814222607309029636948713308807785556663239728334225270656507307251890309039502297514554508141344442816541436441049217506227064362861017571711204836658149705824635780075504562645374462805259328415678857985069010580452797562628572208304783543668131330317233238135264707525779523301528916639528654318999573174578016782672814602226403818995669379948424210982489742008823311140013410440951609308313090546550315955515473977480221462406761105271613757998628354396966578355245670079360497518767958500434785944448348747345525999632392588201044528789576723339110852081379948423471531895261281875108905121354654969246066557673451857177405113980900507493228007094056920655442879928976809138532882392312742649637907197997852490903046095850203281301188191897987538612770509831126796867211781006094288603341607408020448532441414457945472105469892916649981941599750811708399758552531253479307072377194823738336760655418502113337357535711604984088630696264989015115562982779223043334984493678391519856268504325200844798554629691262997883130293630646337045033

155263752040473922415707285777998802963532890069840076781896975635
402176619429442475372564984572265506787359093405723897937819146080
319827113924804979411004922981431759499199310328089795747253376814
606174543313264489248037013462642669263173424435742705177475650675
563413336005917831376373759203890204265171691865422448413609465986
362677543332172909728067721218122945017766423271673310919275233771
242450590808589275655643441154844388895321327028560540600643524034
011774394263831492694203667677312492334460461527922287117473732068
207379504077538070248751397369748722080794183672455792671586058756
843738256966015288450159363605799764879554666897963172764144582671
409839302605844437311832195273578242992380530460979253217595294376
466967178599565547952601048111609001925598770316036928905354642191
693617900985472078551257259753257687803418428239419301167647127802
001324490541706871940608748642509924900412437779025672362387521341
487546868018057002677165904571741675093585374663278466147170222912
775381648935814037542041316317966204626016830058358402780842508470
610285632146763492164415596565399512441115272252098855763180788086
283744439537336386628913943990459186935629799316913207431084912387
826967081737983802760073283523713057038353881201921780745570539213
125048219766934063942802345335096980545219196416496966420519223222
933252249809906809438298608239338686773954452673632194440159865904
066528670206510049409786713024508960506363114749789754318632737637
932022795300108771768440261821800385909060770293459786409329695112
338532614945655859677117544246194620867417898814347780270237891838
654750736725070123164595421042303682530154992729230497065006887445
529088936646551481938480563745544703197171864227209658706300498343
665718303094585252856298925461326079017237462336013820894764047217
671021078363530632819528942630970835241842688066397245435194987
459495272368823511064759383705313614945233262990060613544202079008
007844359185142381095406246359288007491747232601428291506647356469
491490753130404119487461275842517254229933765619132283441361596884
512305097922908093477806100012024307933675460695671886784758902916
716281510479109848199687950537574761034383928929818347559135337283
428884922853939659501645942296849021635769846036566677068849790614
937895866238978513950301955252071159479162430380571339104412351279
771742589499718132089939724094576305043817654202377493729292366664
085826356304701889428471366217962807794758141064720396869005733588
378323839385156436769291095321263095302372341887763775951325585719
886841563511434654449213461836258200177391119635659736209174802895
107119119312161615049356614001989154067719147406045020084890078521
044898407155872491318142412374531473909585928549192619551275281540
455554894860530439518305516386529635114358554267895788433224703032
239846296940370036386670597551896228216684947215516799401023726052
761920617504560496637170762638459530053344438789944328543663014641
420751502676529987148414838592420468435150528589264835412959996419
063836222550061620298517908079995517161428927433221628069635121629
029650503454559800242920380661131224998757487778145433349578136558
008300458790455655237596430899472829415658468980629431127259755461
930218879127310353002168642276336610318905110863359639860709747374
195529341785078013653378687767911514738332525130023719102358758867
980393855297049983218303899853337353315103458044340257304227586826
097239834223150176408033273176226319675659897729718394229716522776
196734085734441374759147793179333989243599405813960322813465924785
587565505751594286116131767395528348150808518520715479514392667287
510574413867697189020877761195924593592908638396962005768650996293
038181454912807341809720403203633667664994439199362641452271450735
037059076093857524400009474822971362377215926308360221391588559094
614074069763012970865696906676244218618363552047279035331753093607

```
7977879847080239021859587448789607452374905628374741893102680628
8174338130019822127770609218470081525232714598672343785431049783
4364930586076453575602598382816254098496399831811297188143863954
5440828008619305729179956888798818257244092308607770862635131360
6309767740997028472766829666854290845405202291900303432247189820
9382480607516387279456689408497366651622813369488258339531350502
7053611181750210101696093737288217468389261806871887211712203206
3649831281254572692763105648258790106857520808063392875136481758
5810969559699338484199106269224113656117112954796777812386239349
1400854705378458378285151232798730884093735721100458603654544945
1866107329376110867978282803436613333978053861486359437163500877
9311955984802182899267779769409139308492689239716108751625981364
2795191163033917961291900176095322165573491103747120945790041860
9922155117591568303624947160865051863227974295613651983035189714
7602237507160599904685227028482420257009629938279147818015406641
1792596965023061674967724784194741420092429772971388832511665522
3033896444730527049024147727564715409237680664165282261121660551
0351049532169538299957017411465102998489825164390569909394598682
9855258312876445683898434210936589431051140755583849278936997409
1389198821247991620988839243558736555452375362389064107266313657
8688715014376676574392829832073461314039495261709530844896580056
8463095232963187124518366166304277498527362023490678591557693622
3472426111253263891430252893766737392628606460991664258399987464
3414163952677732246933313408989228213523671609562825134923485926
4073551815360719656739502706913535763434376744311724908455377670
6669884144911480888480132493025843817701187856663572935398781140
6588369417283873657084337575104479912359736597243445574271838473
2051640986039310219592121122572034365100139638906494529671420560
0861769828831638828382522970765818961189545729825810733945401727
9783454068776411077800440742929663980795802668931294689089150061
1841892185304164332216942782133921182771902167520208059672627494
3002805388779459621856830743842989256463024089063366760647389704
6873626773471431934643782695278376028614658389278933623236160368
6588859944071709014385765008562370357074728812300427764747470377
6320005543727473658472402618390250818502039941310950397081248122
7761283245956399564073037842282949417904179913536533706092953580
2844901956771743632655873343028440148149907546510328181387821090
1433983745415095721808723321639314118488540488247613315649935403
1131319714388566683380217666836082950323604059513677592715516567
8029585973380361344069307813757301161300265797024265591786343194
2646623018687258796305755636607828996953634981452238866007301477
7919864160661439080577725519244870708291097673554991200612317536
8478131765439557295038545292365366941334856217878926154740456150
2308853118438978335074806994480208158304780292913950274218678869
8017655546818144544307419110229272193186444074979031725993977136
8099711176146890001377240700923484996330832030429732196758278940
8466523507115511183481032014483529474488518863241330396067639585
6239272743538647655332592611391601058972069491216041943843627692
0204083601834811827158553439255537458236282552372625331435969964
6667825593382100917598744440271852251290642515745359479613052718
9948884782435317225627541310959985044277475352638887118926497707
0550220105682325307115438956475830312255116287639688351432627286
8152407558879959620980439465968893295190449010574191419981498587
0005334896120691631117546825348582900768393576264145205273936078
5138057224150689718558277653895215135856589764073014881111337386
4588890982276022973395124413507510038725894820664785445392905511
4925465568301792236352637755462684090494780037268471610264950882
0693574846316439689789627008337630374301756194573890788481042430
```

8552363102983551745174544660652976708199474320599516529159600871563
5211546129673541395732775167844348486459833913758485625055460175073
9220988358771933860139489675148337638021390341529042836264537637457
8087828153790470854457596761421037723612329619640229202289514696884
1144705828930980357001504103694841705472869227519704469469729203493
5196976621766414362032109874971729908144000371573928189152840831970
4229437336774778258709218717225298406930555693522583678625387769904
3710832987779795051691696299576070266248772561115321024522871797030
9373800563354059293108901874004957513305645755468645881925344372270
1704841107604583450525724291768442356100139456682456604288000474072
2926191657544095336500054458333133334866581972749276001242323822510
7184689306940857232461554239281388742202766169379793566344104503710
1559823675771431249127962314115016452888044094239005173464563780360
2939532777878016360441042759186420251677118235910812494784489548807
2585512574549607995691801297131720540384249096087363621351310975280
6209862242624187424357837677291264179188013767520032056332618924100
1861651303481024400685680860611048112942740900937527485785858684090
2297315779366886086199644290736157490533034510746792139213935734140
6937826784053313199235443303460719515520570066100116930106114645560
4891680500914500556137849404543693134859106184193301895454863852190
8600808200402863322685779286594749900693607510578023474201503531700
7373008364949891672893509093542120975207472725043666188006133495900
9306114071104645992447597175424019965407306540841697352392504156350
5003902644002922751551910862941367236000269412071278113087636531610
5224433516226691901231017136295013316980770097670312259233409954230
5276489844208910924390275648161700407217392725660242958371557106710
6854141871300357131023054472593770645420643730283814784191021868820
1846656713832612826378069753098860829066330396698468396246747688510
1450649131518615524629479248111598731109079771152980588092092858160
2277065275677719539311203573194334593434733729518994157214722761900
3678004308795904799926642428196201630098883714884504398012244624550
6026604086161331997232849787615931712681400404505618966869098470820
3941370855181326199637688970212415231378187331300156011219956570350
4141065353563845243965564267272174345053170897086203476547586741280
1464071979228057446954068492795994590458209018731765866162517873310
2969357262487630182748053065600294624181015143131869024087493841120
4215821508373074128337310032226683957690735069881768275484817730490
9539131031846532783838656267174760018062788758049254008878403927980
5646496451552789273450200154100313190509627108096288952376898287260
5139140819451167195916663181885337312798227947809638418633081232490
3436827327088471684840823065106804984019899661418486821929237124320
2629328442483023610179839100426990407744799190837610211112396067250
0719299793136517706731645047986232255197970299256653151015966045960
6901508870688829825272864059895142504765564643861397139093020257190
4585582527139271981132775888695544629206052026876752213679668274680
7758745287607786344913826995634800825441441318253472049480142126540
3298296784668605437790613389102060765389746783799090419822642829170
1356980043472466696993015751149537152043740319181079548689432406220
9094586232624522096675744952856601646578736884246540265604576973290
0129583787420171151005742659749253328682586625702458378115218220127
2775760787227875362544176785168184919799494976491000369349095508194
5020556381122496479676624965078580232712368944622866979631971539024
9901099117672053296592010243274158366462851035194005141457190714863
8824694469038224568838850078244103925016359715374849056945245605312
5403791760331016534775001998649580583553661420716997411733105525404
2055211077318581045894610462735580709471466835287835222442439519510
9596480193399728225441237291197533523339788200500320948307780662833
6460632466710018008706662889771576131803944530851778599796794624

```
1617562364245799131874799529518736756020672433607862783164465504712
3334255774562203297058370652084614814618032795565723112891379150610
7878236724170631574279086027582680483282048253059594486535530533557
3608943668378778877908357733165815665640463336311789655775538674513
5965474379288244327761776652997753788443212262675878961266383306843
8490058005776137309460432457331415978761655537226301616423353451002
3746353682989424782425580648076643361805237741563140378933712699900
8115460840814240586928446408742389124577519366466994637359158441193
1779500858480652805204513861789723299109646117709762971698805474148
6404035888392795004568096688268252678332587535835160050579458531484
8377029676183263606491366056471185080491635911181680573568625676757
4836279625954231444084268694441780846545900109830083247012732767325
1862965281011987566742512371854719174196446109963814369225276487686
5242964332848802671048804488801559106447698291833644325638379834789
2249924247347347492558557293151861103453413733567227462578276718755
1285229615719350186325172175999942277944125127694916659641176453311
3076783943587557015112683397880778230893276729219673906565016790988
4959899971836201837724669791646815888400401508326413390170244028639
0700883106649068349767628800880971315772643341647052515364717730661
3927224056325710013972998990955937477305596363485600615984961253518
3107450428280599101135615276461371873230740548644387095103762391293
1744139267996447473236182136331185858040699365837776065584149533283
2660287785469689430022926853101934301987370587173582180980066938912
5076625708474659506289918468346949911962050562881006235243400502407
5121256597621835683455225766840491652515707584146144132895209700930
6872902271637056385906105921696945735131229699292583567531883445210
9537570173563261816644245918307191732592805373518481309872294562621
7254044418986403975038451360611100621071808868929053885565380321231
9776645007978808922913907197183215533766071468815888614665937080218
1184864094912441578015869647372390959585803117354939639342323981218
8385832226906227304369154796477329036203102315846228211866082858960
8169094090006189644213461734468252143386306086410764913030963038601
5612269477567270566164198322661282955940541852670099389441814526699
8151219653967190513843135365503213138068242451734889475925031241924
8417525574038182351139026163553709368646884710152598668200629666043
3267158847028467252827367513636915893498572151495769695739379312933
3387868587015586438472121908813119471337087338232750005623992374477
1721034792168999587001504698058956236518854268293985666712723058331
7473946798938791798447572639669972565150933504944962393298941183809
5115220273859361991620893155937352131938012702984818829682456924664
0158910245224083340735294723767660187190835662573439468354704836224
4546199371292199455216077052265379834751066676946325551156649491168
0705230528173086908826823801294125418146730584593435812734334074634
7109810169733784511370003614666147779737566767622118782539423603706
5492372256647519270025082488886040622340981154511333422390177368411
3599153372373184676634050715689668193810358548079907399613453888826
8575672435045918997400691044704111628786526792010616132471999844823
7152334997836375230143135132826955395290108649420581860439615905305
8259754001573475299749827230953870577210005396418869704874528973591
5687927079944165810494426879390222782002617388424638959221139263874
9541141959433002708467142370681281377822984874389225801960673229557
6646222560726500832043734636892069742573101488777832814597005506211
2529709439551348206970678092045789009005563599319303007467104257017
9184746799520164509853815101539696173545527780430626775794877109799
1362593662234937064837059816841914409008692838417581369607702626526
3739842179275186558553400180249473884247950763593696251658159800549
0110797072695324488613743499388440836614685920902013874629297290938
45395
```

6893091552470325456494848342558435392750026839808919512438571472788
9228818004727979105941649371664175676509443374654097289014406328130
1891438633928063343434942400260228810471699972553393957076410706789
5059052416329022129176157072028133796306498598823224267102982642645
4822793271548045876499212413212681827672309034755957930311584824894
8301417317193431046635619982934226608452419772743000894757519064436
4250704011573813177948095995339269155798840054782895365239563674165
7296488046346305736737117215809990209894453733255406649244555657047
9772079145812304506188806693477316115492135285980811109640356420103
2065031387832981444308563872065793894070562327958687446085284069806
2839012831994040317536981729101193027421648744601861963215944684538
0755709872212964758426105804371014414489107488133766721383545414247
8713666538718207128484761707002802307713986200152328528467498051716
0094177008483060781630740674129158570458579809143541609290613494597
0968892571056791005567529007475043799463382111921199900912215396556
3172633298735935838666500189702103768105655391258112742565036589214
2910191935677400796661271382307140818828418649325456700504789023579
9834629665205390345267229736797112229647576384279533707030794156328
9311746634899628691051860472272688877875879795365481133097185257748
8362549950780089623831168239465051168547086261364021782044527622621
8509468771458466676588999479371028457027858288649455781921024708840
9805488404942892027586325135120327683691655093337575687742311036161
0668383215808025643334645427172202495621806059358605778368398254618
2236449833541991908181754923962168710528049514224637589120113615979
9843803455389874368637941643003051303788958312792484549868399065860
0640789933528127851940984016719729727069932213390718420955178247520
6802684636165397716512345743403044324661478171711996108553728243091
7112635195011915381033226170096078197922946035552601878766923621248
6362488512903544283973792325138955506401423913076654675381145244024
7068376528064142487208913451379638599944935160867710746014327477238
5102847494666363346194172301607736297628897725128300258084687726530
1516820292508730013462199231565387199041060550741930363390184442397
8744233849982606967605702053536845646427272703489439236648459002459
7949473948604166711335717028120922680527815688335313264331759029946
5385748521847109720477182480567215619231319966276376828206706279778
6438225580872740355388755763722582999050673591541471494743726498397
8705766331150533421161217453408965415215549774624788862911830352604
0368732822025070893530843523458081507195695889241260528757183964963
0550766286009111672617530072817388845881237359853726929926264266600
2172976904093229166457800802861573105013834059960521518020233746749
3294109576913999967663852175374648850721464227683648609183197332363
9215924903900069678881210112974635837340525868785445702221462087368
5872796641453017626335415588794059073212225394670737826546756081074
6496041804339579538721133064646799286122948571393385632976161785089
1155827661197902337999866357704749637968223993509579545082055051118
9304779357024430352830442834702410590461224680811375399707428743435
1207241798271000829331913714192887714098986370546271136142170603160
3887715873410756266034626034693205757463632653061205961474109678643
6632812848924621727699060440035648313727017184326110762869070629628
7678248337252181678495208701873888835266818806885615538210291793846
8812597592238717575687377663652172791829359888912481290484999654764
4596555459515319230198673421439626905245337463449860371792720542796
8168892955587945755341314658812833102455747928050200866695716939577
8015341439067707468844437199722947314209624309846450531853965219060
2671100605662171450565239616762915821410039307333892918625670333714
4724170924079448220819579349698115524925573254088088316481951994849
2518859797181791650718864975353694319576366026242617229424548005605
9572174815358

```
5934092538283243334477794234508946594682954801561640088402355037 32
34965498786621710766801062510274472340547773872282337063244223 4657
13099833535363617904512966453592077279387939270095466014610509 18027
32697555135713654909405170986914333834373538622395662531670508 1322
12346736878144276185478830585005810785155567880769397324212208 7306
61826200908305041506079878672078008638748314710467962218043947 5755
63099086244244382809070751636039213609739671934940819820051893 0846
34184185137758694213859700251923572103523597814756562837006498 9358
06194277478376736716568604401242535394254608374734622249608298 2724
72402187537341510443884271408930329039663170598527274357572249 1980
43964068936908330704606903363403761135669272008017206016525870 1662
09246565318321783590348318466849633623177354463039337934892379 5838
23380148352466207076888417756468257271713619148355289440361157 9624
68253470999577854148164846673573561133803192065822135496782962 9458
37948992590906571508585899240368777247095602252060304105945472 2357
34307619920200387034244022234909496718095119479811812317662161 3281
26574188879267178040238578005598529232561568824676516359048340 5880
04483845823024199841762420397502821442033237813646956129181609 0880
70522692744785023579437156142854961033099970139477214606174500 7882
47541700679178188133730735538786796010124219243417398732897632 2809
86762293745343728998117259300822232462437598540018372660873832 6471
20725544913064336449951001947825445255425611985444689633861923 3410
88611902366362520061671773407268444876708707863399288518785748 8689
06955952057560806553597236255486657680659973002696144997913863 9491
37643343951178186561697245750119555271398766633102419936496159 3673
42333676593518995108210508545586590240452439501495865709751688 0177
29800819922259725289161528326432871330191207202622505599302105 5200
59364272067206743658081959198389468624150753802751656622826042 5584
48723696342315273704964736012472937470582351894637772876085862 7139
52359990692232587035991070927536077178731275481509403512701381 7079
48704002794636433688427716924012826404447538300216806055597399 1115
32756743042507916896649365346106649030339264547982624507527529 7035
51170293895493926050261167328050806361911350415038722553548052 4950
30725922083212991676999385789605219190402265932968932015280538 558
48832676736575685837994286855431488484598780431993710784840893 3741
97790800338636966596327000480075341073313028695828601359287661 3508
85694130726895270622119444657090135000285078170081732969360699 4478
08011650899774698383275335446223117890041424456125659236190671 3778
22188309901262050387138637461107547138243333426066111911249960 4311
97487300355784675385580931940536564143872408715930702800223362 0240
34209266924841036541392460325281513910602580690086792469478464 1513
77425304908113337485925659032521084378705836901803059338532970 0109
69600087425044814184589259856965345569808272371276255400483792 7076
41017020870006758524443257752645790361826803605262387899668756 2686
84575871134948261702787264207740532779178396605930246805376125 2878
36224216318147642047643334565869242915619461741479293032672745 3319
87962759051058255643906412796059960516294105583577003536563242 8567
13972433093599861784854409718181725544777914093209591840501649 9843
86128073788718816754788756505663196319767304705864894624045949 2697
66453285109198744337351215664488814513250978299799856828301830 2927
18126587579974915259421426066384493476182366943613010007783474 5045
44383940594638253164174696216796375403949152116008355340458730 0703
41674476885386353724175911919125730296287576998669830602845055 1254
25577813049196573537081097538898051449828195851720963288792497 5966
87858557626872836385771428233523466567958926948548919544874241 9522
28540275810132725725884846046549518516222527214858969727263289 5152
66100741919597178328836594559768570577726284785595448837240757 91628
83631484906477914553487265755850011942264869996243910900959484 21950
```

```
50118285457021898741034571838981790486364649082967773150836776997 3
35515074170081220258053885245195363983453187617781231829233845161 4
92018946787202174802452815919012422558651698747259021550762497491 2
26737659456330761660211943484032397991440702488173434330292725710 9
28657389894240649561810909797654985118424771133900728809299016301 8
69411421261170343722496674766825988818337774891530013580023146024 2
60472055275799319899409643161144298528316114869897317486423082626 4
93416316845278016222869452176524878906995560991510960158794169103 8
84595635966852936125991245729283769357494996000637454051029331252 3
53719421156501331547537362809071428157731851185927633100144847811 5
77305157277411636321762995559710643742787164040829830710463054191 5
59937148153916125547811264374389039745212073575767775074211505082
98100857375238351838357539933202975989157824880504120705904644073 2
27688483087435345122645470626940975444513697572570891505730232425 7
35672721085168470673901113721018280580460322479166007383269145415 9
31982924325433746486049633965342248172938325475111403759384377805 5
81002679023593384798958654860787419414168840730434173496904240691 7
42895829113388157394322771015619624776355190240217127468627824721 9
79967626629009191769556438105385692640185914761669543194077693489 6
55590603130341579094455197560296624875454879091117532699370937126 3
80672256751463060740233445983148205780778552538169343648053568079 4
52045386888722145805202281371652698201162506165729737974807500297 2
33921909750122049474941700659392967296028738767195222550630864385 0
36022864184376624009174719032833908399536747468613101093275450853 7
01032488164563575489558603679918936112978761908356737312274823781 8
27018531064263096134724871436054931890377026133291202074118570203 9
65492336859086327290034787222376598941863189523397575264482623228 4
67814741678394175878779284134112230198805548371919662085993112969 7
83033886516758544622791340538447608394235553449033163300012475799 6
52761685263194532930959627313146726192661819832194566480048912724 0
42165730413638330422266489785155626456553219711447297326058213214 8
61528010097276801510402989652020638606860045981614285237499912085 2
09347292307977350301533905977647834289074748778151734815736268828 7
28847309608641886645303294760075330935853802770492600732884329411 9
52086482971131759375253443889588142555483851732952836011377915329 0
11335759811747590808295590475065765845686049895198699305066250601 7
09707832987606304681600952109729778751360186320545895578180059587 5
71719117232350915787137515399125515052606959476059331576350909179 7
73320833613680719455156407495330357188422563693171183439732516057 3
65037747321453500563595638262474936382247058368475214260727919955 2
51074551304244338336405493970033337134880029978594657544942765183 0
34121119702102998733619911776479300476493264915219099177723625580 5
27127257799284186221272202594729578364241569518389042618629319498 5
02398088279018227708670870719353980183576382804721762702614902491 8
46340252361295645126001797544961312208728483738833193857402018908 2
81767850298505262156335275083393941014555472125637636854640790946 4
76538165508050017967373743140990894748416914300650811821039900941 9
17142905544287434869177808284127163283349333738760189805192382363 7
30219765007029919984095395364081929393544843378672525707772959596
13871007157921472183707580415005441349860049290749969893790348810 2
08279250693005742360174677126398250444798794775513836887538882077 5
72120635319586500300839106544714907549279711557218460901553945733 2
51863898128582468776959800827417655549925565263787184749887063291 4
94390803074172603675896802548718373999961968293266122412170677133 9
71378809252017026230147178208006391621359820529738550555820959403 3
32647089156195552235663806264125747913463825374925991288014312614 4
36201171810061047225858418500286341562115688441856620282727660065 5
36243416531861727054704601829523329536489605733307453064730077394 5
```

```
81740556221801029658695455429623213626808519358450025873573058 6665
19561744637181113447756310293164229299977128484739924791499752469
75746167652401333988711899350291995072594035417767887842758 6317338
62021231433122324549995210226464191705902063721563648704410 4269833
63333138216958848319812093693683591904114931623478727636627 5921545
68410702417405297925694298191498174063952714478690511842343 3719559
26123191937579062117858090932058847948363057956121560105651 8207521
64895293647504997836425968788047609259997018653611113136048 4481043
43137267327149325176406779591282704180928409930214809574578 6634937
79227121375537125494983646132191054790119508054816377823175 5318805
40483447745682348295528213063830359546479755313386037131657 6407 8334
08859359457376719674086252518097818178803698601166138834712 9991537
71123834154528740489956469028260300688542763451896235735546 1815822
22140719678668431026826557381151949371316182349253043654779 1887277
30395772916676035989068298497927532644579302056250041982158 1783367
97583245820167033440163751943613079360668770605961550745818 7300740
58855418570771129376539546111235520177374526753650277123601 0262637
11408502493754519972388118497200485295407605375755048633498 5176039
34340365895296086073448055312295533568821456711805760475884 1942058
34963384542165377020226288732032814262719241913469807153506 236 406
04880106101761396430655066646671459774792751275013133465967 6463960
69944057031186056087812280632896781657653727506296728357626 3974828
38464729501891798560482491985007991609232399766719647678330 1263846
50808804283111098502554661296861855650350012361068529743566 4465619
84920921101266375831195462401126619489300838284386599999928 3333794
87659821355883933309759653943516874770254203805203373382317 8938782
82543047736859273772357478886566858736092568691056377446851 1315594
78673651648492178603892046920573921373965976293426617993875 9886105
57138473901586953800144003377394259635248692636896090870539 5262510
96127290887376798222410747678488299026259214172065135443271 9516459
98333033382050970236703791891297771139000217964645568170138 0894182
58462959876893635924393798037012604370001954537532094758565 6686261
86913776932365553855337366401811426040117126345320537251244 6880839
25045538064254766280934506039108615119488314246477393594536 1134626
32539790305310615515404757043183580698889116850882783575406 2604700
81334894277564198811046150339108196697436038560732670871560 8776658
85891060896072087471582697016905626687199268158483351741024 1095060
49761333221030468320093162948196664178664108925963354038629 2413015
24764041519532761824707235278977276957774543149145720405417 9953185 7
88374981085050571576711105815852167055220110024031214717157 9846458
54332489073410987610992956496761565447188062442849337194222 7474044
98379859647558413348941074260833361521207750192980151294656 7208421
15507638816459889661764643697603289243245105302982505122426 8070373
12128083935122022554084151320294799980575137686493365567616 7849947
13349269562577390784837182482831556792981972877868629036310 5606858
00990722240215387661471364480196561481124538862716542334288 7561979
79204855730192999750041758818622035508435269374224183477542 3575605
34672554956154189883178560292676908506131365952880391735556 0245 68
79717723106032174576049759502322562941963790630937955810449 0958762
13591677865829539303065765309230704398675706257606714270638 5260554
75959525321304780063261071076808321621001457946409776926800 6913907
19372725319228526274289573895041376854774592960335922726252 6666835
21707031894962872456528458241425460630372804077479798854129 46353
97999246474691335524337231830453538489080809315251813576848 527285
89173285917464503656120068829470503204716904153768678001929 3050636
69577855088550542369890122298087791267061052356297358060222 0182943
15807355521909375865774736264736992888812797829333934998697 7352324
13759931554636311929820706537274786072589973120693062721040 1572394
```

```
384260875603932638706392902219030858909877722019855938537268814793
228829223698259046430933978816522998597111438879191681125563749831
316110931906115632552892612058651598514939761270556240876767140605
906275936789728632046558940753192715912951170184437557585352369782
060346030811140856162220429042890528709348719387536681994211967871
603447511656321704404160535134139017313668946388738555313863682433
699759859706164570626704130459126437284989148356890455609093481011
580923180730184599840879909046157493109861431331591978406063568318
841950570759621032685084075395110460713677431506318655681175045684
291098593609486346869593672277580773060728837988142468100342685874
419533203422259222591131568718551298843839977181848177575276528687
274786799756095598144332697980232246925174800848043735402673868444
648250945683719869661983308898587835257932328100478498000016592407
290314660281505647241103452031576527657717145051080460305129759639
033690487822708390133104005385149373537497295161348972263979021198
896344486620188190295769295043464723057845265200580679906453900495
542748739603331115133434232393928153928575524189254275336899367076
73603270769534071539778317693299858002902473809122270247003014973
214830993493324188082111825695862329465185756368975416357468959866
026651728710637317821154407328308409582293717686280368564515915257
032902756903685712988312781187473459607417310097884731562838649486
193104350166181226630376959372676458853838094304945302303026801421
097550250389072148424600933987543991538384213775459724640986873792
660279416620470866328438766273660878272150035989277651707445477065
383961960283431028523840913387237856397953682578837058304894726634
813482131719088833963367241231536397295203799561405420265235573318
226053603015161076727016136677534720210899524060190190731071671157
21315313139910873460494855887930555732907486675692499177914777762
752572153315305919154375764020855624311494453725459568097025647576
424442309047407014493872009314855661267386418994254949313631047596
189330349094993072843240900986604296477641606362128947695172656741
692210412679197620262917558530596160588359815094381398881554647395
390022108597871859240596478027678892392428047732324168011508809942
907513006728614972737850416001553809727869101165381637602995600199
875677105287434179648634948759022843450810248452324285061945646492
828833802467453143600766539393253169069347153411102590915595098099
960777108192404340081740190904995224169459367084155126335044683742
354082912646538035494169538468719159478644821690719718827904537417
589786565396354364174964211383323912726608538295677462642204374861
3750869656603814411544678174631824157801254897625802405672218165190
255256466551041784031399315527349701282746407837967734310395750011
676435012323921872173693956157256120962946586125817922599712293601
5604832529324660590007467538289113588769666050230432754644157727204
135535343106923020990409588280284249254566092255047367866335359776
701147547793789512216395039174883700606920832143131056511403216591
497160545033152608756244303975120162704447566549744508291084491427
532865125788432014337191619507424345854267127681102600799697732731
091087404071388839859302056854770568128370032410609948808912037233
7515691677712944767701057362851752692267386733249041105761883634334
373993174057361935369077705806991870011038755068258651233963419298
473309667875732032904837005690335362168372869158682248493164586413
099556128076135431583947979650364579844225293998032521346097286226
953626724707628997177963276334614112070415414830530440196754581623
598606346657273305740334246756825399885570038420395650977199541002
683762829751197071569287780588231902617101475800897373783464992100
430570761585953225073361087295702715074312297920313721103151205786
945818242017418320565151175338128457998173296130009722859113082820
909053314760119678185038367530347047000578748360997590909129630344
```

```
1827655051198429426117421250174531088376152772103209162330883357 10
2085772162595099252986436418206894396569085647751243182903018353 39
5109114675137185342463058517707443432161316913045445620729557791 49
8890485478502949425186992301564204823672996782085432770817139937 29
7136472855162369102809439490498095711147987353263361086154490921 36
2107195786271826589846454595870090692492488205234351128687386269 12
5293356955565624401533344756716240947811826571155954756699368423 562
4999792277233328567847862452694981303829576715883682539034846167 14
9680141385991940555979179178582819757848123724780229627342713273 80
7017121315934540225441686146416206418549556220175802717174193296 04
0307242855759140374875241255836486847826530579021129301504600930 09
7911328939110209284222126288743972398792999872217126802442695704 36
4082691751239472885809766317352190347740207830108250082306867481 65
9929162142043785596907008396343174915704007049111330970230468766 15
8574831350801444759928520207278604062469098624581837105663182549 20
6666339286894164223168139785374174558983550239814134762756866162 21
1863675611345401850612301450506414647662002547937273701691150910 57
0058805838552877515535683461355508881431374498563637773694334730 77
9223692023281951260198833485319308413912969210345115664615581718 45
1609186530489711953801102485257499315864723399926745372521914878 7
7997888075626737506387237805646976435268613067747611615640308898 10
7229900613620291385538646836842458354434207249065269431319263630 64
5579191032817462246523050868114539223790346999357618192283841178 31
1127342660931717160547230274858700010478660598353687620423490935 63
1467935443700708676044416080934303889641691229384629350216611002 10
7616405466145328261330250989929553919275962994627826326321165658 74
3195517335942787247995482872278107931497771103534255438166350502 18
2004755984571947076429687215877268483623611180659244515952829152 3
0181808976172271763496522837506807313171414535093301055862157197 3
3675910516720488567454157281632172593979270182677659278790726975 95
8652444479862784876695394914610177605776036071107508660345575557 12
9623454066377584487731406580502181444145701216138894429425430127 26
1439960397515488096841753887787099771053156896057795536359670078 06
9985650119553616995819109185333740366199906618677458653659378289 51
5861921683583853720551718196699002906225244297196477607657921208 34
9979814831084253380066460564654628441059597587010538378376695134 14
4117115765801529197239328318237419072418270556211429248125950086 21
9348254518565539701258406477745909416107789844866798787983603594 30
6705082646985065096507142428798416650133033647595971329458356905 87
5969705836598402375264559514284152743093476002848059737445115482 30
4008577453819441423549187838092297831844140223844361123221688505
6243335418588432511544720643284962084563281194108270588318935428 45
4365054845356330088426685693563642890202766923084866336118299142 98
7263879880682998086123949763295104635913382691252518794669450894 15
3964933273454972994489836299473991754744164719717317798726839436 02
4010521661014981526554162540385451779521584002495879879741049524 80
0475355816454411607964967437476718422118358157376737048968165761 86
4668447399574573863895284956651895744786659777819507522588829870 24
7890096406531852047423769523893355012184785996600740896503838595 14
7018040723457768783856075809561645339216884897542598305991753761 01
3232063543253442404886000030908226190037306341848688614387637364 94
1788740120482609505127598633905097702424725298017588263922938707 93
6732522111670579264414090854374014853045902503716963747745860719 14
0542569438156117014437888441888309159229271920358412987162286685 05
3246038943565002307341670837518645953680252758240520923744676573 35
1270601601170349080682223272341214084695966733251615657580665902 43
1013032064115375116874077567874060359258788617197363493677111426 54
3048470811333032318663398550949431439748048407876477678327705348 80
```

```
1596714101698443566978084548780518231995756407397883177027113563439
2420445203330076097643679699900409585495562013135848058753749472546
9340330909172832394183692193249151868723547739392127561179466640185
1180013807501027772171306420425326555361143239078820350945377075084
3488923010206936485172849761293833257931632804024023662247707358485
8505586196021481895075688961464986471085846445373294965523337264188
3832621271178272406932265715707864175572896145338291644891865204955
2729526330028104982310985733943081602256698171115056421803074943611
0781361389682204877365185667020919787109427227650347063385085500842
1170940405082569924575628282627813751332708052945523221608454057654
3785400717990812768836695374975228640671461534564901126938742671140
3621513820477587549428565722785336658487290869174951010237587497660
7230169518573650905794918186915420495148189506331367232336001791924
4397594016416771983594510693427217293483713315270825228587814764495
4066168266066328173859064681708480980195630954019100230303837721074
8322781390116820825823892779361395612062162133915786407904096277774
3062394588711681359324124433710944830874229948965727049696689190976
7872956785683749182662280759470730876390942917918464672898935038166
5716032383413004822149073557310114756043910764230704997141717927224
9889362511853771844565361124353668033415834710999781275045931072949
2016400404387368910848900002206589689495098835545433034480634690683
6264269262252604805038222965665856445463817257872024223930603167450
1605397755165542460307432569145384140667700093348172625337857836954
9688018197142075830479025045449329434408065470696670920819668718095
7451822379033311686660106588546461622251368075580728178399049938203
2540352222147912787357337924050581704793436111604657520350964992030
0094306338515155701039654361560042502091754083680251075696272405400
7061307391483997821549752696200677717461253751774740807704214694980
7246566921031380365590139144631933785249560765128958847039568360050
2405603773226648488976759864722223687045726002513146533027894907366
8317542034361684168441308914813090148229779444145397767000504764543
9441997442534009022064970795065778667625625790416787951719328216048
4279042228145745555525850110505111853205128248170449340850065111058
5967966113480543157990100271163704146255884514695315016137653098634
6793513983064421721253914210484840180699555558933864698447097220729
2044160017446457448578988521913325497133025482098021992094686705513
0885041123215989403060607764070886215302252839630610614984492974704
5128120643925095268393316301653540689292805651871572657874119402174
7809172799541874118113737353482320492402854443728542414478667353172
0397284099921075338521376852189920275476375155088032382034514104490
3368786105511397455564453441335280589331495072415453650425368635876
5114645577638528618422250037354433860841945720257808362467051613544
1219360521249265478557979011265815919933225542147336102522035640035
8279085755073052788354315946741793742649740740947948944779573166096
2302173239728840260162155089907451024629671836859160378905981635743
9266727829502991817957028068636510124544515441318142965418452451978
8730520200288020433895520952126242506820736251646482968883150509597
0100022643721353487858260253357898428499264259849382698655591574552
2772230447836700451292620325907284470070718264639429939710579650492
4027215130909020163225789293646620690791141890917095548585817099969
3984582418886230434638646853709469201908664425001423704907060547944
0163636224484204946141454073340772056136753779947174346418696144163
5564294715919709591245729889392338150010412294395852881242903163818
9391182936404756748013200548377764224130832273379016805513456118786
5263787390846029832484496777676526714460908427240922194420872905077
7247422712849199862752884095453612442608122367302636241666463676956
5823405093478650114354522301721104318296746118127124772647558418347
39182964689242
```

```
4390835898304107786122216466741392745808441093446709140768890811154
8042699046447661790370691318643164487293481162475314270947951211837
1189543080160613686742330865206856839261480478445664749457483232298
3711278348494575681848235738129672986025094456310021387076804904304
1108841043560659563291355136365953790577450863465841837937855502138
5507306606203236189202653437965542409138866780517648660235568680104
2444381998217408186830806326579344501366069588311635276590196371094
1221683021799431781781159756256933481181759016370453954880025438695
1950293948429633378802324540268683115920771472660964081472974256413
5237707132655865672926093521313563269738633451392323794912727416
0440716533283727666360699207828988515818900740681778356003383955024
9105442191369494384025928975768041647987388754419071010073882502600
2505293715712059882179975190525154813512892650703503129538879739
5196807146312979739398855224067710747813296611251424440942546205865
6056386484117697376509322232005813738988859893022336308095219342652
2815067530677311683499200307497844953331739235628772498890110498
2913538099432346738706479293918382984736509174159934424180136090702
1853768394823719725514881388163528250823780875617730371859331023
7690155181489566802645106695566763562703316375504282184693552607931
2867717163008152297052501399440411109952375878216898707228324155404
3785949364881659710601941701117753081977960061020610758095418438
2263771744158930893440245480776358985983864600448191306329182121252
2007280634089056273136156282514259729116909696211674082471631451
8917473600695966991423080878333876865901598670223214286915701414248
0704589721910542004790420726183894565916757662433748165233431013197
77787506264814478962379685449183339325445226328238983995521435086
4723998824618234678333412034969696346523102970980070312729811300298
7487588451556284431013156099089461587840584003836145430627502838
4345168367939943115501906723680332618381301906515931686201918396
3643881182869704116494587694221136576981495173186043944768192239400
6701455127928254056530324642352419083789115209165207534501147751337
6176131603034635001583043241198303450459731115480235291472675565
2853961549825173221870281189147558219251097518814749962701832012386
6466554470962703221196735206682568834873759645072512079691451687396
39987295089292861505745093918352489864171151563371077207043719429
8978525854106512202087219851152011968200668515495090775699216193168
0576122550841079956447357236211513844260591187852361111576674624616
760589490884732188251188189165372941301847563650836229040968772
7075906307595173734465381235816720569986154493374413551158082859997
9725070005425695844829042157032963296954183720611253277818507824353
2391872673797539010604218982133356800149176292763589739749151033610
2944854875541265945883082627308729741581359987850589701564293241595
6520572243886015842078104750426281129044255263505482966134319834755
7885193222267186930364566727102649599400511663086637317274044545694
9737487485211033177549364625380611334474310806832630846622039370773
1052442799951374501935266142352255141868055104005021438767785929901
1085925186749913131450008725837116693698249769940841616062428406308
33289799716187050576519624049243165999515189664975475039001147398
9031896878326455784745372518045223597268776687624285075381661679248
8000823409032034807146522890222308061496574270447722125026619237142
3562609291226018250583731811971039075175338577137807762131772452879
479158317148432273147350683717788157985202303528005999986977666937
0082267088042043304271761036044360211957405318323977508253762435335
9925874480669523131409508267297420082719591871616960153406545781475
7101243294703404989011724031456270700708589135551306594748305010926
753310504767668510068727953244323689649387243491401886858021766970
655158850256174152070315092726514587358857716690741189566762941681
34057842406773388665298433582820992092796000256053
```

316119574865172971711404358368302333102692447556349630182678573511
105639749473357081758063298707668034213096682726128479506043615265
442170363554065832901954741126321617941436862387824468108851006087
982065719694731531688727655829254841006002628870847072641463698145
467602306906484800019508915292088347520029483301183570714748604600
323180366466301137834614810208010408241624643986285802753525405414
811787725784498244012153580883263111576793883443994167425526718127
068704857905001700188276611540259896645638226952840861257000003120
151341462146274358818811375215962355090961869348253038196808508496
757130802652210017544521504388244696353913545222948382275219397816
100630815713947347571643310028857201156174719192266771954369283128
266043960699254637219602914253777973983167443812080972188188312362
266033870753267894253855916918297728332731261550841748495123598915
798601931046302040883658123282833932828775274859787053647329515614
114298532461034302555313019496430116703792865637669569854796374437
404695144047524862747673802558967408496302725388581738320957777270
442659676450234624195887257359338615526808120477513640278605967148
993681237120118621234905481712924548154302380410365014875356745431
118006045004261307876822158851442673029620840482261369497426208176
099993500334461976884187903041595951539264111965464774820849603536
188945761220485718626461432327497191880858417216502492556122848670
444079452809182539144469876181366331943960646378224508161381778729
282783976485911046345562271722217817692297411538678621460572420158
898217549455474948636317672274364708980215462007325013023705721216
266625220053039613516788310130085680167987713860080874414496085961
030410411974853698311136710708247974741971708082430169166617707713
127633313638154315891337525416839840847864317750667503948463367
721467921121853612236316721888038066106985937023790963186922402591
191463458461497417121925501992547479600484600633459818646080115937
447037316631953518908792056481072811877724020397440246021297391101
349926966489897822336465536512949732934154340689469433738182663778
605034749343327029083756180110549346901793394287399056637969763478
106955289619876461898507220863458747577535586844687233572491790476
548077510392373639618546675333495970891747050103139694380902363404
579903070724852963285143088878668807424981635856363393141947625230
661525205656896307037142091574467866737683315558224442263717555290 5
493953288236668961533263314935839281282245849325405559410719507137
997035637423400973161309864621393795308709471653612565080331578504
457300009414139460014745254414038169209933604115965838005063036825
456630806282500948802003418002145584175546348018765356776441151647
710438436690085370611690503253031468354371335818092924007680509581
888880313192299660498665119235533344271599513076908208526629677403
102594730225917768201325910777315857844773120758864509339877561872
662539383623575762515880562030923121386657807216261161812700375605
344622634949838625256665242292344365139697208237825995762610809984
937542273567512241092324479307242828029176235375338637087638735181
552748211124480024591246405111511149966446261984339005792546353949
622888924362325218640252481049059595540836502868935748905420009125
338674343134073422651959981448876264483185527327749412287856130622
582187812001162857352133808604365252012350790830150596324546828189
224759891328716943598514226757325815092498212489905184659072782376
396492321190420564384917255643187344162296200604471901611612786080
691597050723383179902400106211647477584390237574678913169570118226
462177028945711913641268587186863582493271746562706728075136743159
750756577475837640633804494482066835217833213332789677638365744674
620172883957236721109815401621327006816874023136619483325010446485
646460364125317413333237960756729373305212297457933352566168558920
043759625134203063834294306097158474095380197411549530010282165055

```
959259459194853348227327155444873521365344729423949559645304788053
179455862934189010777934902760221808499185141257165316513745087503
140146677425197647620461669311332604538789645165729084386151944311
401615142307022471639399010043790686410341623679074185064637682566
038955033477348967311334313629428543148876031247313354196709800084
526427401420976313695876225859100931112997379360013553352920748298
536720427612698476400667669866105345520728721873818067910581629074
870107673696521668734487874382771997327186492554248066842383302741
069609185500711535489241744407943370423182545606838670242052339330
580317306477885933229296655466216870571281806631581075969880379541
902867105158968218399861722645652372721592127269985616688430859683
960287171538526694147931732893545844953150218593008668911797136649
492410539530174013607858891547134085003976803645381111572086129563
947096455742708238731268749887309705900533731834618969341709300000
086168027800589567415228443663002296526507013856265684358886297585
892712289731225045019397539880195992958594667444885279234641037247
334135338390259480773955176406741476465801453303755125878391520600
273054598058280083415867508782021829802912417977315235385770640677
116684521336866501090644399184664729143841522843559577805241786922
134390262097035903035025270328397986765487111297164150657689153935
090940421630029212623423471285210839542166491175188768489016016350
794990872514594428409076951969961803771282792923306313946321509657
936648852867185365898542823240638733828178481530209203088315697 26
734392558336432163206608988845807113627763999664957064813332430080
443070692281796296832861316394983415817887142621966549905140449994
905132275832902039733890285425751366407428377198389513758460356859
331967636542297879597967568283998310181525423666598572785888868064
851894597071620346737035168045678974108321020687769153105056687668
773293349200238935057443695445160234297945780603067189315767951908
958081128270486867856517949494253179898985584635110166292415006 70
161176221975729255773222995795702695142731341258703602132593747 64
294767723385539394960803494329630814590799338159431146102374364826
090527489260911499781759924252339697286952524166873150092382041212
854261361635324913662513786628744172873692777326685338999050914428
805931696176825772855927778554889122488088669629022220090710531986
727332035012560832761865468606900461217655114103453283127120443522
951001679479031335053425355678386919223431249052133279436125690468
033045406425931433485989352987882254953185742488103764137541484499
829522748902796950898149864690761644389575234356650649798259415250
324262325529441165969405598958665076121533992974864105280830988791 9
712372876169729073029530158633809543194018202669104693139303526636
283583219629341950220558215628115100827837021914223186157752894430
740125120698223625704135116212793447479373750708585344904025189467
769147420649139024731524047392237570356833125539744473636977591310
167248556425227049855871329918475843821185152491532108660870938947
746555890976815009091552453184371101679704394227200606593472786492
376559469584717164290257863271834360438706061526799319925178071960
601819978896189144132968153273553656553178278789877045484925656831
540484336866358934827911537849960146294330178535918922268713560211
563806688873602452428615177077111067128514397173946256684077707258
589195186572002830268782748806462486258045143333445413308616378682
332572962579538006735091060533965232557596824150482795196197494590
510082179623656701477056459027478980181006309518889621379037693653
372987268128208847887010630825541585042133410149582854277180694946
338138816824519034448050492243551000331141429208942257683134801951 0
419539564834283831689946997068936123952993364773605967379563016178
031842261826199208163486761966027586644711808760325300708745350853
575490894833166708001325348249711806765228158023607082333904142811 7
```

```
0229413525360033063302611245516864922753389765333275088373087354 65
9141118979834197708121109080471374423563241997436195814232767405 60
0444674915694945578714935547922254176429822307573665159603939567 87
2952083076212995729056463332797905608736019668380684152160053409 82
2871768205430304948296407143779589677891785265134420901479656996 95
8603321761028398322325242090918749756952825023624449423568735010 34
7018741990530029380969860908761494567287112680687195992424006465 32
7711570046123469550672596301566722909054455688966949036381979374 68
4658665340679559719446297756316458243438624037934898047300575709 83
9515821613921444041889422681665534895414328206155392681993338132 34
1431398790872065564411761005197910307921159446412482298695403958 66
9789629636022480766326311185609381709075532259658171492545809500 48
6428193072375865331093474102684608835101765523297927925886429690 57
7225713908291190907196417085384594544335991896296182581379576619 52
5337770939593093755869597915058546959060081600343557079220572841 84
8585599616477156190633768504329365545474742979308228403401042147 79
4004948180654572922448342610480152048933259789368235759477584893 90
7965398613200977738878389002306649650673186526505682839582196258 03
3807020970898871414621585654426237525431393842532127573407453319 11
6295517118791369927035391723508149986623779442841884334571492927 10
3332266309932715918117779842737897501478943326849720515430723756 06
3998772961668725323470990717464054024073987653076499928272555573 33
9710224468522819744063567415442339895224040254833976955371473159 9
0391151995816094959851210374536599442439645586621895120731402017 73
5567818531957450015913861910640899786932831364839009613757106272 34
7800522824211842642755283161285869760156604643183353361039723374 60
1999153889315730285882691609204948845413009226258837771404879655 16
0155435937451107898471808847009606077890762206936840737849633609 63
4250958473075256336381267006429102982227999157619394123050106656 19
3243852913122708830715674719682021862720194874446914775095587377 48
6602963126211239362626843231533917193569137898919660667127709734 32
2808251984750619540620344933307037842679837994177188238477857304 92
3986255856611633528615279571343531452481039163835170550778772229 76
2397920840708871158662399192331933649557410994937541006679688014 26
5020731066633219037296882469804080705418631788519380478271412256 54
1799994252084728832820347685848972552574718194114111004174156679 99
9964197532840324093311906319210471346702337851518168229866134384 61
7955922289227272479295126971190232496391380440439957405009271208 18
6132542943749468080349527402878663862439341710885765745650985947 66
9489218450064054656300785760186337903961142713096570463860917634 60
3875681169616742477001757012096224159952976060385348857001481403 13
7001128029694543163723511250880211913858542622105689948995183018 09
1417190615926369347364953071541759066678807228201488291988205155 70
7763583295672191122035770424951685061882953088988913377428009260 55
7482311908831910313193299334559231342822908244952580052392312035 4
6840959181180376700411041242952060041674976055582275384027855722 89
9442909707922037347988086735001702235402887074872415687791506214 65
2489173325524770184486333604237917427498553433628195137659386276 40
3281742636248147200965705761273393219713701624994376072232561327 8
7424937777858926933033596401621334413649840271139133842747075776 95
4377860117566491086194270718291744124265444598136378594344020432 28
6589754638643482729148367579090612462084323439039192344333434967 27
7355611142132001439444322732038136908572979573632674477894386577 48
9038591809925988629697792589137470528577954613032054330367752203 35
5085505264185246835194929346835243286029416899457532838210307005 97
1426445390140901802991823336674407788470702162306238560559758221
3448377296299598832119434133694583446147835969370283268271410484 81
4528829052616640328149408184024376827980831494520463340131479318 75
```

```
2237377806414495657562106053033737363146674997142819907423970558 59
8153503666209046505844835829037062788217951701095497639603291046 55
4060692645863021268740270333376287090086360775717231275916195076 53
9133776329195822156023957434293446887129808461218026897104243417 09
0833099109858888883525408594227691776288120756179439690119075663 4
5241700616320081014184753329081130030931097586770730363184254529 33
4530976661529175236632365647421690422806169751560533305992507917 68
2502236464599957033774761084147501885998830265520406832253239105 87
2448941321492042015076366197289000406059272042496276071999299976 51
5689850478820851909803573311574154465550052413149012439899507673 77
9114797142127666155536570002998064352235855946334029151965574477 37
2577452551736846772411482287637268001963584486242603798649865758 21
3080512548677536718044961870015910447387934243041878546178704578 54
3664944284385030411648192666718497525267073658399302540061886594 63
0044259349864218873674466779140102899219351903419847325760225853 194
8483933820611464807036489978670865314053173481514324651853400564 08
5301928990763601600914076707687486498786144724164384262549228598 1
6791081292052188229151944743470410361926198224968865018328788122 86
5526149448724335598640670553488667642160769960153550823282418270 71
5618196314343109296280405256938017210064387456093585636653375409 61
5209936844109006423455594967899258652717374982980371763864415540 83
3993324732813095490090911694426764709960605136670340174411830366 22
5048991020282241044980053063939224651764328196320044478643107106 45
1818292490155470746630136658502775050796766944709231116950742845 7
9269198646547968979857442471202502619936276904918689385379697748 2
4130205607630433892247367574753831471341754678297496244770665409 38
1981829405339527866772898388482829911423927736324571601437337526 30
4802632494216545565767197675193472054649944251600989150852653750 80
0251075605432655377272342230719696794527224661597386602174168903 91
2272254713382591553228452515226694697281730317553267108519113588 7
6542544357904129824103543174423276434327137065420996321570636406 09
6871384524624566335269130122078920780385412037602063411955394534 69
4669493091620795819911659307574198269298778665036590825853102107 1
7015018441367529138484739081922356470866562195031986519855569037 47
6710947140876135315487181593027818838207813940008699996704517400 58
9029294720495124668073909517224305516930104803827814754466419377 026
9424932724336812520246015715348610440607590563320374178837147535 21
4395727778827463861841608721343254982369004837382182638400925102 15
5997628249241483239110024692789253625384807769987524168277515798 14
4534559218091235201623092356187262035618063713743705012462568124 88
6351162269475668968136190873913861168278104224664184881377491637 75
8235307175109336365159207832028507487817732945679572288027029253 30
3930356296096550908111234599045006409831462600113397660037298133 88
1316144986246073840041038738952334677015604765647677437530913530 36
0277306494854818181579855584587136278315376804648221524841805002 43
6048592042481953288367840363878995631933216318317783975299193755 24
2196596089650655373940446089822896508308860509089024965126472119 10
9692294038660590913782666359794484078326763625443829738263161238 51
2713588318951107258099419857239426389659059498278241780923504759 95
8072822879833836706610020415953764569087593608209053046464560549 83
5109037784779087651974600057493782685696226892365647368966400237 61
4213914040885302285301422924022934239184746072891824401584031619 65
7037005116503748328361213051792767920294958449610578731219312362 7
9249070877470494027720766863951289959581037918255527573701990356 39
8551282402947935134304701498533163414882724147087051137221073263 78
1677079570424435254240265878491032309944218504765710476292622152 63
7991177350294554041471979736189391641364679825081052536221009567 3
0870705995351102328225540688081842424613290550341124636820625956 44
```

```
29291757401920009705746751783787094973834620003515202350965822051 32
34951881288097417013828007277492706073842957867654565122328069601 8
73592793842250298239452654566153768909500376120416256518301073537 0
03907029150204753714277894368805917320302711857789917666634257164 2
69537166959331831417686469920393292873147806545499610556358587858 0
35598893825325627842779752774869590582901784353170386419677914076 5
04812980943838768811633599534749783496325840425665564883523023097 1
52638961085263284139935517370055701579243314557133926350649126910 3
28745743368016847088321019831805725899635641749947999141176464087 8
30985873887601262243929152513512743163114240916595798544231194074 2
63914199573700819368632439542888918921590733557117772516588695449 4
46490515695732422360494291061139881878797814569230082568163508933 7
68853608784915097614076727220176526327006304042988298532360410002 4
04018299071505820953486678658549147523103917653043924445196651342
51485886593572530618789331732908416340355221647410415435261375821 8
18187912790652821080566445817008188462120953276418823619373937158 4
54165450046137634755726916725247610255780211198221219161676924799 4
68148510221108354686977604706507970232697917944664058254587841235 1
37839159878685765801747173575840055450021699156624893432775705316 2
34398574651211255669761595794165500430927839580643678562017610936 9
53432274420323727782921264107279273315388054265718719523146147608 5
12412071162145370705234609873528525352639855517375988621522832527 0
62331717710576468344207112184896971626329212490614166624188760417 8
68396533520813403993199974584851636867649088685910452680787306216 0
50214958591937822714926533322860968536505039861403799578393235926 8
09107789054855586108859242822422592774477365117818270019813885316 0
73056803365796762717845777429169997919369629629072997268103049709 6
97061750361784872804915714553234024897008651825057184139097089981 4
43210863274307629534648301060291760317398316298558076971443395677
29015294792494925730531036288092988571097742034339038942417749608
49678531158757524460721062635221799957944832824964981796880877703 5
60490697406097558151120951620501327709107803913461147510049698677 1
95780467282368221758850855512187378823843550239713535647675312848 8
75111455843944130756166908021940470540250925616388730579959357100 7
09542152424023897386614498430269643615697593835035800086525206634 4
82325093428912815946824688131107670648072715392133808549088932174 4
63059788581127442534488131962175507453904692292260778682863658751 5
66809447504786267227357076953714897264860136280801508442263265972 2
11471187217154458187742615869707938869559231035534774484427102772 7
91812654193912554760484431809343679664633404282833273374185062986 5
49946001209056686091094950352084418389916340306963343519971372234 0
45101839365628394905715741199173881420686449188564896816333551950 6
60009288433325248067355841713374961715055093426371894023253035425 9
93843941877187420881455435435616430348910314815205765886944478270 6
44910995335212843251910491246905432173805106794185980544012894251
23258990996231232405387739821014464058496559741586595232058144988 5
25103769306549748931350603293607448181499898201118274927781520113 2
40464303834000930223108054725959755121674670665922944385710758293
56865159801179019948045358247172345030176398914902214494890216019 8
68415175873791916826610983857384537652804189009337550323487675887 5
76583508168084898048899461346384675835827589450046648026022470795 9
60731123470870190122939638421992508876853711199854331293724294847 5
78836115174083358437533109066594270132580329543981526920681054804 2
15521024796511454543319711530574099549378383693200170656410239939 6
85203415131733092513860829839610344837564348547094563741106045616 6
68328026369760559410786005301485403212528253223272517323249355788 2
26593959950837334009505984530084486154937608307729323697805390206 94
89843652286792858078158108085806495326331730564681609178514712540 0
```

```
08807225793713598591960203211769851661813820572666448797145605056 4
76417427368418914506734245675641604829030981897917595674479970441 8
48154395604702337843568126761771579873748731652445882100164106192 8
76715295197730961257950401327995125123044607173765330443488975837 7
50220067414677801697322800545673449942537241384582367759639957228 5
54593078385191403950474413617589100741462268192976969498861286529 8
55178802499331966356382483829419247431923558426763507319858030301 5
34307486182437832522793357993835685378113275565386473002476743067 2
37584455570664332239670583789750194011098458453031203974160814952 8
63365122483951151426513952136199492804776145672284844312856596154 4
97313827859533076736960149415863707036217565867010430358696114579 1
71483445820548229597116654702113627728249354079462907060140372016 9
03577892399326303272607254506000403646050283809296100760006762109 35
82161548809682798180459087699075582797111496748587103659798177900 5
59920461992108621883339386436767545357823633698908816193564218210 9
55951100939837537477554658607786559433062248491278978754508135580 0
09553618632247789455782167285821565583485741692055782234361503253 5
51913069451960052894986940468655864528839323919612404399594779057 5
54351905822581270246825732160269935312376217316256389732475711628 5
96069997082939495981464546812429119289449321675789363587752365870 8
31262612976895221403712133337137363657009749611146795473894021625 4
86684146352498148656843712993256610369032098432452443637457892832 7
45325401013787354608708578491533913301848796502158881092990371435 0
11496211919724372703633189011799293100919897206605891949918385269 8
67800580939230917378195429850851684668129923342594667076177767558 8
62080126141261464088615606370386756461288814378861816884069210573 7
31007147127556028255238461049428731994983801419274943751006947906 0
95976275704074256052792040373513225643720532009690271261787884195 8
24392343316525246682094254662729793482420950273277702953598156498 2
47338180616393871547749197535049321791743206684340920620175808477 8
30518875496124423952011896490704766018606357333213987937346739149 0
80881235134551377407155868222354558845754403871754031387130262 6
60714622401171706024010626525491198646843096415721944924460282817 32
52536670353723004242498660648053112750195435652322568738263515606 1
79781774903631475049573203258272282087901580037039472207847114408 5
35302162674050665051256166950057399083273250689952126975261606027 2
52472836652446769954693569475947257566855811894258537772576809839 7
68588064964418575387172908716236658429546000645728360531387581386 3
62944104313462995374182776271853061591934261217713201031002114525 6
57669028709745533109073858111289551403927166875224799849874991785 0
25892689021482459578259051864454825308670960541524639164867481996 0
95691963759719630398096105803354613278943598184350869745259200054 8
59003037296168307195762268543536417311817450957993316477690774640 2
74025905255388091862936860458673952113310468554784403817107250663 0
69101455731473828250535705756613939175526069518689649250344686647 4
91465261560855050379139420298199422219947354382317832230368471373 3
02474855594298263804065129848919712773126979399424468368139797193 08
94515313010228207176024113229639122806181570953761845202287863361 7
84261035310734175920397829165437023953430922591085010805655918772 5
27775548002700192946141441537672275682553321417372014074713478844 3
43631675916143872255943304949771961233842226616048964396242053267 7
97041430802411640119680891010920634290380279255156967953244161928 3
48664108382860544153699643659319691377778700593603048202291302651 4
59229613455802971827243841968767243708449263675507056334050268371 9
94493547326526656320662743808369958263351676070823549529856158343 31
19524392297003987910675268314944224875870597119750135716880807708 8
01638578432778181513027786831168589194611430108958921839289713359 4
13928885648854509163725939835974207671570746071497524605986398966 9
```

```
57462315777686048797201480357679564845898219702887616123194701320 9
55924214488355505762723234434842642601175322306182230356585080470 1
10118991932525717205499629266412977350428504370262289723585281626 7
56378963020389847435594806121738739066853543845303929312988193883 3
04118342377836147805975750584066225413362933578093194781966392974 2
35039084805932006978991767883396869131974825886474708627997131325 6
13717273081653340613946256855059072754586450686465652776825553429 7
21408833837278820102890293240313242102002610635664244369661208304 1
76869322010489934515597321174663009086712008355724205292251062850 3
02940669270580504400681819227351425634658435481109593207340127496 9
49000254472079736037916466970319503383284835516767605831036545270 8
57655498002823947822313718870396521642078414038632005016875592892 4
42489164321079620031371107462606935918955818239988365915310970042 3
58174294600735961247432905721092909762924104106566209235037924431 3
92689030306220340787058475213684434981400664399682817772883283068 0
82967474851072684228563950311923967939970227828083290403918794270 1
25640317319867054809038172901093826770327618187333823329928735425 1
79121467416968444384160995792173492547541151695503632929460672187 9
83817798488683627829099798430217204175362522299672743257163080332 6
26794270088346679931237227789280490726906343593863344827373494687 1
80880694508882406899726165871343751874071244353589993574950576391 0
55026023488483193010977628751845555614279728428487603938721304909 0
25418488426977514011626937613955045856899047300398762225695695285 2
27027007070022363127827564720918907236614533831506450866015716672 5
03044253134573076142482529934735508200948111074026427032879613545 5
89972387692438810975970444457279722559558214831857922116838192022 3
76660147053550332990566389961139502003559003953143148531999733956 1
10064596295558214961621580455163249615249846254913388661556613057 4
71073066064947612592513473986724042947052713945870057114461774359 2
48919999779853985891554580117570754584198570746444171573528708831 8
15566490671161372052484212406756883333463263093946744059153928124 3
46865274150763671083329467993079601213226236297192288906112943956 8
65890674688582258888398916501883553307523319815790355358685515578 2
06546821833215907429103474695675663392485415223645371500388621789 0
26343137853026622744881799998738533234152500505075994452916010384 9
24296473792314485199676400312042619311018390010745597693245743996 5
19682211157017225000078018520076909279952748195722352249009245510 2
10083294350604709038217623401235278483873772731431981235331216735 0
74162478419546325344615208289122378046922908509386280752677373364 8
91675275108867186907485731511798719112758973717212220069790268627 0
15397703337623539168573023532778080515008525981753295550807877886 6
72815650966691615839112721698699388759112688648485453452898384500 1
72007531788096127347744030045241675032393038367061707101305504380 5
87173067566833533743578303685599937759086951306218465528579235933 9
17419171205417969987256132453266577397569709321705621938004614828 5
74998937523164351347470736588209810605778865416514732489817870094 6
30138507925592226072971522620388194374843914310594095992584334465 6
57681739689326110459870100372754352511637744161227299994101861956 6
05142159694120635513144859719545286080974868254874524459036260473 1
38064839379734468186624970072155471060193500238648389343756227635 0
12792584941732643662372023278553594194930450011152493701147634634 1
57542640955747394306944563542362081212241176373576970867776359301 9
35638364440288936305078333228036674743943248657079895085250872741 8
32683527199515777926527198763749979076208438946347212620360783081 73
81428047878554978289786227472441770030163255013397053724176828153 2
35161769069219970255699962054642437265357754725102403129943553864 5
94831470194940156026684943031837836936554661866566254708258607489 4
83972825155891603855349506451384744221188275629862063313569213435 0
```

```
53541753254622942738570185142216047979181239135818570233638135445 3
57112771171943216604661431015474198215549290475621090189572080606 2
34908802904067854566746372417724868119007420655784822192950106596 6
83535208679087585534490092713251073537813112328600410529188355048 2
82568212439318097857966641441641974384650359754316704183852145907 7
94335773149648457421486085488674529131457458931518483420505854272 1
16027520701053028812182044257185040797177351938264441514303400003 8
96508354760695211261435151449409699151517833258517247989474052420 6
10045984073638435113829829335370285516415328184689878043592175819 7
60111037188260115715212198928035754608388740947375220406391233628
98280661873195323552920401422000951548088070610074538656397258970 8
03032798551240570967529948775250348381191484476396069023998008588 7
51011612900600807691194381030260949480659847619690480593217852139 9
82865901636139729473334245297578429975902328892122887617453643431 5
83753143784957460887473734258795875821990193538981422942391794151 5
61315397930251464137986089598876754136943230404870285554197809229 5
80446989901929045589068465978383379944925127160494133779070648657 8
58949675759940506175576329347568028922029111549186488201592146177
65449921182725498867656896225170636148321951406030844868842947490 8
17141227669895297665284671870107291933779292824435324313828520635 7
06158076925928260322211940276877904292408365323232151023540753423 2
10947605321017167804788960416851071973969399186187946346189679713 5
46786722440290516444396478293266946358491866150401165503213795823 8
84640354533706750014682450893963508407963388339316440021557629487 6
55451496229849457357045563984582865390103120311995586329789859964 2
74241654564022155269311761821934040528049770013958185699504506269 0
83218442209858065603603966505204050926529449163112247412243985455 2
33459397360215848895956457603560112394722600290911023235818327077 6
03181928957893191200422829722719276801057856446673340203186065797 5
99897673630045155344121222746492117841921042993023047545934081486
95733885585311878925724359962470195810494083427130065971636437516 5
74637102498705362916929006099797979820814714713112899508518492003 9
86404614653025099491414340358369556884216151820006672539858532035 6
70787534474101821344997039591787397534962114723677715107506443419 3
20670978481013906119468142996565946949980301501505043949916581936 4
34061754712006023253305100568566199539885210969917968103065156627 6
11400123939441274050406560022170985477796442468587486319694618955 1
03513339164119590397189387610544264230246441278596632014847955273 2
27434092863462009840598245338576386151933644320983391819574962950 5
25271704159411032941605520070797004452742655032910680168291821505 4
88657297908306573320056671104039316642894607397427613272069913773 5
88877646840767260164503796909067376249123181569461325842146511243 0
18088628385018727320829304932053488349080225799962089315382043458 7
46206252362968122407755716676147083325307435180280156466152412335 7
72666545969685015351209640740987993352511242368393255080407795389 0
65135984869314857268748999490140853001062540369844024339857382126 77
62945491927728192707271007595054194545037909180516361580836288870 0
15386724394500702749898432185567647403247143923664843411160620931 0
19601825031780683539857258391335713344930361449170866597972333881 4
53092174031811747752032581674338945826496752752520361126273672109 7
64543134023806587201125134514611723801638359472687522817638356655 8
96188613216729989394014941251035646583363688776090658837696741829 1
91920311945646978094249838609041603309637645292794234193002301740 0
54343225854625094743545517096835436975603565019923851473718492670 5
97233277579791173815247435316334241172984589412910750455504288587 7
76273734066330416039180826874172606596159893360778633070199222318 4
66648889304527152405511746120223016036619219393661579378673696158 1
62597300582128112825576467959494028146674576045577470673902200197 6
```

983182597002938195414927590811337332360588587778716100672583596232
604960016058991488934220473616132710075452300484394310989991637221
886232625722472307119791823049444351403357447663970836106986071445
700692763966397349202921834629764438186018937668805345127770384815
690854061403280361502803860949033534893230357925117393530415841133
265471290567398884435930822830330322211659298541919655979718848854
238871580891403693016171725700155706148369068127422955027934635226
450068693430774820746636874761476200227501815517969782667374145950
438705887238733896329121395730399466305434028913277468168754669502
161412465503700912659179830290388734841761397234339455693566008380
160943556137855374689207145442337764671963138464652631570101713235
839748746654423630277928541904501566645788185997947897125148114050
237769026172897930130806565716312121207914290705421508889837954536
591643551233417459879480927694175114903117460552245578545813558670
215309007703195565589959974680574161333836164169114009923341556438
683622586644280794033626701052266693619246747237136409054289852051
883510036926818799746564705254506826839362640699442231179129973336
410667817359159716289832741772887230205260980424875777100698819624
037291271628455835847840340492436487818337243203716187881493183663
213242424242014718798660129082954490209873995954287213906677698275
630891679421740168823587653975042030244898641889636909631627012055
768196992915499277514254378812946766508325035126716846644844454724
041012452806421783273222776043691610288078358871843710051808401795
801410835281635163603805346307638919476150186986736706050147556545
191255634854744061620273938350356278561529588946817016999401433231
109528721244827047206054602585006670407579111413682790697868658717
179204356114892996871988803259034954625868507864515607372171539953
391070545742084470048998112828994216021222092624494727454056103582
092642512678039819054526594437375194281321713703361259105755167989
928472946953424298072325629025888362684267844702983631329496605441
625386147488283479816732288109784876941323436718833482975132775552
098111835661299848568702173449715945581420516760136316810447498709
163649431566670016341247315263146646944702228602807118139928158887
516372142668321214150923172057318911173288259805252015609004155477
759524040891350094036519708487007496783327432335886946312687900985
023131720661411321086076048619570635662452304872049297016794578145
820090361928067821394589374337776931269876868117124816408491052538
842393333690894635409235802310817255763499799694364597544489485664
732804498867623578917302150269879645498427712336025239601367889026
391276316733486900994658881028631022374955359950171618779405954272
032568075099172304060405924475934755878192311507086038643640016697
693588444107736870284577037940928349414028221295864075270639353993
044472385084396885275777983552083175810709482686545514923467711645
118856722380760062998781844878270052720312938847998209719432022757
136352039888007560979354968507222173819096427575684664407843849762
359541643789860716673486049953642921576909269615170952825421086026
688812876213228288701239411121356084998485602261674350348830521151
995222130947223118824547392608085441215344210434543110428353361072
322446109504754903082384976233787723979857646707148507270115503350
791768894285532565557856891411105393768123007641272733233555555695
197951616787651611271588023817370581258433764454963932090336308884
238313464741325415758340853287016214784675273660353298142198999001
039965166398578162708358962481375811285205027468314346218654210028
735798453064197217331119032520073461929812872295178982451117703283
234759864039562706190854550735807916589710077764022903519770551651
463156954288414243755797570968942232887312501544659132356822348563
230881862148691752544420425031155171125209326672093524453853285759
307857205196311267715965633535956460663812156991761342710503579689

346925609775922911355755004495468093959419880769193752888650248971
124685916195119118057366233650749218367328395749066939668994863881
254658855888383033086427922354597161408639132801696867060967477934
970251369670949211851826806837103932976818279349090488099268529794
978557333715456812291190828899996496173672758296772254271826422328
664001327243273092429509230566221346977560274971311377496402160451
869335895994334517013147431671669925355352625191822960685511025521
066176939130589930470440130555394785866316843769182864723435324859
388779733700023743444052230578338504233697486700501600286637163548
072142572742363471659825920005995273502863429413906679266972379873
043735393795775874670438709507356712455449660309789611819455417024
559219300964059380552294276921735098819503385424390196223556566509
598118950849558347583267944137194334777064417430687607287323860319
093764674529189218392734056524491250586956517611562069812500393153
884581844064908193055138220680810239336308565359538328508151852860
249073808881939719741926645634161448426511541316956283525195911244
283826288101030847554548973690254035882364831424405950604333637217
231136979737662537789832914814676854754118971023646587793294524553
660846298717097667145215393593629565084168679388747451776846470197
056012062911196593927169428782001047384226912084203747363388386274
792663438170746008618165177012473800268910283248614546728946437703
394342046484241967025618791648972518386746222304165160001856431299
654117598208500563323952416320466755350013353729684917467646319413
499223744247224633022021859547406463788211882345939408996899586677
663701142952853127079355663237832561966782136657092206028310256539
135401190662142923938164112080696172160438099387993003279135193961
605459067259657242443886673098839494804050019958699540877610669138
906842799356469502459908786561048152626194880291622037728544043107
619152330967613456578986649276023103467080783909926275476450002311
159881515250166756373957401905770341261324041635904480839076537485
827775259666285431629883314207477826120950407760433388366358024308
924484034883541028706147339632834646578357966974592587401134634576
232160810423976222516895973476817428512737721348884312642986891670
696316238734200146948985214230208355107107105025571884627785644037
605341548737134057035304716047710677529320079908300857963350589136
486977471509376122562844835142793387526367457072220025676912748342
237943660613198626760944062105152371984859747379297406177243330777
353802543022189439576676950956672798124850084862642588484579677193
561466464626014964951463471490061886726013021674810746605411192668
918406378835311056304417080835780199922329564347430329597913588943
793800972704425821506927979988831446725329768967209243310967877870
437254704049693782685353327799678176291518671277541365726683693491
087292566065622815915263350446694975679229497645839604031247826096
808076324572917963135706380553018179506155893461920055250204212768
920472652351959084416370597622758052733539905727377292458984311346
620894693568446280770879593423614342618357397284121665260195438417
745024429687378704478184580845669859181675745936300712509929945590
215797971267979286814183617945293811474383459113049494906254577757
396574482504189366105015672239114063379044269327671783572823478402
429229040376747003971346834385546406427071026117530091308476127357
563889344495780143671978013898265342437760672048730565920693328169
737707720506732140005736755344980895540538688878671591124076024028
764936109146485632435139228289616920538474220896046608059038230996
591893342589079006223704080066997920297981944092771735027012733684
682086738310270794793553022082277521544609273562071517195538748966
819084680286066268052662617307395592893243276656082055892649228114
572078932587782368082793050500307417743535142587643209181854326694
069067600791908213420396368953094525633402213073020986458629768965

5472486526242846110473665750904177173205232374140756584899323927 08
6821679426432687569473519121747691111577540799971999266828885079 39
0393406103104213296468250407706477052176909557243268596647176986 38
2914115377976976000258192723944692010496600428508547001480918081 08
1726650456796718668806462058478809300711671419078497133939149939 95
2552454520949465078434971981036142877818403322057069463951547694 69
7276774770642486460793923519565436635083070252079824653742742569 96
9457756462611987386294345328054150827620990662277435844486270376 70
9248843139673126563568059785342858198446090082502281505106367269 14
1887603978831977318626572931421807329055093538562444488808705158 51
2055619441373703285405475722146340713736932655210869322270942390 75
4299408994425444590686757411432252426167234352191278258543884559 51
6797829932832364273745745254454605293989680626351373358721485080 88
2020551865995803408148832970125378123505679305081881856850573123 32
5755554241960542735831944797643249922882266043555852334960668090 55
0290521633778474635193474971302232949396551041598783974016751661 85
9360517933895039246620524551126883731112078525724424579962329445 01
6834171359514025209517926468115682982031361882739642662332167644 15
2469548755816408435812585044247670699693803758573003905790110515 4
1477955717916931272909599822136411598159520145861367892066666353 21
8394457911294294937274642464823921547797561573367089576184057532 20
9850474858357089176635272780949535427448252511373938291237833518 41
4718278488180937762594672554334206902383755976584674449885729710 01
5336570259383860983788837055966165661226188124546387807403643775 58
2925934013645173858446245540764902961622022924479177890142432724 92
4562461057283299442767967831448193467055175708350294256732633526 49
0651414121023786109329671886310371717046176289311616725902906771 22
3985883659641492455308120728570841006607616854351666353034138280 11
3381967791228997412665524495134833893463618128225649905341150317 91
4116709383076776877423256980342914079980291910761139653077618040 76
2219445151940260406347035679935388327437858815201108040649088517 52
7008205623802051286421842482300263243205599799834696262326656447 019
5635730067953905724415039816423908213623513271771458619121032811 23
5726993308766255344089415120517990273147386818262664447528040672 74
6408572380155038941891259589373992650168775274376974153374817242 20
3770712866449077116260315441711941410834860689952950744477220336 27
4426681847119656361571377242461545607047965087831290013343491113 62
9297558360906017594945379686150681790850760756621273810011791829 30
7611862991163557450260202127565436095113856909481542447672260734 00
6103733426127360804485531214757889023755905771131745500941185974 86
5296270588563917389715951598898701417586964865418532486377943378 05
0698934555388050523312494984188757304644473314445980552473986539 9
7073462338193980085773043569547616982826589381003060241121866568 59
8020725337165613533509921885956010788152195599298483073711416176 48
3995033003789882479034541053250205495569358801615459891893688657 21
2474896361367186281885464478617924358171011255185131787177450430 73
5364502976150729230110833080255153495186929484971690099173039476 97
3337895650229561487787804836658283482754023019230369038581978853 43
0382855827300672156130424767965099736738986396308459533099446736 60
0527895351007751062354051809506207295912147787926626338542879258 97
7595863058064650448452623913353834262705043086700946703622040633 97
6725299136518784230658396670226258056212221073354116185029363564 16
1665577923776639586049469324455080590361798644275574129498302104 69
6986164493137010370277508486015396166586451285345304815598296382 9
8598154556259248659186328817630110149973720692015386987741862165 57
8208788502897085678297019269582769523940825795893466666688391835 88
1554906943683070353276320793494510936539945097204283673067035144 19
6315528875321482218932596717370781271405133474738608096369456351 20

```
1901843916055733840805166382914886247935137940371319796687585625948
2942074632416148196268288849800968875641317790265769105550802543
2803125858998458287208325735889476313492606249627183220073181354
39536437705648192953995700144554383910878449144193680471065163474
311703744824585051857881806866288441707935660426980031632363491203
02919753700996010666193896217318762267071826314852284417279433406
18103101838417534997349697901352604608389864938417085293469279158
45594247787414758186260672246624811772249856862298974404384392184
24560360919123698959782488064463195555559308328167346023120406670
7248774759980632684527320255701562168766284058326889493050519390
049504958701540034854277602462485884666673423859744545671611419843
03835706397426666703855560964523903570201073652328352769206772213
6635857460807615994825758902615564428664967372569208046851174626
246787668603228796511978576164426500255366220799720399986561469155
1199659189260998756919572198275509506475978615626474235578645011
9704199350997640667655712085029584211559149472907523553499274100
129491938559625940326382025249882249214444755882700290036795187052
357627644235584183330712046012462993991548419581355125514677093447
1443309247637321501186127983818560255716314174426442103923184124
156130470981480247338812569605196772694383214901046524099815011833
9414506008422291319416099500996449619633076617168027996614596490
85717408237805713129439661036877272697904349031896749323216657233
903721541461036471884246356801971257097712420455992771894016308075
5579153180388638522632934912286894458712440718739851310980729960
0540296913908632667141792364975629719250212883990970848468043907
631982983862589760312738181027549342610128244583510397246172600271
2472644102839306036777543984038462374655711776604274794044711025
275260708819152596238810359449121002592156755099903598490287366394
65333622278560198785244807812000092267255630431187021878325473868
04409188331048255150339506237035345911575694871584408122253546614
1213368329141771387120791132563299696105863063881455038293070650
42500409597837720091354284328731106694070419993253056831695331854
0621809608346131977993381716591706548795521144399346369103913258
49777380538014249409345036276165813689500309512610570841234456296
13280703948714675890101664115170393932146989030266726605846735059
4752748056178078679539355103268491298676656542631273298852919270
2470877400221374311565869690760658990854779808775486559413089027
4568977297419559655010922193569323849781622587517646552420925574
25717695468860519010003160801289728987052861085422973909396815077
009659717371460086115220926226085270829883643736243877981277451170
8223680806107707741366334795574353354725066344097928989918408218
0200626290058136781545284857759527335935397484087245005388274103
987019521262331698628280343884972691416958629503620272297488689849
00397141471616745751141334602734497423550587807218665525873506412
0832457388035608515766265910084790720477045368897501997435665063
6631675876113475164418905099495304411719985149916739766229426944
66214080877491355367345306518299977582014657530815794081675035725
313082689752768694913175166031419627412271620957829974512595073689
49976478651309830445539167618793163664040969778731171580041226555
886370914062581788469239036439876794389944195963322773315106241711
111175895820421382268247158558623159366153128943219165489282119597
6227665814359674319046931897070954625498480234955018692311293664
929099667008638784004289044208624836617790643020633059339203224343
65160794325702465868466897715343280772170987980118148551579281644
921543001525299613772360107729210859513145995246165942271641574
32365702571880611706348762926273236008312525699654343218937450779
74452915427894712722894704464813147441242211665900810057217233044
870087373605331646830292870055572001906994319987064544655062428217
```

```
2711712459206812429481055050404705924105288357400656484547245607487
5624763472596201955416308086991308656786967875539700812791176866919
4968381351509880852095827679294878548181584339038957648028985092572
4608625300614888628650306571986579365615795598257299189432894771618
9620569354672805441856350184626344267485715560888443376776775181119
5879631684185363912337497661237712587055753677142553545280102361912
8824660846856736084934133311957993354042333577358896378053183909344
4280492270352162230871494436067300423117979682863905171951575052097
6559027309967099890200513002263326473818452023997691129524606155729
3366996541826787561464474369388729088789425992271475632620666673290
8094698629295343111076243281643273608630864133864864668368334034117
4172433613790860478805680045975432893327214060803444750328434411461
1719096701762539842822668646838817061002536499007431738470008614817
6164319642146091993738188776548270699793984153938974909461030806089
5210562372337395529906485456547771113235115058351872397486970763522
9334354972561003011215891267832849264645292657116115146530034496144
1304070786937141792331166624769640876354873990174775371020182114281
4214482462132048901366552314424413404287752981183566734855659369179
6255853153675107980671452796637458994210311881547454807524651853170
2182499670582009281703471433056490611030296600778862186439586203091
2621953745931915501116913315595473394117208613535884052045859273604
6321982702240715420614033109614862990759081033133065914757499539436
5387018430653038342790401430598298810968662879396068421340105866813
6877008625504106696553622430760974869206667440684275559470825940375
9545439328126461519786010940922100394662393810002488578082153053964
1236263035680445023302479433432134418808431469281618392368201869189
3983933307825793915187659886158526588303130548206474199238616621691
9045975656253336318446768950752992586777308978113220554526893234119
6377415807042971729618493376516693756215146488138417266217153236227
1080278418137745960978557245216534926787608800918807075144517955918
9320746484076199051735585848891330328063507879705231316767693157737
3187959490721237263799259715349422416504918609591639298051537541530
5601083541412442663508841170889542644097702742282321287378185848137
7393550974933555114062446643689420453552379302295569902568889247247
6482856987927771770439584369247240062220941325554943292326806265100
6560671124877997880399882214586345295917166624816532287411553275264
1124896656236536271790517082015310026735395882470223528163997240153
4641220320257977808273135512050193684281552081855499751491511016991
4127116084454009076208300514164618825529634620360873716790190582518
9468389540468266297174866800839302951260776692992406943522577743863
1812759679506943700156062505627855914341512413394030327712953253107
1186174802577223494892925219809743089521223146195766620759235563597
2669076798666123329105952796101834310690770203222871625208361195649
4811752997132749730597835528521285785478442861816852571073997916448
5073794630194794860109379383640540030350892499489138010893132270306
4366040921361522517503364759125529933623450874620625221161521345334
6405907315273240795593956003274879097386942606636143145093479579364
2528207605767366822455612779788579850905074655759995233257680197851
6473222357344466124947799906429335103202924170618147695710507728019
1727166542272028024548065568292656244457107484434380924735583240595
7279281370093179495842820200678166703023483010740547421926860540197
8802767061773311698549010053252658070039193322183255176221950049560
2329543188072487098922493307375904553488785189577342825125096765197
1856799652910171995101746478143027813335716956422319340757137678346
0869671224381217307989693831217042049112414515862212057381989260281
3253361650633270961268112735445764503438627183739199389437969585856
1167126683833937598558264615427978133179120578291237899892276277256
1595125841
```

```
2754000144632044579106546866732414053365861918428042262582168 82737
1032153821229001605389555745804814970795142882874275665707581 48260
5482420221061203768834107343704461695313565847315846499523328 89740
8613892603743654557103135730978703051579767418648833308333468 30617
7619964953332343405916867838864524704127553143957940278842161 37596
8491828232860066928911605076118159809805722967611642356090547 82755
3099902283601182556875723878812585829342112120643535136234233 35454
8000376373539228441337466447546489972715324870623432473939494 07436
7849041727254265742675895182796020334362260618434065482929109 69473
2775810631500580250568949213398370571061955381036992510061604 50062
3195895685277633841453387092156878758032127460311284924887146 97592
3896612165410078451665187599926607299020458345627963420439715 65244
5650039332697584161527418689052810339622772868014570270031896 27877
0775137289513749285389160134511814790912124554283511450747662 06145
0207874055271983106491319508431939379405139356086244871206328 23309
7256310656806715935871203992140966633225119104450832165354362 19937
7758584328122723097176497270028253352023603346945160822872847 27522
8184687773750722988339131876836902638244934888564346061470214 10159
3355370833759261193543814375325836805068692651602131963859004 24945
0260777932898292974931025747485191547582123684275563739778101 51502
7771884673967343974182564271586530092136733880079123112661604 18917
2284689063826787172246977341470030337709486294246783622917217 91257
3978588957230493800358591236399689631216138583104648370796376 62679
9297615668211984659341559339167444688620035568965184061896502 09957
8794947503421345106468294189135762409949557718833767478449361 48903
3733873640844876651285799060056918035580217574328223720982964 05413
9849176861425411357801923284322356622012533756997103821037145 05361
1352158087544325887517731498123415979007748415485246874718698 28437
1642775679661218822589836358646123372708731616395878299381552 73415
8028806222896032274479197315134195894883841952290567529135828 4702
8899729046824217811588125445002757734897566106936999383060028 44488
3040855689756491161569382878282604590171592066183555970557350 21830
9269119605068711363792198916388264700303239855998258529737206 75968
5021223594796092137013315436900473475800526697316366280876754 6868
4315441200544518109639633177996327073327007842426159432871983 67100
1853052211000499358589809347272782613245222554744663365234690 26079
9520188298486579293564334105861920635765802134949712381542333 26330
8182496330203863618060743007893628480494572747655596897690479 63077
2584358960972355626885277176950957548546741563189365444345268 25222
6873316585833671741045351860168973900370511403872160749256572 86694
1446343428193422010787994447931528908070441678372085914038078 71920
2046871489540429657782742327726300675482683925720474289569191 67600
5205232153821140887324067972558836997229770397817477865544513 39369
5280467309791987546440540501535598421490176493970899336823681 79786
1826371377477618992421396475468152180235657008465062462125800 93382
3937589398535255324737030726876131869326125773337290274919695 0150
8404817998772837366525506402719361477732598808908149463942273 07546
2113797425254478573065562061632758456633687160410545655581963 2284
4425800161309229256116952170585617429297116993729879855268657 36798
1622307685949173321863761507735171533780533639947253173790467 03857
5527223738278135885645323766083898120229497517958499014168966 34521
8786083583841189313847283257686487347462195353899780087542415 05867
4978015601593113654055207095080352550048121231237718152107298 00323
1017591837862540565962539948544710762023852340834150142189018 38963
0276690864606288997315830500060541661052112618332456308874942 37613
2111738323599102671544333398090301076751921560686091509929757 94898
4709134048477603725331648663327399774574170787058858498903647 82505
0060756527667766673018142798346299786311547247190463813082702 69502
```

7155243458377713288884011332285612327642475805491414533400430735136820016710304896740791322041732936558863808199024025042475897990619973944942406139385900204374508171261603627839124114726820908569052683742250689109919376772207776873712677015290712968226158437571496653462961540352898069849819902381588132490072828420316645458645186677871817717727792832125269683229766412454967397152787968043476589576126533852457391513438137845005187385915329634140536894844397225508011960792690281162293670434371158371953865778600341946713096653442535523561350392637433355902487780093167585566502026142451755202310518037979241601868165327213490744741879263046379357019572546568707696490256283113949083065981392587716575343290518298830744220931539456267189136509327785275856141886915058431128180621164533834614564998610279908878315999233208349703499009644828973619972608413030501613834375735033502696791991003945764850313988998040534762079799510355628009427119807714138625374689420067112929037940211050993128817678635571212882205845259023298827844889728557676433765513209837208453651972735662945407520786837748259937695085474585377854401518668703212703251083788575535253274224674561655301752946970492860349352376631937758153126911215712505456493662840461315754932343616114386894155191795521160403279413870405973659682877235554936953672492603352744989288822044886844365275158954689558858907183172928912923457744284419272505276847550387027063282979975853882599387906789963676634726367997091137000500451915150705020857447053203113428375303964506837349474651525431616406958839656960477624810076981257623240276563247145586781166535633573841332037563285771114579477361177589109784449597487134549954540500897494312370266916002277962151601644314463215567465798696913430209173753793295373631029348259418485153134577006494373909764208589573177423145767288296790675029922315257328698330263412335263163490206490429708210063264881567676324244687039213337678948960012513626523547256517022559556998628425108686896847107872600167332422156251242927213080559326221307214093686435499689878743035267688492212318344924190763747157474462521597457646635724275279522289150406427768656611519193319181783056716465304813810106667342459156864174457688390624192018654102252669706153890999072549984285484195668192454519747093061422753151298445309182757715136118167303580932146032258472352811825504706062154262243245514468964572693823166555250959895041093425374308599979713700425885834030449726710962996976323360777674373479878835673010286471384545928791637490145406647519394899352212362474366131747830486884631516036592243576762762344666539589796468790552923902702010757218919138214831626852490495848675432931241826413466272282093653277283976675572672897319381293419430572396207232920071863867466703063646013311111642546802512289430533112509853860120123607044969978521095859875329303277162267982305510767692680002207418849030165005038534475971018301673782681943612416569639252294741035743185176583656034123276433900956551186326079173389912627720721351617522225524182961243396282518232869686625444118623812330640345331556016406957472320383651456635574987344116859941616551824960425979839267816131483180902534507164666442670262761185976491324768295272780570322383435150636721770663763740249030465909628596027197972553780014182019981018139812595042348662483440439211364872366629202063939628845314483748901026084036148407312006741562291596696366940836032643341496371209854547525017736696019714617846451555599416726373970858649598779532421583282184109391640528356790706864210780346607571979891481554005420051073009627962347272499701122177816567984419194332226334150338567530824467734104550327428561157455387421400071928430177447314230098365760751551277796281014722053066817420350596794105098046656313637782517247091409925552471036812670513824675211720052849429521974886284898527787 8

```
3562106000487812711440634990881645924451898010442935708329047220160
7269660461984260772247831071714390934928973795075056471053802916 18
7491886994635301357293501873206687311501731531091296794862549795 81
5121682207571231891909138338353447102365979448080471233882744403 50
5346799952913354609413927284465139119083607622657983981564246382 91
5999044162845276818935327913567474032273515068909877547218155749 98
4883466946222711943435139572756093318776721574285783033018304222 51
7049632971612296836752748983294723150697497887414002192670067206 56
7729213108493572940763592895618281290011097847243283038465197437 58
5736859123098178360303140528230081302663133041399253399217941576 47
9853470817863611377200140857083863943770352918349740374183511622 37
0040173188269393263087505487566452909326566503024394453622727917 08
0038157851325290236510568096258917942400163871496121216946992544 23
9867472620600571311538788833883078016537883877521159311944935956 9
4917939405788488606239594441849728928723084955792607211329771213 72
3886969863602368291622254647108880621094479132399015406678160289346
9428215506272126054179829178173824891997338295301682667906177801 35
3365047188633978427353358562327918535797792266270380244569682968 62
5491187486853054978579659891848621862374855639353215630489928348 65
5615415406495122104661037654818060250676549134033273862941691177 62
6381383478511836410569996609492020448950262944616846685510606624 20
8831453740126877947813985957776990398770739941703256531935561300 05
2814359945606126160832235899032489565956752757698532457440356076 12
8860796818576197717887655619852375274472235992720206023891671879 08
1470886706830279398976837802333757968374847167920420561188461443 50
8423836973785948258849782595214143167689849592131938941287506959 61
4919327114703587453366081494375469714291952903101938943563718359 37
4914830742304493402959628111665238995811060000938622162265522979 66
1065074527135894973344740728167392634862226297134715553293624445 79
9465082319790876907445825253703457090077440815341678638701480996741
2400383780852342739778817469108053533050911944331387304083804306 75
0603068626953212452290166750385631858585931743776949415741081057 27
4944438400139915229529240168066745842469660556910769759698731095 07
8451825185768980009394286371219101669807885171057114466950703127 37
0696200473003567536823520581524918682390839740880926485270458168 00
6391534013493735254715092352704416192657211004234584808532239809 30
8197012158641732913053258987171588551684206065034556996859371591 5
6219395459555855700934771168117983599584279819556435636530938905 09
4196464188924341766121771175457371442940272937717765918310744305 81
5153159609482635063365572386141392081307541461074051274134813889 06
8752089651754728644348902015018720183661384172807988272958201897 74
8612633836037110941408680441463189975514419051152014024187628978 6
8823386652887495647401107245990553799217515564781980918495587675 27
7828080382262981804394156397956172569409092951857744788365159447 87
2068267859636945476370623820669620239662066592108127818321912746 80
8145303142177986735336848938082668189691299983519942232127263877 15
9757642852132151588371714648542881242312246840283905615779681998 97
8556251027107062837939943190735797975362287371994784521038316866 85
2142082201926672315581011737244237560915148938634366652657942603 71
6828928158069315905715237948025661912687088764750695085011137025 78
8023338180190302100297597559268182163595350706418857190059497444 67
9741742025213094724619195027721323724702570296163168146476218464 36
4465179953587775904809172469556739679455373497103221936945596277 89
3779193834069725378841550206295838748309619542046154699022268434 74
6176771131973748660008793544360730243366328086536847335066870740 89
0018470306769821475313373154286221515513181409541497972467067634 36
9769645830928679521201994140665404326668344081968691862291765441 03
6492080785729242338875506180983659122265379728841112013069101857 60
```

3049832953269421418842594286621469527688063208257196486713422469852
6419419022236241186339130284171844724822755723379969707482002437580
3717921807342020805369357406187656641696077391209098134947021207251
9721369964234420930547846506923744649042088873263022615635791960630
9236991602782364930003449747123779455951240858239709946570275366759
8133047775050505366345747155165583727731007857817871530316132768489
2535760784621147886035180402976569605848671756736659308748016099927
9507871789131042038494789432860847970515042833265245718864231983999
3285634226860788344374530927289314609254429906078711173676695984963
3062177514884899337787867859785265280570548661217379213552124702395
3256081906788528038324229680755447174377489501430231501469612254948
9533836275694486930467419802292255506508742977275807609510687982710
9193837142290968268728596321942836727242477443909060036804852784543
8548199558287433441890552309926592958848289777196750543920577166893
8552397736092582090693430578986742357295312051485090384652493140068
9961737317358162222944554161493578714775062703761924980363844001609
1361171372955766180892638646794027936567038530577991298857394478375
7639092679443336505496770742285963808721870399582714758000440222404
2140033035903609605480047188473046782868077409898322252624531680320
3408443510937431949938029908124179211089542392709654258219584858667
9924115788447815219557498322258335674226798960098032009354865108549
4676767134053103434998643497580002152868358357213659782084357326046
6126057046440920052064374880868404199985408697477316017505390253064
9036204494584764408820400538605715251822177935180194147116600865329
4828106002191594469278346037982926881867777488378272713148160668128
4808747904302342003771308964647817855994618375106206884413586284506
3034644191394289376235474274277758676901467822890700609268325225032
4639953337566728997660254246597951963260902742615157901813313396516
2579331841940702696498895138692396126127536959206022969008742083472
0840833188415826838019383358973224335136412244321174979404766824167
8096352035664154332541509645019779105414609437498159904457928380288
8013356248181407261142327597289482414188702595745493425472274698997
6877162316099322885042028070838100814091887352633183584207407484465
7339783842980534710600237421998721176268333490920907386533795907492
8089283030107207550472450851183334676304759820661789998004462744803
3701965550213204413964236745069537087816973799693790616378482011697
9627072127035848047948858065830896323128867340296384824112876595218
5362411256969749199057478280326299861231724793050323637705845698785
7745316103866706755584406824089105118184290258032985140961573315387
5631143854779215298366383821587135882408201277838409736232647584435
2630281664756079993221483927156321249990837098930946329559859928728
4335212524274334943790238249494457851649361270326423390945448086200
2835352626175298183552529788046502813539911284716128115341446038970
3165467739525876538384445746110351561641809273346254142217903310714
7203105992949538959584368857734894952259821038315964206232730714837
1669179896744454184189037251127283530059298273937473757109927765235
6370360647348724784839684203742309758999874387876542841593565973588
3450609361299244925874676915428045981328158258729991103007806315924
8172205221320601077149233660100318271006672726648894955094233689793
5481055796423771544954137177407995177501466695465574100801557934179
5983013187154617138382203332872631369978080937562816985753529253902
3656811435865539828428324170005164199005176438351200575693343042180
2931523685411424059868057389737717209032816486238395498050084360235
3585825546188559424426129289214341478982670941767604522251349298729
9743533382062762240633100488377452738118872258181998221942829367666
6000040379914870018568674554412319573518712379305995148215954867701
0540478202585390833356406182622520802864866809763156107 1

3764189090236060395412455357038066753567652472668036751767384556 46
9669359602263425800155572089623840364771321429669219347242079872 96
2986167579674608295971274857067903467039157865858111273825743251 90
3978299544576743057529928302863418624254502249624197916398273490 43
5941139589840434895757833246482216524972533181193055856140503105 0
7654858991552554265288628752889554577367874202977037846847563664 24
9476708485430735413284036163491347107446832985898095111020124254 48
8464307122717488658696436722375125740766380757796859385182321580 37
9013885132456704225278538766101351956828652339460402003567338602 52
0551347530790074689452614361638124660209433968818299857253465435 52
8540463610413121499376921630261483151823469420962791154941719466 07
2066552844004435657532664143893427722090557518423691208034737988 67
0796922839869375088816146073838246420008153936740018862573073695 34
9973083672528101494304364563497521354531951950035076482370361845 38
4975636163397442943098863871989880818808674749583176022298467250 19
5918371787001546471943774402458796441934330527377861745024524970 71
4990700051872692928345871786309174843878550639754778139797614710 29
7480525893069221666222523537344901135398626602814192647629370976 80
1318720414066687625545954222924938494627117755017586202137887676 00
2980515741123780955192781815908206636365403568683324455662009516 04
6337522568825585458292001930638153387365651794574370258875626473 21
0773227646623152269937958253816250741193599257543470320751896392 79
2921623091299025904455121720931896617993469495415021868337701522 07
5911300888689023857991528263986782465460887462785262268142473318 85
8857241665126195900032922440472840896196026492377307279303286983 50
7199509173362220690426621137935737878963398219271111792437518683 81
7576213472922730484110905289312739756654644015991089205635953955 06
2268490348177834016388807477585910604735866456072994009420006312 04
3562308116498145514965551300585461173552405216715566604133347587 59
8792044559217567756328376227690115416492112246422603954033684550
1134265424744898954599679203644242966524827350687996495015740462 14
8251111674016381288237054926766797280057463290619456179973094448 72
3746706306283461937692637284371025062943023983874718041127794451 51
8210864000155847579128464012873995097762977082622634588250520781 83
4576050530815712768164616012674561513103910717697384557873224133 00
3000553471951166901258113520801563037304690809309792735365856491 35
7471135090441275907649029919388200826217393959286123336572970664 64
1027058783855131893465796268593304795602601154503596771014005799 33
3688900402207538482513993086371634336600792371240645761765003641 06
1220543568868817740625305700602301898291109153407117751712442370 36
4363715890220116231710263565013024399121540427012730391660434852 89
2171767800544353796026814476987479405571599377835639966210066927 41
9271468108962040736111634720258986246474408196120403368752089701 08
8063354284436925218017425121196785699110583349449991683094494698 47
0780636754666776782538372304052848929117305480298931061328228524 30
1397442127840108229799225637499186161909539509229235240387265633 49
6244744690348057513565946504625030962501118599636302403654187824 45
7074024589488060507416839071505803242418375586267960448940311842 07
1561842663899300596835196088099155005408191116094261561779964945 57
3893623350956021693845302940741535422017008850593410802153774416 89
6976552390007001131094692800034443560636076613103027287389274226 65
2498990981590123765157043277319218502844881119332011035710571944 43
8712183523225548677264408667340454413536740399010464179288114132 77
3295705233233998780091602670028929046700345506321135518225964545 63
6558027046215314706032147678038734544203988775731536419729437465 86
7827633623111986467460831716249593805163179101602174316003637213 51
3550655568116276716483228796239003714331634809586892438471169048 30
7896510059110496501599283143831201893252516676895589731051802070 91

56128212794785768231503099654870137801420342350862188944511309174155201212503779765726305117588445579181661243191479349987937188974667677782724332922702482645480284999856755494526946870327503783940036651442685682081309020949057899622100814077366965566279789587599381603739294081898326023119790605145978038449412185507347234440464136333171482978197669866965514005181845419763310556350448849713422360339130058979717346782373472329230517388505004636025681998062728258112455591586015018439090409864180971710075461884773934911273571127107533095079036197946170873344664805241788806067731106455884142874312055368645075413123789205016418245598529170285529823491756815198174953565040453735880040973693100210161974099408857233681398906852305802152257830798584444988490026722154928888612925028852813527173780318207628086658198702133918612113360246187362649128598385704246054788599442082401809197362711751540474656341180486288643987511052601860076320866403208005880981246682872769158288851453555992972145134318817716645564502666336275157142261212702829023587031467862427302335998951338331069080367912289759223209005353398361052808487974347050510512429799469695877329008120707928796535839232426576733921443804703617065295956729932344168693092018662571582035045922274601133491784768678310636302367243553709325626949823072618631310910501643206126742460867916703779309406696071354477720412401713871525414787133745660229142745368281009292055889007950848372326787186595562128376549304312274644597738111563966740927499199030967831570443792739641666751097892640931174682418788465392879439142807191372281945062111996049420141675675141552265693285969399005410111647767529256494404287958357100368450907034580190874999930927342332379066474107462898117101040277883382145098316061371850584279038953949613459869455343321733883804422922186848247101171485158347106099757869761968160124373302306844692710557893261660012599349859749171845033446105624084001095249031129151310207353660669914250974416710891804427926385025576622062566434705688881209134312965478161984539675154821081024416062444931858735121428601085815587151941939765526106247809254081424759646627019194378550718698349687692657517135017640200359938353017830278176710220244928865565462010559567415771159047285830165422561420054826851371916276898252726600077033368359267689271174661458864432562954417051216860837357165976102782388486067014463296368213637303317464871763201427880067424934856844572688678255255509250061546975288854921081222247668229027751168223695025439873245618612099967380501457521453467701080259152981604212231163287602645784892088144425417823517877294636849168637871033559880293528797513166009650345021350087861481652756934254915758254478587897790042101592801135480971581549325386490211513898577566392705820047833081031935861720959285030983719779563846649873345549013365660629589933126670354255179585895342556852221670572063731668209322415546565287062082026853326008665800583966090695049703022545349369418434799181485403175216153188936016989829712382727329618815135401870492734852626566640813648637887168029974341992184045267003615580238750040963721886553766105646252585967623112091455580614923744622486559052594146783412301336488120864513178145054641794164567238577509045217705499758332360916182468663731199597425637392431936836066334687888366489399770870992397517694293270431571634050583519899477212598612465956758031364020077933287978651130119476790122849334559372745446777306994245626020238875493090223357398303966428565992346239434307543557661485851861284466173143979975977684470929792773827647093562794945093757497580940229719554370143859221216058081004239743853304543467119143871226627091401261538446277366108865182715566402048997387185384279740871780398587857487216892636293407937055160183714050877149628160787383362335559788371360809666315218932287510522740371018

74 Los primeros millones de dígitos de Pi

4829712856895416419492794385063945483861715452863298700743447464614650341446025619364938925571934232096238572840936220720551764698253040064322875603806977314699966010186101840908347452808928098339129091492583036511730299676547392515184502772448449537680476388640190634872967747990124856127316639984427361862308855173182399678817158183206309699648514729573723694647944254825014483727864303542669964431539815277168679844685777773176724214993063597651813595392768068710323045802519156036464184552722886148251459740929971994529105998334724104185420272085136054307357487622738407920016763466151090614719108133008769243989050542838285871745960020088457644825190313755480860179403410944189883726523194071831370537998352344375954898132153424084287482442809899888047197105452923399847655171775144109635033144384157428360807901341301639615794455908736627890914427598452297630543934086666782643140163757170561881345065363728887368457730018975435386415363938173762901822963330494418919406597305753851213398627564624984703279184151114912113525010468511900896117079021888918806248825384228364119065587480883812073123231413442333531444336096562719210824764039272060888862628525885199283013330589057652728295714261949791649958943631773247495809598414916399608724055940589740951851845370108423911078235447953897722079752261759973799318017660258416783458521545313578584209699130699520991878609886124440106074119863744715309935103342861637568094850359275704744265896795661933828768847466738762703577987555965494014662899892099869716485407230339888393676110133037840451130783799704331160533262199544257703071039684397527969197308128025112622360077754000513085974983046454049513097048034261383540913445405641341014621937160565528044484008804530396494929738268650227452822994845774673433786755028009975605100915288666465879026257768957124187931583948729738877148353842481293119168316060135430299784836863527731202903029710778302774738958134651942756160667428436070204002387686104592077696567626787819706560612033973047229654813734461913219885892321867439123224152577419290782257091414018156957284573833622918850794868329493305335931935720916763645955813679238696355674929865113248271394607316285501241323117372648773982965149234267413224728863284602104136696664426772810414959430276723876342860664480790484267719159856451260861870402572744277451430790173615156177315157500598839964014188049730699755066910129240753037495815578462768311483735161008264210568687863568408589201192682524370390352517666900923840826467526170926026971040704714815310205739799768157918298128923530414649198759361563221245168274617227796815733025325573522302296833982779941603482649856938263973605905623213929485507427648532942671058969945892642144119600084535333114504068653731319571484348541504151723470687159665889346879477616050652520532551887794276200067792917428629514803639371556249214921928994506784097205434600195629847440967486246536371130208738141754833381661656151851119113468473236553824853198785818181450105386941315804289410531085026258281571231111455512388549044534798670025707762174138029189276234523893914028052930968645560208707475029630568566687239774998591135620834859426470223854033139665551229405206772298210771698874906831232186566788925348437392893982430392706310460167855928753060178702221330681129914256487266497168032854943908954011598214937701703276762092987636152947610229638640039099466517428605271606511721401325095927055929483973612998179810256713853317710667503313178278732512150132783774865020703313550622755813048108000294605171798864186469383014272229157943503979917780164905282771302956245709102784944590050250012647562325140161203982032550275269695196707423516842119109820901473455345247385160545020344886526119484579467391032494601754606594913347356487848126818801870735259183808390367907272198713651269112873795377159952741342667405029

```
860582672777608419974697064196590299595629560556000221763788281809
646584242944311604341015403241618371124118334133690860407381821867
859296600601526097920430269051432225681436574696554200716104926071
055162136298793005559121326652543344723751548317961256407867774243
070700876622029181406550213601916638438599988612327515290352987034
953210752896906114040165980218828037680534871490208308719178047753
136085841410659675196043240179858915353244342336299100339036772618
991404668102761485787215430327575243593205031171651703430242737608
232710098962149506384969100290257741671365850448982075513534469441
941851991214566815068435730758765412713166542356681222737222333875
877673936228746034106368156518664932281342304242040017305391395804
503405968044825751340555490464163357843816058868602279917915156776
991848385745819789813620129705387867266068895188507220074426102970
737128356942669779338208780912705267402281903448878106828049595910
794308881004695618358720934323233044096976123771968962982119916878
709833961134526201769594003458673833978234147321913824997499140658
967734474340283580315374798489967619249699851822401768193052100224
551085786038469056876636412890897515543665065616506192218185586063
952563520434789459161679812323605749683748234389055596433504292754
772607193219830825380715538852177309242994131441902635580211053579
886653626415101464607119855982928954907551481369440936071764942629
103403817182161439604176985281732820882103690612597704683140598765
898142685317003106627425740828091023311681597595865485617816146064
344765193028717343009218001005873954834544037627646013824276340532
946558088847737466836256169083430972700699748178242457419426260777
097989142290035008433211923977359095594574681566469478110101036963
569468678903093375711027620866070878210655553779260881641337529391
559615391062381538131481317662760323198880497921677961104910238832
275063964710076965247441609822625944767297584481013880841014521590
329887353851807306981009460126167868930860243784986072082802669244
510981539169597360182132879440792230675841298484903656303436908701
425831419899105413985226930754669501999027720119934380998096571948
285919876724145591715959557500060243914734649999094962280732089018
531774166215707333892838863916441375939741779799619064527740965797
692825365348782886469722536557545252280316884710392694299440177441
505654108392481853809722462655146890300020782127549450527915436981
754966618751347831918657412558355397407737334160156114452815017161
751179996399406119110086304704795713409531582791149697550614252596
618790194047452875733438892990800297698778930869873399027324722936
187651932972809463921588010581209173303560696088255232179700576000
415904488179392298445358037974607129470760820065151683365645124128
112940020791146082742431095203360028505785103178129690111967320860
994900367426065788332367599890317467841882737621128226150437357826
128239235832602350621502538812050380876107577923411020066388359646
169318157504286066212124025308127579700257872538449057874024076775
176118282802205700768033173143733222497208953222317699148309229185
252467490518771658719283391451272224391076880381467647768256051991
624289946664158685700335897100581727461170013131727201526453957506
701723887331443852719469997537245850451851121245323760092430472399
543989332763258474199660212612529805661849768230504120572683027889
590129847903701012363477732672039081071163930328926896985898027604
285309812579195732408053145359995068028164763767861620499087220505
717926326447013802103274475785095981537692794373539955990692011086
845727615873747149781321992210097946361683688376980068019326724630
563313936198022844660290825749708876116126193917988989141472036055
993690883893058053593693911450316665837679068253381015494633685050
270216052865898969422570963534549240879532449834501523023103683349
308340823516829151896416671575047629019534676550504543318915726570
```

514987763841490791267283803179053794039065513432425793133041324948
076088104697312495453454578562643292457539754436311066043652894034
438429341310299218563861969039536229361901016399352853501057299327
718394468786490277192411969477667967432169166174018371906560463900
007652119611483507207555929101785378770569542074600725347546329875 9
180083020271502977497891528398945332554071951666575323092649513942
114255404511537786456966234680050010557665686222565597532000694853
643862230379848569368223874903195490049166578339743669860918339199
872371947258845288725401284645056630547236271099264278570245829223
730422001039892514376074181197679980049611584889031365744048147277
693497933519690791241286804950501774453583056740426732857897572640
251681129144017289388939060078622033980666196507858085348249079437
151059318692320640496738656353128130407910722221357665482187805198
585300198832071946026351214279937006940708565595872468136554341671
216007026774829236204014529850560212244185483378259554164191001106
984416061119361341572843855737682243702736802105490498596516582972
944555191824151604065511839707202720208464020439307298630013905543
486080572720871181258779384498490437052921037497010016639981519494
762949999864284937367525363175218833130871088079788392417704627889
360773769147013802057889504947811588756399045026857550561741605589
946250346009210210935213094767593435082242287365273888374232113471
060109204939561731748853780227314662884160388678815342375391560037
740786683286939848348080670719236001585719202923111341735102217455
941199598354445613756191796311070401804744803809438397548267445519
775059366593295007869513983479298733887810177945608175447381355918
082998124982315003735066265433776452183166172959235665505036298871
193560120416793837252007715931419035192724580169449393893968861290
001191170558851515798078321975863643962234115591247845187082904022
020705526888567676757208433019621579008529471279823339707670466783
431019043137939095674184931794875599199055140691968939225573319387
182240165404389424297616591282596064556576789626950067545766105749
703494720985496417221922641518102798911059033065391546659670220214
954542925225680119973223318629930128897726005488830518019073656178
487244896155732164825745475381614346708401825711363753394201684005
114429600303082324276272440249343956105593933073782790939544010805
851085381144126655161542809528681170509607828910789971952998934216
779462002016999849651440553369490931441566374789827892780741711709
977983171522522769101762906375367829686927280589881500482306979073
492161899553670790703347937543360494530720796487701633503866124779
167988940461720890124337095817160070941224936215496495754923913389
052137928481325600654070872192952041174511465783621081106242854180
781661949418458010948482260635786400953180380553175259088246744194
408371697512638377222189990351660818503784010369641914891107162792
024978840785035770140561634787422640000635581746899577459816171765
424735821336343905574633670041826313143611418160332966762967600167
994205533403640351816660549908972163789101933149352978816209395419
682065819064283642662413237059039256804645463665882027057632649182
915871363604687363845054497488839362556344690258479973397243782686
679200489425440222386948917200466558257328802332499435398108946466
293862106782615852789957371136482549194966699900465148330478673621
389610739799157349933726567917382050679489033578517034801568487119
057331503073236481575437192770782678884988301848646539821183228847
745990682339746215612585382662372283196986025204337862773557515550
720101605978712174650697369997748850582368618239740596282389906171
845816823966993940423403802715214934164580665060942551663306049310
716719733083603118091222672826165364917781545471333613951369357890
707903812910081720867497056696396275052837274379791628764864557681 0
769790438777885368984373003601431294866492623107727490370595621425

```
87514293266878284788078762847818624595678168662583026820364459788 5
098295089252594417211353558594114239951535124148861005811481337144
76205748937224169221906391313782811620178787608643888605065870832 4
086986394651945116888379527746353597780059964225118812756016017915
902247521397691067986320928338406008610218467139811866120510377179
678586471588911919780820651104987209273293674446645552278333155612
798465198834836197608015831317906745512410020867752382206554614559
39748978692163232155531192906025885276633670028108500403677602024 6
25577852652666977034006959215776156476425963474335647160218551276 75
264892216759980154725911835301779011021484702267325079585252754842
3162615892967491280149800575414928943724074644381116109689127925 53
348665043947776470166897046624970217334733680794773210861934434226
42160858013035024637111089416681026503673752140328243429336919373 7
263789168983387513755579102654529523137287857195672725035232725011
490885240111221231522395356681417563608279688942019932324527491150
0056806619067100730562113125640182950499334281783611200441387083 04
541177799082829852391031652175532217390838633772407026085160186509
754722845119753912039762759601990538382949498226841606942370746852
851185966687687972298646027571845029912469206489946948977483050501
35197459222778942804945888936266175575585016684911380345406553384 0
450925477956483685314132206728052953221775767997329750000772090302
585104432463993406745109433124358732359862858793613228624008278150
765608155394815807462635927191062286452912195489912738899347689840
630693501530580839565139440243232506662242987659239682694103113083
415119675553613783985422117921941144956191653884918597957076432673
697459353938106687751104593905615875963496617956775816312907314395 2
0021171624160236387809632990133247037859386552914051894854020217 47
74349411807469378036532613139946208945574906039769709495500802649
687908339222077306303315271994479489978198182895663978726235996505
384508402226160712887069191795534834127291556345078392909554962176 3
780914476039267620299120979785261012616158712707535586788607013 32
293741480098053490197876511723501392603202828319381375304617438618
548707315228789604380162602151932172781250101536609553959394826629
785009647214769630414209285608367553697145767446582513779268930034
981876730953665615409401818121381451571893485211413763239747591249
3597045511811135126263852182268414222905761672336221741638596959 42
855584152660325817356968734787152825385468661708317156789798692079
66857938520386732793631311097017509091536397157747854669238984188 0
008598498493115913728360813414373935984087726813881576316452990400
331700614355158713210484908604086309955458293249851269415089658896
620196441030335698575879719137187474794198902398557644542753175 91
278218206791940095979448898021655199474910767021949659610071343068
360588439806250293333929180504378749584578395597521918499399156656
84207644401577026373497360798043894373233710357794629495956975286 4
241690766716259743117028013043352721392098959101629315031440616760
33044871310888930329252095324604243871580713741133334967521894678 4
204352012005101715588810140727903370901390608296232573654349022515
857159734383964325496828242539277712422357476365147462686304216003
673739057280974151802633253647788062977836503169624788766304946589
041398145368349648376763797240301315465398808417396936142586717938
191404814313262211849010477107002065136340198655824595491518936088 6
020775433744258793923503783385025011677270527206099193802611795015
938187100439454786426117842514617256027238047632869979661131161471
745987885542037896030485119369471921087749508553862899585037777990
447987976819174494142900098035975024431445721638798732593334748433
045739408125512479377208382988604655248714452068120314432872021824
91713332412389413032203595572780514404956058136514098616007905100 7
464455743265393945391647302445540904493591899500930070180617233371
```

```
6798202231732619548655260653765962406939391279640892608416114880330
646499405407464597314824039656863432159312994393707782160027095587
125926393806265309063727159030214454082789035367016709815238983270
423840016348101274986996598333187719507936973083569436728856506110
250945352047041905954246820198982796106997322621366281673631229890
562473777629237557610116540065593852372739150669064576794639205897
165228649774345022841403508880830934461816836667371572514163826056
268400920108841378388920760123000864027233105874037792368077723633
760999633454914229514026340740695000357192016355410390524035290727
326982389146458549806071219716833951774684572732705783001650434385
226732890660418884113825083413613799619810169705273677247197959326
117762234453981953204724407339455212937548499646212828779894759263
556471124809844788635485768440400796454086534311784469866699631550
715355346753318278942174905295408470023651559371913007076532061016
462428460575445913627408024944264302474203872311368140350116491673
880339796281288237086263147773710950925211669667728400056696523553
312357273447122505849334210006543804671533515249182317846165102580
881801644604999405884890852354086151838940436071934067129236726069
448064599978077724922090290386244074458697014205902219888068460965
151709482306000964657014364407668066372796875694071351567827990649
079063277209044524503248575792807082252032623968335485158606931459
783852836169456336186314956895751252054275834084337654387735755811
332332244587416913044623332885304034168185327650796295332567196803
046626222693929242338176147406217694381301816446836250602887868826
388486228440768649870505438229258065848704040355625732567495201114
319375477540770919620795371814882506166306925483188887162368525155
484810807574535347566506910899890257900674711653610446354848625845
329601116605524812366581334844340230333876694730853114682295290092
852033970729724784595032639730470969287727556674107879212706769691
471916296467784842643755418575698510816587182715147495503615650037
132073805452127386073713493283299506794838104667216961316674556498
386410665538519571147797989780405313153130469535595601250122307301
351228235903089741315318724606576765069273120754053392280539695667
094054533100169920093401603015109670070870330896286586954811171164
472224295645926247022843837363168276182638145452738190115715089522
016695558952554622067920742767776923081152264751106824433913416500
252404069330258598945633927036419440753978120082182135850455473521
574804387050965377446147811346871656555888351972792131850455068355
394307605036900936296238783640866701294439893854441878508815883750
876290001144469012888129558556775237521659868493432422064333126591
574887295399533862251753806821534505112447440946911045116323995851
505755123125829401236747715157902678546634378329976843751816713246
639546430207887683845141331311200438362720947289667797439488890340
393339347714916556098784406261235812235129549256259585831916362448
449112395365765871050788073967088109766912105133672021088490924983
481410808514719793119832560149134071181692653771766948863256773850
811309929392427973112696774583490608959014679711219754532868799100
384969406070056456723771053491890644506528029557447570185785935333
025343731414420530358189472502565974199223900855033384792966237076
723346362903759950087543075025796397415020398849590375857682910017
344100301639017484856330642201175201778857984274579591250260727814
703573118803108254072233705618403981464308667013264139910735002441
887725563513180201251858081489754097369730814873054088717373474428
409192916434244021024496426392873573982403810584200373458695310703
279798502293094662680690179272417870980625238297549267427174010931
339084400603177150398839717565171566425066140863519754573459747328
546035255770816379080538731580692280533069866107176170472318941722
385413267567686410850693619772850888099912059322947870172365954
```

957911254740490230421735611643954893538440386619667832273836309911
100528583707824962506145518825693851635763993030755907074091779176
896009094216626863994593098716651875276280612167765599179102906097
798876029113129385895535018018282822842512717674142327943772490834
468421570946790104913429397381565935133360706191251839663489878904
947087264413445808102413965253897144390891777522524117802201688749
824301623732901654238958880298757500628310445539487277012493083152
494979747126764811041792369032564979086214759140723385699856848993
207228126831503709899193130760222768091775960194196631360653375426
514541708972656421694991277672019356518712974238974200774227060080
183314686892660294098085839553452981326433742948397137157826634893
888175852859964321524684920221705042364386297153170378612025782854
723968550109472648686527339361327053170918496084286797306300436165
421346267661010170035987579790699862232054880264185324862925109616
879659807695389765453614545744554001652239142481489297293814279062
558859701223872834890240573855246423443911993450272065771715210499
127908992116992426409704094162072318039496941688985426561530328072
246825542458111142700957323271901559885378957557116192459631233900
138923872721527861242038168148964678214166675876691828545852443941
373067714640373433094041364476929357832575675472246049237725453066
312261405501756381159994319702788365614699745356186625199217747587
896680220466677625977438338995660390403628298614827021386190536066
366845791514514912966241491896900808153987865583853781157034266034
430482255013197866047676271115191413296063961296795675148556053596
642717648733877548421668073267934468273745356610801508605743399198
621529578787611185592447235271316900900727602292778572040739492840
810280038898566540215556333756222914589826405817184880903521959232
298455919169463929579675300915498710901410398873834792493628931057
971150462061769010546893013669125649607645519105336273179156006459
648274765480572318894713984109860130286486656162666297562500981783
944574352039379491631861623245084104361645553981702333968280754081
606767892350510276470520409956971481930783215993225562257913369017
793709375425041782576570705962239705424120671641874246415575661781
751832110091846264871776509119033457230778731788048493776544253945
247149424091479337073513487876314576985100249674982967257183895783
784694947863985440231214564070231609321036055946195476083184107810
549758552449473221438932052337349758294772936978542447331921658533
831755522494658487593974612031368176924912879005517840370751610615
086328433445673849566589150349424052007897413832212149246717980852
846342868204470275783698828657304473701798754988339182164436320438
360275261130900446100374779902794907612459938112405161919960596513
900779096342935831190343056243567157340950561636287482782058761548
998813622840063195111952017808096749067049765894282031932459132425
596171141643166944161801552406618863311739950687964377815538097222
929745968674364343772446022500821701314936991814024542091576 76839
550131681810740342830411268652549868032645793231845029509774520138
980553581941410191319848338679855548199401716615848836118148504918
646756391772863305837466512519099517627862182217783739216042843812
365855035987768316798876917667864037696003396728064045734525975201
932854039038432784751855614753102263673359384639799945119773456850
665446742838958191103508750244754207501175472655793430406416448164
000185489617235736987650020914631244006805066561821132029336859567
547226664660246868542008039260740566298299662282788667330645065503
288416293882956258875540969468070706581219805085789240566782073019
132006706036421683649165256313537762548308959484205360987229555827
524593150094334190090781546711225727107985212227375561583261030239
205316792788614118329822645975576534045423461049029572239587533119
579619502289460503083569740319848247937503897398279538992068971891

296270970268160179994882368515441024906345037933046385059805006893
688509215960924934546170186966470225326193881930168212264843687779
523961813687773501783987601428797208483664107732876428869253587146
978397261888103384503337118151711484715753572829111377136313197782
120245684609697774921963796847374969109456442146235274675272612853
018007895735430327535505890027607241710824277977227327359006266638
666960135223025608509729963153757824337925071621720744063331379638
751714439266238114553939004388678518424717587537903066366609326888
319312103232072351409070336054165750822090603372016681138850314684
644519169504365588661521259506938284344581528708712282931407275559
336996812109903515910164212560711075765634430635117056731674352895
819475495216114251931100258904134528900750775831818122670748616937
051137474051447945461979530174760061067934534837739405521359299881
834654586798258758604317340405546011823364935533063590832243916668
061210292859293099627572450312748943909642963320873077467150077733
008339343158859637012443376957769454826077160976708615481666794238
910350609046146044130396871368948867998350878040680643816217724063
479178119162006295777701399370934394432172497221823195212537941326
027533674568558608844105908511230270606553796894861190333431182933
910876196185654145709689387436957061234280197733557389624076816315
844335848770733607207064012636724168412550983009513819576886151246
486601910441900040538733356712015287826261145314440019490501156417
180146235530033460802176758915614799503714673327458150272811272118
264669225554441318839859509334196239859455611849476747865322071492
014140435873483891207105258163644906920398813879272899285398846067
946999733862878432225100374328066659264199306084693616756774847179
955538224978574655672505567489493096000388111650259900059937401738
666047062621238852848170109467101387683522002537004909446671047557
900086274869986075801005598973977527485320741834661939937899976107
539930251144261568920485519723078407582278483831235864781682863472
397507033770155108037216863941507175891202523520030936445381161000
890881305020391693411591028327549299699784135448332296718754241822
465520037962279043106977024167654829394976164049500283098389394260
224304616904843558047477224038717866934915392885786302298924314368
417304703015701090230607503702447200332641348728560100321972365655
201590949293414826212299982317332073064879601203797276473155636303
760929383734234682091833203420880375831996892409927493635290735649
847239275179648356460381131807445271846223458597944972284318052740
625000578442004830052382387510848554266486618405878804641206810359
198983960987271311506410818454904555799276094354218400671764535486
151052824756829626859818060293772829879244252943870854120731025294
049832789179127749003152175521488252603471416018195384541767118062
521836875819415407036768156157661817204779986923314640336138033465
204018426158039026418253618572246844860612887368699927202741626806
376621120692903461969545811364344741598714018921166046622658266150
905420697639435931236620455287560342165003473601194342256149140320
157941711851715427563965172568645384670954524837130594898582559745
277564378372093903737606448757805380896666613991839630554346351531
548185886779262912725363426288985256854464698144974618924149586366
367198140065068588860860224267337988127687969406497029915452452721
325754281953249173115066208586652077490952965100753404049227356548
282957025690629358881690414651069717772420955446130258543817863048
508060589906378090543069502613842422270537535459859099326669673321
651519481725345327473336027447258527245394785787049054847586331157
183663323591323475882593406415210390728719363267963759284733131612
339781549856507745957426301925013613442181778657326845949803925741
969699998764598249567094095595490645143192997532969902929018113346
849189397316733740473761021534979028013172233791279986391471010573

6458088249640377936691442602252243291822035969479652296324150462593
0376366432840865616023121610990271779794048244237437724217545327436
9030749262617258880652233261410603381653209323202669910870847586818
9856399049857501176199636905969925410436875329181907200415759826234
5466727015736971133357041403209379345126606070799065586879616157998
4934109540903212436544310873161586375727374817450178665573793984866
9229117599204342247600648597600549782806294187391474966456601976892
6361659828965655744580409914268909472497067352204701161915360094527
3632530666440201002320187322781976148686634898913273470144482032429
3117841009152833330376911197051252511890297082942974883981371499778
0527816493437056043260053526981069189865886898161088992692043454781
5535740465293822554757923965125781698498673421821853124073431152960
8214112091999940616010158219127373016501769581186190368977927569046
7857101810593937314388119291479443565221896260286325866365190174536
5921218638768107774209158364690909165182739807531030664998062448492
7747561884529732947271391489972684077858977868656048723305752422857
1724734436667418181232708415917914786168197800328752421946480119315
9379351523941740904190984125780990903889407794204672704915345000248
6042745530730683647222075893082199445234721452184282562092914376814
3878021396936399786022126322109822077357144129412640653765264285434
8297069365511680672830614815535006779927342874671740836666020537292
2048484087025230125857179145696657952396359686270645903720726805879
4398134006676701411765812522334810483868677174058797368961559962178
4654973073934095466043145860154049561577645616734472126427468746140
8302063879359804284966224722325504660952317681724586362611284833874
0765075828895677458958873610951974207232126233355615193382471760218
1868389530067975021207690438838128356258145012500711902715651443462
7064814950590196996139040560790673726072411292441994770283848353163
8431876419994731283314441915968777504290327977034761938062955123840
1384229100357676929698595905440398289266660878010344059670559052076
6837021015952195139454477311874107235279456084435494667607928826819
3567646665891613621404247856427926815625448506316685268327524656002
7477652412794270534193482805462670281599245391248739375580940125919
7783465336557356259376680876997525746027021669649252998377538196938
4625470851886151047522647513648918833573818916971219583268100419576
5377021192118272566508896682467504866699659885042041191615332089885
6723809260181428117623447955829428808581369886073727549749121306874
3742194301486676625969169519536885691174938231969755955794021793887
3722515159971405447289708395510365486662819650368486846610392745568
4143635901777440387565120807714563648777284438331563572496836756314
8103943896809211928233741450761863056577773779414533302578207887933
7135523281930667781034744878814533022767115982463014677391318064699
0171453231819572964017138299344586652810423902920440420503010850372
2889707226673204164075838352116255472935420977067186526207629467204
3633643273505663204112521287225894149976280468914855075973614650511
7641257930283697453203604650615692381197213251056180613452134381768
1732762841418102164413417024917558436568114547977751958280662844249
7503791747723620420424505736306091115484024269956433600353014366659
7511828032803953421054049191030567314210754130235793487723423907395
9389300436891328148546882197053482680640613344760357465909065646098
0097171769957520437556354521685044224390827808348072156800312138051
3744755738663358066128982569525355723266307395195406369794691392739
1950929709929134880148676072714978516827026905071076789657653044046
3362626888722627429312028751738497554214315049989074564612156955425
3570152014746265873588291544869367168210972638770366929876270333269
2676405112356591787773632477046116118752837864088038280136349041450
8513182955873803365715923755404374036600943126624937447350183694088
350123180

5702551089418469366688303806236043616899868181504628145439937084394
672379528195303288606099631547805411053979831739104819179879337630
991824007163695359256783586699908525682834617999204484921582868255
426606669480659055883754767477890063030763977320119162644193123137
332822364181193438305058658554498299868991146681311711942189160179
373602575963218532104868749920473470299426787127613334237668342822
565756501574897202803431803206244849572309739005715093145389184344
943828397373451579980515625916432262701418620623694475930214105085
028120360491099390536847805602166270463685525727413290604228995635
102522847519070308253273849955553304495780330902592753163522180988
982629115980337112570172176766904545680649223051574746891557171017
567240354189350611288873024043144319869586521866760733038549036027
746096354501952529653407030159703240985115025293058865671901125083
284714968064894381300783718623924468179021621735691228872394802164
846473775176818942122207103565559650797948449900827193552814791434
040371387172081760903198856458746108109910593691774379471287936895
032477418648580648196799561464367082487089936839513150720305653030
078868598203607206699167376164147566542877193535910445211691676928
163963645629783407370647882740618340543570774121613832028737879037
858589327455361495644612550505547826687454455090886889469271859889
494234495074838218501843413032362004668070019175045926284083850536
431267686980340268115807098103458986041308417355099569441517991754
323348063307326133913997978800038210913276601454961115704285802816
067516233813538630524295638330950320192878164132492230047611795358
249560591453000424644788062130246897865559692629257635740287994013
569211675539040026996645560256829723695049590996027170973816661686
780048327292990594281029681615746963060606101062267170212539667479
513893813748538953517578329451364260069361377774400056699301740201
136677317877044694506012922607496911061576207637893345041373365119
560032907835235964653265747497435286721116298075675851083850160699
896935867152259646305700913908762874164925417081690968473095488602
332982888001016529628089769877231969074210270093488809344555121881
883365197843185355960674763507221611787287356394565543427614068559
412425912141707811630308010192587621993809895894305093968251827713
033033492664885329561879526644631906349389649279747796305818237760
658035402279669108180932267251426142876850855023403639597056214125
513762046722444289799785545413190137205600294567063403824299178075
125724484463577152589347223368452680005049057940765926118340462764
699835321989331271173271051129387746272008131726320867124724783103
695325057116684669339199938383416530133092477294293584707438826342
400701321713209728274947961163566782615071566282502125206276389751
566585134060455290109261126381662242366899271064904188627001442112
873592393998250056580064325060750945893585007218072932230824610825
818587467133406733443268051547565276112290094215465561831034126870
172286541622690757446663740257850581983903372668539128342511388977
610370155470596978428438121104166749642361936898406356138762279595
452151468928813282394396366129450138781676590929250897532471669123
683482751546078272804451824345375965504925680648532309992814514753
455092755527796279414245574405255218825323955625085721179963530195
675811774436762550973197511556514845137285424074904838081995588091
516117939219104261909284857816139051482314744553101516159178414599
947122390516596944103972729574115833974593906205007758070959676589
892496143734348781563774420837499914618345134117857213565765100288
216534378838906972299886294622686851956288323205705378942178959367
844899972838082251295857374295653148704304032195433016472204581397
905745288020747285881031140858798747211863286489844734053114604400
480011189647421657199931158890372059003146641812617920911940887850
066778010999185461909348926691850911899853281758015614963442527

274202132308326262537829753747808496486205747377298059504902145550
108969348064510974333005997985553203313182691751915919500655848843
655165633523507949744148699554593468266676174984193192323919858493
142907033972490741043353155071618577128445270455615148720821787901
075809945990781903407684845590803485256121124463883238877600772564
059505857614506172929101763421062016322763133570869841611333843351
915955219934239104565565973100823169947997845631959834114305637058
884135857232439459993716084515443224733325747432690293211134055360
526090724168837533543614128702342378252708953823576585165964173281
100423670224794265894895420024627797793098934507602136241713703106
513275975961348992427004704717253332642277426234756632022517984249
524982127655951139456814127007662315485158257359633538267179226699
363339180668550948028966397016335803063577792061512929958681816023
327826828756138695348983385807840486775650291623281022321262862370
364711672590911162207449944470337154671719355796034064957218399132
431571758689056357820119356227777634216236724756676876172206101521
338942884427554638039142982934097063768466511699684549774924842162
345498790190059012230711024880588049920820267341521334526194822718
040452465922884429554190815449214580890457049392729832168834134299
536825867464108367284683313287432198123007451303144400768357402446
278097701300214218712351188443907814286457148671303162743814053388
576038852946905077691124396402844275392116011246848558859087111204
331369833551298317704475439527351180945626273650721342386754878162
350966398758989078105843337220397544204986189921453439457001076699
302333404507062355822832197939121071633904478457406495968373683599
961027055981093432754571822658191627376408326491944633925414125704
727893001218140995028817766321849854530856667900703762657705838273
174956120917523247601272848854422298986799882662839508678945771438
815809675505801148163295101341784549453248474350246166826049086605
434986260707695220684576930888101993638860205690810166450518721815
005743472746924004566280135244242904323796847683264995785995411876
796098882406497426652295844069729776191462648978315102874006697923
620332060404453547944198199894752531957170520855316177791641077276
461392157117740299135555015167097966196524062222914160997227029865
408714690791932911101746040120652081190334793350740933967335438106
677644251621091064097827740393472409226971399864193240183367625787
951661669211485708440347311098577186041438065703058114089652279903
370706792777717324019606366905990239660061747596602743647723341713
211256406957304300738718969760826253778407616890456503696412101726
055110506318058783071771045716789172093155510051312624885074971257
088277608184629735156660641381318577569232194221616981981833861591
091112129640683476454149874892596769391552088999743483482510977171
733477484904241570447657365745775288703137087391907218250577299317
720421259661778909462781073748939672753336694977597757614013390964
005994959912477424058226022767434791404365977500711749068727626934
563752876279153861033480986929574289849008704137552160375946787643
984362695913728997237720073145336673352699683662926085657058390388
235938311896147636133170436652976443607494016496971739566002324847
531278261351162745169349859149728425780115663540112574883834495782
054756513486752535339309492987778566824738322471363412781566382459
050230733983253608300387302483963995418402866298087668996005436067
463747817597385932001097038400943290482521486078558007203028392262
481484210735676894365084782917239431353773078338286204525607937143
479890247754480001573891165778949114366003679354363932067762630211
052152101359215469454499705888762836579334060613239110233812347891
165133960648232734302761158534325707822596745669263994450654928199
905402788150706299036213505045231732501367062439410618076676137866
141456378576604420749242292697703498450126514921671769633105167672

6784883729549005678657239784427631134732497719890600761875914089 60
73066582151384491345615555711510845132159738291100111428738959946 1
62393850583603232344208288145043391507378081863193720783803113641 7
58373487519765079335205354261064839646800228318032347662678243897 0
34382828567674099388012245584182825061658871841917739713484249557 5
35536154283510624483282114107566096796995104825227942158706931518 6
86822890659905445428976768340784284686635169507359290059446525171 8
65184120454432711637452459124940510317749743271643304786104252035 7
94032712103848084464363330137152901498842752377949834574799875281 5
11965159434402988721491706555591849396373620235346368882181314372 0
81349365898041885261814616685646389742839150595583703947123832173 4
52734821361569612832630851650382152956508420824710834855636841528 9
27797777756366598286215650221250746116759032116542096541470122942 8
38545756721417389929799800524641816847334818021732521988211950351 8
46705828084292711592599970153750974790079509303318805655801013980 8
12298456546816187153857992812861037660068440830849839727976370041 6
60306524614826604283117793289355874205593451881326476050299179833 8
27163739598602358878513460926732319515887297292466770976350989467 7
01402822922459093649319251931742859694152366564659951119254685886 4
80010377793163073879444378711516343580683855098036167341177467955
25054156963255517565930011098710343833359200752031771871321169429 7
37366650481616228139743691943602197933189113714775792846048510574 5
42832874817932872278710961589682604151910321603588677947479259298 8
50999499049216848971385441255339167379832698374244874127454709620 6
33713904740483607941575293633639044817954141117349362026048512012 3
05360554368887938629144807879100525559893282527733543592470673999 7
26922739927756533972566967152409677307351761299221420255506531429 5
49087426170533585033317774602589152893788654307666139718694743502 0
46969668750567663782500133665443412014978039533409484305880408087 1
38695315898917544323055761484459929712872562076470023808833082557 8
63754480673545385987638085847636506952673628098611990040267981130 2
04610101944598035927435305744929624227377339552016915800533206697 5
51301973113370391256119133054329794169919294829390557267957952817 7
26968793291142577732050021476019969815220206152451794238984581852 6
82797897974405416564805621008330286054730103160503201457405188876 1
98453502969999264657956500190448278241738609540179103702546381436 2
44525088702922663923366404351967800356654544364250362507952964892 1
39065648414018273697145021452643164662100373809950418558874896308 2
46574073342630025309949781559142128751970527100115710171637749883 3
78795656865393442661195440774144399248742320604226615977147800654 8
96433496235839622113531257289820135598481565702045748210917373786 6
28025393070446554368897474906584779494095981224478743221866015300 9
73454802469617267129477879519441513440173011883236744872044780623 6
63700352425861765683808485736885690237092290882122720834170089791
29256543541940782689930557315191699011807050189588596474048139046 2
60970734195449422706775403353710296483606203275561731021591434684 4
15539095659097465499279153763329473599602008980264079468292536127 7
89832058536058561861189451406113222427128611166867250257033634886 3
15857173971160328821238663749187456260429531898520879176927985320
59687082732060772049087562497623985063918737880636107372115907573 3
62989705665746883773515985230620783485667267399450197245706160417 0
28656143126685079755716895080673861961335761307793385665294261178 9
95576128220396278616303669765729274631760052262488130026201593446 9
59933230130444390851414406961294909514351132404372818037803052701 6
14745966697318233961655755091009447720112313016992708211043728483 5
36465802279843531764876043952080736225958640787345819153105945582 5
24031075377215743214571344778184309844749991891988572348815392190 4
52015661719255542998753334540023811097485202700537114712389797470 10

```
1585475386268028132317028620129038658514423644864928655235817137 20
2938801752941010225020285691187186079645010876529842532971631174418
6507520187692927464210613131762030850679066588256061616245123 29833
3856021225199613207285816407020906231271834484822300789404 09243916
3274524087456678136735570039755142780739200343533131282287 3286895
4206188188329141890423929582934929305948139194192101543032 43567447
6992430684895495202395456455030650470971258953086410011569 68732728
0575346288820928949980376942767152372469074527687494117376 11248907
0191987929642324749483718639132922040334047627285290480570 20058877
2263597678817471579821421764176643490054851532223351305020 04742660
8426027581114308115877357853681413656836671339174031607056 50379085
2843226782164643593015192070991234338444761974897013637518 95168498
6306334712439357199345332511924340248672268509671224442280 95486209
6706420714603892359340106844004753696386497513597358331093 78326001
9092515744319203761229377089055745436284773845335137564981 16412336
8922952288866851999159162996178672081918371734730706822812 7018606
5027530298339014669995747944610702671611160278717065002344 54852655
3180461527980301358894310966438222475439771623046764635318 02819964
4937566237115116051978758708342921467498000152971410916725 70579693
6154875615717823583111771013590125353955687127457997201759 26065461
9005937960897846190272218145072358795484271499133150396203 05124110
9165044196697558251321818617835694275540614559727053523826 73571102
3180819720853948601822054826898663602869566818348668524544 61440840
6952182633280487604446919008266967629645490754572236923327 44166491
3195564864399458899338775870098805433186399855404932306776 15918285
9287438960578046409842089740550683296113972392222697903646 9776787
5517303966644741574726584654780659639564895358195570035797 16689122
6946992715128446477227398117418148866331928994659470600892 1131898
9429677196570486185276861342368815000041723800282976700522 7927655
4084855433334861688984973871867886189873232380042400963864 067984351
7162511269725924658687211070538015319495771649485062981579 8946941
7142820421641655866599072861984938491754802695846196422947 79314981
2238364153855703808978900761390103234971796963254719656491 22745582
6354132341424364357459474929792785696077635914847280121218 20571237
2291254433245566053407484951814467690589598069520034923001 24986619
3762108500512364425478264357338213296609669731653535425624 73080902
8817761133739720629836430504086194062218385024498547566872 1260067
6339743731532578383548748244097809739336148731020239045338 09474159
7766456031376811062989214090166123700390050502294761351885 9124106
4706560312980146088899492786235478123370756373524321271800 61053085
5171703405360330737630187113669353217698428260176112186006 35848965
3414360670914199779246409721142744954698914635554828643401 10401472
2300847400589719394255567755784403993657012637700923304017 72015709
7140226189725490249963962566890848589775041571304292715928 93380146
2762817804245124334611567291708721811698669587131261066558 10971551
5556963348198442249377278998490016913340650139225583745253 64458711
3153774964284515400536404218597690932979007200836296202467 32239658
8374131752905866262694467352104426037919315211035606156132 71779583
3242389410113783086245462951409581718941653818826098581362 55070281
4720744101032283856977012126679321464728011596824377110164 05882920
3812229822825505648850200090315990840966980142501599597425 61022026
3183617255711149139214436110185338455682860703157664486057 68250919
4621585069508284940853018066449912071428675989866884127906 46539483
5715319791629682191642876269125672169472287743672269074631 08534195
4406113360848716300832207815371548154354645837025948503616 74707073
0275849967231328096016293612335740850516758670470322859872 47398086
4732679403949139379130849736324141390294392845766383519842 18676346
6430180868960692143383196042210094720984397666522822544368 30422205
```

```
47014325651194268703971992934248063911831147159679288276590160658481161372294419943326376901682224343559260799088203400234350990585913929771576049472707702830957584270709136977043713575902026722712135534497330430506741037054407734595843092276937484039563820488592647043863621119935422550000256114497085052705009162892960498473983059770893141204198377018700063858078442617736127875809955159503846662074884815725018212354082543379820275256807457417795530258946819457764606537499326993288820539151584740851474436356821092425017105258634953457915902871522129953659591580769737340686493813561483468625939742529349372392299112609535278901474152094619169375233960791800588818378506688578822174089302237670789264905590178357330290498610475662408840463017442091646079276592403350052136975053666580334050131280712427989700062737291525907016667464372456678743256001955542420944533633439391956768045908713309834479621296632581163765466480890071124740281515643434631081445327339715432334544926861930744837353290342429022706323445090815537951237757161049272121798185353585099415538718219449427086114969262082228311054505260176469442149847969162493833508643899797943725725850349473321123642015645445958323210258673382120827201102361718132916281347693613362316300055518541699451237030874717693475306380949148828231811460148473591765019683057147047139716805417120760854152779061484081543527705471113866193551918255549673768753756559018915892076743526148852937632107873123875720648408237375303288464023488292875867457517411964259554732547129988784413376971744782895148060629750159810410965179248737254241586060709263434511221805151576805039523207983907038445590802489767512428111868311223535944953623328051564284509116382532846827690377989405609730496598216774794290605229064271154090759630490750045786694806442407914160424989736396223835534265688248924903094013532275982922676180213994468018996032067580342939794795005811235633986972790236701977628984073319861429708994553409037260576822344748869201029764887194618758629342131709327277769165118742010966966855508381133567896174811392400806920441462566538294522339155160459482487027752402656030802416084063358310499159313085394742690732347208841191820248470757329115072124544689852685531159985111793938108020977347381749339998889738565369940387595253362174823947154783480058946039366591889289962175210471630466038444412373450910382932483894560012983649341732042243216564275828626964629870549437086474634277118529382480439358216019860700621711965918325918075744936556603190574210330697537073223014044293913607299742314821862057127972408432297422253064784702228772898891720445413641683018620592669478106500157727303468399829551105996427519834420909942982394136155832653884068529837501961002674327960832267660898243739923045838193599445520364710959082518991662915931963986386099844252455919444237409807650556117505789614643591992556426759631196277837512874653796523866525681695700326964287850720184716605737922725209523210990761127024194913962807481696514943204319306489996675235237780133601715355794152722674404383547747834615417136108071971047308860237450312138900813256243172049768868022829255024334939599178274676959411554430985036164313163944257325967461417580663424492506040232202802946987375182931270655413778298861958481093502663645207509319615250820150239512810696188302083787791753142473780066613661071255613809568754909763022481825473369577744250136333465052729624195150307001629823433990910006155502494673712884321972353399452938067223419621701616343292479375744591466577156266828511079209801382360277908524908614061323820470296033614212396789169499234232171528883297993911294665253847268640531873197932267770276017871515711271319022168364169453290451952046150335534734469787141522447087707084561412083149801106667165207465553671878728737469049871627624680530857583522804191995607327665917
```

```
5695773002879207062873063562282907109317225412441028996562194393033
9359793127298249018850599820753028058182687345362620769884288389289
6355177269977552708928071198383271264164981358505660929746681941
4332203763601603170238645401038041933756887455935123839827605652993
7969463111573623676580351575643680207979090806973589289503336310275
0947847813570006470316765317984374893859319928446797050501465842227
7826960675919777431422848983462296380957522453292343592235130441
2034590961012744858914050582747677591103619718748112625960272458667
6557147275493941205551336228916904263820835739952061572394645174449
8991297021106570959449855647567105391013640465590165911779062436
4595739346071857771170611184517001545450809988500405931558750951206
1655456314620073873944332743915654082222655166711498136135073739
9548933917480863741966480932781710026395502591404777519347205269361
1721552919289489112851231256310527709723493867708930988562479735893
2759808463423218516249853050362731645550860024480112879487089021
8752873453929413161466208814826808614162015915549122041986025984886
0991001008935521986004274340573101214273402947594356726977628542777
2767597954067832154999870802605838132869028183862100061003376423
7919800194423704420633319989321465169743345769912822318261140907089
8614415408199147374743368164498243252660816669669733619695332127769
1297726357984301509710815856277952410140312197253995009854837006
9915726381749334231984170867848596330912936697738356288707840800239
2235782310361229231334313870871375607264795530687856767876140867
9785388418397508504683509284144719683435669245391453969726703865703
1729624183897923545368707062910535840958625288172928169247104639591
3765433977510330386186905416278540679671885645231462534683464300
2030663624300772804183915050483997746390652352700476682203370156915
8523770139905412638347648466384117910763416394509626576134524834091
3898753793488871084408225150247944719876888399200357379260736576
8549301553430268438483898313027219668203872768490406507864149839548
3862399144327100354841428571466367581410868575684974964249205885698
4374594686574480184934228027958235637756438826823262418776221622
6070904519845932677347735018285436069393524165896011745073761140640
6895988292994464538186860664747288891909822960178929780473579124
7963218691536870365592944334995425160580908304927359408810125128
0459106505047664962675822241339331580270942092343548241375457305908
7156567567670109209505467111783773210475976697943635702499917247764
0990996184223422593896684699154418877209463007034431783115728705732
0673987595782140794073633423608496383233359179022771268263032769
4877532004680184757705394343007951196667752439615916630827808395905
3822951127233820755074415307889777628677166251881091187535197330
0986377174786188154764116022239030319559678981537333332582983600451
8897341313857960092977745880614240104591501478206793943636291993555
8227602367510347827556486627121882555285317825358601035108225814502
6112047470924017186025646900684617317679057349011007272876892619
4527588335875822194738432083457863305280755745493828952390059845682
7291413464323488171485846067830594826014535968762159670812495532
3057637815649344565257825522938249626575117074949886687654410382705
3374089892104036867736560454285845169503140223236337570264179657785
2081754489246557099240813236655786985264535388801118891932862519
2592221355667681557609276306155759306626473926089832783476802146055
5713159391575134197362381437944978888581196334372829232196632033578
0126113077010857215998202801245270141944055108211091262826167070806
2742710620807375623747391179018806303915191898251718666137575727597
1038981146281320941182432120115782881787555919083128416589810129599
3972458282885034709053028292225178972431329487897374321507341389531
9923645094033008944417799497855061146956152948565531122294623526306
0051560149924641646941653581717906597534677474751894490
```

```
3388637694549101338475379570124343532832144929827573206494600057035
8797413728473085568500241405780699494442096564545420670406712699177
0342055893545921475139946586563795324498939480729634535959899773250
3522425366975520262596619022391137446470151563774946817344037940532
8859539492677763875590864797247808868006817235585313143563297543177
6604392538385405756899742985095171277824885406609203265598281270199
5713564281392540661309838725191388287432303850700660199215706888711
5653136986458667179283657355256586271881440144317143679374810596911
3709321216806242471623729661715393439953368054145698679389717848891
1015986030954129352987461691091925238097429445514885583184994985944
7959024263664255486555633149346893561503414883748846312946530056599
8074676977360194559815286306276126267663557735976758113842161237333
1459708729860471384174012488889187971332736362625113113346765376299
2998408903778952000085393997635847442819798576780721048963459907788
0154266971745675426172384022032773364763975517549166533844727336855
3524966915629769248343626504746198823359455938542388739013641770466
9453957981187527121597768442511799580716945466861749820038914136755
7425295199235363028640995847738080667594169715580833542623996679133
7191811974565095014215741445024655942823086685483454755041753280900
4924396975773383406920036596269823806321058421168311536080639600033
0298348698625014189519615977098530989341590691826447462124298360755
4346446243464183758912699382353801438495736433235890880340036503566
2945098957173182119387536060403375025733118252570466934470275756655
7246020243435805176179804305001576612206859107119164478367877552877
5557651495538646290031477843353242018223228186288983604995567100947
1307362511750465682887493345110800437057008572073227508319673684100
9210872646030862698701217604409040280697949111839643660521843149233
0735163158890444548056797832255596285773250306390738623703331339377
9486490735595464851796504296661825531052645982451735375632502837394
3551018059272053090105142909243352731278690015151305587405395533595
2649030281312758926687850268380277539808784196954244470759826527711
4763680134451227046469658616014050005981355426600455530412564538566
4899316031280559646970972771764775136237931869535642851430445630122
7610428264940367974802933019013443998609284058688100268883287786066
9070057522291637884595429511271236416290417249259287033518121777244
5720634744414071045798701168348653894086087934642885814053237220522
2033388278249160655075142849889502673047338689414665771519170670077
1546284933413054595326178257624745577860528907055681209392136360207
9484001904534822717501991998503517218198291555373940524474881608444
0114286829854219815417399461519446756653991108625702661728915721166
1670861280786442259687806540552408407698092622979890897438864871888
1241215285862107144171314682739415124540231527184641602104587509699
4837594318073620219293740011902747502717656734359424736706618039866
7767305606401858990535751230023066083708711686914575791336384086233
5384349267186066139046684337879651679007095096077004454535563136244
0513581616173843997008720780057279737476697330001951815716651448211
5634062181865695555695230599732096135279604360849164645440098534029
6086167453343809689982394369382494955094716954167064128394245171411
2601916247382708669769311806960971015572581478531946257461453503977
6260554651254350214524143432982492413812177132034032371867152062733
5928163374410315471046396311177083453501544825945760866659775717391
4576609587753667249840517245700825958212454852196164378931310988244
8170038422332063288500432542084921594423734706930124693333918887633
9562414254068324429613965686240316412840305878256465234281833656655
1895855036990943259530942506080824684142553143703739066510989676533
9808735874993770334589530194951951702175226452073203602754639413111
3711611622289900457080284754036140638147708904136189639814679360900
5829482054185806765374568452152011414513584740024917141834979110855
```

267557869236460840510296405685471629114796051660512986011642189235
847067744783697916343692203021988896384901524172648351087367313458
395344215022462615533663361483478643233561380530074966762084287575
307448476761221295204640268425615740219898496340903610921847604312
888296926638081824774162432149180517457605165276714859567236058544
814854402132907532311933789705421376692598941462443758062516153217
997346963717964554733535492490014056074366310647417667998572569863
025283994443463799305182425984125798358649590627890695365185495918
160282523112964886245466247414987802348961990493472819666583071475
772532015868355470778367282575623992435546393774544779733829602922
395391013639248424579908952046563980451217891118683684611173674956
595237321588319222476966429594969400736850502840377689062658085002
467172958976399152885528712794692079212206720132052809396452263227
086822123147580066031785861841069345045525790977739566180123341874
179413622157860500783390345912525245404857543632770893637348137625
065838802048457015329172877536585102843043037380946458279446317034
769613448682880549387474207836072091819669560779780786595574070960
443029786093090797207307496070101815586850159480975343530527 2934116
171483174733966100517521700230147990108690345229770487759840572862
989418102152969007455565972433483618503777150550860330111505317616
416961877236613812722787109865173452038573787302166127222580623945
634238951182710638999382819394680890891714268678748870323697423698
254355888832460845820284023483626235883643493266480175590460342821
517219563963495304300848416621782715144945954090117944885259504947
265569119457920367936540376113867493761913528838976548861213181153
030471606196867043644288434988225523312968750291635458654268660889
460469293705964951284489740485678003585270403993562604898282215255
571996993525794545261740743270859891130014290671400225943274690218
982995179553442748718111642117429343466185812595775017541353411801
559140012523994839390176617521611923006320392693503074408005564853
217364811681583302031705897646768232902384767644909239971574846
690066268487079269797454361050266597917187256545818722599567184718
953968963563982739116945400828677220839735648520196059606726455519
342925230681863759467716574716398510375801026645131490589465320117
025939029809267215532618811216870595841647293227196915373233155149
878813034739889489625427170463108520020308934976074748096952314381
448595233628759639315703476429000525190908752531657407924492946317
614112816050060433236781492170244718104090002523572907450940087541
909448501323427737790282037687775988388910224289465863071885783632
584011400402958201515727775055220497671741806522968128144535963077
468399197436150775560849014830488152662261688754968034628330406849
672488458314489610898411164185347246790495429842336879295028505356
227380869303629064349610638902734239816444371298967524622134998071
790983253853751824514318229817014980471474405208206771734829307574
244607177847252459461857489049305096509795390542253069212360701703
837910857146983022577248525173845914560791055885370470662930526861
151496257016777566050987152218931199319086080409589327271465200315
991180436374064955449852221163110792402530841208587432750830257360
467355905024287620096058217825407072535881942427482290612611565067
099069000096462286669193502613356980448499030606977087917964203449
470664734358313049859323970595890765212059389769761799954609902557
501292529505175646332819377848179827289216268839791503902841548928
484050101832934301693930859769188207609832728889211355169823445644
473332530729623985792356457676844465574078818475328003206204091248
503790790336969679985756985481175481183866884928262489337313463656
209623643601760475628848255746879835231668920327581208311926727387
077628308791944164060207462803182215764029456583397476087986917525
550317049629191619171215072124527733136375472863049900375024593485 9

```
6003211514499284066215825743674227447550106391222421889039120688571
4990281250332229301019625987938312748207951457466369086901110213105
3057387506102876258248047297829759703788665270217441124608373700
7276409150371333614971740090516021354287018659906055371259092989
9887572687800067915869091084574078027399010187258340250270675234927
9084556458472338387936948393212193705663102735811096309442346293573
3587439546101715097484176032594835362175167124900482878786934431
7863407778956134314765304472710158730835918654422753350609450045427
0943829595234500617950815499122260677053695403470872316703773580
0385888201853606077407859203091001307366861533205143094832971286108
3660252455592697326600103297614111917437427678278974751030295465030
8104060484212662927492258713195804378325583814279728206104671644544
5396678275066337611956154718081141066372890445086071121650660339
8923855553767532053879934685050349218586536215611625607737850783368
1394845092505697034605431168901434565623077243178045128441499021187
9930904828898966619644774295261486897574573204681701313930905117
0561296813362465657670327529978842563672610468451395578761745542614
0794992788515941932345573064585536376766277904565194687523590507070
29026423593768921741125833571439855472717969334716699045245738576
5734636323402095801122354476444172330199688759484111588591938802652
0824126254157759239535571390099406192578857624383439670825359850
8677174520306477125971687162927198110872264071673162031199505749535
3350785579058055228056768709400358862145084193945110212966418030102
5071900414351802625839184169633428710839244701121728427303277470
1343798411733012446913775974881728083780863283584806041092422086576
7728752209963240080429944929304968849898458249983713858916691314
1159480537977042001597068934711183157338901047464798780815652192644
1124175366266821681770769432381466336419486790863825847134143907867
8526625420255079875005983442086433532034033854071697004858954238
1941646322364499218696935197625148758935644751634449406416198941671
1341044350148248437987463916000978580071488654135135723460466234
7929727283142415592080025103467895454275219424132570402630697694654
0161354854687985714429486803039101844108638904144811237544371285330
8239937328366819623130295691856958566274113770338858536646227471
9316725033611040733156570076520712424079756999501517168219006451178
8702874635229298088187710072903397299225664211305601375775977190139
9412363267280845389400319096154214993192613364112255536011836627
3278385267401987547818763539357339492847102958252871038099756543973
2567129487558224783626807452739034903745390658115194195726455858788
2696188599474918395265496354475713650412286059311783277470431717021
7555427338113164461220577791460736577914630762301569877794279947
0800066693339080866312852037258042871394552756934418643828321630754
2493576743406689842924817540762456348435859978947995073584089721127
2601098018591318726985820436021544935373422820998321512799675477
1510867255688821989769067943231991850034564659754689420908586518685
5415650053017704347774479438672703930952508071748114388006676944040
8803370027622892294039495464568694673656276512157444272755618547272
9709231607710083303276120464400195010882554366611838401750643307
9878960184957256409227026453638384878282644377846764678894521861373
5355436563776064766781708984505435511469123142741416483679764597
4961007517515958073916479931951112693660164858482939073318797391690
8788195618674358831373515539061314098627551521295448771045808977219
1058276339894748491027833916995225437768143940741866823756712442332
3514823465867649964519452476330870536440687141456832606639769454
8019309437100867957512398911906085980795618977028617046714020263900
4075521169679039679720071713355977146779184571361114940796671246292
2999331477634216541227783574825862753499006792111978060307885749546
9732841964644872481549238845041687488440326562774709529606774
```

```
8119527859251481070284907091501865228753429418363140611237085873 26
2904243390981983860897918601274620818939502098874883195920209 2020
41991431102432886184043867214698447218058827477611885531433454 7759
49915708112154724304881109826753085018792712236067265424722554 9511
67783499513760704930313675989221645767417615608894882995093114 2765
68187950445739072603866015581213816955771135842043549347895364 2023
38974649549276685353620131752865705505880944097716682618778503 5656
93248837006191686881325769898892153770164294154770352800561194 8422
47298518748777495354659986473128376681023168478386420803571506 6104
37608027590099241762684102073191041168647523492506036456386777 2961
80495366105618145387474536473562955760076828385002653903382204 2359
25539829328419394494205000899887248918062112870490391300294855 6514
74954344575244822871583406545423074678494274930963470015143263 1241
61298211097657797808646208963643472088059155364232264831264515 0216
05196502658472066706130120493386969922060721205507484698313250 4456
79036197937511451056109940597227061024553163434184231593135390 53072
77364315636726458013226763772668618633479296099412432700177449 5398
23043204002544985446412582181492056014921887888485004281841829 5383
77471703679191289376308701042720721052793407615909556056902878 8415
43593704129448706773764271263821528379114630861459968813851549 5896
93494777530091090895645062887987494998791897733005539554996967 2231
13032996223735743856778002884728964213358326697472583460615280 3712
62743221724325293392575924924474115450585976031425395401902732 7179
53482453447118183267533772568831319357002083161783185793469555 0625
09874148085073837262014483584640035336912705562119589062989355 5627
79178399088576495624037971430883909711102642258974629317668967 2234
04012789249994400301464679220203830421619880771734646735164681 0982
05658445677184987499742916295695277744170956312845961026901454 2233
39536443247908988275294511632099275307499379381898314756794441 2459
59637262578848779824592170128005575802716147579216877302876772 4142
78390459073912739294267884385771923968052299403405334707357333 4518
36725155426582639619993098367307950372448686461149373049576129 415
70707066203289181107238915527538336663817080430330556707275261 6774
19463060608701555657445230874655839612405030148057910614581630 9013
14898861882107938274751304764124868278016019084967844218901110 1839
25596780158884405085393976838736014191230960600868884840958759 0939
79887545712509890277211540144019262217279654656498599214375691 142
90202041111579248731265080755959728472786996827891626827869491 1524
76745851922811086526770098192794353379135535005146898579382371 3882
73535727171789383014221648571714102900699728235323288484621928 1128
94081707974024421905443693038017492997032084340110873321114536 8423
59999320908951566908596491522776672296396942242423418831803521 0991
16402806434847354437983200003628081909768558492561175239297741 6582
04184481090895126836470846247411739612714881019329455867381943 2508
61265358837368559920259078153960821287907306065333544905988347 4701
01680869637317737325829139402014992329209692706783167596814766 9667
52080774826807111167849293584619841862617211092532216068525388 1591
85598880627768721643183516049553852793642109031310360781624389 1471
25433165370049295435731311918042841965032161578090425201331248 5605
32036085914481767170549766907392764895140552152060925413291657 0249
18171664437203666136857876733251108285903819215447665286225246 3592
19175013034284393319549122972792697639531748622320787892026844 5083
52041249612609478597647640505134461645779957974192093941387311 2767
24057940541046207559701574182718191565611832096658777408146769 1697
74837664183860817525478596851524694807752817906293992706525231 2930
89486645014790454710761515539979638954573549956164209646047474 598
53772405194520424469155110576014942214459850785628980052001501 442
17236030394428342444870888738111756954845868810158847305082029 3605
```

1430137010450699026815819894595150453748572348798071613236899889286
2049993413477844596482623886893449564130688693968016240225696097259
0583690359144783046409691845826547581534945007765160758195664124007
4336117286666057806409790685068438390865501366034171566121774136
5352466629240385273163158429247510718207376199742570052663628734248
5276970912414632604391164682571938447497652741279128833276475340045
8797875672197285080251587765490565589220471496205252104012016698
7644538174938761539621762099818669564349377520407867045502757495420
8283438265272799066404046308555601579354158018388708877140523005777
7479101336075834637081603741403358166217105237795477803108287893
1138989447958611693922813772482097662231537416555187072430037844683
8734446101858764966248302353552906856208893670501291450337471297708
2985920552405187831056216521322461228800347547325593257117509161
7659416648239497291335237054388627240848370552817002962980905865080
4794954624582240135714158490067330844573881811967445142911521434279
3926996556225719864391960677530383746866722217035568908425034832
9476678415036783681989747562636076056173959495904537872887088011965
4187892476530782025541234215275554653752784851164219300210400696015
4442855007174370354007033593565053986517857070065820998041957449
5123587644781248610414755659045005537787454257327663137388250201726
4896961612910104812793263745673134738711663877099845420670270029601
1172263762727267452101811865591052586145338819701289911963847350
2901740000706806314623013080539754577602872474099097506917882619283
1971647212849587379180354955908545006179881321198211429825837530563
5097899123594054486017902486260767194835184423490587190753372944339
5924091853528029572010383942096233427756208747723170117527568724
1012245302815387958450963485798391045192131863495690303912564113905
9641254019436292949491921353071715344840968420710642282289811864026
7635071607969350470210023187810985613567910659306600789776255319
7898250066315156298335443916444925805700780106162803210220195704757
9865658116809332423000560664896736948762426172410119907596206943468
5940406164109057115534545376809232712872353999074435919539839737
2110133494916569271429930280203147745605054466184575323059017078615
6443038197017914956765394045943560606050701739389313213462585038
1073195038674483556019491822805167730576850268843254958908956081419
9507525651893554022636610084816146203865446477107121879516306983362
0214074612432738560733007417290853413714676466208233265300757784
5780127550787262783016182508700842818774533207879778942964858597581
9284204996482962042735407338531005469939541254619473472170399527022
7035779385851296836644067889837465656361354447806668384669765176
6149996185439896235023717671102740890919399583145146872361287138497
2420690809504422367855102876286804251881635840261629851807211528332
2375809709057453569178401938160024396543257825045445196940348840
9243408578999827719151230309473805540308231556081860716158343395561
7281063733110606015264964148156840431946235604363017431750920771304
9088685604727385517309538084750144865176049756773607833154472292
5343359638456302152171049873859253102039789581433366384155929925508
9446027807017962274521055506711913163262652799366963598923830060969
8160016708813443002039117719163070163778003830037112641824146014
9870417148056626033849775175603849549191579141792953684959706286329
7174522149452643640004011685127587387943486668837572288996134299386
6402364058944824529124282016580047816694184780636604784838176185
6515584017460372897821585659083148930651177919857231716476472418930
4315319990881549971377420721011833196861968494405184713480510376244
8875818172772334427215708740000852493919493398103083199952288542626
3085181455141049674896425768172031457741976055401166514371933763
7218818650652485445039993766092267777074793998014225808662149871912
4701387469895676580981634240795135703733486839946074001483818809I

0912278504987422563947102858890361789248694551999049171162317092974
0819517216362506237142082526119071317918763800373820998941551673 62
9031054940290537253798957737000881786588704904392091026112781 11129
3551942277819214700743637373519008329473368732239654947632992827 53
1835181262400711892034565885546809503026304251921987977374432637 2
6092891110900521986875537228105305576414761482463985863718977279 77
6193730876704264970441151141289006212611388530603736722959581611 70
2139503007414176611284833288601673671673203588047015802478486463 98
0799957676470792331064456626033730736158992261787526742601353600 72
9527851144731299279145245062334029096397175923219795801119146699 28
3960660905462007982374521224503601691041156322195329726954455515 18
2840945395507867404093718532366038779628051431267662740364398239 83
1881760597852813466394695605558118458939807050113575168206806948 94
3855291350882854473482815176097154238595221327308613220412923307 76
5655869279095700478430395568199401596422335959455022810565437799 54
7086244855908003706950156080193072146489726731639389255381599586 17
0220591397302709006385884149534616276426044283738912519184781985 00
2549826303585100634103443763340733469903127035583080112435481586 61
1646799047040995479238128789718678010981520497880605047666820366 29
6725093693960731366933747203672430031896662049975065252017547135 78
6573464383646767379268501958461510696765363902447489954321997231 906
1169329622877894612265668306435189561638995745077221094512799188 53
2444937648778904054422423347097958726521769377763707960407327897 02
4558295386961641263246575492104481223808933638076494996719634861 55
4060909141594976780877461912277082868446053257271801923246319994 66
7678926030359795781182790004713940921719399874076000999706958163 44
7923360510616646007787559395457858135619117973484724275643954446 90
0185370303889947219983080588340583672047301059337164585377733373 82
6188199786074067450906292255488990834435844707186834628390792947 08
0116968639485118508116438134602812347712665009370864349808106119 25
1169983906911241127884922501074046700100249875549803524056367371 56
4404834835224610219675040334226809019609191836769753918448889810 30
7693136036846490751851920899807967484952064252815039882199294501 63
1224441929079058217550021246415643878011473635348603231817697699 25
6886234224365116141378584860345729184564597310145801442339103436 6
1909121175141432240043381471464957028036817478157339925527876758 13
6335975360559539384017686767430474620112279164213879016271782936 33
2025735406498294315950055471411440663728022590649907729721531848 35
3962105920750948187022309948254672970184837824611212322639194350 07
3177762006695405996037403765441062871924178666242088214648278279 43
8113619744675884359564005433840353292127859574881400073749708325 04
8327857556278773866528397788884309372421959455553543681653293719 88
6363436817907518019612735093458041094465517258849680261210153466 97
2738116149856071359331842125178208697644136628031319592662998008 00
4999380179915344918391418600149176520095550574294390306323540512 91
3272285289533183861280090024201859206830124557688515998603667088 21
4403617994975769301015816840489636950570719416181922986998546181 10
6643162421543438857448343388807199476674230925541425220464613263 33
0219254123326554225179003962370011877224880121899739867454023278 31
0111558138887625327523466564979284560911758393972476956922958164 79
1705775346060301700527431401713140934708262075805563651383657797 77
8566866723143389971585405128381753951728867267924335193242794464 04
2748455722042713703833842824335856314255103756910181474583564146 78
9534508685629018486760916770619988006592305344363957172825088842 59
9663928971247757401309355439247332407918204555381766372353322209 35
1254013248159029890264297425927878945475006549946921212466620662 60
8214349320020805522405722398438304493632828192284548893289587402 25
7932082077749921263608591189029646609838958881002923882049246229 71

33229297037751993136100980352670524486853226374478046384325646301

0008144862912199457156447900994460842936828479652744612765333244881

1033242025174738622234490697236755378803399596664030721437536023310

0369657332315237729874426905668961779628232189871890962510009667381

8160799485616991125616466451101755971637994994874517358658677084047

7168447477084990976997944707107221646280139462754592336253361858445

5760238686903734040234299795866218897141588045753756507850426102120

0697436970969214409411346899426308743785693181269940438714594895998

8350024823390435296021410434798710306835342977082983320775180715284

4808828337014599515736692340895220746753110902000408776677345208304

4107255415939005257603460912081402841774203771307008424371586729360

5934806649256089060062140073524622034669434043776297371417295657773

3844359400547535778336478717385883199572538063980996026454053272056

6287315112297815716086295737468456654236008290043057653315412716898

8974622851338510767066427511106126351131616092424346656970070932995

2178094757112910514811469846816362099491211915737590934654666176085

5925249964296490499530084958760781963600471026739400740732084362442

0034614494703242395176785324245348099377528028052592404865762846714

1218672997407703083930742617401450032210497262071517016718491281343

8981955969766521920190813700036727820825480844407705488949773529007

4093964115215928130985243276068247595225330802824831409114550349648

0558833631436378806926850984022754356109530387770701212000289803251

7901049232507788502590832634143548516877220099829477199602305243885

5804487383316035861722692030067101878742606941786040706999025075004

9323362692993214094658099646531428589402950507599383742467138926990

4330889696893171221522509329615283223140401522472006962251931218769

4832867420029173664435680663582105332804176726151562302124288855432

5019347747162804384193928479334861222057352401287750089411533192309

7887028181118963550249584671068452924644557427712134742858861286553

1692904976784564259641824726692778344002660727947414440837066457585

1237670920004831219403483729208560022902779773086485414746185881115

7024028731490423374710220512254210599660703538395064823345926097124

4250184778080977172673924731940165503960786701230473957653328065850

8348412526008894658467311915729174574224177949335497989190078206213

0861080386551622375812464835540650724329292911545092667131859296769

3090324380500504705798029574716346546186859666334816473756375825302

9528629237343678949466010883529136131466638328071198371749145500064

2982081727450617511533164317850686055995804144705051451344346613543

4491323777336900047757585040469935495286508212310688552096189971243

9343411168098795396248170852933855760900270227949741241797404757178

3589151301019483114208868324943314817802337650953324299552859443683

4355197273185178049465583509919430937022568193180246844883186770873

0934727803805915525023120406422360947098853016075837054367783741464

4116053421760045932648901251010943688839493750108078235517849509082

3589954072647462043742888105083964558842665486927650484032831218209

1922525491147266406362203079345506603988385724860051085280789875092

2954152053685929261987791689221592205220551985320147926147108591884

3186865741159637899311216099897611097963356544490273435909832894786

7883974966109031057965678988481463377937809720633905840102515148001

8804012308861312975542072153696492705801455275021614678086913660749

8122516216343548510063344349103534205339346945249747695508626569362

7621261091572689185127730376383979571593669306794929864838663384454

4863127608551005181894581104146470854015362914582274572901534105798

8169354055283186736038250883523047392021460703493319106727265127717

9914138372267050300428895154913480292363239288242207957730865773544

3007871499407960630325769589926239205966013855541803419669893243670

2851049428362179024244477738192565459972644214164588018332426573856

1878678959852363478

2353680905992711999559785401448359660621563295163890730042756825 40
0192358883203001911349752328613006510978769294553113966895558347 64
3708070331569246477056683170873581839480453887530751714783371195 07
6879764077288464866497918231845023153810551758734071896253879853 76
2143717243682071046881420524923936550870448913554165562666713154 1
9217636666644546134197065884040803958628401161360336854813455050 93
5903141657252576055258698787030511931907553636345440251545233958 23
3658716038160852821850071410354993608466278407506123683876446214 58
9192177914259300649731241854636559956751295850203082278410326137 15
1135198390612415964633398239008789738799337167288720356789486961 27
8469180298840007702404614168435709646116237948458002436915344623 19
2970276370458105466861864892006481857884704613762942820614210703 4
8036308441116780061481502391369013966575803093965904415912512096 95
2973581273097903258329274793996928243831492062590293309286010332 39
1740383834274571135139845774783202448838602196807671633165349867 30
3474540139992159822111671115125442585376091673432769990400584497 43
4759055642063076946934728356506499107776795892650798323481084018 22
4489117074966510406187591847485769721036743268151484201956972207 47
3448220879286996083629358763165389047839004874274793515152841972 70
7861432196582841706939049681577256828050122020751092363465517693 15
1572323810501802258551751824782234136431788165206850661394226265 34
4697289359780575579260783216673889806612519238800016953432522620 05
2889956108613287995075957355474955247424308328701918030564770827 36
7014344539375937631550175093518515879850506946390523195829252309 75
1407405254595631400743663136531859885757737887841902614118689544 56
5042160337064786252627247085434175977950069264902695112027502630 95
4367405801647213159267945379436949752610184466058800078312719131 60
2123509138297042587023364160464484612847091863431519865365466090 26
7618224747180122535599681323522386679559736925806895975303712648 02
4482045813701820343286908637165983377571058533010368743465774110 62
1814317655633962100638583167467480918871707737653558986622029499 87
3827444255479241136465467940603650247460245618952590934996673595 12
2712732052401111139185230270676142772309222947288101331929633399 78
1855031829344326322064698010129517045570430063250156250431508365 76
2832674123002049506397173678418891005142525305249688625673873847 77
9662866216497362402883693096173543733731366775835835701794471457 47
0812490698022977681568825722570894989089912066055402520608013224 50
4825120813756743766198679642641298605943112830005408818812331334 7
2974731212674444311867594320910668184178102655733532621387737473 75
5345782790415115931321851828588777441772296620469138660209349694 25
6053645066213331732596198768258859429879426709380114105415399391 89
6083636192487418791693064635784480721565839931203794011832448020 15
5671414285986372785984697074047554361823481587960114136623524548 06
7203456147569397801228956585216225616967129836900853900438345103 62
9959118876555485850103824200078282573831915399075270712724127201 395
8199553566373551289090697625107030489202794525915565004855304667 82
4943741234171084511127271602210941931455401579997525759706235711 96
5092077965351455284969464124712726275202638568898807683516345882 1
4744382212186296466126270826742263505719504739238635075412116648 30
2620097127671004898267161324519103527836207012854444670111305232 52
2693015087030633845197418927063406924545880913768037295753346806 77
9350468647874587707376219253052874813619851138575784542929107665 42
9283407134350225088281889291524452778398747219008131438072043020 72
4546793175877846662665684652886150768840312232121873329607244268 49
4339139482344004879473181001567234526177025767088679077948843575 97
6135181772233032469991166575966356154888040497320129756009526598 82
3496022332949604235511787278552924080285877667806337022880002218 10
3354707338193738262267571929259335563709540615727780572441483111 640

```
4280200117378104537735697122670282206349312690545498167184995028115689010796880290011256589179055592345472292137852872328218121250345182059548096772277660713101778603438829573318206423587236993410098106172349638246868300913325653449234684068069390174735320150444061138347551904288775406077581916178115413003992574037864435913019078461131559812287433383309853783972802072728689232029894397339481981775713924749169464666789612342910937033879325123377397138802549835070664655016435659685314582650756107057247029983740904860172437641981422704314803738452936874360053639126726507615680781314200412241195949403929770163428124078720808521666306459230567032070981617225290269602306308129260227978177435716138102919298062250972902342140272119169380327132983200837285066796162815923582866865760999044159915872039418368224730903669496907177457012177714467268351119457992357643789469356535420860629730104673071982276607743930230946886154828109515202159705255023615647835579419688175556091385778521922259647769941023057003836674762355069788231896556982414650286786318921131224060618093860488326451730840169501420821573260642922288691115250254993602180051041932609690738474883239140241558533260115285070430660932244424825241441746074448844534185528241403762246430116084929486645829985520542671517405454420206280703433294106933727264297066891081535848401490945693824621684799297070687378774062892832545134226040883718721990383555267472209412312676596338155725024484611269592746975238144932164044468989516224006928370958627380688833629163724004187595864552046374627569583050798453815347152306641100725692362934927639367109131351270403054576969966845535847145591819283771246258352141244581202749660784771810569945704336050816850958945374630795183950034717251948443599494854468526812973590190690653598990335695603100644796826312045731910115444965551122684173251522773863030813597582172290597661376276417661634769091250701619995537596432115575343966216882710840367511929996000886246321999875418094960053087413396269299820762966801548809052355871868076169855560604341753925240496799946517600026926916551698752652506773950851304080538844506092601096436881089420268561590738998509908250154946391822097006484553663668996858922863821597110767179767897501154280872303912887886996186789307198286754991974326270934100026851032592963268818524148957912443276487218014529821857497714292943666893783643822296585911141794051849420735706452832598845912259394927444557146677651511456929031395253758046337585796415811636218722766151898241220535132242248825616774245967654125403317844988384111376073500772008569727762648736527833891636142496421063088349308903320848779428644049722268286185994668934379485133485590582820696461239464975741223628313977338190874558033167517272238664736033632294221653127763584773063153429737277492314973942733916813987517165017810326131745506377657709788695976757422149371635288456874197560695360039337332020651649369708149229583433116310372740909866257470505147022723096296228767689369377387123902046516729559253963757042296827013721597849618036234804337906397035855824221088235298723949688535770504518289509919376347473203519382811144209254673933678229258496532200800152631802914086466888248451312773062679801559547648285041727113926403155385040583548821872063249822568308378114474967278883332002871767003436969011263337714068149248560992223709551854738445717905417687392791717851659319868288756418186776876841019149180739961128907075158854552469947650821767567721164663642768199852241009652130504650834072757448496619761614608405906074102214449762236679944848377775461200772349048346804799553637492002228711271851356066168229123239218005582781418581599044062405262546377109244383173398476328514706535000797831849158240117595659005350270640384087071233412549043005892552683369109471018856806309748638940766073009576591462156505019
```

76073448899217067459599010087108436183443327787653682587723082234
43454329275264503508275103688527876967792475290543516348471778306
04342306802510416927098404294232615492831376121879256159805549617
93488223404322283765653188612575026407804515295419719419547797740
15546242676714336470510868155403216644525162310712260123089371047
50682508603240463908671443690773244134398492841467882847147933299
21527265676834010400353802720252754184352253722834489706581156085
10599336667745198566047220084160190860000788059526818266913138417
41819905590105823592902013540514610372925984089244405799629261209
29819631751214535332103905565185435755015506330230393983217424163
87658141828375495738248135795353764156486001991020976353392075484
34838869281611240904286051688972415625937579583189895007292459604
79885544190931123329852718446233567773599333480407470372053280347
69763700271572820230730576961414871966420425572750491950366323004
51395418140725108930709443978312110733276687592803776507172513608
55719376485636744855888825788766133918449302119188229270901950014
84234363699275319954611567138685704507441432163390407802999234905
14465652044962335154357201055418206044026298913181811835652148013
65548465039391744227689983209599473453261485153380908818440673726
35784293194085081800541112501203457445303331397380446948852770989
80569600051914114142279477629690392241524461598136812557513984940
01589089128390396906823715967622826543755905616030020457274561527
45965191825007133487156545101752772344850870016671622088134714559
77331251876805648529105407392802221120032862781056402439800380701
05697739652978779098800316200668984037215519624334297992810095608
16020149108819115097937929003694499120621765377482371955324580636
50130098086504424252934783569851494288463384019650862826192681818
33145352271022161786885639796180425572709401969041952782218972371
57604600163990908887257182510468842834618913181202969641334893176
05480461049509279897517631114740226421967576451984887245324003253
02518248307749123252566884756169542393488977846191575794422700855
20578541006163487982613985550919249337634419693864702415434328232
27684568414269943837235402540939373073804634343828207196553140326
15847016941483313914996741090812530998431631207310850501690632931
10182110539558556703982419629169520765719992723071763730813642389
01482326265470550903841961663957458368747626735252558119907191836
37358436871834305909221799544996922233003428708226933056544676836
76755877796083757183281068255595685431680457476896844792012444397
47400573757245740874921782756424733258593382718360118550637271168
38142462458904590760296921428081805778560188655269099927922154712
08959240179476507844514414645517172724548476941607662478326065735
13894461988583756749847678053698392957632660226472399204136521623
36361466640323155185415154811185810844339855150436734807098016306
52475101971504669545974914141011308661681636860421033880745651994
32458611604871116486279983802481253941899013637727311133834266778
32592324533344853759664716208338537412263555308937443901951541575
79942453238033408307216841994789968124268884616597060833397337177
44364986797867187972512615063197288554063191512610386496203137400
15441345721044904467051945156922739366732497685739160310543114816
92225159257668780953462048818191351201284162581472102780965979991
44160344384182326231448081673218912379946597469447371994734475461
47290698588542010162523064196805972372284233732451140654028375526
03970784269804597321019493457002525055959469814542210702836906765
11338008271970430451924780925117856272910352627916974258068402627
07584190214628440917898442561629867390910053700297885506985823190
28855440993457717507878492547917137854322631465566615358702116916
43172098426523231396606548893085383019683401924136867142069727633
71975814778723614330172612555205583002475666557171155769559720731

Los primeros millones de dígitos de Pi

1366164764921241000743253672111718190269864734965813010136711373 22
2930768214698233095862601755272167258424775944321583448325166771 79
5381374496444065673813832664575174490574800465056840211185898270 64
6002549842229320727498220697476980622608266011096184855693521180 66
2292994038015726101038428296088987460656304679850229299020929193 24
6177160616038480142250886912373424858644173126718474663451214908 08
5532127581189474825178594017584472291425938199664790339087510366 66
6154164686547007202202254597534809842350136484857494788554745921 33
7509637678216542791413547467006281276744222299118827998135726907 37
8546909110155681042971730577884247638537402679741523709462463943 46
0512163924514821050797603268598660940087323415642353566766637531 22
7634801010770454890510324057956596674130831157927974809669543472 60
7247410692015339209093345827774473396165009357524711241707506350 32
0886717141219349514666763871263737284611604087706301583760011153 36
4921219020331806850032466637922173797926804663637619558362047195 74
5588172551120008041991146136339555201130039423915975356674113670 22
3255190193417645573146948220222522954833329774556051373077425177 09
7744465980760759454660659310312734871555326438908338370277382207 43
1456894458643717541210660493377454249047001490395946574594377123 78
9728005842939621055267503956632149237672981406635006120236079359 50
7250026118822988170244093230606654009722982433537652437799415918 51
4933904172250146997425335378050436214109357723549008818690739026 95
1401669721483626167233238511176389727375572281168991998039957293 74
6032217281928453409332584411696304062383003542688742902118242985 64
5124579520734798462734619510455242561373629943301498393729111087 05
2996951918353365053484442848046310476522083420859365173096584496 1
3028583365481954359818675622029416138432116325768598256296720182 89
0678112418686878459731338714041872970071191986770129310629309694 98
9935481392187592880483984513874075864302765615714733518354407350 62
5531234366496005310914881303238446265204351362902626593330681205 11
5888510435856946499388695707061119235727571102941969289941876554
3688425692806386143513031063844433431339619697973356152324266641 70
6639024036236559357494425103835682493854306636956562838134975783 19
0902477049990944514111124123020604342232889259749143823157590798 44
2351778454112872425949353333098571097875538683981754825121751810 3
0821817650515563452429948453904577562674465785517591489162251178 0
7053288117045974059759864583008005610322332538430075098113431012 04
5083319042286546858779944012296561656389081595922394034392226001 01
9722176573621711635990257575290003386602274925942193559612947551 85
1369939324969278663506523882676894116763890898231461909596833861 23
1185867149575727057568639974542711303659181838471780180841752010 0
6556621304763267524946682059974639368806499907641342580893082040 90
2363238351783063221761720643363201104034409940915840514687832626 04
7756804071261548426034683388026809404479308919373423903638644025 49
2448115739076316802664679967901755671870641363324028870508745716 58
7139591642925361440259784029087134377444175895665581130737629688 93
4752717371131377900031008272938712248798691412428008450272512254 63
5272199201876242350802784479678433702368073614399285904811111254 19
3110135095931272766112488895468919453556362187932997488458678348 14
4862698047039900916289528836891137461673156170241004515775700160 37
7837033957253926135405325011465741922480121824316985303536394598 85
7504113262224005410970519491629257437928191687620492675684777486 03
4513839694679909435305586150042794448311206309059344324700093753 67
1005604492655603472747780790783639504518762448392697987313535284 34
8463888133230439792774802201529619235548600047342730950786780625 30
7673643332282419613242705655779452266065695016189262562694823800 56
9503364915047116242857968968290896905836375827828389289552036322 39
3096042046228781063765811178274276253234050556458534328739368288 10

1366164764921241000743253672111718190269864734965813010136711373 22
...

5558230201554434025666056119916083312452763767493832195233495631 78
6258422134166574826288774417193387032908362503995945159111325505 05
0600405519331067854022140139289307747103178334105594829183713076 92
4569795220641402279584670586885775784687252894700750851850045306 87
5707839746663845073601953573707378535670036258558206673724333862 38
3506635732352725502987473715710495782761939356350167592836742308 53
8385735127612882617320094878087312978109940137208753218796217675 07
2343104204098300543075454308934756099996705300626008939587539803 00
4781681712719509393419106833179242945159543851121090917226732183 21
1816227957059544782253612682950954862217231236316650725721863453 17
4107239765038264726120658627233900281950908857409600576878745913 53
7314615158976810289446734608601099736780315612915571892379694137 83
5123162740751694569490868054417875979200365546926344461817737322 71
6700344426677604609492481205879706465849735288079241531563932434 41
2578917793572590178637582569380634250443054588279581374107560228 75
8444781096542765176706222370697241979180215229145833956256228460 7
8386629266810605263766773584382487337825864288501212332924720709 60
7596068275605802893569806800904247794144805224614080192982744535 91
4261300673153997422039808044537501195397261944848449519911402819 06
6003262802697095448716577923187991552650311232353639686684530243 0
1596197349226235227432305360422337560641777731623856071805040559 18
2350894142161260438937320034975326339693176839639740834087614896 60
5346765002018018095017901524757381590514466840423320462519585964 79
6028953155907754720418751680422104882739795248273749674258822122 90
8418426732735405062974739562518609784580701322766115173325159280 12
5006610307845655227933906611955467698467069311445434165385872999 91
1772553407583626730720598192318641581968334407756173587607158541 06
2885902514859706630256602727818819343204435440594264174728744463 849
7088753892436548269542567705195500503048573967192593691831322499 52
3829039519078750074774192883412833931514360545655499274003400051 47
5286011764913688197540583518130106428191854277239798889115565442 06
1329521483403974655953746931767971260593262273578893694395281403 71
5549812562291836028970988448351999590927247614292738476113427394 27
0764659658609967512305032437609252837453544759855871927974513545 60
4092844631238388919297638722450948694664331645858617087884072595 6
6344648877283898144806975933463489209208474793366411476916948304 37
5959983029844851046697116761180315756704307486831913501510866268 14
8110806626764448818763734119104630148643395133316943864867191253 05
1197712222605129272066288828365146022194470819695463197824818062 30
6429591934380319107075672891130341666939068376651437334009829176 91
7783350235113772378070080134493751248050500732197381238516250632 08
1049666953651739286885813977490771907824529794195616886972231675 21
0450667137919208653893674998631486641017004457629958945321955986 6
3958091794185105600868613728352055446420332754284596042843329042 54
3986132359098896161049110403705381295507746816387557681316299190 25
0815702719076490775784360216977227904172832152483111546737798675 34
8633009709840718852917729363837896867045449380220171574243059909 22
7766330242974417045007458994475150076574278290259389637763493531 59
4783200225424326725184230050688202082549721292140563372558158112 71
0474157018538931782939878771279827488656715046322466438555534848 87
8687664135561276104858242058918651972343533639572360994808168173 97
4031190309304510004396180691234477085551492472966785089521986109 01
6552498835770049619203738616558373631326523459824531995105916058 37
9000397996951777069795246952298367607431499008548564143327220034 98
9033840428531242112340210049816242918589242224349575360808260306 76
2401546957880647296192668452751116009590537854831636712454848677 88
2017252054639855865003582350020215085164236635007877607151985614 52
5626495159105550747727853798154063271681951117541022889298378222 54

```
5336756651902512168230169181983942598999759411769587521509279463 76
6196336087192509444685902213621857104072204996638635871299053055 52
7028410467726202127446674545215457723708236444533570645225149756 78
7051719480050080256782460781818548758389225888164176204903611290 43
1281674832076693485228577606793484645865766909520661008787906430 16
8167533916211520568108446789415912337414636821138833757732614027 46
2466645150989210440638180830560804013701008907417193766295844421 69
1227908932831982677233321279200768091661026838723843245442068679 75
6039482673658206734515504267630881815585803931916173275442955764 36
5162015166446685575937259409711518783692173299938415788276602267 09
2529147461823418663672193112269842360868545204188312801997803348 78
7565882710587023709613027479913234822581376961217046227422496101 67
3375478801063408551486622869956915271626335017890339827364487742 8
2315381482900134325678883228760716511011595871871450105783476297 52
8874339274581827686000452775717724788020989656438529423881738799 91
8747129758741165413323915565108908775257686286616807192109034326 50
3014635427492044749312465201473231975770361204501174793986282152 53
5497202671790895051950859097956215389121805648789967857306884996 39
0327781322940152073050520209607654688325251752641013550651450298 02
1343533658755591616836749428944121480486599822561119879720866930 21
2849950166479523817064956427351552584684628920014188138574351067 08
0680393400649398027820408450155974311129777968023582204399718918 27
4081952024523016175994797082805860032889288674106247132869094694 66
8439042012057741066994621572385110915692375927855868449397736068 80
0192293491417158016316525474727285404111782500315404916495321147 4
5075496654802310185518447420493368214986786738789249575147069024 66
2390473966302006615781093579204636277135039469784343591741426437 78
0311902195475226920895479688782548564570713556669850232754612398 82
3027868901317573291917167849301636501389552913159011742248960737 494
6020294851279855924507737935690813338697470374157396558258857374 13
4903582781434074625542355164396890460779583866499664944507475657 96
9935149351359732001330337208116628916765098694807294403299176129 07
2301114046589113824272726329685176094284187939802605239565406645 93
3007896574157669708671920929452539315527437352828004823457509144 85
3354240491820583021173669376049738422721591348355204042576169928 06
4285471401936855614110276582808570403423258758656946500920230849 83
0826784327277486927795504066111004359764768678653849550272255885 42
2498613657363173961480998936084740971764954715433406237073265869 75
2764592133742971412420705112256449499079144192444832839379138042 06
3623800297002820623931807561922648539739493308325197087313845811 98
5701710024913652522719868408318404784693642902511129275176699398 86
2034387891751726757221744214538576110028348743219052433329399280 94
8839061529406411018793753941134301719168526355316735298536398677 6
1635066119682247234864034096810385850460672960147613107402400742 65
3402436803792106844615341970808088122076807110643890588634215785 28
2582287743675470140831003113842985349352824935850403623459239266 88
3114480775467105910694065472373465877894192487323643702402024017 51
7597046829540255079677309844431798635413464595390227657432035188 43
1115597546352330452355055292850636311524081176784645471413279813 40
6592746732083545282276634305953054734309381750377872317646489096 49
1044255879694041170527766297023256952463671775845878822028460530 53
0546618172209655098183967544401193567027827210833556064466575228 09
8058628703330757873821082112921021038916523122848792032803766538 7
2019582051856182501442409628366098463322528411015741736148823414 60
2873774984914984590462988903284925608395739914059102412068455762 48
0345904723595368839274619006353006025286844345466005785745687250 02
8879740781269950143596964947641493185049625552169444528557452948 07
2324330277365557456104296608835697425307361113031082380003158538 73
```

628688492109174918033905482850546278641000131694719989488942095308
644650267961007150484392620633117118608612081871573273455137001418
676869219670488590103624233151677601727174223305049530615852479196
288967594442134623565193122194284407143097895505598588624420173628
260735051163846357111878468347158834906233425884361427479382954836
412634174168826028887355478166532383215407683590968120548845481718
926920620367096536056408987592845081574274786219413671699432294586
933049535372296799780048719102034782473949179717197672625388495281
730513600892270524308556487450412160335515149310396418638089265951
903435019795036622993710706109803283472869345415135967181506297663
744309949323695704953495914193527271514187376586945122363671079380
115242166244941198004465572125975335804639991023932797708387184753
799854360306617746854816743025350911414225363563383883543544686001
108638480214792763158479351071062272212328900030400855510346076806
651955216865671891813348506806937700390687013762540552466849767101
445993496184224689804170186023510196499013377865083234368694437821
639202188508599658131112658894829177348973611017473924599639788237
708464359325646405544663454645062781650789100006035789584714117881
140014704556579246847933898590443560951939559830484119070859683908
269696463010331291954054835663347075482559716224095724560789952275
137431729204329442145717570211196649273295045892435115422498928418
293096801627909990143910006516066465476572330384646243951138306777
012416199103093992894039811606167420760338291759306566044008716224
229486412092768005484026354604602128643129686176048676854587332459
049044581544689760012917675937178287781574634474974431747224571417
824959332658959901232631654318097855782577535504957177981990246125
777284944635352521703343393134364513830425898151477362367919941816
883285991871572172287651994703142482487875964116310081912766602885
664731096116466676711893676347212909630086923962342070886293386312
556128734065346790974199382881663850602787328004850544918201993378
711308294933902544408454452831107906717557815800938675360038603557
680639810642357510997331840280685077099666201399383021570574904394
911543830905615830011301410991395832903258695837676197074489191132
631216409818434725600876621115969513338904625890504021039716887529
763411565301637614017241741275415677573385156334096892443014061797
497537174425664734934545792469679930110261943376364486675375610876
916130436137483304794412259526124151489816998076810184818957800383
257633878043531185697199517408404042921573207178938770895931557022
742728265816149740801332063433840086890238893918333142004515961400
898611215629243641694725431356170181179200559592854391833343694519
194514317154135007420063905060716765819058242162028976968440905524
544700128188685814354954542055668983878624483207521217410948736474
109157860409910258555863940130915517560027976586538407568236397358
347233648255335205247722960881930540821053281311304880926255044062
395575903919443171415265275408089529865726307163407322439503799871
488151262446063128138524107414359794085766578525169438992746556218
058869206623250449370292128851274592702137674834292777741271892215
540626833008286009017921875382948629150162454072477788669988900709
805056925069858183739013507639436541872329303118365816863336447793
290070785745106113991480911099712792943849391367015842418969109386
238027257645216678140223613229046809772487782686418812287799343297
670716387056951199018963230924589999021797571313451742593603251369
020883958608546750477732292906284648172031950728149118009595051258
134475715705546784844362377691481917998405290667715479291174266933
488585670881394734484862143811115954754498528040574225069514647200
842462447229932157922646721788145206482083027693611921738523678567
409627910852342295609063266671048028819226371390907376844480931844
498969929310603687009530872724102621367887069726985697340022803635

04755236880049558697359039020691931283070710617913556767421587257
59822191294318645745477205132894587827375775210307119425545175285
83633445935800552400893120991882570655486639231448086237441459305
59003065809529244042617675254206771033553684955246546435770101789
96416313038674952396108289032577244899186229965198423278274995958
34083103129326766102724108073795462818807634269861761703310093468
08306518347713287054254996232603250116192827302129934934139799634
61512648506347348327591363178682472894449321466061847965057304067
87482841519147416841690897229561606700728197766108311410618692743
73355335646272541437940981346383228624336413347897889091264153187
40605317247738103537082669410654440622661293766233632590613838197
31940130398985582094820953918602481990989664862713566498757014979
34006764478586820491076270969775705491508796197691944139015941256
32679426395790182782545568969968032231781589778225657613871677013
14802115527276731117341653118922038451473699023164776475938806016
75537483382328545825950629102393600165447353942982876682073712192
52999073697440811342372020131423404505259316972775590585657003132
22465479086657583451266545682630554619314754718739127923972118469
17783762006326246681456322496877656028010455006968281528657542598
34834009264710128328430643025697652644694135027062145831911049179
19414349301770348702633346016871029183608374125327587763154022303
56288776844723280302142987294946474939503146491804133514202393881
24875937371592838326600354064289535416985061992235303829218610486
18255269025574988931977847206199198050179722622476371814459796413
13846207982090839588211870480155631852081343051685237415842174781
58011563058311767877089770942569153607878091136284354824022828394
65804195220130311977227965959838840936358355901185742704482665056
43842162536049834085438904028543049268993066135302956244002028267
43672871926207940297350617969254101291753762660825396822180621641
12462173118967334743094220887670606305467169963141821559029243513
84364350632262093120680143169163849781012271071502167924720562634
87067390887567539442448270838250878826535655819744166357784924176
18814836216441222232363549938942909784092165099611233525120110314
33835506549389092759611053693980830238610371304756676260555830927
84943578519785639053474326745056049094077085918865106554530081982
44525281740877465478991615116348753930674193023342758365049641568
35388344929702698830212838507501173072253194741218860306066086656
47714244902618109150955830742760829485811035201107033030587092579
12353389221572474247856716767883589737676177211751305869343355367
49036743738817044405436987385939266494471535038152596325055300204
06764624458522605213931219629970578255032704577980448589560702099
21534466953706842845217821445238667104694081075061673174785697189
94278788716052834504290221224398343390694767646413145818070481842
65818603669376409894336493814267999197179815233510841570647616502
60453863299952244303389384486986948796492541509969476646546897692
64861423923568275318509654088133533236031501845430918115897953009
08823801822954836466507308346158753739094675311255426108040965927
27145627225527350121765782432201282217368454018834091125636960586
41735441883030291042295409312139163251665271628121402003934852462
26770253355678013212110007468751049272921506773328246340543305146
11016945801523928106487165119374849628471452059228602216430922707
29113148505514626087654910369689708578112513994774893832884265980
61212183161153030419551869772206964070517065583074542955680205586
06479198561137208320213973371589718010093419529924086318041862299
94415900148445348986206796450530773611839913611440073059304205749
78639537317291277835848215629148003084298917636403425821977585909
88615422915064881854893919464924424427073460653662824110438068746
46424452489217270080026988968400977049906879061899434905998791232

93931686542977873405363741086041168212232803214430184507966819142 0
23711524639482201770931427298845543362729864739836067619735520646 5
44148606206582731163150571772420887655624872226829266020371485112
14624414964999515202973569634689579349118486138732356737272362867 2
29569307022272826189362420914468343426468002660771995022165093651 9
12429912989094967348869160997557084153856326697999287231066968120 0
38735043570013902925124556125259003322197307426285577090519268291 4
20781601592068468518949602680324164502321797845493500368685311200 7
43998786753531880447347851395431773960600553611440635364216181260
21263865730946905932555906397219492038056287678828743091909615406 86
91521231893627892498701245388290743083816074862738967877453782363 7
09467889116034175404550891697540592273940492666239120406468558191 1
12089876130221444569725686254529501304112171998091066911541574687 4
85849599866199083983781712633106815336413320408361685895059251501 6
82768475240163473441553578291894992138591091122483181871721948688 3
86571304048294777424440601099690156383523782761290596748151072258
29181329982874270549873596774842208562067520671599421809118851021 4
64388153607962345415092134034300612997868682579602938497659187127 0
68051527071418619605739031888512843387268376641020767175712661092
74582233522905129948528281613592546990669160185027594016816244982 3
03860880138242498830699639176230939613485459945178006710782255193 2
42050873901267954978440156989887507912316527747212894791531731284 5
79690612883700197518951091669050679856760516587307479984144568492
49212797902881242410088408847783731591936132045482630356747492775 6
54138559987303215905407629514363788522298669818514967083486052744 6
52644981763753211029230625903686358567994891492488089604126511073 3
89096634435933844124958326982682427601020989659454604773652398711 8
01751865136733933944944267677542321191082309423728968680220347439 5
93248623769437410866602820174765563194951087225889202215249803245 8
39271724279586677378380658016613729277711844466502501152581240730 7
09630180406940749655684993087263042183001570412013792245678731940 2
58213109454610936997492226185837465197323220368127821679785482540 3
85357995868520967119563235803556744705872326862792820603648717936 6
60559441175390180898377902808434422479687088565952716127883634043 2
76080005804509481613762417573420339477986303223673828425719406058 3
54743783890446415406579099993185608124308463533967991722881263788 7
99160033833788588455471982316793889336283777320641146617025954208 5
08851805129008431630715043310753954554199079646509023164428834474 0
68719718935466735649456812354304961298884537609297708931994214630 4
82207660235398243215761625487612842541210616113313364882245413244 8
97545356626534914240822491340206617500721126943061249663413321878 5
54680294591249172174641038186713621514571649507321984896957276872 6
88364311053604427157154289136681571274428332133397633430005081273 9
56718748263504621039314324319975491958090961365625700243201665807 0
95188730589919787067936829524404853420238652758845077629278714634 2
21930150056380457251317594012285611355436854201081823715869013394 1
06131783292979204109913274541054713071745330047233839565461871634 4
57034018556047181381578089815947036849425786821926363634477428221 8
60596424745794721701500258173333022732047386573215346948938772327 0
05556946006475062041487331611568622852690741688093499017469127606 9
27198938505564840024337032655975293686023874269601591645095650888 5
49020898484988762500950696676359381231697790345117805540667349228 7
98064769733991389207356808640524705632218673824785071644611430980 9
54948809247373180071966058926964767438019702682241032886561113658 4
92748669631268073768413367434448435491569475817285335944010063322 7
52305783993875303255072167800795954106798161051287012353251890481 5
93561721703239862529923914117857155601316674495414313623225134309 0
93811713897244019512308210327892658362850240295904940492941532776 8

6423597978387245805939513905679556048902242960073431779282618475193395556459371504687561997579743169015357214406687580868655452485004827357130853173124413579232099358194008478035530266617899903400164500470949101383340177229462992656423345478810460564771403017078618144781116162479625532392440680096901179092285135273147955036450161301300382806788453356339113517314102426784397707124485599392643077445632719090320888935185236603305236997613131733484526825772849605743916715539515852956333008194184226563499761732066839099307221655802854054586971189012219660240669460829422781432154324365761017502059129601843671261833291453458847496239270976581693940402863874677684859859221382070348649830522504843916857753454819551137494718952124618141523990215336585113352535414111656440333991014817160305596064373428680323910031407094111326232632399839699537619227136973500148398583884971448168151714974590795901774492774451113062728420131635843764179209332924316744005546123114291616263976070663560386006560837140438303004134347463989548459451126970333775829055336412225359275249734553483337232586257096338433420359664089728564431789587613518100942754520374008880107278848188959516723126211891250019208737338613365013734348864042522520017704620726688200704465618473896823556471471078268263004521490432410553635545255918421354196865113739788666309750081425643198474037759145878959060984574260788578632023144025764605246372483920243154704271119003189042040333817000986422864341807477777798344255598930892290697457018720204681829416752491348555996061980098948447489166287604198006025970012736569393629754093208594546675623408046150135458215508632072266038934013767305762534065551698152777855992998824194642665167687761191736222702092278336052507704807075907180343633570756382836596813995390760727068181365657591986683751054611521808378119196475540967095824956017828245672736856312185020980470362464176198682717748478222463490327810885463141517371814329792883256249937115629715737390115836310870448602510300496946914258386937065120377046630824216489443358000596868730214852492879538242286100073642036496791486942425477306447281042550872919341966670525645064096087900244040624731141356609900651467888093279138493846480654610178905627645635564452678797317660085645985904575945045293632732291403406240934385163140252600210208532500280314180983752338963958307623736733425481189342771892693033982841203649517717601003467519208158338293632128206631310891456020148225230455288294429174005143891311827980981984843229029838696282514873944582039109406532801887540772094907478611791577001719038791280637623661744014404520702292452320454057628069657930850203981218378402067202501202667529553130834943534719363417727340636026256796031365119785548566937284640420468489277157780434586776100852896073693144133464873773525015924521197659754590876950206056175781935910774036258357653600809376532813708436943902272298653222182884374001382582811162971553457567403214986097554286886579874369009497050979860937702783572233883314539804939892101714335826189674003122527997303364571061607284968264026682347704558301545855748271713724358470994861372658713025494024495738558899660535370903389251145405558124569294137888271651990004376107967257280599874820479895678559388584994834696519493089781499727763473305857071790270935682275763063930497022966339552876337991307858593142078113351114320121026019873042167062601435758411797707904580838088498088166626185358835592420006305302464346289923082030708064941073041567597710077523985586867594573174476709455684268903853112849498801814477456650509614898991517629924164287800047413850804520329530539184097689946319969559127867694931959273366205430918120556692462152740866514323526592070708678795586416860452775357502074876714333770601191294031585743107677777952135902613080828983248839483209499884568307672417592994303402094399

```
3227082754835738850741991713694004987985861942344627960841444735665
2037928295317016335118153029312723025435629105545863957777802211658
866611269335740729443614557490563720071282544811355783402901604851
760524329698135502747147052635429352648136623886958489819516790476
124747446800847725887139455273671088784750842568825983963683066764
766451330823429953840637149396551260259641269166395532942221627797
607874955291748568842182486374632474778324492983235440257156760792
867425952849433898967643436575482307575478403350369653768736549802
239878011920354404912882683594195397184364725540905314210556663207
320463884838276837926105500380573953794021513641366249674935373241
044043486238233624920495354428579053065452772650722034659290443202
201716324235831378351252109576415274124465776261675436094709743356
400769041436221806829935151091385565737341194890321845622044387715
270048211012761208140782452649886361038326508480852529514952263554
264606718445430426533826668610066557716951714429565559054236819339
387175320386411552242884740879638726559965035453160178728429959062
489756943146572532979956564427538102595666725587611303086354595086
848420817023090377601073137106234293378074547508237856054947987690
213905665585892860091990456026032063782729076155397038311018008449
011214811927779674839102728820575597820535088346150021903483765764
631105684014250421063783316509790934725949942661704520723269101718
680689315989500806239975869483897052416122301717289403904669984942
721339295681261610046509028456212675739414392795031958650235048110
471685635783540426485721275402638812871946209203813254648116170313
586767106436587660551655133113317022718232156877362195848216856465
284606970661905439540140651063097333651381196333165949030392164270
853542280497980267149118956364251748913441214263615547808921452836
708221694025987112632114388529939169630480481789296298820112380749
013052942429824018611435330239008067065721378167971985686130290301
299399445124984690100198919360598279169730514759434649602883328969
660815056345056609378129236133490585780550945642103530907360195844
637121650731982015642422013268456687741832331024731921868515643412
032717030573066078517538509706917170791725285511743627871301600952
208920242405030575640215372736959266799747810707279372391235577709
346828475601076301279131199539176281861594303820778398243261731966
313336206379349676875089524023642469231904541673862358360482837439
278866547759485902892040201939593770656732119490991043352855179871
403502030760557820191483882880946496482084241766992456758312262478
070390557653141263260242922436203719532918554718091596443185685205
788235010309107612806044570442514799758960888028125997862387743549
659904929673220844972443458243503689780365184909951214229401566917
453416838309035284779643067608611599763678720495505795636516693834
521021205712467189023635837908339119080206899596896990188122321855
252869348573651888630160452941028179736080689549524036066488944683
485357371170607994305471921648759431314126975952516610252290957537
550950933718544900072907676126346765291664645580371533060205534741
620555668380872331011456706082197136019911669601177265351241440510
936203601001758405334468975653490024475801849902851129056036281543
727967628831238165774375176624564045783704964856909042818467414341
076607549841146574215334379628252377393517758770399425521318169017
399018616421413543927797334708765973694817101033181863768927283763
660230192059197929591791482244163940318041477900282857125177644841
059315644675363309241579702126264813042808389337706723982286543417
317364814245629661807931369532509112875469498015503179945166912284
138446464630874102798782095587734617666779332006361614129983611238
785269844967622494946016222419848188284417597250896504323883882677
621153869449072231408003864096674795565960336586550083450157466810
037154981215455917708285526905878274626801895484098548064776732255
```

```
9308336464326667895198132303438478055425711893324488033710276608066
6426197680004014576819261412342142109083788260348803987158967469188
681275950354190406896727813951321988421183256109487473527648664367
1335936837371907167136153442892072527305707780561606591615442358910
0784646554736956343970737221781859123010944369231395220301011367407
3457059526133029367437932120406159970890681203507862354127805416826
2658235374259385696643576271097354086523033339574924977199534666256
9428121211926674888665256315169706607240021939626684282515447561496
3579333658452377240996873579532275919009797415517213348453335786814
2287399385190209367827402155999142045644643838160009990650537188148
4938160865503572270641774386629751678966655499987889572179026230908
4544806465185693092556964531722410894516454267967618197288329584139
3513384459604167285457399141508049594466135343984501427618054220965
9848671099440825081513239252136069510626733736792233221425995230222
9364090476645961545055948420488131144131720464692670497597490599351
1692043902760515744667739687080324780406343777841672502198884943540
9828211600072772915050759869365684722016941046189444582618551160041
5494510628158872485140345190055563466615244737496076611357787483740
0388629388488610195028128078179274503495840575292845298389091576491
3247310105633314781346402650462629156753779092137247828970031963259
6891251330215246561205435837622686092820307774168700459043526358174
9463672455178978493175067539046404160336384724054649807500393002457
6610714660605719495109140248232735266912214960160708972207220546288
1003873076229689062152629711142892734633921437857583816799570965129
7512128824707622937565721348906236186014189959500029393433011746330
0332972907834026382527837960530000473559257546848718929972065613653
3751537477921962495517969220085573147944574288225924228767773212885
9806537046540246199387296499359435632302131108482424950180067571893
9861189726218243077831783344585703611816094139763446516272565828861
6878213013425589073818405734222752790944015079633506963068315858425
9597583441339316667997304805147104205162135621754090487773302273969
8065649590094569569853658432083562061593452925424189291617305222097
9352465712270664005413539212620953741607025988131267956667461709323
7174052362963190689365298444250743022804976641640382829257137163603
0617625967249957176153695852486644931720109608534572342362545038544
1441271638476726283333081895855936476006163524985906328874450325511
3776818130533466466995015477493242098568659350490106211412991417730
9980459978865399855599720886527297388216508774800198668603163056123
0114449331935784076334183313859772732345270212652657729626488462044
0503237750927026440915992126524862677165996591324571541392540015381
1699661401449792205985286546311988145874191873375518550958118710196
9241766429242389375494516315947724531101984145080087615562644078821
7209351125934261844683035210737940004183828936058544070651726449168
8578728545265072810491172241294152234684844898973496533155693932685
5402116655944907515310397083246234459570196856432675680385445193586
8733514968195976960082012537990084001054633523364189127960544687635
7037106514135683715512448361849192509499414144624632178459676671911
6487767444895994644315839584871818446627420278441899928803275124496
6696486793458941329860233034829288762606371364458073713401017269924
0031409996289875932823997324878713822652547419034882177498195455707
9637800427801458791944118907707143580110302662454293625150543461651
5198607934238562390664551545908689970098727578338564769103346863889
9428963619169533138310635144431946299789521504273430274505489128224
0465675168373840917374148437318197118822641196702951400104844973686
8883604892628854074537124601578468879477813170839202770185008395994
0135078751064535614615484503534678749015340275140901834645675419760
4548330869216939024899806750922992294071550692377787826669912301589
9093808133728507
```

```
5552990599347167842350786739058036553895201811147715527516138372 66
5668705503251456831582959065357006080657269902272143379149237524 22
1958255515527390476641515242308413093279355619405005324441453950 61
0949163270387153037015281008875408093329479098659178396540897411 91
9871437341136512716438240524415842887697571497711414714279508295 88
7029927924683321337051526756439423113502628776890344646636321844 45
9217157587924113199632987541312018325222678696789961329341131763 6
6538896832051191636223996373640065062421869198223064419813515321 97
3198591015636256986218174854708888378220216171014912432492165323 86
5576908527472547859682981249480686066444493519183037483665508175 54
2257335268514038987865030070402899334381972301961473408648283476 12
6073019822268614411798984367558389159008469991314054138319391816 56
4308843497882991517174297486490963838967343065171217360275453757 83
4311352172150182695929149322787473742572457213602566263841389526 26
2793021300099661963003232522013138218844822215385253127676763048 55
1870068314684039926818548765384056384831921002472231916610091343 95
0767855513837048214284915101698975339078975632339921778903880476 33
6813748465168922635716230718406415663249241086692396760121601081 44
5609232133742914578448806124786377388264102086180249513057338836 94
1585087823197098151586711709517388028679580151067880449339024806 89
0990529195328446696828825455292078708090501661485367533081336907 00
4801338828585461654064133202506938355963174243658840647261575760 09
9347841140840629982366482357485543533590505361262742820018784805 29
5304476986322636627829632741637011531118234081786739876610728127 32
5778513921138076815418944404176329463049006186478075989126428325 72
9987352871612774183368051756379419524402321288854911774150653111 68
1836226989531900495922925083762608050033174333856378486749582231 05
8631889407398076144969201791751393353298858853433644997913001657 12
8680999915557636883576903449984723426041943185991220465827495644 1
3763677702161143127001434771612016464832132927118257132879105841 35
7861931189374595323631023912708890139129091665271923774586864170 36
4801203295328751612012917060959270907773561674019391174412447124 60
1417849679728249366145899072550082434997089096809636416891569620 89
8451925626719343047171456304432399815568869354337262302614980035 28
3716651359121693178382309796485222062854188473486939359438432529 98
7537651192492335099196668931068393430992917742911260879728304331 66
3875840237022011217239456114473365412763340270584541778577485248 63
1649999170485476948432053120929273998661075263131976433765380295 22
1416374236023722185067791138872580576777554374253574423899796335 81
9714032277935613974470711946114165176151512388236279056488635894 72
6860573344797283092570943913779516563058538904168168987692580836 50
6882500936119261078911242709881222693468531985170663717420468096 37
6655728936417132493864433405288735279025508689950937615120464984 50
9308482094646064177940775927273518750614934528181767517108450236 52
0442367768151326743193251095192005876749184930277695596540981225 39
6357711694671126060236069439457213648076464990166378437484109735 73
0098749733872155726959760331137128831583803062490323833048619521 14
9826235866733363594360815330962043523180699058672531667967198977 57
3967198505633203916276929612784504325093027849365575704663665005 04
2353807000210433790543654526769156321162307081538667932875280399 18
1022287966754927414138146006565485087779489944785550888949148052 88
2658768844456627293908196144006839830805240372569506411438993318 11
6637701630751930445002156616091239778765007387433986121377676316 37
9949916035800294253941509361182877925648901997063611511833437732 28
7805137817006854618939770780027545047057465744096115186501688721 67
8158080161854864108089863222334099124749225808111853269987957362 03
0363601202486339705294671240192398688862699835431092004562279169 98
4416988321201809559455053488532617542549536385150631189625309217 66
```

Los primeros millones de dígitos de Pi

```
52916582431590045834969397068765865424328194564764785373552515 3068
98910979666887810025698390687113192142541988664192866687545377 2443
17614463541566576287140553536428785180176621964712668996243194 8273
10093974171042590552437496873330365968721460188999669280258230 5000
25049474319578873617743981181941294800460295054273686692310079 3833
55277975003835915620816472862995161814151182430486495587047642 0387
15770645275872367708081805904084235237757757540088468775611166 5813
92511935673190940209614289011096489957150397207159050424785782 9641
91398186464569806900388364679836798101237694632288360915854430 104
94261487603503799034417768599956759933050225323476525468899552 5806
28931781172182316379508778459343728786415144638730344373009824 8049
24955400332234343780588846442656516711172540890242516568074345 7602
95714812822409478460558543210753456382184804837562589157517060 1371
46819642168971776054953019924695302390199614826260170628481879 6357
99123969700159444146867753185645831272547174394450082162982830 4937
56959752133974391203106521261696229281178721499149753725472129 3068
70385087565061502752264203373041216162349639788099435270804166 9332
27218359322427911165736309254664967124992961439907500009763571 0205
09135217210267487838180045968331069999559077825546489128367433 9451
58247815280574610341511343563810566377035487980940326526654845 8248
68458290675564358632459180753460775801695839975806488137704343 4130
10596884392991793174174742867125143313255177595667391206113546 7364
83115197935420861547222832758560401773389173211141862365202764 4917
63082599430939167130160355550663966400637699177448238398404527 2776
41720112291229061185595127506650649835460296102965747543759069 5555
07510185935075883789469234080884424210404435178451018449469776 6022
43257275763372138266732831848510419137225727990030230195198814 5702
12171657227651891902737558032398085602854179108696330380502830 5825
41552079221546755099881660712637966690626696222880410521943755 5359
93478632293330880742944031636339297431845742947964530484812667 242
96055477893724165925475425727294818303585240798970601383390192 1881
64731155785052643281067107830425382786255073575144178094379451 5208
76964418039294505337106958002880600959261554240429538493922366 9282
51865457871541550543768172161949416243980236697017645851682241 8482
34949856122612205259406946868433558288000423604267164920519830 0304
00639082160494841822317937800187897147326541391659694146628544 6072
01166338527550831900032819349165007915757425415726422107319213 1424
03345326076600054088324224303953642851701019071959689962221685 7242
05827008044884586616008524685471176644033745417169725731664357 1299
34938871819929175946631813286486618479719449399756737688968894 2187
41250518128652265436890284789523945318907597818378429373869271 1233
24522402704855011368071301499127539063765677619504082472945779 5161
47251783340582936314389374727744967896513648114070023132746198 9829
24674668855898433555455760427757376276091205804848027199984955 3952
67234262697175122246216969012780081098444425535915175083609503 9154
28095603229402450125344480013590713294374264407657156719414139 5791
92271365410090161702991031998657052584092579984341415907909404 7612
70738304781789551094730906625750499363514227862650746766596040 9187
27372254779472975212156735685726097885664645754101381930184782 1233
65156997722636151699971162308147353868744559534540138665599995 6253
62468346296316834097955045640501027726108378785182034937053327 921
38943408370417286053516274318097196418515813346386178640580852 8993
26162674792028229007798061487378774117335830276131207960256078 4881
89046862289627843902049983703685368810277112776491648078939944 4390
40925075904833289087283241424493352364630816798184071019847693 6630
55389540287367449033739847490758595035606072003587845043016881 1021
44264988472971774495941058452003823012531660787088599066303712 8041
21528907855153422131215471139478438631378025693727576221585767 9289
```

152126300066971699384726344308284630682783195321247975797640301436
814373461526469198950210342181762593659784532667602506674488467124
609668661730097066252450176922788520569067359008431604124592847480
566894697818276779475588470103788134571631881749442899892987167278
685725466553677372831124446176730408752350650543917283196198305056
380900140711890771221329209083766220493049679457866788418100358637
383427091353528093942551819807934978546448024964273686684335521670
808965836820495433367410868993443622970414443439610988612701962123
616829423893580447197020973891992082302323146423505671064991136035
773195638847191819769880710058067038705725015301906153585559014641
266966919236290595038548687337612191372174427144615555267452282574
000580347074835030814855107153993891683837311092750205817019512313
117767785184487776872680421393928603421323899581851327766693655981
806455715585403801215929712677686438428537188809179099573080680102
254116516429854798597801200530325322752499741035431088380198432220
023575674082733060839664255593659517583051615349713443826367990287
717942890826604259749491147707142297025251125860603900529602402545
826248325755757561216131279581281215685384085591627805709293724661
243672058888681576790769303505178957563934003111259297972535775442
005699664022021383473566037691695441318906191606144682518131601766
098616772320663497456046509728826595127539727333686941755084872178
893886406183984600371686896850918522983446577551641562981490543467
626842114452483994131230385258051848680195708892261883252235536436
873645834791469035678722598255759755960216814522299491973792689788
065727749960206183123619125984229997445917931919070044699554058436
069326731670892612617013398426718889342124987556990243059505953676
654027533075503094906893359337655573217538335664890410728780373174
267309618140745156207212598314724574830121106609479787962949043813
324270611655269733179812220467342712122664138192914732789436609182
787888276414614769764222050291144484184413818492376352771491690697
433608081450429276576158752417052493940928386373294735778423424077
954882095312623534027550350571028903943133681481995153566109244774
270469991167237898955163904637498396603242741993113944290390576059
074155553325065548215179292254764254508718962213113516699330454312
000074718298006506387389892625648905439739686679432127054939232744
427995717336359106333484418514695342981280896868740832375408026260
594329862056291817544122229001840210059258435570500116263341389111
647224103293543067992468631553900279513923299722276621299513099409
795053020739055958119151243330404078852497109253724174743013883031
797018441085704513576815129153624429492503752616110118373210046518
961467826972444261780434649844070818194648570155664729124940018323
157474892122721505485676173310551732867555555137275257228070158443
443069091168420794485271927516752388469452014058436541244190068829
957459005435743080561559465242288193127203292340924903397654714651
811131459251905725804935151124366891654022600627554580176117435281
431489499916146718935238144336846404276729538716752608133950987596
207785727789249855982834823289177208117777338346633424188492279198
052968309263756731847097048722337076247583698147177421148043213630
941487254781492630874667847895245556100534989078888984592118410223
597827373165212801974854134198697705439538874973901457412211904805
390085525475177691827060709796771265972488441968233810582599435298
238267236317342426715578296460105068310046137927489065603076363259
810279366112357062254609308459223095699447464899594352803595728127
207359002148467487609628497018798980716170871860113170396984354371
096843517664924795544202742247063771600035752294276137432881027737
424376338465481823424545858652299370190888474776740026800100967319
726684955864544676707987877175135398088398320732770178046249932786
188807671330925433892842895473998046782679145981967469019830683986

9226343929035718573309596628538845031122658632570149517844368139189
5358392042964337583894923848122175655021035540671058277268875751378
4359797904449145269179059270350881467187781681401490099155462169014
2569780350353958724739149761619033480456499169804389482848716057330
9708072050466540348755712333122224862473301639986713795127886798
6438102554256042535792751624131624549552973102364591993011349614295
22185316982957104068514803822139888376963907581425519571199359171
11875508775962547737751359233870322994013917636580370678440085956
24687639951401471457224685434012807858564304393947069971219759406459
2144290107129319140574265334713416412866451075856458812395114011
779550807321636781016037343376015731556349255659397367165619355004
5881073223355930244825696996555838830534131866761689980856668282771
3235687068122625484629821031317607718012390587255347242047415200
61766602180588246194966487460645638789963150712442915388404232450
756032140477624258036526092051914829101027157745924142628710445597
2926999565011286066885462748757187665066969779602823041381108469300
8787168483579092546278034944264254586120459971996080031663034795899
2894563255312542534431739985369459805836028674518508105331304764
52853762874570977767541307714243002325347404093030694218291168164
390391655747003216588110006242071852475797469805276517097274515302
50946186599372850401168149577814259636124014780968378688851125147
276223179153314870448712057937765503040166429701507673885504773832
888178731212460074527612354176665768817010114942899257349101235646
67639625806511271339649842282450273056693708923735816460953561643
43750565029963151679745340938235328999702562718021656243625511798
97216249832309565871968296025466806500004671622240239665382418550
730658144606359055955496419820113969652844393015739310520628308914
92180634287155353700590035047086460963541097884106096566034365354
490617007078995831805614533906504770527431566417609721517919489283
36481286604608353071881948053442177304236040841191576164461309136
5931528639923396387054072054798849578866169962180644201535353179
044765255822727670645936350572878042757348558987682966892335724288
086806246324897918958416944579002959286322888293828009160324606353
20238223124737736787406179409010413815330576102830088488649415922
5754380946063025862676989173184615639367995770538251493415304834931
224348063333168840269976702447327490618973633454332782808207744026
67097781782078312085726344560947085548521426584891018495735031866
42174822985673406328525642088746642534053395045023102754493429019
600084415039849520215325600163927669366477809584126560429064525680
617095585204187128148134743445153937464754963442205389261099549442
891463675389578760558424841902583118172885021588583788068989305945
21539281374654088777536100423510149310846076543290946086796910018
40384162250090888837411244830646123775233176545420148684333531525
0752667346858217764625547987715800378073715241248408692569070492894
00666781140279791636537433395145161411107226456176282259912478849
9928487298887052980830652459935517374082411336775979272335682680331
781163575499834766699082383781455439162155128563855768188044803432
13210293942162408135480262308822241912311925661205255016134989977
37211303331839809636216624718633004541360038330530579386079021129
32032887174995145272045062395800542689317348183540808487347093887
886190102136217565025959113514421270210116480930930374941672915936
24568786003466022400339535225142449151606042997647942423498377961
3498665910271782929931246528425630398244060789798697342060395170073
5318757863061612647145001003208115941696043578824718476564441351338
50918620897857462180539472705749147588858463426651824146838798580
80482488208055020192887763490205355158562400189346433242686366341
74030312234237172519433745140146909287147290589015061523895622846
5203146170261756675858620951547768283562545064316264374580760714179

```
8578002758760804833259675887885318095959658148160080652129817919580
4398592529518445846927246647707609151685174638564718762214919321560
2301012713105284450748107002650244641785872435677992213039965218380
2791418482652816251046147211630479078224202348421762350643914152980
2300554362570147636995887845014405130574818011867308723759652465200
4643509343130396665585629392515681038169466620313639439917344896700
1398298156274119882627235109525122182170475068625339926753779784660
8099954204214991134354070102205692681999404251665893392849856566730
4733257949343731185204896148039890749110350313946833407778669368730
5475491107761126947029878211256476568149156669190955293673205595770
2792951298209071515773009178847796337430021458036031447789062007710
5549047648054242705131677668935326694373590972240083159402375838830
1476354214040408604212995770165367296599020483630577798545770670281
9058718648306138252752786007587907024358743812118409743929083622390
8912538931673184265955965954849588145573527311910746917982834574370
6785884144398093699453232606572599697588242192935879145436934910430
9042263781767557322498731475695701341604149887297960683857414839090
7389448234081301095658301659462807191784479826332845553635974512180
7260332535781792406870010686165062027823681063429287414508137306090
5489089247445066227730838526810902090813243131511849533596968989000
3910317086437143284268249064812666240692670421336716047057426553130
8242434220856097935006501412683886793330241865462230747202532071780
9380503171991787349112267762189970847823608111600798019560682135620
6640924595140594191988865960527804596189879889781246044507520439110
9510874257625350337428534435996680254877211293856191012202742965112
0888429546855443925190904093459699762232251366844939593914310582200
5497761651193236335578447738700727516708877018336089731053330616740
0094074876084857287050254039652206249843878079142123292038061883100
4817232109300172019148512553721123091515719016127137406536835464030
4590901751691907737631221262572265866454964495912374961837193955150
1966504573149034869814045381745736975898227511377456307867235621690
7668252392452981590467562185285845589145301482226584053595263909850
3937176619710158783873278238375584724428825363726210818665740744020
0130772139829403432459845503488984691608935046060460297207524305220
2505088484098134455999907586813154752220465614576623314045263269650
3527929237979293739291903748696719646307180607247847473965505170970
4750966062602342903764684445058224722202132386388557145132347498200
3499660406621177777297860644341467366211106480533161430705465164820
9466033764356209291270324090210435102759540397065472997927210896180
3967315084703036220498402080566869922524659535837374960133141790030
5370052464560586947767468897309441369101074420202722385751420522540
7081908963499142194431740411237485172889543080184574091031999461120
8055643344226228957934051736502953133602831432970249365622011880730
8379659686693856304036554244937571974210249374057019369451384825690
8600195321516256897140183511652549600636011031202819953496704616090
7462082917736572997856457130696516500162277788527383407259835596730
9708240463152591767380422974317852831564944495450369564011093698550
8179851150272119159176380048296581307898594703973120653780203227600
3441629732969801205906682469014302949399525015898904771050800253835
1571584280517815264264006574584027917036556283411551999177884995160
8857898088140509686764825608157587168921378526143482401986700859590
4918343799687274938039243990012408929267645452342219220757841378530
3424878833535474932468597801974307389167814296105044449662857971980
6849317044974915506755212791116158380570696819657259481529866721330
3525808676789995964951596061098889306228869661326312175575758648320
6279685711415335026472140795023598595852764820313639865562813744760
1293814847740202250445085912182509562477907388965494526502037078510
0053115696566220298499374750861361904397629959903131190080431975245
```

```
80940000914558217454526625805274039981316932570018276842172231805l
40682005023092966177270185446003704330143234525164686645610521720 6
92906036720273335396157708284888237288135889404534490226994538768 7
84657248578192875582017026334879541782535545575490682500699797395
05950461342053430926981905725531230338713302912850319228135696396 0
12838534552115943569140977460158198777412381988958667271114272958 3
10827089863920462180345379455624339718562497127140957925961923078l
88404535552979777422106889367338855485881072236768784859382251540 3
54409948225290592834847801360135009151581145329214423539629875548 3
06801558853165966563394478186222393658069731261285120024220474114 3
37596177699106333914637580520358154703062295277217035148212385304 9
32657058446113196562254523852860644493309181674712723697272029500 2
62669493867606739072357441326860714781306327962522521358345146175 3
19707352809011354314677739453471024006089517815558307572118215079 9
50055883774454731926129253830499817430402307022389098160761531109 9
28886528725602179498866339642061820921316043176801177815429663673 5
07872419183405805978019413641380162857929818320868424446974760959 4
67546593513927192027086066670096446912642578969760050375281909661 5
37566185545806264352294921657908349843792574319715877064686820018l
82320486899825645633405013849665576402970834480618786696893121635l
33966878313623511774979419930548228986619040064715435959579227544 2
77779439667263372974662779775357319608434724918119021011929439259 0
38026026484174844478200516856843034661441250061225441185536036696 8
29948065721395351334078869245327059129149828017411210718841342687 8
78882980021071193184154769063232133035664704280199834162572610516 7
04131168493867700277509498844108513693169564448607593170835467673 6
90177738942973154551145922770111036084305577182412122340329282298 7
44398644640191956092300014394993453060442579969384917723978161494 5
11312042048686379167525306349006652395804402898435392555784845807 2
20033202925034659744813261401733733484152208726498583672364880564 3
31283046930530487353905968489776941066248996816465510182556276908 9
23306543747477325157482346420761826937202001112884908374084156663 7
87904917715791626174472533569211027963136363961933383031690960585 6
34786515836410409521854218925393845365190009456821882351219678534 9
12907472733457619087952770071453429642885777891979700517737331894 2
56474677870599541167095015125436325458585059092777722357441369061 07
05925417965794073644894013368462125974037769436292671078648069165 6
94144947649627554797526997506112392906590555602998061827757923211 9
86904515905942490767601449443302144753811078861683941736268247379 5
36204857866736619434018375399507887357076956973633489060966234152 0
33032736644168409155972675060681869195428972955496780074208880873l
99984229331801642263918301140795970491267195672661938762353423067 7
83745037399215560497316196545379184136237601366609873437405615646 l
63459852384782852331973079137019825090585326929428640128896615562 3
66533668086796762690219338587009470620408502701789450516817868277 0
31934278430701645193131391148579096169684416066209283732083338786 7
64148839135298925848184530866997588412889658670242875568773123590 0
34961649957608292377522689365557076354134082655772488902435754853 9
75257909113420179830261153474517489394228238827710449742344359228 2
03662147297399136740367101215970943082487534476980106697699031419 4
07850208010006384516220354274895328569552580166987140127909455465 8
44685317297663885922327228023922957255162170439537798680918870851l
95550148345006535420589588172819071594632777061363476090473165184l
77320017762749668619298300484784222251662526812410603171436519456 7
28348889281095890446951076541036189885348326694340218479313476380 6l
33555152023602176565182711315453253152483185016002550353002350998
11874568401397841324504129248995106356188398860593998518606626698 3
74306821560893536408037221056922170621065402903346895715239006679 9
```

```
6984398197199449488473637992656271379144085545126277376803369248790
9647451106309430481047440825975290276493019099618286720668008381247
7082804253485451549448267335177099158651397207444535596290620297896
5148227996438228462410049492538096631715849474649687732429417148601
1775792546480922293925634847344849734476876789725518676844578041930
1043588384787449847191575466125277421065198340368876821770985647989
7496641796375853276088948339937898038693590500388591500418224769262
1391632221151170732974075729995059216141953417954539564825806957558
1914101054740858366976388974854435670380887776225342372523668586252
8686070111207376644177034759239022054029211833635920768287468191635
7344362122584685518491173782814989331732943286878667341277094195061
4067843095596346611830093772355931550084081882042990111253625495158
6587987779332016060230253996395820888578524640683893060314881551188
1851063392801380688294775533868576870062873818717550962023016789082
9577299370394812355322511773065141377479705343893796451947762336804
4456610377282423774640653174719122855087525701248555303495842547755
1119231041741260896041764530473844861849598768824455494974223707962
7425226137859561508152707173552251406092471466287707657592328000063
6236617818518201466129968973204506701938791223390280196792848576421
5175360503242804953741260170275740303053422716418639495786000064599
5239276691728895103478325073178136744237372764385742521775361860499
6157784516405621251200757112686925439127054804174130629085265480196
4879811114373415755475499917082236619650715279722050896985205136490
5355472784482972071078145745145684608611157295659631757938864748424
6331637656494481161619216046287370290404097536728861306625138090935
0984914309152013685940349903629793136440331259011869648801208786661
4120892897810507017559263159328947593335355853961535737486473277884
6929005148375626964569271383010871929842282561144132628796930855435
1482195929480670805922268245906695987049805652022632188600045813384
8213383801071401193705031999865589124946066131408799465045029166977
2328830601951849785565324355223479476176792576544582052660516799447
6072270550260402538069305498861065092174655658887301788384128959995
9659159322793045730841437898235779781221663915400107412133609571689
6366700574845895205479261619617366617966892473003181633077684291239
8177400293806904648200505930567210970470723585762765597152866857405
8099115356058690572447224208349859427076514578043398793416795768137
9636208339039508329344955805953637604854622311362516792364381354247
7484194804358933214598819421360579294167412261599983610855016724402
6493529026929476241342582563872303197435078616064617695101218541063
2203081716611241488676440338872975765844395220221961007374345414850
8916871337442678359527056131521252620738693321830593565893062103049
2920953553814549511601214641984397939037189643986934878415890922090
9390704275782190593570943076723702438900534531209670035089619222429
8816087686432982939714882496041244651328082112489224188331444749268
8036342391829666716628224156781839675243796659674581169914928136901
4502279780135976931386539455472068457777174591385361784792669537103
6950896377227906128123654791570888690766768908193749340610368410673
8600541100262787008747059471065864514391969805597069505565050151233
9366658905717331336447642130706567573199190393881189382530752108828
5951614750680946883924574001113547027478698216862127432149766518830
0319603334562235534421417368117005957663493676223290691848803237345
1924349124656653297182384173969198658713331341207105170736834172412
3447237186724941510842704961554950379550128738224860538460676720392
8758686262616984382280560158757866830925122304015998975384892283600
9598075215949025807471715773537480669005001534985359036976722971043
7159210984693912049054262463396085508249182328658439340262938268563
7152596238947447178336999661802011547882499133236522159566534048570
11
```

```
2325827708188621501307157779346002743951689275243551823962408391501
2347392466865100222767351541533981744380629368188431870219539467457
7880683873304502669934820474093085095294008870695181863254835482496
6260706650249956468194106470407122731100421544185549123163407340196
1809074987236703389974993439243991658806512836679056416957365216050
2822448852175736113317429473563577483084783309849295743057306045041
2840297114897365523337025293332859341544883137400581072624246477515
5356118977342742942596840194068133338141610749091640443078052777297
7009382768736682692808362834677259100328412812893578761188653303799
4391571099173130876841482981473167438924150708123330466386665268851
7152287734958086507090211027130801148807052510861641816152556748171
1047862194001056128001346471000489600816181363398613143759537835734
4634700973802239706673331788471217421662379783395050849458405648043
0059112018417300502241962981137643255508625993667297921212396833626
2543307920197457555379857786033399361139731479735858804674826631905
5503171475107408265754553845260052439171639479854543854640477445274
4423208201158058940110410945383309204755983130127803405876733811345
1784704239620884935829339947629489274926307615195947580863523050039
0635269755089737196321432027975808869585297731621983594425668946663
4986556641828527840530710394603837055319530705781433206165483720876
3730542151049819639823162239461555401624481922748898899154818161610
1412911142233274248071051202784972384904402642968076980344031601013
6598808564229607540695695571335080053565951888414562653198365459981
4935470353339657880494761273209004855311359086974714535368901571896
9841577548117779410760419019145652728884040518827950849008264536013
2429152288889379751999559985968288936089112710910309973067570621865
9729673463984306192842955042921054669160915418280351783236841552181
8655679634071112430643855154156248975176397718812620984087360982992
3836373030275059418770626263573784813688683682933396988927744468696
9662949968966027691600369860596890471841716000197184123626519979301
2787419139272279869802272459522940125432208404817539812400825763713
6067030334477654114042743699620541251450482700210515174118908825492
6097747214620553667790075520087998923234653592526127377276954567121
5444999501484526854325974087574445023559503175888094678670624279504
9681223173819531934699556151100420921536083260321530691857272259929
8600395392547343180646477064441544096308598332098942811738979506827
4955248706628273280536479247410723546119459442653797874986979596432
2144950143520166327360833877895746269008896094162137344263800267657
5339103418924761056359888170083539644955852192240769813052521731950
1323741964534289761658135407331302630302854780224851925520783232374
5483267963289071256274752461229292964140942485029059474155759927512
4250850699663473537642940738391820741909162541609728445916256144727
2170590829385767671304543843359908261608628467196328751602860804035
3472085362193749494136655199150853689237351274850742948144519654169
3822917931530918037820472872238945587726485845658358368883541761056
4721255643864015185687695779882751742224347111155262343697211707633
4504665327247663342378211958791176157833972287470845127988659924518
3279164144598280214437270189462668035792333375174806410499318521884
5506821183608568975632511813875046094241955744326397198431078927752
4723566722883955273553236066225987885985396328772844546836949236760
6484412273536829219132455470407442166682067461265670796430120055351
5990474170854616373362027038659522738064231262187406268909039981671
0861502195826500644977817357318505215771516084763131429710068248249
1391624928925561263847673862182333452283028570138155437476505784656
9058839482531341998139629573625019198571058084667923649110592908805
5068338217718370944062699938269197068244705320057945408351861003661
1615609450824239865041998731623838357466645452188735902612193453160
4858339212
```

```
6637725062085190546236237337328114258166438424988979859667954175 92
0036913004537037196275360687183013764812127410561482448795986351 08
5005487349029844775297575349396655307150551544103909386537416665 21
5918335499738256689326452686208235962140239634097122426826870025 33
9558269322438059983242690845304781419914989311071015716947495557 63
5219458745768629630183899058242012787867557969347231850307446106 03
4839145987949779487113913546290254862822249743894474386826616436 06
8318124885987232687910766162305380086029215833814432845322407462 35
5418799888174723812853596838289500620225246463573161082663603643 14
8563553160504991541441308872154144331745253732106513961197330694 87
8139130968733186136669619394025720049930809999534821942765587811 32
3521877812457183423976468069730697934060813830189077853792276215 48
4664088231264298164212394174569713566615398255554352949817223901 45
2223591925741943146421826647768886677250217123294152289784461629 10
5662854200714538834167814891345667445069291290631913561846915331 58
5581350764875413218594557457701564866526167466205801070023556816 8
7581059596769989019854727064175312884874941390708664208080627694 45
0131967019703355181004171924251364427448521978153703577709617978 03
6554715010064181805027540735836312100758486904203604530637430343 88
7615238289835573728526027901096581135839900820251064150068488603 77
8514517039936269383226188823018995912710008790754166287483223944 52
2850239184867913815692056863543217041633586370535324353038603138 245
1788944252008048530148042326400652099629600966417769376130820806 87
0201308834720999916645580574702972650642485903100718469895310690 17
4322837847571536750984970434834820599312232247519854853545545198 08
4228145074641693251741711660329326677622781908348972275100308089 75
2520503024664935126641278489087411830385877998569663906345052002 21
2393452668657992044238614847572428901051143288838145837001486782 28
3301640727611403694136211573716998560584173544560803368889069252 4
3533810539715931504525920940128868267619578511313233839763615662 128
5764826409723566892206504594883179858641010564381869889428992763 14
8161311411978394851438964020161614470282221756482734200646153016 17
0156730451861843770521270625734225871506289598548861762052296168 86
5652158377842471947986648770706732481799084249744141303077278122 1
7275703938985310766265694827619763328744659604559350180212323136 16
8294691051653679961314965618814230797900281970207530720413774496 67
4530625110784565792463800382738568602245895406143936149940484842 86
9698064832621084643807433365583986880899884715142957010145120549 66
8428966674866101866876512973139628321441026834165860359911438931 807
6256443446092747502825373247224396358231441866189853373236916808 6
9502922048143623720481234723921748226842910666117849435316725923 85
0410537779311049081572958008218904109965374052294046201984820594 719
5654684300768220373283990614679207880313062108074288782674565222 79
5103975301854924501080667143565220340985209717127515883904861311 29
4666733964099243492647162312234605681600440545721462865662561689 28
6997468382163390433176286370809582850819096974176212074055085110 01
8153302081718136717685434872720891726067431810386875499096428742 80
4106528574447831399487497892443435373201883750977953460440052811 97
8526927544248963257416298794288255060763951651083871176646737663 87
5269750883793989032883574021122956354320874374141624949105157682 27
1174177119323294539197409213659086000047620243281888116116364492 8
7155599082998145435840371709565305275679006103858220050257742242 92
5697737322966093854673369294496815432605685823408507390915045923 15
0813226767810636325059586274551489228285654069452221056355802862 24
1676405576952603221833562396373988080142461187550546095550941227 20
0200166732907897800070963848283124462955965450221207433264365718 69
7134514468968889229510802001625680799512184131609833097021782768 60
2448714433613144592320601734974748148691320774245973643339492007 3088
```

57482067224118479268240533045986927545897072131545841540477232220
83920803632412721763116289188164339403686931713558268000635173209
7
45052437830526334298205158572929372906514408225209314003833442860
0
94371776965082929411189712087370784093552754759466760770073958299
6
32583886106737450792618043306725140535211613376789603653857985032
2
18450837234572589397448244920328733860279920420127995062845861769
2
93493474864504649196863533839144956932935349913992245366418810063
1
03071095056877344542309645895436141863087624149444741986669834771
3
40530095779787207929146238962639088463929969063931016383363832131
9
53937930428049848759627949597793364835484003784161018633174149813
3
64342738798030257797021830886503641810622157102928202158718144562
6
64355191289239074644949104273596927665231146956658445818114476377
3
75235012859312659257607505565019843356775432091750690113587867161
9
54936552029139094377173320155808072273331910017793165196815422808
8
37057650759883759702175411773807137985338962896830262981628055301
10755775897853482385481298281050149628858871823221804888260182746
1
64487902917284184000293674697066526008628284388308813356335802435
1
05776352859335154443801010244994217478189655318847087378155223644
0
71454282954832131189537540818216074865979777622791023082336484361
7
23366029171933992616788286898005789119115696128611373040422299624
4
44564522881179471536635791461504943812179699911719553392915467985
88856908281911031471838112996786565145305967981319080042218270900
5
69304480748300834564251502360936375255638319351742703436292684023
4
77641389903904336235185135026393009596644489877604174378603817234
2
06079071437119444753952284355167788857090934059084262800755500248
72583065055751125935389631517182606584600128932682974216179130811
6
87821272103921757969833700705560047926599743236495254475598623484
4
74040961714756628827532509173759154603250809601144327041198731596
9
68007968936040759775018037409417146998188504662898263050340628173
0
28231979912553091836280779925113306555777258958054972193754768545
0
34660721841155705309674742472328699207294954176864890518966875077
3
62184297915115758515906698154334699735695187655323006157281995740
8
79843326878654838770370483886796963447104488103662552958628343438
48046267812214764251660197642270203629450879879092306899776262202
3
36341177118201539905017307149399611554840371522826857799838510938
4
00452826367576126056398439135294087394557427764849924141468582429
1
38579177562329540201682478667600210215138266641101300421780062344
3
21791952368617769613880500659250907025290015574994875260137231942
6
96283769173901232800260299278068310630273490101100314067077900457
9
27698279313684945163089509182904830296500190892833649883721439618
0
79320874232876806864909920444950735986052895721169951904040833898
4
08356330664385412889007147543866567070850184695379003257164362715
7
13573472251059295865110984068456897156582545572563335559457657774
7
61802015683785236403149785380983156625318580942578510581390461546
5
24807271983290957729580553008835764393546571457913592767466432544
8
38454558273091398616717779959434994550317477143659796683456454234
5
78234953022033793923089622734428667174667986556825373251453774300
9
22372120275316938566597761078235980188630750756040836771274187145
8
96698345702753848703603042584280212778831071351132772777499204648
3
03734048642790225836760077390083656159122196628426903636660298543
2
35363179945147033963949613868716717776305654609188565518443445168
90
33462458468291241431753586574989124759556089604029215539397744642
8
87727951622306124647793088265423574801071780915277401654871046826
5
53570309898131083104309486675394151116316766582814037008668655476
43
83397704275712504474922142296908062278760854440485881399571274756
1
30190263751507387831188514410053710314183163474336751174923205317
6
82583915034235450586022630586870277943229691617545953440457447399
71171211920778991581218062470944155069472735140123455020462906778
3

3781762141918901469088070798181006734859396797266934876965238322201
9108208731369657998137760621433456083913079919949161884261517662O1
1516330133652402686506039217254034345528675180825801046290582083164
6811073518337297519614561225253713567711887842519940235439622424(7
5173733453533891507262882321321961008440631515479985995215888884711
5997837510010625972439544429056478372428271127688613087297176674(50
3877844706050498179263263011217932857796302134172905845069384231(27
8574470982819903689333323225245658784864990971750302221672852149(98
8277546583065590159584351618555205489782673613579627957493305220(11
1916108420802369961389004399328350663451816407683998792241323064(1
5886725004798621914872760913836555345671757845474556760412913322(44
6095514831253536112871452107430436355478982136977200927930137261(70
4890828039390999835574082898005613032632804878407025880190853877(30
3188187127307461366420509108749612419017691344997077457528363397(83
2315611035648212470903595368161039384137568833771578279382941354(62
3916270576056022717798353211081825134419902677286104968703506073(37
2089355308640081426599165087223597269462486048366658911303958507(51
0474494726993926452646055226651892497645308072131093520962315760(84
8831138260364791668246800841422358877410461155693227078879326874(3
6128379575768538184074677820984677627367244691118916546554304847(97
1042152397792892067638966358963835664180589442147453962262317532(65
5797252681466311769780129937110982453405229270933003996295137144(38
3195135057317880566639610421225778725280132528384833082997288182(50
7498851831471768420564258524847512955453433867631293546440777340(50
0072199683801405226959470919911895518840537007723165819521053047(31
1491449137583879146562283819464798452652848026896471317271515010(40
1260230712122287922468881136328743346672378205581117942027216479(22
5653704224487763296970129276913150042520225981080099799885590235(68
9043290231478538738724020947448385394177836794323325613093817720(50
1734309796245324951033905554193731155678109600573604690408793506(21
2987488240528497439396469465846777436237028014143003044016617901(16
5797602697905113693090919413004043992505664956242468380203405089(48
0290002637622005786405521562274015538802800346895591754312762186(13
1476052556899895094989323834728790825399842346397579120047011707(65
6479780085662647461192149320181526856763348584378214733117677538(20
6424894580965820041347269571623703837207793565976200522780225182(25
2963200325369276531984459658381037550792834252785825917456435006(26
0843441631129701955375474851856666610908213017688979176081186745(29
4529881571076612860214031901965386239562915131391540587849663072(01
9421858020705480546447754769556787208960159717907361724140611419(77
2765025290138599281353137970925603612068498388821519225181321799(80
9333597821317510704838060219422357710899459174705182470860381957(57
8800281615561611665853316284726372858902442337220872462933270283(53
1749284100443472630417900086941692873722278380802882663780139205(32
9286772928042365659125645148945492893200840060968418317839059349(02
3762050002243391242619182832918010847706957415586736411928012834(96
4582068331157546262339166418139061988522457343683067739836101046(42
3164641331355323522737526644533820300409551032192889761040287882(57
1654340181783887410155412948949210975077746095597715247869128811(24
4829284257197468820488565490956157685128610593526780256143938335(8
5921788673566005965300985365462064254346379106298885738983183543(69
6792192647757803797609915199776315697301911388169677703831361743(16
4453785457007319360521970015173541007668696013054372758816070499(87
7893650174222466174381932691928624293010619842541634604853306131(22
4444100538119042170529502102039492849932802291875208800031824083(37
9536386422378318266935454676378570360640399221330699778381591952(59
5555888781915527331155001317087949016677272842630344949747135658(76
7281439426549205263006190800059109449562185452175790848418298466(93

```
84194955881207470010603768356344103320545001615165724072012529860 4
95889470797218342597016438475984865828098086905490367726146202153 9
86362941637717930476272183136596809685002918031141079704311381186 4
18491415869758498660224546492765131028727586293867040021300059517 8
16358644077874811780652256850653071350734245894460268346208345803 1
33921453542233875444863038607087278502777777508677629920222402710 7
43245913400402892872090265865447356210842527192228663131418011220 2
86876581195927271283513242150881645019120899669021973736772018155 4
67098939927354219911627316526245069499200284852366347161921013531 7
94460181932739607212488739815750393461817020822302795639335431676 5
55278850293516327345947265795104011499734482377420658757303463602 5
05161561392726898206604832108554232208407202400309137515825417460 4
21057455961533198458900273971574375380224264155677787593079348042
45360144550080463441240544089726593996633007997972592129223109419 4
70783842041830759662553943244560963589541422566136737969285423713 7
64749526337556977162602199226734913942723609178467619658720575970 3
36763996591575636399342505878894376683014289164175738503388810078 6
00218625038800881754282047678427259567196048406057121007965616492 6
91699693920855774499424977562114141333324323795150936409664134080 8
44752861415797124250850592580508106462051245722168848201979344115 3
22991552482048598975130100755988479695867649524880279423231241980 7
38873590666649649151139629244887105704564341997817437109316921664 7
62069094056656347912220876673531620143957944457621663868466016550 0
53394793158087744710764764454783961099927234890028514579797443446 0
44051117604558617700843387605314800885367357021156503610454879928 4
03753217591482018829939970865269064553815917395418408308262969421 4
22960361926568803854999145315531953051939183455018588454934955788
23746509856082129842400795180417637267312953711599532987137948096 8
18664554688514436258350366624408525585930624414700201882122046421 9
25917234593398961925790163177529238655519765624923716284656853893 4
47270690882441102813258419107757550548159667543119569943978415163 3
24068894070439266081121561861902530322071390646769773268368150661 1
23769280024896835575713723112884258276892878231095678118996696977 4
09489348724146614973972794941266107636940295823628303482422371763 3
19971843239990398128493939858682724464605401699259408451818357188
91094351264176846914779092252837837532395601947453490905510164233 8
07811599663448262071415872381354203240493175757533707935096946134 8
28527465137714683420562623632197172961999170866638304381504998872 6
06717267657248389966739493478186405997311990052966003532994139326 4
85263280930082210836770501971287076699002478130085130527296684406 0
61016437823071913630704942204938341960095350999398713515879252197 3
94280615135656431340816156888490174782485783660680040392675996290 8
63093790311150672767194187688246283075188795068973905489798893999 8
83626631762238054216550097343843607589214242046806810224873073877 8
09478772352739016455743067898417558609780598011596558666081808783 5
31930027125973791335895789733400876344311886148697683788112151087 7
12667757231018332511139198516650796809644853255663841758311669493
88592161416674567555382378604424455712633396677214622446741586901
29562054565276810473636826097898649630056827907376919863156012916 1
42569306478100698919702022653867416260304963399712736676795742895 5
56631401488118461544582007593167883566826708991945569858024090677 6
54274445079856845354905475878108274277202197966003820209978659519 6
99449293354316949164917055441294482092967609251479903225889004953 9
54995722993018062179262112407110162209578552704888605381928423608 5
29570140657674221348313326026342177054373095357010890780730221354 9
82636285288782655869156856346625947313258519565913846892446244583 4
40227704967066534993872354752090977064881709000110639125571874068 2
47047136722570921712228672111917253220469145969221561229752437455 5
```

```
0688205617369549406662733252604137044629086544615104425600076329179
4861451069225887944374815778912508859111341722330315674973819208663
9722065135201582800869824687653737532334466697837732810111145261959
9588666501082168815975949566602903527583321493728643587459967647655
2582086055524473391211712979767298140379809728650697649203220992277
9240402066292979560833334837097343711038313640741164847600506985200
1567447227783589996084255788427247353061170516020218645681801484233
7712858766165911990011868814095160940245806826199051129611212754574
1192753463822939947534991074859561410795940104716129658891591656799
9255444422507796929870576970584791430401182545453561117242733713999
9994326721277193231933913000689026267852300420447759813672847437900
1286717096517647825594600907601267703866659554097404684858912713333
2399097293379835865350809726709485316164545307908715735299550751699
2425027520125482063398833903447828489486253263843703940445054343633
1202404956819485038629028569337191554779296289884532505765976820766
4344629468981452443342055804499465582375053659570536224403818429933
3593544150681350709205774449799905166769053802096217663656068357811
5873203792310267605286259507765452905795272104204138524615686057655
6282187475538902520578508007406933729429877374630579256993775040266
8566158661680407615422161938897946385363383112595824418797097195499
5224074795953951942297685825139007695483654789933863568806182905677
9340765197580246742179102503322169643776004412820779904903233081233
1761123799725721469283312184717521295801191664227393514437669837511
9984530645787366407773806996529187031231945950041645141202258269722
4698146148818462890498727283619238127204197791615571313447996875755
7033935401932546128936025654403122892178220340954344388369354604088
9544580247901808476297034197962302160294516112476916501860059811644
1727438266730728952978409244016569577657255557295761302425335479099
5067619819197014241516659357446039596736185325510610079244346653299
4418180701214764603012486296399753334724745983433900868516046724022
2521613626334375200406632342549930842141858826098209436157432408455
6471082544310188309772625857025112104655164462007203915374647393322
1529206337979709851707477303806053628389851119695460644201711392955
6688531188328062643343170171702051702648528131841251634392473071711
3355495060515867136110105805046978358806115072292612757693952140800
3029828397043141726570913295082911253431769430807546865513292224277
6499041740474813410763681949573977464379686518304446566683983184841
9482441760598638213837823531373045228594983101017622494394053901866
4942713232427248943202272085052667040161106549298027268862995032011
4078355006817832661244294733793470870403693394744488364014630143077
6654888669199519065406311664767819404973010037519857054167252764700
2308591992273998423414933499839097864034390769224272933766892660499
3494416947156971554705990421742192588257534259299956598642676845144
1061238468788065445791771750402776282360633007943758407436694813199
0183015709126766620798933170017202053954906864094514977409774109433
7345210942859684717270234064506710071428745863558686782369963390799
9448807437608835336820312113732445157104041864292587944963777514577
7235117586608817493878826753877641303779519060504064763026806474269
0687941447448269351953938097017849673194645289143892223863280101211
8343141180980750479702438991935727257052706054704728147464744620822
2245407471416940652069695167600105591770136489713227842017003356644
3205551146221793313232221711932737347771577886583769699079117113177
2835374019357198631824447047615448184577025234412845550968128116666
4970906043227471833668098116783615700468018768170956889324184407733
6231060256627475747969763747209063548402949173472748730812019505277
0963758360746254547935295423417127268198133990264190257633736116566
9738550874413024110469983643222100126772868218094989907623686892633
8441751885626283212965994121375179698905209247519987894668451205788
```

```
3735845043148908445688161384015880396987292009854086296947132259863
```
3735845043148908445688161384015880396987292009854086296947132259 86
3231317127321942891413549432335912293724230966015461649969855796 27
6327555457798445440322304090493465934666330885736959602328575018 02
6850212000712714207655565772640798302072919480651293602177611360 93
9113593935308121773628431894417396213554536050024613878796067604 08
0531693002509344182571342161361444011915228953065300777905397200 33
9662894179465964177798355925342228777465640003439352647735178351 59
3305571994715981212503801755954757774595152071390843361001153790 49
0150789070567088184457411450883051229970020996961130971218937285 33
0835942880990492700746796012809697182928394128198960521323361070 52
1443176014995019958953589718336907828313863423685795679656341929 30
4976981520997452887831214597368460756747663606003968791743542138 50
3489532629582054474876924133036611832868911277831754602912791295 56
7600741873322554290824475967304300804589663453378198753699486335 05
3772244515901054165665887069898901375388802432758515141185845435 36
5298749157271886535640826832722511014700909889862716772241528776 898
6226770369839699597828165579408882537183764537402218188411874481 33
8287947196445493757002072346962533601592218202808179726049128292 42
0726712980024237600224648500879889857231588422146946147491027891 5
5465212305942486102726047126981324149381499017673574896094118268 05
0477173013164589468234540907505186166101541070179554175975982804 22
9386271555107777996745912246616384747714601117896485867721918610 44
1753073190603997309812718219106724424419481471152783430392065368 12
2142465502269302065675881276475434385573474263281549277056266006 65
4671184876520726733565473166966217706983364583582683020776633777 86
4748958731255219478599052629324698436382468573872328427778983992 57
3759790403828529778739768466380962417547759148309642991552814516 58
0372824423195752092772658269323059752461245056435575591405340142 97
6750824433474662439858343761487939969414440251411300246886937195 21
5783044869344384073455908669094644813823535320421925347916889980 14
3917862323760175521459465427445917974760636166524018620618884755 86
4873805830893796002947147554901679495904281561842872515852939829 83
6320669197995673894788001995879803482831259925329759910502073507 36
2660254243105132862940349554176399109476329448542904448102689152 59
5895214573201226639910332168000686350486200735703485896106179027 76
6071816770681793663180453823791912595619843885760951802894321579 65
2120565761109398991549688403137754939354085695344990800901270384 01
7262618018204667379599468295436971942325792206474709758952510700 20
3774171942638934649675715427250404693718835727756344487694459508 4
9863887761683550588497002868572692805421291795858131914228380387 13
7282755286830645433314868809215169723787601375527981104596698829 17
7796241097070913703788930450645012459886785895788637091048216529 8
1152058332278081779915608263843346554197603150488841919860848406 26
4900399587816932942706196229745312713653269444151463625697342752 41
6087344026979787900214636269626201203775338836775496915720824154 63
9242413505757494323179537955463238524199308940605113410985187805 58
8409273559116716167018711815533058236609856919392270006468228835 89
9448657522671480046316567521942019661830703452163928231825112778 34
2832895414247217260081014787580302122947515344037127233216708657 24
3418108047795784144265189977886011402027123294823762338268920964 11
1163011032217548508094335350434077628341593003000533913418044642 35
2624003807395109513701115809534732482237438035089352893521658778 0
9760032571212835419531225508204126987603541890077136511086047181 94
1080884311107425363917138988135975319323346515798647750468457586 98
9391963118824114415430357040008264012677795384110666509640790498 75
2217172264156490434959626706563289904578376011368513262468346021 34
8455756446260777352188360216622168327326752466009077868093484338 791
9815646612082484867805064429695846021029304537246334876025996224 27
```
```

009937073587107459968463323761050293787408079067362688314322240026
342541834946497494337876425107862940494355970889509680133762402481
909558113491329791361379976702061469804350149070673315063787624020
662390702718327904802851482956061154740695997256194929668302102119
305025062268263880896540629845561979338912841975881135820072574356
168576772366593657751853637407687010082486727325827055947358759499
152718354765991563039137857167298544040275171738826587384991774630
988127769334111333640702276667861050716885045092417768179812507691
095090914411583370303122408506723054581245437271259392013793712989
504976889641046583485074819454011857702359172469012966511482150074
342299282812227997873756699200712962845547283485924965768203078846
795064702194730980149497744309949779104146628500906670090421960298
663311030110011132782301805889845558966393460875372851907436002284
230389621517161956418065627000999956013489692855739326265725163640
020407998471412336038886746834087295761469762659715075739705145216
740388080838542015319849409356208349418044821651843907186454857935
119886526224032719177493852757822503822693597054005494545632486688
166937021367054984886527552679637592542953115273943389962168015529
068835137032902484582581507127636005483568596542941065170419630389
669909871302275853459041651175097486133027113604353170371718416809
873141819585031564870772149478854628003926277518456650430912603414
221842304210133140285691502890354177509096542281408332982473259563
282470188681318906977341224009824572047781021244257867941962179708
245494715165738807912130559425579829365910185929521458891989736410
574890894887746130638684259775642325268634634396779838391211928481
559046325726844298069038018489373878662677601466755693021431752909
926805769995789731762891660092351933832885941822434444837337458570
622675049768273613929212565903885590391789629362867921956985672207
711145167687115170363840099018030189287795668529739177054160961453
069937591596227833917112798101298430027748909358748945398117353381
576846139508418563804583298672849362869287801275472398663892413528
204505780353885364847097327544925680094275596516029103457751245135
941932152689509014544595241696113698064708110231533338827666229870
284100724886605287603754043021857842964223163531335034068040278444
147520082689003786354784156536368956731168839504335456317801016615
510364384488614982713956079572913905790086466129824415228134778644
226453349015863717448862610877742837337586277208196830696383180588
110789389572837677830118699970089433656062457189838150176746551248
089349447700083734530619482002243872523604954757117394662913618252
446057626009488669025658132931135067443779323202503802054350185299
498077810525998530448875507249312550651003885719082485478389932660
286033739356873644557467569660119191601438807752987664394513579476
071447098889327766053074116311530139110492328219311058809736704743
234405890882856400267975943534642742107841490615409296240833879108
156578990949881571269023662004328021528958961577522206062145798828
404918233836573512543126936803798726868475523692007777213811796492
400361590234577003494115340683355738248739131353919147581585276254
133758998420361887955138073173462244771235853672790530083551436917
470851610091475448224060922455757610398609663567882894550033360433
372084655672516489462327278693098950945586309830114378782588321229
906713291819397652202572455840081402413093213342095068969419077870
202615357580218210512329081352831950915725992555006719879687514630
234571315295363312886696129887510461508593563383915070262240450567
951168869460511094662767237607237505288455533235047477489980158288
045753005046091690215964523830382629210630322585173215675280891358
488354854871241265327424716575220157935604338198464883776605527026
552678470835601024356860883266117880977031360613779093609113087234
077209618102390157853292035471271969105674794704414643312131439560

9675166261128944405036638819340286420485038072860987919829804873134
9900484552194065734654155537801466230578392118511432796651242618
6044783706656942465109697462111066255726717641719632000060679461544
4473830095878493631232523528518998571980916000681419191861683890151
8124804643471901284000707041173800540248415993671028492407559303
9634872403013753519911575118044416261522200880897896833332452200044
0429731261225161765569424603020753595893240208528924924352707396565
1388572918316494763448810446032143908764832655167298762199973683
7094585493934338332588462059401572984464297862778628233290690449232
7659329244991240461338339690152475856010196827612372034305510897923
1752867773878201326684509880718026820392202804849215743424256804
6730697177121873456085715203567062170083893698275361917197371079407
3999060368395206127922854971386002256544673985627696756447769925630
0949570927013119192982495577576375085942369144906834763454604394
4371318679563025883826817928975790738675774381973520813126806852841
9443653155109713356812574828346979017890143182775261808833136399736
0282959901000051972437701525586481910612361767641145832369347955
0647375250340609927897230719508277849700119603131624755510087288521
7381291856087677478561960638935124092507858062866821553712362464896
9325920348921913067134717109977033736289595978350953252359827128
9649198711044815613010829185812739292211017926948642819683286246929
2108464389599692881655076958228987337238615783294284880756219323095
7406308380891462836413811692922908323367569040678765357616396175
4266645938024360197471995403483650856887128855292429351867994655684
4513208663020748995316987888798390898954565467592320605819226177883
7661222533547338637096772959302399118055662280926495004498775277
3346252173326389389494914654038212432180736158453611404602155525975
3667202239198810502846810737704377232931215975362275051572387645293
9436343887913512550115501111042335845183102276113343358047897
1414977152157789848298936164491828979317790326467228749418675453
2691836408798282666191059531425286630926707017324059507062273866705
7928733882718495187976068532280614808818646593287994277974612452
9540952671249690441046131073909192112396940683518446969930471686617
4240505192229767529852966848673483681162576632554575224403184392
2462332556165225141042359232732018883363608901360504726337496205823
7061848468952998652674663630219587161369367867248353561099403738139
9698900440515388959039103282794572815113975877627474453184293053
6613637951698172746052088546469232041759114350013503950753484896156
9249509002075560557543841702901460781818699249239391194382411002570
5182138823009803545858781164004553031127717926661474377483736623
7460202073538403482309687677789623056167893806731785663137163538704
7158740172890527249125208716893043739822965883776322658705827681
3473532994786385827743816547793609856131567793418000201475804245593
7737830360395631349135763401350303484073992757865953439127551602075
3086523653852745037888597124866716500398774192653741450111604950
7100186493015358275730695530268422875848340321047793053485220954907
9257356397702757373204550799101581843679809773130351644989780684770
0924124658901717499986390152345242314464073314623970454745260504
3018742129943821257064491507354692970932063802903775911881873901579
1038279468492628606493557705792753569998447487845448455800506346031
0194327718272203125080977502995191976880246589639811415337135068
4361001131099629825109234007688626817381428582041411060789570114950
6894308627965260288795353976116845807304352996562712209219685525228
8491697344907527823409037934366431756882408319294978354314731449
3991484494446342896571796553328504009467593996359499073386426656218
7481072632478724304062904946792025384859153980266086302820683710681
9258636756161674883003149343012810529959988806188629972368964165
20456806077951010091774657308145469192581327312967302559205871656 5

```
8804203391315397441591728719487570142622214719278911066027507612 89
4427322429136699466592706572510419363102385981754907986994389243 88
9008939346341213828136219471807981114503000204339015792043931255 39
9519222609088999712563092330271429125014403981870500420259608780 87
0813586866490177244473695219446703490650223840969305182593996803 94
2103858321601640076947789192421214895435937440099937964372856130 36
2894311674370894674473797167618208641593168356184240048454270762 18
5606643959788021421643166519009607281740641376846555288918618196 0
3488258520748455566190896931890551159916269087256988217638846374 59
5506473777391415806674076650097783414934842161844038388310937601 53
9388936310631548713459725290483703688341501686075185579902541153 19
5356070770381497122744696096894095305260098081749270092193326742 13
8874489748595826098162781123934793382770561974066637897136621101 11
5062064178327309094386421044341001568487946244696759993524704930 84
9927057311124823975923359898645282770415482776290851650379608150 57
8350982302758742157795977900459206088800435487434735298281470367 66
5784539260478341670459417691748946808253772836216066856869113519 45
2383338909189111091279851458714076502852590672091111527992591421 2
8435543975758998522071759099462414469284632686263402158266024982 92
1158694801076576660549161908778645275866719423683443431434193812 33
5002128977713142500052922497167310777100171685118882299889208472 94
6752106224245534716079912083220472626821596886645081673509616439 33
9924477511146236967030823020942646253674913470347042458766524088 261
9103362519804641137116122739349796447567014545812884270106771962 63
2936917848228627912056184982809090072338861546445788578283584097 096
0477441126591618895177662916625271687217187625165136317089796176 46
4843096986550203832749903690139566167724533477735942841050791076 89
3352387935549818784678123081259581976513263542563940234617028903 60
7081664241775014401517898713394071954068036840143777538230232741 68
6512733144671792770675415259373709342131975970409314814919948898 72
2867822674696519315663052914595713618397495524748019433927949365 63
5114979908435426571310201971443459520117787594580375087462518049 9
5052213989814784595033178625784899977510091836758799219228260550 38
0285078100178544158073124700713812448131990189182879151729748063 15
3541840272497319866760503046989214001220778491865416706288946143 73
9873621697146657403395403546570420713258686633362792832121561488 10
5450732644643989838002417068492199129748009428508166943564929578 34
3441236526161698482303194094863341021660698828462310983387014189 2807
8207374832054307495416428963248139509455899337044918261866426541 50
8190058270723588418982809980191510351770638816439664279347047377 364
8026957853681036798665319390376877658266085036871810357283666433 65
0577172278667287930908099722192218881367130934805010525726415738 1
3406411781621048067871430238916681156631072876053694575377847806 50
5850299526911703233303716719601123523444074752681289283558682868 40
2632571605697450019444495170180661810819064410545524662199746055 10
8376658288581298144515267490380226956781150070305237616097616075 16
4743583933410407798055772293477599134331367215978661055073422783 71
1677618319948593027585726139705865847098686679533960946291886780 55
7171136878610078550074388185710641269205096699149289422749742545 10
8502926884893954474822863067499394273403248683744914556473583037 87
8860598475691837004542330128662758579270951067896905333597342936 14
2003288246714880458353144138630797626597404893087110768851232307 86
0793424512201715455801841692164076089577132875645199431380232720 75
0051287556376203397533006053915208115880105429443178555893398246 35
6458310469241582866117884901004634140760949982144654146039283751 02
4735058944073491964954037027224534572201244636870031384833984230 91
8324024901579518659337859928294701598579591968598386859819449054 41
2980974841995536896369963547172061818135855259262329953991693759 17
```

Los primeros millones de dígitos de Pi

```
0924286136642185584676677206230544414885826253705320824543744822 90
3027802706575103800171088178328186514598655832587195546458525341 97
5776978217729236120713336412402816349700143731500885527129175891 96
0828973889802021760821048775450013336131917131976208561491481379 6
4066304065403542908487514460930454287978881572479698005656607995 94
3883648202831603389466790445113655307314233276057871082079267604 39
5353546642253678185026829228847438639303958374009738587014265108 63
4462047051758476054990457272575031508505858568197468429290417067 16
6141331885043846980797356017771048117683664107793679479436202684 8191
1773148240899769255512882631452780126438139137569639489110846479 98
4997677906299545449515731787008040712480283337111702642723015442 39
1360206661853406307113082815207497537193146840097106225037195921 638
6582428228940836492726282455960515525235059120784146707605675873 67
3361894111742761679155530171994367568479285326732265780455932978 64
4256669444338925456899171225377298404289632547282555336798903507 72
2310316422225593686622402932897079007749621309571349629289649293 87
8759756447666331001001208538049136577804869477100465384219708755 53
3249565430227984049186231967906253176993147358452802777820588676 92
2324779653239355985991799263382568607931297153065955394878327773 88
8071369814974640506625175143141064669754807888250621080369303014 95
2360247668717017783045944939821354666812018915558951093237791066 39
7432171715286101290073335180113311141356684680079103996224531505 96
2071620704028551570261433581030078027781650237751720096785624016 90
7881512749267410160630231957867333096674195332631791548690087721 25
1730723578980925225302256322654190233991410380309934353845802706 80
3344427161519277258234253690592492756444995993189337302024156133 921
7286882111688625658527099872906016565710880738948758361695217062 09
5632682460903996183788978720182268702378535684418100121493461723 0
6767528635990112808891008964737792459795688250073985023807750959 12
9815553066924895357372641323856684678177814057638772348760403251 2
9467647135943665941345531063140695856263463368973106516380743553 43
1261006909674537650144051981183492353188719407993999055389289577 9
8750477277803270846609361548855965799697025956232802846174744164 82
6320487241282989494781029882283774618561858232334667185868834958 18
4219194388322204129256621821361627794490041022380140242165823660 43
6391323122954434656949827222067908232880702415137352416231227477 57
3032561247042685443385322470127977785997835181995430214875947781 60
7618852708382020848349974712755282025796946996655381939593798289 61
3778443007953018540036966166115762868120795797161535606620273576 26
7247120993482629114587258566100302026165460006848143871460837279 792
5961459932392110170397337698734954390474516654195473774411618809 16
7007285249734723534800924594736914410232283436343841037207710013 46
2057946640670753098240855503576886997007848143675510401545336522 14
9188838320213279173749522508591040941264626158726646161917696317 33
1416633744493848851485951358679018700795817364758504070965634445 30
0631086513401545686454609857793768228464230331017327992712144695 55
3139665054817276401972657906219538813253509632509474459898910878 59
0169692258198604873251616314872253320868115250387783903092109639 73
1408701463262774873619992516036903516401813228638410157789138345 48
2086953949114165419212244103725882353735283296622540405395995512 54
1880469553470169279658180842216911467794957709031814719952242004 89
0588559374644161534909346821095273819069249340125854016212983888 23
6067112990472785382510932212676008635678872991110606474443854063 130
7026915793291147168357489308607341762034842422557974325100100386 43
6881605524668277328014816697873496332099634172377923788303516605 48
7167179287400111914472624567124700249762245822402739770702702350 32
3771241691314913084480272640099449725957209235930230699273000522 49
0736514197778118272030525906050536647931018487082839762435976541 02
```

4547190212964624407218786854291307199115602213435981092612780992449
2988353214211516880443052422313351720366875910920612181715721501323
049150385243127601602678071027790598783630284909951332333256554242
832331269708260482841091164629355307970134715999285642688988970076
744233464896500451148248944884381190520316202395612515508011429345
593840225890445235491606770575264177519736090440204483367881891568
970277893660449983167550333460997434539066796812379833136398445862
204918269859801850628083650581758563282867239702164703792611575436
878345664046590607888585936157260733764794736283941894928357605048
336449401134986549120821004813255068375628197025686969954918762197
639720450279004466756395119376131560064544864855250749799420850028
954444995335745046836622766872082483164135994803070601611822309156
175259528490028995293428737617351026742418815937159948909697922257
721440139091272246178883874360805196751530314791141433573207365859
049304277337984471291954446454304400959751830974182337618633781152
912801517866360090164769745449589573231467955499389337513949564362
601454959264673734721602188531326544686008853720772213452751031059
526253071110235537885691649959116922083888770780517354383985678670
150963780886864757576698253235404424542840088268747777032853826199
762542581992934205912179778082778705118584523089729856387686511275
072763410035994146601222794895749559203609946037804848385525959910
817123628274420401784980211031762877887503036302226361609766675801
060395554799787456998157973342339974244475884531393345366459175525
813475504634426716109489081799689592267046440216917680510059071844
735263123541644248647774387877651738534789750140252040693299113532
556148136043532968312928991295356152904027591317677341277704636530
852213257548630793354788299638340699937151542249438088240647332631
233504613882159479516917592545098480979110892331137789539664074608
345730097651170607524143628834660918003849063569268532964005516535
997857913060664047455719084866250414626333572044250876603320764120
027683714720258395775725483081763522817065775941532708326625539109
689730585045622593689849897562270215826526528062002518441648981919
690955821207898972671764613380083956648772201932046367188172395470
493020927986610411846957048684700496386412595306737666603894217618
938754237522401874581597228442522907977372292551018088673990839885
492144913863562538863789161591888424051299819365171369259169577919
988494941497711519431575582630705994857586353474963975685597038626
780540072008974502527051939796981252968831191645904520975630528337
309486023832962721322569007376753391116829471981277057426243752213
758250320087363753204645000573891793465923557708362204145285013907
946406724667360182753798544781407692125608569448105416619567526475
074523902545170531094066263668247457573460704065275753577743201023
913341138135775033225611439009760994695213981770284146108841360856
591839329993135808195270706927092760772171777909876385463446024051
690499497747577482873009339789406414736945719850482990513484286707
099150933044579663919535589147801094434509827017367724097904948059
288384657526908214068409367522488842466125605269509780101260577282
287359937984997704573176117586941984674742904864012319967446222686
363326007641107029348897236012621498459684160318742453158435205489
185904535694196446063337988493153116954758361115749766774070315448
057897817050457319225881549431143902579345049989550037270423618264
568041589970013697709364618431829666069073135476364512034680880448
544639479881054680984967013179549428668138827658444650585179771236
814267458547557138229072663460316438137501465429194535993436082062
827907253188657517973424574661225027443019092242962776936653158716
809444242786249840749466556352680450276843578211362734069435616425
153792322466645823710793214590444611109221070397604565101012869760
593556579799723039393868396179918986917991593869470863242416010

```
16103098873785439567731482972348965947671427213412840043762106602 0
05505662023339519575586451283024177142823715776932876797845227571 0
42372817246844546162244727036661864054672492501446712045654783572 6
92144705387980542744365066549190036978523007037200614183725711309 1
11681021722867212589594857460043532950331146957965649006244622695 3
91251125286803782637520834620109193920529940673531650175837826327 6
41004899446489071950821478410208366699644155548997311854445953123 2
78819884351936466907561917443638749862636276503027206860925188097
23600847938016252950392255210283185911952095216030879709223063182 4
30490513612517852667830989648407626187112119385645233258801563584 5
66325681536597414006351665385278330279933276181873164292843436635 1
61566325528087740547669670001881483129926494975606174499455604840 5
65169206606294419074711647405755619551834538740640464663446523332 0
35103778447675885666660901728752098224471156450455672431109195734 6
66267791950351111912484914064555435257725496566392678522191762385 4
75381971083198322848394692229495373749317257755425809647949858910 2
68635945357613551466037513914968451229674554784247177930607499992 4
87150391737113310598418240045774257591786671219505174289611967389 8
88904579312607783631612978256941136845078884344497866404495895781 7
79775376331750038686569214328456590763877035085454922881774592134 64
47903640967193788480015659908526276175097739401643740642321537883 4
13005026201713197591248645879230068500253381354891513199847109339 7
98843654460482728915497107603731744512609717170621549152309355807 8
45628392179950936649904409609156994214938711242914663120546913223 8
60633526874046418697649751346003184289825747512025844598310398201 4
06094846870769161838308623878910614682419728320052615038511068199 0
58351769563236569694142362610152155381725036939198820292713685444 0
10629436726451203334424480829528507786502235886684798729233633452 6
75826546136744880992776331655021300744945298954339617526161174901
69121300581095542449122673852851223438369598397804839752464510120 5
88267428306399960890765573443634480149048829835718981640964510119 2
89853987608822969226435420824456841236875233258977838524384542275 9
20567609260795846727938663976401333752981741038008397136698750179 2
51888900509616272530290638512244815629473486671807921675743950233 5
41879714637034135950706887960310150164644742239232867292371725653 8
42901470659068867294069484254271590520534093390143210813138545825 9
70434858093148550633941870543754820191702268823175109013294136171 8
77005809113345796164220301259802204310738296686490703750445386844 2
84408790945807138389620954492075996155366557130684404695271299487 8
30971345078827572484489989734970396224651104987770041793712631986 6
55042482645042713229161230932461641353303916768945148358569270216 6
03190656899930352729669425409329858504714285408386710889273443108 7
36345700269111924324963772982294009440207520246620664473839172044 2
57548340145394080354627340999096406907207562290737468413119858657 8
79885591425214708035178496735893693353500754467232461312525826870 4
63756343964639059479070392896125976486670569071815846029936042856 6
41652378271137607745621090317980865717319993431281796912942962045 5
69520124331544608359576565078324467211258500776099689071429906214 6
37225018370319985169220050813910205378983915622992500646873567979 5
40662782950224745926656176868862932116256560500845429455903291737 2
00982085881735374687831820644702268612764976090634339415664902642 6
21944959997262787988742068653774840012402712025274733436166813022
72047545870270464098643467573641944556040180469025649085325167271
67095127900523934217027430328861413233096169647556020183862159978 7
23609621227570421099687370007122579942951869630041295418877962872 4
09327846179804864790769989057773388605583824911422831637486928785 3
81481431462242839849623378557735086051101050926129323099492474189 2
67513161881862075325740386848069649046982799122161138665663820326
```

0191359684025156492479064439833300318078952369616518405614103384434
7993761781821004743519090706548064032056911716643220992154712404461
6942471043152222051048853663827047208352220722817923077243786214622
9860668300394431840318971195938758807198115048397750862492845205377
6609935703511384695978429595440648575150506208497122812336063954144
8045231830375903923041931293580470253223963911512793759360151408707
5351460629899519407457553548868619822693246955382102194720212488499
0442636553953053943533004050613359968320166698794772079525866914333
1899092118652260584960881496268365467234984048143810943198574036834
7746637093658063733929458794664451682611483334598089481323014234499
7363000817700302901541674017957443616201842207605357765423162845644
2764409375568971553787286959872245740725586288916275422740013939244
8909372055545616078424153956188399905582479740297074147881435727077
9149221043577454609349005737681596828196801977159064579660575494254
5418144532992479819966571196455188565556568121513349098046580376847
6182660137371756837274130617046443808292439165371329638261653072311
0606823333889999510255307327441209426994137920110104663208749715410
5874458261159959068772409428697875946269429880547786077645800522944
0757030840638516043605931255565855331231165546386554103007269934477
7311816907866280119553224809956171278815563935190125607711288469477
3226363577830259656423269738474469674793817191834984412010284235199
2195947941188864520779602313430632171743540692488623758813507950133
0195421256853896066931254279329444504604143997511059306830758986666
3120897091786738144310626732857291352473357373341399649816225605644
1974178798441560213301230296004214891147848575264386251814296191365
8983822274941558639578740823780903834140879297644511888802337200985
8640122361741764305063703810769278341189017294013294623856390308531
5322442227688185717288938851686500759048441570973663659339411381411
4330070841798311723439743212898269308828179084546083522761688392367
0670181937790638751868898267898592612248770725537077468090917381219
5556815424678175824986359084577528221087337094710053447043162645326
5098754187048260408504943289449671151155640450375992218315315062189
4176807974004026780591637359492305802189105616245901301913073423092
2011877489054176347523478720509575083012458009760894490201422832151
7081786382971517875410232779377854072683639518037227273990724613281
1667262023853629580447687448945589355612941667877115144459521507280
1124528978389889243980579261133951171633727247632203561341376655493
6091076077542886394153750911283550953891017569927348105802052447498
8606569414068805981571455349610211640412992071191573822396496879006
1577179595751167559084819296904355934449028936964861900866118483640
8445470922988080201869643501024165892806728934618921288399805886754
7233822662874674898276007213969179081994180723645143829894301735530
3225114789118467993569437692565453511408824626441787817540585204627
5209119455171501532232290031783786392997264579504136224307388747429
5884203865379630088782849749101536714044872706052239832746544343529
3565280769604772215030240603299608201442874066463090243695582201751
4819021276959194854806500251596627667211562658270387072145811474469
7943698506765768823503506327908552602752457845213931189712195956022
2778010521705631239634446112700212586723573709009024674069492576669
6530479737142762657053595744879087619929979754915470956745686626669
3317816026949924563786133450401286482682564546781442573431384860066
8267976727082780868964032762594167884057145941148046291648812852001
0261056198452785431676734301941800287392809461519481854686631099079
5150448813365012546122141354279122839130369472625897800273316800303
1221980792227233930233396990249323813630178121360113136831038867733
9001225524103762883920011468747397830196815162344845844170847115405
6306712215025240060095668450209965442357785547880065844530633545865
19748

```
5172711046869237082103742383445162144635916426832646976748511916 11
7839341951421626343457280693936967164403452311179813313674725581 03
0233003356470919313118415493271541872145395500896215199557764809 53
2247281705684628352564627543057620000172149902896453138438331171 165
8584177645106185825082104724546989085526057154334736407766059802 18
4462230230357649286983535477228669116725509292642349535911297780 86
7067640091417604725110184229542894697242719313957825111771373646 61
2886109938596154463668555664063242409655115271244874081386339584 03
2906830166375051593788944700324467944420500623238056780758614051 61
7949156758784854753798036133204588672013137468422777393383010159 2
7873826640352079385737273318787221160069788684910568876737354682 07
1793442051691869120733906023040359531440248482755249884966863905 61
5181291354913330689198050958319547452434768855877383104143445399 33
9782643790560079325779032687723893359704089290637986235913268827 69
1204823532268533111309492766145457891114707181678298795487397796 64
9393340499958044511144263787805500618120194285658011511604965975 14
7093608482447840715101656881915154763085370899177749500315467791 99
4055430238455568432958712280703393036550805203590269022257432694 17
7337833020778508816459977499843551470304189931092788636285559549 86
6645215146083224327029398653547117146112097864464644325618002352 00
0486416928090125195558796777071201415854032429272796513998214262 5
4278523836182489744008376465719918339566033650949707852328897458 81
4933477309948639738318201932446879191922759819287059190059075406 73
5718523481186834643477850541578282244907985840870058612052844716 33
5877723304380827091373968895056845553532618221110237312713688142 0
5839838547470490005360938657617777304878307855972175388186172720 05
2568368730086721769154412628775495032392221164872217861522620911 24
2592377467055016125582354615442087445842149647760255957274029184 71
6453158885258827884286853894969508427039429899354424775784884009 25
3424367596461265438109202556299820515414801937470048035796677458 74
1008841318118725823857854484888166827713303205091480499027063386 69
4690993512487922710050927746141495291462610517648599069299238175 99
0244161879497023565718095144258549957651792962105674460022141336 73
7548079860359695946856983379772672852875925060444184643577824036 23
7766702987283237060452744255506815180955588683589147533045701169 2
1730819041368219619792444604264993438484527323746191137110824464 33
5016948015502532841846287334922661345689441390024706633554707881 41
6054856796686564326698130317836216464658820830050364454812922884 96
4461641012502375768282189455118458059573209093946206486775093802 43
7912896018008279404748174220633279147128420951370105619432717629 28
6857909094932180555689790662862891547375486731986937384664195856 18
8997708279900169246494251903473777039886301492011183528372327919 96
5077715581634061761969840722231867827012354034994384291685565051 51
7438377353920322561159929756879655748563713998498418898187238634 47
7477355150135350791910818082698953601252478254704321409778469323 29
4380147255125843760860998146021996986315484735762920809967022312 30
7799997668926149370948131311761267250290202511250176953858317579 33
2482374758716019598930968995429457152380277892235685048764182413 91
0232691491655744448451246083051457874175073871767441735511013076 45
5378978875222218520586133010759127201284158160990129182911856667 15
7392998092917991491610004660333292257760867565666359653418185422 56
0598843184427218109423181090631060596773327840395059606697721027 77
3614118272064342985384424658772847185178836337528193254258300549 96
1461483735041419186161986291067063879119517620505564105481485307 82
3643720165399965209504238904116749764360290243419567622446851420 89
4565680323277781828040235317172716161384745264342561703004038807 1
6888884214757957281324163069397719048693210177484934395220889779 77
4606413216065912354287306634985649513842991511937541568268804640 34
```

407400319164875242281289908496049108875248189766295443946375362198
306085302662976776229728237088410640306798395704550798642556241329
569706903126069372722704973858490635481194665353366026431535545612
762002245436501409287070103845024942299682469894819311063805848963
834966842315468958573941781004780274310243436170639373226671414047
645055320685252452777271337995989719129335109533521837623781448282
238983318392269540362944194447793933862947820856539160276865474221
602197454162503479486573308748696362146050796657211558568264712564
019832368722180162737027408546123315314874653193936261343872784984
098267899861969122026697545901203347487171527203423784853201997739
410893991832399353436083831944835040717016050019719407955692916944
124826846029055460248055663749256769023585654963056305499094738338
682002253272751014765382015718968917643861760384669147127050209010
166793143538898179926138949582056843152542717333984584967784219554
228496937753821419875398362804151385327095150706778317618492686749
245187887825652388078755933987418992394106466084284159517680029189
967446045623476841746284361490524099614609132990782507767172994873
799300497060952190291591878815655029486924994826388639682384956086
850057999208125916980957625006325227429775722353244646312991916029
527828387808637437948487816007986691844944952033890911819968400143
601937093305472219047178616199521109291127917001976672020216396691
842224134953526405415034347849373009481075000992303709153882015508
200330120076040367400475028238121723533105469837101009657554881166
142817419714224111146539649408810687135316799674897427937226351358
103899882545160553672510213641692900321073122343007239955691422524
643012627356668178228590169033995255886470851754284397934232749253
399892584039232097835993252157435842523037436661389938632000800645
747508807093799846274709665708094369299361070027345381568480143981
800226497961654983924247214953855166490613388699479448764070625660
160551717891131051578981248406744154043863432180804960357763693369
650750249675465965351715008599750764000455954263701196268335042396
940932473254073217465365771218978633545568241703910378182426567244
157818438494538256203497811749471046589508232140820478205399922170
830963792471914357052689273788296301720459841639676597939924684512
021673155759406108501108401501493958481324314326483170638352293389
835732862962500645396532323409016634553497614539777543545510180022
729878166610572423124306235039912669272559398387044682244056902175
272089059731403171949939375760651704430817843584689023226409067025
582563156527103991987874499600566965311694201789033319307912876404
500245292607775735544830851499121604626040796635700429294141521078
517939512489293113108723403687549333211997169415582242253234526991
651484270807496498243209108709130271922073605282398890333776482440
248216436744892838932717872463012952137775840656766503422548447952
734389296263521706924829572233723726052121486755901243751068863616
862068481075325255190808700823937566799300052564004105686873213457
742011004302127479640462677207960288680754533284461163963670296167
636106120956409159039226759772561277082336910179793240276009477905
049390594990355097623855245692014923380389555114536945379896424
39077531543866107961725493579716448034461266623538041455573676426251
445905719258022229306403304943177399110774599480518484341690301247
105284001145301170159264176031004668798434006763661357541593810739
490233845959978566490063310019258076179659274890217308818654512491
561008456492191733984184936400789242534005288512740978260728184499
362334439677783416430328617074655574470958871066122859798438328988
827786089949825934445706255208466693362073645613299517534649909660
709934312563597490296567184680351887876443719273432284967575348743
806058683938732087107123411960330893060235219350237964753015141593
728621182295259067018575855904869810336131061953704410772086023300

```
0669435598229899720038942050712413096330124739898986501613446041
6369764129918551398564133480244010903820420980509818816370765602535
4228852064250474895868089917946686117193250332482302410598055847664
3804552137893230572350200971557476025937720767760874681482134522533
1630208788823985355668408462018877633388938239400596938234755581199
66044053660170851554314092863357092159448116017532965834133347177
02711059709051781158901708660299016051247945070243012323067026217
9701141510682002268139997507258321303561667949126100542012864532298
0067268900094820970758541021988488529545960197473063613284296985533
85226523816130889665914509124886813125953536296057660319750429504
1188439397247053605789479862831714003968480764211909414275681202732
4542331195931119523950562906226110099643989483816464474586683075488
577853287408199375727485219741371809429677774117222396413560332111
90933440755678783811304519984514862898000608483869420621852719280
18778042486680802995128970347329446317094600385951254533868355796899
0584651723006704488896840610863040612135155203874213928449620222577
5465858208669864060498655425885908145530994843493842733842178645055
13985427397429095857008561462561834952700228141732536765397946912
7529747013170063835415965446342449683526350594853447447210780561078
1082964942647881002597931877563923904329178532763420375229756575277
4340829508454794701524526089931388578312391175126922556675728851333
4043976962540393117493371399449529356801060379694459568597524987722
67348079073267618245233552121621496802344929254288655145733756557
6594555709239533428142462903172781540399834155641983771801898211247
6085595551899950620730071403452081550332981497507024426772643603388
7375397314843137407092665449229520423199007345946393119965350568077
3329814865841109199443946272328453677112848473622466033136028591055
9635237193871634598696364439068540532231931524135469324875767304633
3817030294479835226020518194445850496120326909233752716235513352666
2343207219430093588150339359897449335269578745727831403967039691000
1707341493253102206326301692523701801202442268849290981955511719566
1208381550144858365716651026908664871732381901486099246991315460822
0019927050473056887614189329810831023526482810810248545022087572211
2834413437948499972792025835434172044259846932740914178214394928011
7997456598736982874282682674844212137154682327511285341652370316533
0704325828337211237137609695939937549536223222197465961933252907444
0424876025138195242697391017563719753430044796178250431153315067588
2562735343476252539142515275704787843767885241871966346241992700800
2576108392749762263654900186532064549951558029083985132726273219677
2847830253852219047927868938953878036869931884660310436335243732711
5469998881118644367011402842620261150473882358997472814933432570654
7463702245188728906125503027379190264039657741760689897698345664644
7052047163592144830709958430647172750763371802071459744565251418855
5037163773818902969685284409258193174410055576089850292327101600888
9825722381739454369852965476949018738404646564373071319590114076133
1742822038833136029708526145123490730714762453405024542376366668555
5740120604059886955630114415443141696986074032207886003132790553999
1786967416355524025076765308563224273784714974603778406460934681299
9187190289275976307015984088778174519269014769103003023497945851100
0018088660621628680111091511610409832730880899543375511871831737866
5587764873588544903668790741691825383133063623382058201548854498277
8838217424375805492381597296406196310582151670919032631873093381388
5011309133277093034251122109721550561049138705042621980526024761166
0750597103794366477152935349171861250661163673833049956487877936566
9791129319587827777406010753337243279000973240725607038880087113733
0965963445709604117508944479119162174551697096484476204617412815455
3612842260155130158952586280695706392444354780239051686133854986199
2665676227603582349855691922489069011645986609615679554154921575811
```

```
2835409202539317080737814650788320352665134570706553685699281124265
6708448017786461497404549211843122762184522441088471507570190883495
0224375698850494542410572662460945832095962572872030994776540107398
5580699661980195345005065145010549240188610891341730607592384394612
4656986160560909454177290736400939132195676836433329961999796542434
8026569406836986706175874131676505060271358825744337072164588195226
1339705452052344128092317306505198995450285853835228737872869829172
7580782420982610606090150925211090898996438929786294301411140067628
7749920781237974746209168998389618948630773060274910267038839433524
7424342123671217702461011602406111857168705082440491623894343504702
5081364915515510432725074794102473747819226520593355136255301812196
4249924882129926017740801037198842125474472160296950027742685077521
7586691799380136258422417398560766991654327570612304528672807076318
9470589544061884213157138003398487408680941446184585423034495144852
1053991248932455486659305335584578277144237743385339208241277632165
9675383266506430638806955691562026222594694142900799876983442091469
9989795683266709041413980686333251565256968787899225743279613964370
2654314463933379900081985753079788176133743609483928302233803279732
0386536462424980551140224692264789315929449180403829836490348886386
9675644148556085605371772287371482282368642781136572039474969069372
3991561003682807514117847378256221277599591677581403853298688851365
5232313938431742258535628070191544007763016347647781261324380248421
8656698552740076410511901095452898382563484070455808090522147697220
4287382202064451116558020215813722046634766333517561799050089778088
5600932081454176443903235241939731547218920920202474270405857913543
7926009768076362987566147826443389261212134565944568010422276165241
8376401867345339148807900136360352843217478040168314672618806793649
3046865873646311483282698049202278762554540178509177497728294675692
9354516660986419481458364447890960383045828536996808066566619036031
0045304720024226393881572068674690061929873082248490016816348921255
4337544475803887361586588592485975584274278385999295417099172251153
4025422229692234366177781929653313496747757220978430193818445059850
7508056494831896792205834341478905102576174909975820012347244102850
7941231843760147142137829511021873589939170816868055988133546991379
4537831377114135491971243465810931127833266217592227589369934770498
4352519210735175737020054573451305873132214384620876027751840534893
7132376629071120552694905300388822804204808210851928761076772814548
9279440322723628412479431926441924307968137038294820058697420150132
3531987205199203538773142158822114859743182387909891993253934150378
7689959695804327251777689866125889395442013917130641886295106652689
6062414520844803403474113314880043138647317158446815754836531670512
6017466407607280959672132729422453610426679280946977358363834982281
1476691695969557327702827912099792608638170176542101511158110926832
8748595064626236299259249694378182229169234325485361604152514206369
2521477459809419889268147764439053761119174630260741704144922419498
0017062386681694660798924751697185000942874444662410058638035586306
5063609572709797349307096488907606301907923346170197456656248712884
9867382678546268945120946229054827542330251732132827853165175869340
5411184571510483463283200810115252541311936795456126121610319742783
2103879548253917431409877065257006037671968383047869291003267483442
0668406673515088586091662976572277996926003868273349641875833211808
0916861851713459115685089314940448199610725023378967798991887258268
6705377574351246508137986281348350664313246627092452365469835174070
4265136988241433088355526319454754253248458840939937846318673381336
6103100581146455151877305014130815666018061132268352963971146240104
9831484646043952006163735425846982605212545385915053646201416593061
5241377433037246441039759850015689210279093786786031851767240469599
1572340529004
```

38167607242477016978152148615194746270546142211256912722538159050220
03958305146858500360242005490945502682618509587542621097399132209520
02954895828917423298134315406925757058801573654535178927415271289413
13143182694769025888547865991968988359990438854227484694731187519748
87712150191591908885813263769981215908089691823350590797148746133
33680397063500369555394225907345369332638969616238425410479462948379
37463813246124082530690269146502151719655242567884712722975266792
02803841296615750218468110886939399252687943950326728700875818861049
30085975019692809520482375713894543884424162175662637351803364327
74017341259427455820267544027881214092868804120300022706318082593
18676648149044725799446704594238281114878611771247129940234353193476
38977894844625604174547802052955308150254298015709039238214721457
48055026968444380960380164437261953004403990184265874879532636017477
34396347413330292755818200084648860981832917078621243703459404281
50160414770581856441322231887793921639889612736992400225160535128
29372365573731931938983417538439708309035853330857183693113650370
08190565450432984220993814900454454004486182214055060528716831341426
27896441695333980296879517536667847550967256739077347181693399759
00118989111396246520616071885649119266426940160695906161044378014986
66699828433246525760882571010899195911118083503036507974281230709395
19840254801694462620592363635107199014815677440001231307254102560
56015931684053281699733907071537208809013265415408408486946485133
76227482849916127474705322255057918337197829980217375914243447148
66343808459910139255494465966742373011912156910484733069805081712972
73138066292296784931657070031083055678897912329813037510317467834011
20813530914660733675118762187223247896837038279501239544495396758
85373844466413472024700158852017613121548143721334792656722446917956
25863300306994584239126489523388078384381880921180739792768314123086
88094691717655267197134112902715814675294427625213295015430115336903
89221384101337883275393592020905194209393897941289380765953087027
35507730422191143004325668462407228903402171151273168905339467851873
82278485158224704841277392682805651726037644584400682846673735448
25924969162142390338893181170113891315019222854107381814522925921851
48575252476183848077583829866667556762888310086015263589358635712742
17772895154458312934709800847178289672734129037076071597089783899342
79262557381889563194050727520873259994565456085868553582631337084
93406413934913749179077218228531160094982703667927892358788431608491
83895336236157657683342228959270239391538681195815299606645208188618
43896972001893567854899494221651236101718473760460603829616442733117
30402586998521537216477536320660720612329293239624078004742806780812
45429927950935051439760211929113037802170395082950990699443939119
55003407215741480177592299719328271630397133938003492679133416508911
39464247966132094725089819572375049113312916698427371148958662864
93361339703036247163012832100708415202627689963068189695266669440516
75113293786905003412004284173942954144584447541246771850871030194976
37306464566186349406566159555902220388135713617682347784631098854748
03141607518313054403428112703507195990142030588149232148841293569445
29643170313190357793773919016569125771780698512180115203637847182328
94953444655146267846820263039666301990692261062324086257493667440265
81397192480133160604128043094030117818395338456973477787554965052267
19892039806465088098765959904026835458290840488743590121024857071905
69558518229964816324570157037483350716256177878402602480795436431427
74097520462960077059523215937839265605847631831645394608691291390297
07529324575283112206316530779455997093588019101795478468222029813794
96733900870993483523659252153174780149296359576803641645315741984082
94970424039023534026592213525985308033243178585774060569003951749662
47831146154707471015241092709901906946055592396830561480772653739984
99618880

```
2045261369572230890736822583697253467329304349079623158386261 26344
4240863141034997403655086921605004628097939425957370775224212 77559
6279285841773136930903645943638449398233929185489553676473560 87898
9971977807038662092746318519850851926852624538258702495738050 10993
8163238708202285644740218903503702051586824571125520231530878 09016
1943705387176816448293944911865897681228582282863058898610296 05283
2544386045241598879043704773737136850213539382265394902342171 0889
7837100517498175970206868257027259712399904777313320890674211 21200
8218398677787056562942469382004237813491306663028758752092564 77327
3167463696647462570612003467156409034789631481868213459806127 29682
5654557674985919728673797538106742173858019486939329232978545 56100
7900054725330516708185495508295733164530389667280573878280582 58833
8674395672132016122364271902399903185069780948472980377051720 00913
0562696720528431664964904631103134009037815217492434067144662 45262
4788444797032670809204796602152536229777984130352918249166775 47333
8610975777175208925700627095398419276724681021271464465163618 290386
7855736355070011836724154289540477483432843483747564304527445 06808
4429432880032635348132660476017214226940034962856397025725628 37188
2800895476023866630654974704534984376640385989464581448053195 09199
2594514982336136539044123167407129663261870424198840786560346 88944
0980735651117190884162131337038328475271580140233374087460550 90197
3370836047200902016509576637603786372188320038639008631870025 21159
4327839328479264705620690613940364883094552023943727600115564 48767
8447540835616039984885137729230343235300979396783369830091277 79979
4971704628531410043534933822674849658177523553127196015906172 82846
2137140103053343920270345130194910703446174565771792191324143 73649
6939690489657328257566913276453108345687159449900509202240475 7994
2148514139245457253260782716471305699581372348962272410151358 14633
9359857391762405734462715784143189580687674488008034901047315 95819
0724146417291159828969702593777767500673203833675999208981411 19898
5757705456900880667351053470372132934890554554972053530105573 24696
6105380660995007027547522626763831652725279154833145361939167 19551
0302515194171781239124482761114532218866777176734174064523789 93015
0371042110232238847769373142553479838888837413246016948494522 99051
0710895587932162056322085156530074079505592494459743510349190 44113
3791566366617724617723425057713516044266304312685087965410397 3473
9274529051405512410302983625893362358342678655320477807539090 90946
0140438067643829114783029646518215386189201400711494551862692 99132
4737572992206115252478291665457569566383251147867252560975782 74064
4380460707154246177387337680719306797191303107259747170951488 73747
4695034915202425718743866194207982872883105710281579364027146 34532
7984734941390242082297386601437354856090802957134692265331182 64067
9652544349899996978086293470385536157001037969986461806802893 285729
7252901428290197040501117093960401799400772790730059574064535 92391
6663881144597641874269200937829705225640556982994851451162539 66586
7422363083935081487782114697145156264218397232451972563939261 86481
6182977438532410643492525416862643522704313723804662598556860 36939
2975077940069921092726870253264588061666922557296352244204858 67181
2045093427166631890519262450149084600688052235094434658274022 5829
0512950304979961401660772556448746146270978688973256721019292 30098
2454765438008643740010975723660924137231868007744762686294526 3917
2489702667745679273486954263296293307799383060695174258956537 53303
3198251374669746258716171967671157859591293894641900519594231 16255
4265589036040426117249989093064050953199964610719970516938281 58842
4916149236396001113845325917165402764954766172956590312791649 51736
0294213628187264592677678276896029664972247633742345885325543 23573
1917632165397243501468576239165650433876800210156944358236086 34845
7350102531746380709120581568187968385839451042367958767056686 08026
```

```
59482952325594202921026887529115436922289471789836330628408977303 9
31369921911471481628943832342429101443255465123776429921208276392 9
73771594064139740520923053096407841631655435542402370608217818229 9
21582821565401767669766120899144806005952990654376236361202630598 8
95100772357555651659219714516783674355129084511136295559530875867 08
37780019199618165568310045570228278919161302403618351641223162709 0
45429397967412823508433094522021606266842689197180814965483076922 1
46809272437721832739709295506752479298131156698823159331096989939 1
22543447935774506611269046429656407405419288226478547979797445592
29982135300293155312717617221863197089822353116106940684881575528 9
48162082091816672481312890810462376990701322935328445008140894151 8
93110987965407214618275748055858024353816151391877200444585065798 4
79202545694411477966399229790532027713023499786440344218249616320 1
89181180432647831115159468111481647264547761763497871308668875695 2
97626030316668412146343026244079468697828598741839503171394290013 5
59087722557705373858205488953169601806863232587915107058893271685 9
42207156076389078597607765508430373190771766931455239135186223631 1
42711608544580408475000247998758230058708826549146220787267268063 6
37453759806741647944848149738923875472845934387527928676644327256 4
79556156983137246251045428885007334895130250436750092419290343543 6
01085669208294261850388397292138035920978526334813384995927253013 2
58210860871562799411912242653301351854683014758836172716488218149 8
35028778855753965978890610683222861861952982764025772256605724744 6
55934032528658160143865185373616114163075572970379994466511411405 4
07942714753778111142551339728349611528753303886443281608116519009 7
19605585040319934565279822223428072991817130543227748759230282529 4
80265505717408619952237062968149812420426377685988195395996803775 068
01203170391350760070019492084836887963851424058353860689680377544 2
07064271651941908844817749095380525810448247391349962282964378356 1
30937457114761509358959457926535184445824407348448910093955756022 9
10560624484561256004382122790034279070393187107523808563892113640 3
93583540105820737115659807256303077282358517313619370779490857099 8
47401336685002084129819112235959696822259645458832143393571194834 7
78926834588974007603069394540213572747663428486665759667909377976 4
67681630158488167706460389706583275923630814092995503945837813851 4
37720113532362892642037783484121359508214072712089533733168788100 0
03420840576180389037755660267923579426458250463428582640582466470 4
13641994747054661183354387910763314524200053780899955034741739824 7
97089632306577880661508788209327159575654484261688320589402879672 1
17198053728362406561189079991380288320943433112469126814143218206 7
02353906652549656361761513240156795689103548807955825825328000037 4
07243165059153059069416552440264422265534657082709714384284185626 5
03226274931962958902475416534576128240935354062701440070911482095 4
83336493865766285662502730215442597984538294819130149993816839032 6
40802982348877414716824958784818180055520669101561370253273682398 4
64025891880120337650092064772911586849770591281425393646332561493 8
13809881934729589219122373029584341575051021773876002742570067130 7
21327155850271832631656732297416556993878969323828886666047534639 8
73633285056162548773854356883005726249740754685155054477920664951 5
96322925802293266172296221390772547495226462197546086820993904542
06571222320193765629382978088618030619528493132084967387233260394 7
48697307938567850075940939478674254988202420415470667198240680737 7
08036607512546417371045935695061956103385552732209810939122754665 4
43071528565396608248218609920130748257076988534894691543197165697 2
24766161617667065198873444896624586286251522253842901560874089954 3
42176951754103353363403734750381964569616208605048641414584922244 5
31855693921046091709499351230970681243367449929819627438739313209 7
04016695375731733639240662067336606643546095104780339053198170587 5
```

77123827378025247349903133500461177887772747607203425731481597071 1
63454090918423175198274427763779402582949213724616142441229924935 8
94614340088093891446700320346521898372728974239743797153198307296 1
24285026965615884663944840556777668605819505314833709768685171863 0
66764959789067888706831505251088021562700170042329256525775535714 7
48807170330384064659421313222560288183751881800277819930167409986 4
41062719982527455695968061642301490583712942032835260868134658206 8
66112088199942560871923959865755990688479447989572847189711576011 2
66352332118719974665840035802181340436535578951022409632306446703 6
23964969102740141538402618604002521040701078265991504497189394637 6
53897423395944780941259644679388105954017706171034931790601028584
81794286927768025160634698186487615862337015251602363718178799903 4
37959551150865145402587972642320057250444419433171201374682541907 0
85310721520851269398466280177111026424456380791588249566743492875 5
34221533673980070184145968906406936381641534693733580413486216823 6
28124855196282073725171164471004843392677129047095449821771245997 3
53794989592501819266700991923198151396872039240781317332882274061 8
34899368915962588277943418125978223746823356556966161707037739424 5
55386021304334936400753195339849108699633356133084982004622052379 4
21261127386469773435298406141202933574769854283798507314230296086 0
06458390203266832971066474859280280706222894119846852371184628817 8
25233780181757362738656338576525114589769142517386579768133455331 2
59610892167967599216200477777366017396981570051893055632093476805 7
52082392470930750564865354014709692586332447535240023579514200088 6
09935236904979271649529733073121762702277582805843309927781993804 3
92172681117659365167746348586811523913603817239938043619137087041 7
83245836870732687927591512421327930692493680672567164093795811543 7
41008447431807984798184562229533783159209437058598793067431495842 12
80917714693715998839338365967633328550845214487173498729828022872 2
45972111003370678851957086364693267471590612320181128619220703781 6
68982540615318307653843983956690719804851395299403331186528088123 2
17077735132700970934377286450690552483201886405445912131117904412 7
99490178046065119346213835182007919417118694779020864787750881187 2
24477634397287600533491197235765406682019368086771886415436808009
90685123604632696099408509903969483621715701869815680859943192755
07836176310635228624435829757772397161712443900078527257874425455 3
88265166580154504944151640169244989042683457345626173402057140117 9
38253155396691786508532861602277977618284482128672946293714911091 1
63510449320107800723707449634925691218904931357361767273707579489 8
81987081480329456080270142457402799289156950749771877632590121855 8
32116833245638324635426413663047442069533906874618048742695730825 2
89285497755704465530725372653544901655058544905009080736081330077
72880591762113407812702207157721799184691999647647655001009776601 7
27964696655224452669933769931290031683521179052832728749544751298 1
34025062913810954966857283877952905044288966151554228237601744913 7
35138627397538983742878364570857778791777228294183786250926281394 5
14140283818107124993708570349600679768563369686476720810794013433 2
68992292032107971528543223093687838982497846997755897775841621288 9
66611830971893956180558988873478822385629836061482819706388537663
87023699719056887914200150058932781576679554126561532407775118370 1
66626802333634507878413669795089586402858492504048493379617118032 8
04557079693217083088711762591995943564413971495282622098711793930 5
64122549381874381430808472755308389172693462948996786375493611546 2
43336309926769946870192230881483903481460666095445247038837612083 1
65142010076318337589349399962008248009986046283062432490492757335 7
19180582605324935512741107358603022530576982049946002145986397578 5
05832139101615820893810253664043283856221560504818745659654507487 7
13704550258145886878709415841423636958253905004410260672794345106 1

```
5024772280622350966331573612514266794341407466520635345465839222 61
1463235557839399370970262019162213473885624539830201655471462084762
9726525746426872338636231531353535568166360519035718952446642375866
1980411448025219901302595893499907018346443127068059900432561387 11
2104506890557506790767625630503842626225137290652256549426548273 21
3499848416053950047182498565601847314490742691964574526581135702 65
1071623877334688337258997786436725917411557016552924842063152187 37
9159524644831952515980633946037421867350241980390342917288205856 93
5267866581582011958760698252396492923489146794430847865749745083 66
9623296079018930796244587484372517492298595716781255748423316730 35
8061373238720790093363369257424578919538675866761134125824716030 70
8943168749649125716727634443030554358794396727983916055021351483 33
2405448295912401218783134030459294416212927504998450167094648495 34
4091524718377825576002939794250148934214633867588345896387026112 72
9779481845303444231471312440784982148467358627326536286255010397 36
0301794632125535434232983465042878299269795250762117660416274969 83
6359499603243495791210300046219201462117222885844133017429091519 97
4561741221425481510127488263009469748351230072170223802516362654 24
5731668291547444218100277761276072978923682586116206667022106584 25
6981663821798412038784102644877355661996291918779924348976235918 13
1207934212628580852454714318097767637213645840433599276725551587 66
8729268189864664577371815671372712732706917446076837023027879242 43
8214038304398781254700621379655600744129064710835313042028929121 52
1463452256753566839681362781899954496762854591729513324623126862 71
2073070316867408660159570991663158646522388745623449645159907497 92
0994590343139214940679848302722545724305143530454907855046857565 59
8503141863084834865010575124492875671828991276457246072592552964 33
8464547294520764118443817902834258464092984568121756169389359659 75
7404292955715291507682970780202397891696925219956916743579510728 11
0135844878034761204586517986663278274801506364902275231920574521 53
5572880248195865656936663054699706295114422061255504568691480327 44
8602817268281027424886402616018934181365408817027519036327982203 82
7038209983512455779035361653446984428513345483864352548108312849 98
3289418172916120839071390684868789213810103679650443525120422214 65
6143647220149894200214383442012409701466236343858272692961086252 55
2511892129071483604566795595168653305310545101978321657417626828 55
9346918714924724254791232715290930876743532838750563162595363919 96
8592580225709413045416467857239737626687111622820934741373839530 97
4538562283954012484780817487662182715157013569546601451452768614 8
8219451341105980195908637689785102904745476657438251811345102502 4
6512821307882573115182513573208273422069550416205631424449297757 85
4181047996194442936394669739813593669111845157777992643506435444 77
8907866885667636555675101330203920641099446748697238001890185771 23
7393338518911517615291790335703578359795955444897859498954246647 15
4327706708272651894378379480640334221433772404786786940630662072 05
6502773700258523743934557949437175759482223948482130909053923116 98
6640964837350683077249445046879290633705387963710117044090375203 85
2640296257030044175089847800778547400690983159410928873587189533 94
7358288473512024777514415286414333015237602025716546639313515169 58
0288664731538340423443705796376486698042917498972943309837151215 68
6192965419767908754359006588519119491014260755969465368844561880 99
0145071492835593653328658780734465634881032988679671646781357384 38
8603935675481267316383463260815222677433610342562799044580710243 72
9086055639419844097513553481936898944385856295365499862588604857 13
4920887479532609109770303465012940402286028361334223505478683117 53
1048043788706828828150004082704666900724460766081328348616471638 16
9678446051551761653711887635152359278589755531581273539168302801 96
8872202551866090543478414559163466458713173467524042320513784665 14
```

```
548485210827433728001348672450682567941253261976165988765239668887
392524079984935281412709665420506976947910901969184310175731322 50
706433908790786086732900306398353516515980007405308268960241703702
326706976447029760260469815761395292209643118412199081244329745349
697140355250428613898420598735576265543534721231099641807557394304
984758358977867534082777525594534690720294929013861369117193813173
601646476625497435511923723190337566403995542447783944298351828774
246412327916622487261166153119556515318379303744830710564919086376
924643039253332818232102651629843824798894081615315260981783582054
204757574239190790661089061726333635275358836728525323566999568627
018308121674052801800025536899293369386788116744077729916542788044
678413562009362975545691518076713312963755314816579909072931041379
628475994177907248909988399465812988705098836726884172624560065468
114480637174295084587982931253382289570642635558951957479210047487
800990674713490817711659702787400484855846184436218804559755361397
818771100160012097380658520602274673984321980195069095331623045898
291761625860113602182893530594673628712855570420487403580738017522
416010536449207270031358736274465470777935266484464080671832023727
942014344723474168049821435321906618542992546902783902394693675658
550471520114175000886374437528098633553566630531447427801085599461
612399029562865316383085174797943117702616621107506672591136795657
312610790687425271321020893420430686442656219088980102687881677586
333919879360681779680015207386458111864332223002760660979237284918
816522192627682090188547803894435603204243307256873460617370232452
680436617589619974446116911030486059055319970563600863393574676825
493273026102929726522199970137847456683369278196032684120538725039
677338741009430233106594985975756289440887494502324471045141157592
838543190436560997944177869456505908673727940501810358913300780225
183670471294785839325894520337371154096525172614324582136510949286
496372790675667757029078810824521987372794038199950249285273634074
361722349146013133741882615777539449981758244493738170620495051672
294242853747166776178806443475674224096592080380341627847256942682
902292521252384858533734791367159246949973608350100908415999161378
048415807766179309191594718856909961023256006367965097758829543573
818629851803285928477041372436648951461450501920694469100554517531
628065330522640076777089331089867475923631142492119647379838595425
577854479230575068063861269020901325063079395192221338609185950651
259496621115675247703172613236327036342371204669236175272964 37171
794845104623856042582227382057466941639979217811594135596464692984
830670920142577974238009352953076421311879630325003384984642860363
407249831285559398096274868244319578185903888755009025913675504375
891472026058362137766642009090107059305338719095934833833029991281
661449330234883242862780945037445941996227719259121297396187159202
084731553469808229179455741106929562277074646829225064076988440475
901917347741466498926352361347170216506656059047328036496824398368
514816737296969861572310728805030865542054653459983217996813769385
218793864713741529934848299188089577576066975496074257348997204999
445924747765506558813098857791532212534825426618429008335815330042
553324053214212483604361281922172957838444800154600298950501182389
646309785607091078801026493793765650947187932258338844608895546152
946266400196083891130912856890749524410992955918508708629877492462
935098430541631892065189010221083687385076860449558367008844971994
147118076441320231950290439872981974058817957555924943246941547994
050095786346491078935958277278660074156011277589271569746691856720
880461585956897392923464608651825973480987627803273578312282423971
491807934995218964891498748911954466018464859793933432798169521734
810473007464831253068075519706380791066795589876645300045068524334
584450141943807605732159724289332940953577690289281327309503733441
```

374448424049652672649123074576028003390297467260071906965178930568
460857048624192192189552950120649938297904522189071154499699379144
340897775117026140825840144415357391257526878211204779567643328875
396972624473187903295250147526864259374561435487996402355502556241
286564188871149563905477942768587250411279911978525278635555326054
907754163728187879421667567485785614162304336382407650378801560198
809577238048798808776868188531550715521356754582486210745365289042
299172215641243296548596040476034010896079300019701881603401870668
767349301168067625375834101944939599597517992945290138196724876429
435303494038404548902069081145170358019381915900539925385499042811
644320959810429725600989398297814280181586790336160128834089182426
560769657275476319967224533077566356514988924033280178529096715912
155922079660592005166471511308401574719857331559508149313274438609
677728968456286694798136503135660944529386585762164723841947266752
648279780364616646165460093843200963866510587938358408749636141970
634373244074406175963950405430230842045311689261869054774551230814
292867131454787249367226271401948058072089560729540266035730001659
184622869442970735359279779135141545723636680561351033735941605798
693509445930764592536435012949183407465682210680243295447211988604
208897044877259785222935514414359586661710840576191296480249689572
963361908106473429291580124923341595072790860874734729777928310221
170360078554576950931364786905913019289750813682069374766244097973
906085819570369479562173390922423568787195448887076554041753864894
947001250532659549065911585793127048165934568764771061383451657286
356567308144810722413625202977151230115216366436175554153777313531
260736738451161060841513583749649991446718312384781726612783229101
190230569342678897476884530592788790534903105077614255429962938754
841751963997912061487710566996732225389139322340156445850150383 58
971663177969650337608726334126566515216857077375304022479440398754
569309976118475950363021128888392344959267003790422257102806512980
545469553211495375827664971867066319707916922605079089218874076177
663472692934300002854445172960164718901564120699430998616936685189
833401054866295948994656903536055415702937086950368322581323917400
113357891228386438186621427639112016762850917015801323940797165867
875199335922606774097310151174226890239632200130165011170089640856
609159641996020206039985951675993361646087251610537383060830138547
011469178633538023410741772497712969498238933474609781466633088906
239419319707976848862203944896652185530855371967667509635988051779
747261793032691283182674862057809265256529034280190882705901405466
374700138330258893616017150154888689359105694404497217202113924564
847498885836600119303093340504248190948084678987600382766921817190
867696601829782035599207189778042923618366306679457260518896053823
472875932823011951586555180178283133565830986137316525935030805823
962559082865729213865472195779312443359147323752403786908253602164
629481320488457398705136724638246505998731146037622534977822103010
145429875113822448213673526737210704666777974242250838584648872949
096005218614774771519966024655226069621270620854168787239515997826
861207922328864955994712943920009967608462614452966881819111809448
899195588147137993148152932958251607601071166249515565937202893034
513965776120215825001792716582114749398982521641313983316292159116
787863114903503708046729113467566457367760316704471187228697777493
720498411552534228368936469948659928163890293333295967050233310631
864547159461989211746960440747930112114166497492276966387934136055
436280135652188591691916012650170347349219857791215599655450788459
028002419792836146886166968729406732657944855141210293316476780504
320302389291620949699409462681126884776194192988872830204532548355
595645610497507526105244255809386273420635892776828442281295814647
347367073622559728294372637748776839928637632345393663445058464032

2202749734150248757659910215195448391414894528223832681483980519970
7655926889831544715769511831555106187300676856804057123078324335686
2781303169868434085520815414852556772088289519403587858372024544786
1686346084119703605994692042050223895050999054746225247328128667755
0756059266570238196798544369738430363475513530101422313185966598355
0172901226635606839627244308404652362865284232381423499086766091580
8115299856731882700013109382157619132965931457997811998234263059141
1983389412562602152147455618597839408169145555130001751310208382556
3173616215459035129106180015379921299481140928264215227003187999595
8336372414326471243780519752445258629866091397653631205034855196870
1426164273794425538704104093401178690284831732444669643839274132175
8809800049498861502455683932136997226039513159990952783701454801275
9527925657066876033943012129119785059365743941306541784682019003381
0503607149529696827193408249954082421616396553900931007144638876203
1349134077562755620587774807984394581194951882007132052594033442134
0012436887461101510266689010672516105842324526485513982392400435721
9566830736578634636284713947718760514239870777535371198854467657293
4635846988478103391466784785470873151504290874245923946132610892919
5037101182549231842072104379420062672244936264350595955033758381719
5105443116873279605675329829161312575435682524564650081228052263681
4611597532119917066036435974480828856219322673936865606254293822490
0619956077533306524648443072734872088797672926968147974853263746082
1151712272174344612137262433632401184329188986371123475830738974105
9168181881668955937182399583109158955865155107939110515371592823919
2723851893459502417779055151515726497570872428767944097314530204095
9076917387500961326483707455953415351331344900038752803101337856441
9114742350224523620088655342053548595620977763485917378780612225544
0225925273848307765179996378230090961975938017475257830796156323362
6646373083895738467111670927506441574763282421096818667021420776326
8375526077611108988944964673277534390149108961636184144351402764581
2228960506038155465315732310359157359227589113492569009356071479776
8870073195410228342717487574907091871630476238872340969630253407824
7465097250027224145260335082791705095244089375733331231982030215416
3507867782655093217137817123137161142123181244080633098153607437639
5026542557472387777479516037076025486348948281530335202194134646696
3751432715280802910028162934418264108275919524951817369371136515145
3769757463035503968815577039398983487154988401323876915333088608396
1520387926598342627243177492768626963541310684656244843493116508966
8748446934710340534822954844040249445480290150087120911679176586065
2787248125797753474788031668900351087458568174549707049735995711339
8345543688948216100537152614530056399124244539962580313280228578155
5675337051796143359354831260719900258511108667542907999170353700606
4368388657603432842134674936328479813459950952445941366688588636535
8016564396724558897521380576361590214842158335086871769121384576004
4375608187454847305378791606854309384081019497206105993813537730874
3093608025437461836043691487411272220989011476728779478953951733778
9411265620467480077129380534584076556161636714032813645067389621785
2090789222464391679860438040198487605953575729784808053646541796474
3416320801881522629972791753618419010572539102352610066612857938612
8482872115114433121748164440056183601867286327932539692823242601400
0725989950970512646811985138070288116929747036513882781618018114314
6872793323314543151025048027376973590692969718888934545315353695151
8987596889246757887794347506970959483891870919998567821390784326370
3165798784080761347005954231533063135629197234763111237012637437169
8836456993918020402360170654847410448271684991511973761915708006875
4318896722949153519195619312478770104883649003430712202169327164487
3789074869711688905566978934955748268599453881593423799010669245538
0866035 6

```
9309347485162719970008372666259460916369119186683408760398160534571873044883787844599456410661946492827902987144851382966227706977101867972627483623450552498684334621758253519948935838926400082160425785815101486886919441391356686968831445986211992334972258493374105532462372231784115404225791978377626057249768611808885686579798004500743655996168491050849723073534559981156167551316684195733447513292296442913651579966325538347945076610328968486987628172465341810383001694345217588085496074784900756730397047497994124351261842137150277561668273690261688150889213493507321826932280660518231576305416072303671389874837793340501584198071058315310913451714395671880125030598869506311654406196180647080736123767536839502282439875286051051135181419197379569469363868127453165281063503834682835738440551422934800799366821080449360686216460067663448303192249589315595404581694972413680574963656793307919636715256980718618747311974596214344478745387556767923021361485972863033894182374504989176974007142884239766806283172901190857403250338545222354033759894400897932960374120546035438418200763258809362869789359558085094975650679953503345837068005723967268132946214075401312828636882307453773754966448767066237058674528560526287684371031208597830707742988942333196659933706724709689525249854458209814394921207939343655680256945592226089370437968088305921735499028081872394235008316672586298989188652170704858091843945174164560090225973841145776221030576886909260019619975636498357231553711648007804190340734995830844145512294281776021521049358131823966276787157371499828414080368819714227388302087450157398585239725106689569962349628354927273450826891202714752570427050611184594647182853205454272334515940869862411990632707461826679560117012752583508647388492046027857128502347846753390313187862966495520706455076895843839186767906678569477562130037760802451808273452521432055160633150403699415486061306759533659716800235921608947814046818533147106095468336916218480655870713410551936174510371015992161361995097086501377805338975939883669378739548227399683336138162870025109398023076921640166695991773931224839082644791280998578064053243409137186218853230491028901137161083086808748672381158597421815653709296744655184929287500406515807192028280529922444162735432238256495251742467157748268961216185256399893656944505583510328185664131997626697439111167780948717936965736903761431922383476655463730888517770884496832380581866104908902147878769073115712614123453649639008426994470802551462468087502320398977365460713304328417053734413903893234842503181688302691387388458847942035579891651177287920689338631682700432147008424675785294166046964037538411912376432743868418340633769086563342469199412844660048651217780432768985518402277518098790110696764581909532313211287890901497686946981263359885419545567175712676678837155763126702761525977769925616437210301084993130354371898992470093957528242987296922410711118009672641573072618623927137157828061141430020171114264825848892720722572122032771300998294999206516489224551883661421595958912823752483606217204449590248575680996915586234438165167146316331004873922932262219431953654657677812098448625420396083011277674528313406762294368841354220939496071825983260013557530996909691637349665597450373805541787929382030075698430766954390311872706744220840025986793092414366290522730548733203749931817038992564161674496493569266521534815077105717777303188284522175363855090902876005207644455852172346692659704934706045532756296067906066323102672442059559496173835522058814667667226152539099092237347001406561397500633569448750968771520848323518979421232259292010069507200894275409808572680945059064154821843092352059880849315619983713486308631608177530993431356826119391131319755311787891831559922775024846159670664664052848809211928532569954957327013366289102018529597151020987318184639442800526
```

Los primeros millones de dígitos de Pi

```
51909043300223556760197787053090664264844723116541768542221191674 8
62350821405552416336285619372915602656303748519633798312493712512 5
84668544944179398939503613056358538146534974294520242828047303931 9
63919665686795097812119450371518494839553461857076075329697620604 2
12644505057272373623975657440000518850643825547281839696475595398 0
26300097329759096766811250192035086291396430856380268780542422691 2
06708466695667793808428879759066333385191831658073331288641077969 9
80277388121632164618197229799382327922503439232071557065563693152 9
21882935546190236507169076916658534114162027868814520633343518244 4
58692779598046627970127434881999983671416159300403854909347712321 6
23085392496688136772265723665048007428664506672319728135654420431 4
44220544279556928924816510679063605431422762298205106039468390735 9
87427441902527429805800573784246772140507586893275782389649330295 3
93167543655826368293342278667996908620188089559616889819483366568 3
08504888361764603121668763086594919836752609718937985086429615427 8
01315738842262690972075493012383476933259946850644885035844843865 9
83493006017943549795468471188058153183483885467009000362390165675 0
90985197438260891762970517516264463210468224004535486063995436349 9
87617932954392450932753221167185125536171072025658333543526968008 5
11489632677184139489710157968223712323777998170453134977953440975 5
37822404146878310311873204302877139841266742843083009963756515199 4
25640823532499590528093660801770815480297746804698730184428172248 9
13336690764257349831495301549179718603868488641641366820315278415 0
73016038287609047855070467970510297237624004973267965404437574346 1
49263092329939531021385733403946546431380393284754601668289457039 8
52028989705619905005856633168102542479612249799416192380808171869 5
61768335559308203432917111861194066142459302341685892832540228112 2
37514487838380437533386005245983771521980857484740911596560510126 1
02135739087758744852230720727867510269340595258400443876916608889 8
37692971157675464446866882258216315938415334021845430200445567878
61653538779006847964816115461477425676643466786165714321395605805
10685249293020348631118769790675373061308658049805399624983088516
29744832342091870932486556631685998882180763426336180380330937080 6
85655211630835704265987849396277425742722126865260875537703432427 9
72131624718656218150212721001533814352764044674384081792139852471 7
65606453271666305344360658788502002162008322243975474388465690808
48229761095989093615129181432469419017754297201682602926069362867 7
59394413039980700485624722707461638170802726093244910407161694311 2
72169324596134669925072649358332736922363720775270567953185986989 3
93297451923406580320289778734716023174722746080557162944886163769 0
04988028768178344620062203271019135123357703649008084555442557682 6
71091481559673655385825943221951358015637119716793670206222456886
34854690598778034658974565844785240881926883092777054604946355615
84140974535542394776734275305008393605426533858342924088679140936 8
14423285879009223052915279991590500906519247441417091004770849988 9
03033856339419441048643921902022566287739846266971296286873757221 6
18817127821235633490471549947075886804059463249806132450533895452 3
86272552456440081303686346872684137921937957850774989027824315838 2
73235033109670899330157066419524016404802598619582946661146570878 9
69931266619486819119516889978571382608897201650221151500004591675 9
18314137952842924016263075906928102591504769068722721155458369984 7
24422211012783008421494898542759892875796268140828424620273448115 6
37761588585666606287075979845389858885397359150678466677440735588 9
62117649026388773046312288150082414864035251260700750590426855154 5
87308199448361425175009691988121471776942905584636475578159388806 6
23954201893749084032275102063489232830934102823789408898953172570 7
27814669839254676150509011338562734748228265353590100895281786892 3
85130548337080121637570618687637859548021488100672071140270517244 6
```

```
8180760760129942225757837851526237298044375489744603759100293991481
776753477242411230998381469118795725444744960420094875863210496756
226171098065703754579778452875550670681333011940370283684631830050
668075306247064752243618574382697783983354212993579342251352034923
550310322632422449618848671977535580316521471061995841040622119083
596690789796338081213639892843731074315823093529694423351893330134
370824326438532789908261497650024662233601347917464642080798369546
513329453775576622725244620507851699672019899993401013335072075807
710403826558364817000188252048738626947279776868198412449713014367
444461773836037845058867731041552138029551148294138196811165301623
559891014775948075941177157011650869218541147100498530766154450326
362434342050527856128683711788698624228453711227804753731921404895
699108618357580954983844566013084746527651201522516404600863882540
892101024615835361898855615679545559434153937745029100661215587064
016652981681454915048709104536360233696267900742045245107874767111
085816038833504907301984545965754311516272250132882641327327200458
647504003597538841150858712366767330536716517667235923474108220556
620738971458967361244286013184480990099661941855126591403124482682
150505096821172238621231152652300713165865427360924785213735015263
087364504209708689752775065195387346837523167170317938647078333812
547030567421606759571812448172415490067795539503394974344065110140
266883233981384072995257794268605098038571003884722484823787587024
923392172716067232378375966828065587790533662110909733434199797844
334852653243507225336039871946098706430167889540908433831832738009
554905680850927913218961619966362620096226963711045923058598579332
132139457181218497046923974684711940903162865482672781602334664124586
755315372206986570750884561592003927637676159553914381141064107128
036641827384857021316647667552407500949113768318919687594594576779
755050543591395884768627920441607389943866059704875573603207618939
929078473257012189386351243450402561115311061598160410629347212590
338103396221076910135920641844272757256362449921884192969284504886
555716808147667896609363464271937555630095802657166740606967045070
055976452397530935669267213475656322310521709797267882011756733842
025858585630995827722376701242619501402141241517017062574823919937
573153980565184474781497885071568714142353624433273021226810854708
277975682257009325701405883696366404360280186573558394491847903362
635015543240087944455288584149451156409427092240658840581570274699
062826291235403802457997574932701823914476262867197280067415106461
578426087089210088433757773968560088108136928575650801843593099633
922487482273469794807840647767577743508106481311385412026681801462
169606348638693518228333021346613369327916859503079924691147833251
308207669101517857971695866018579272996719400552366904988057652288
340540382957232949566661061816310978922639940730115700245762837477
357630818379816163811907973603158721219831381962034497698162064239
850752283277337325833243728821605978861098735519137785588140372986
508381751163266745475940834529696709262816998084488901044363992941
713355049172185304441361275537274043801966167062333829738024049062
982586095139350274598987505280720673183786473024891305790548156273
669342031533659348035452212375932319892888437480373241078620860562
246217556691406649656032562701524693947009851471160099408912835194
756827483296722721766829934944453406790736552541717488658390103931
928741333687055929138002772731477548697755411984013889604528855416
461552959673062532883041185550118882984158691157708185373637750607
133505432687135382591328509795856142302743603957649606785980108937
955654308759455387321323500760300773010791789640837991887086196320
867905115889137412620483854115784882203959235943327045245914114735
078054550403358190338470648101424868919725638116863193321649762981
484953964608387484954396945851525795180911626654523673351745016
```

6083335297396558922109211569119783167291844257925757550040307490466
64227090664322428513245440807605030997258302179025792182169082377
94388348086565451658032249266413962473396051152475958393563660744
82993667731189712438143450714426349066833674626796514487576042164
00465780456681089762373524663044865139464823196604072671263927405
71480600202881411947914174210964506313055942410056398778030768315
54955071573005820147925159590460246611517839367856016125324062752
20437119250613796485089198190958777058099249084208560010388602394
15570640926229658546194059909869647650740890903710204107377322833
00194344131318989829114607687934794756379260766087148325864793093
94260650376503122078960597372119426458074333932294645621715299286
87757237442174524351059370152244869761304829777561255990175145475
54309572978672740072177410442876241952705751308188966699039025134
80461879139639175199961068803957945781408699435579293988614007114
72498946051202315286273269232409802703440393572135190345840288779
82338142266098933184966747889266988742745147726958495465807735894
66320431968422729390540234206993659346551759464401935696808875736
13565527378275584560031781257854725797390168904462967021262486121
87662647754837065335028591870593939017780464717594243236240820479
95837934985204559679902540515940494547744176083957797368673769058
56479182794887136785629764703619719277273687581742206193421215839
21471693970525072478316583686909212066060297781442291451540611950
86526514128818711064918796794316047996512884740365408399967083236
31467927213244936269857074070471305843482632931884544051058661940
75587325025731566527539290215236220741530144657593072275088832670
37058214884319615653104189017912554845787463405381875056140442314
11978451309705654536912682557944487804258829500769682321898626238
11107236874499214246915040404003133218668230591543595496718901355
03146969137362240776144310312264860376479193926771749354075341625
10255887112282009804535940333704837282358839765090952167265647472
80205480906398927909594975654229061846067947625812914780970375574
92480898165417448550967270889203351426936069221576656346844171425
41884130073463421177091338849728156826975564830840913326336717247
25008190383325739818737436603642934168154160852874645872556535076
11507308850680034569682329153540606927242413612638349624302522273
82207667432824462519534381686632983333512318926415375390268980209
30690246918808661653425971370319964656365517841852252077400377550
33609358614163704490921998912980817235962029538477316594515932545
51276218265882696502308327487795212641617601548390384586984583193
11720936819908328893259160168315237898417509554214565735424477030
98689073885423655119403552999768615121850369118581180619655257629
45824743954946388495230522939043192083470040859590624775869267390
38385675195963571883814773408191367110130507853555897601972413186
87351769388896092097081199608639323761143676107035675675195450985
67726092830783033384947896302610290498277851677349656630179240458
14188890168611037149218707553685442128423002943618462997844709902
89209087028258677599793290024068740412895878180015512623850669835
07610152581029222069185058987978076103175274405860231492711148538
25250221206590865901782025878010422474264403050814934008893553699
21554124279402428833016355600845480611425197360007946836767439289
36803754522585250356433749230406118813478986495017912039521392725
93518850322749728304555377830648563922152548181723320806672527665
96431620541805944807093733762738519177931869947302459081165317084
47784897935244335720380614698700923270065387351237811893555880738
76143138710477321330658524292176952009865221558322707624047867472
18538357834377022350425081424571284375657147968931036341808937329
72201918567752838733601339441772638156220284901596044742284106914
81577796601935784853607566769164334614029548215017627807940265327

```
4016988343543419531698259725727032376723271043885021457551160781077
8490367273413756850547512833318281681806879234839423579028304653257
7090996989339293195685942215104275316137785891330262383995724924627
5652092380982163100220099385178387862912847546474997380846098849157
7178387404461981374483906873405912842383139922683550617309537760073
3344155197113447780113636712930495399900198370576056147210774583341
1235752225879819732015437084932129176882040450744949109305178697056
7117701141965616954874695699554579466490245988058182052267828055440
0630551716201091706549665772809123128273037117934488881927575250994
2568057204571560030883512548354531821670031202098881756656024815643
3398561210335218031222038724546176492771976075616398999255588448247
1253975444199575287553381607523828907495794340847840981905049954722
3491767808998973555428169119866029105054819004663413715557369930816
8787927857366696446282662826784498376781127049916168005880869983507
6429727402925188906394922183187369232560399158730451177448334267912
5168538532935334055740695466163939922312566237332891308244660515960
7568186413772904955157885328889906154123437813616994804639083110947
3541619189442527956102391550363062024648582096751952056686309608898
2742416026648684310185357920109314899591329401297008097920933872852
4506836770635227193756121070552995770056852165473956309340145995070
9068494399952610995037011491148583565840356944392440181375872950668
2050712955420991850876507111812723830525509427097018083673324604796
4391637119624816712878168808667228632754357219976027958550212499604
2934207237855661033521342883540324720884075362274770767226570322161
4598530848070143271133232795589627033533113301913893098742633572074
8101442606041221949987395209820431409400117396015001163746493739333
7425009359679835495980816817494264116175890029744537902464510011573
2568115366055049218229071820849066730683734741354087686468803628105
3463660636396370508400603225944423680684070109041479140807437243253
7542045294549232054885409447277733086772895728448351993062406233360
1489465701029537276931923980079137424612898806209404251071821687003
5418271782469358852896936838712339508180711265203231606942139435044
1642211804586597284701987470587704917452361406216647182684227650430
9872213025329208062441013565190192429768319418422479532304887222761
9999813059343435409634087341494009836113799290104049021651980016965
3451050932011865288950013498554815797648691997535540019962392183037
1557049566111407490698906146880316274565043092929685649204939142663
2560049095467246245060386702779065977825588642987245795155182788954
9293791361864335494956074796062993943328989560710185007412974027902
7598329853445366547373825443050649218755849054725366313745370776589
2998875453181707580339014469761261208012192364849601319145375873842
0887032773631045444103175204216817020249242468543393848183239720117
3367271437591403573249742190766283951872620948773642289035555070995
6806448138539121394944076998176571221767587769774137476930080385309
2414702592673097243425147389794333082207091984442963493682734555999
2756543084921450058959498583889721949080480021103101077469457503027
9867204560296682902433004901958656561523385066010860852470512592510
7236890391442604480419106885691711560554676557754131337846734357281
9135579215212524416342672879351457987262360684768794244924543295937
5932256803824124308040441517032330354680593025545980840181419388391
3099131378039516586688564053442504597686306846470385293042281253712
8881240638371919682513155064045865821220270334452515002455569718520
4494271266175570977907652201631409924345624965823463274199966965919
0963031507721622959737941330449069123546628999767870639644275439705
3072010156786676514625620966498520697707102833199253552221017907154
2554910668909890157143522523208824935483264058254443322899338818143
3246077620211927635355605540181246640118064490748656792493045753030
5406358998585103
```

643050669178836044633760072521059307210192292241895322382915890934
128228750510980146316239573671434576541180542227401565044111311050
586337680869378330384195969453861337328924716025322293697313224937
997292800599267556724797579095349634141700203866341961453441828590
549528053409997763087934339975978910568604133901260650786125608232
043804545448631332510663723910133243023185466526509293911805432574
169027595407190841762886773529998642546058514480703245585088002374
921985388998257635690469402036938827446681840139984177397803802254
291492591957492773178379574501072916189699932883137541980767264918
001306438990549637448406914582846426124204961678749190028707996979
188534126248108795055420743526441794719404034479651091027244817919
032055597758773842727381310581436032811962348249687706680871902988
723417289527936418706406948463980108956431535233422900314798101668
431369479196147206097308580136150705516651333914433244858694690120
492477325571823058188547169914636031877933013847597598611209617017
162675773157297613346857048140979691548600125124206029878855353376
478465112312928998520040610540065834250345163468563030940509789836
252773934123544691012936261701989971395671039397745310096305490105
448365702167199187220346357563638244111617093788893854939355612500
904793637171542240806103438118860330575561248673326845606941752793
440949702599774350146701995027107914478321097845715562188832741071
097653063416812979334593467427567072441346943145162167047337673582
685317196054281712858870830159316048841492190324363058050330721966
018280900940432717917990576993235443881050324067491860691578406289
873447376709234225782244945434828081265677173212580402386928936112
556530820450653066340561490103696865856206381088416211250724374687
218924209263026533476485100648824018753110775238799051914751301701
155512593650950277663865604759932677726955347806327049303948934897
959809117789256537443265439374227850627165326171004913012764765858
878130048084071184414292906254200678976496169996203724074999 0183
839249623080167971334236069975708749062665937334634933117472389156
734441286767762850073286742893474298435416914069489814464185413445
247285102226600079613809607527010407727596892661516744436606657917
119518927091206931157006078461310486009590279729514654677233831975
300392998202306775086147937831034092325166793058858094449717802012
406075320584269045332099732793580656207789144551244404825526930353
303513359014814445164701717409678054134220952991809060291260715683
392766168926744561155320928000933552341934762481168750783337505214
486412300469359127245516840949343564359202084008663972887452644764
168122243197900574037675204113145935690829486365028866513866718709
840191265208719382146104962917716056112413262298472918197350192326
469347606735917920473460195021468502042227254990605003905271739830
882393469613295460582355961688596144385517732556825720040864066715
726142874215865629365346667650305399437264337771175524863334654686
617471029474257074711452408406935745933058106647910587257708703941
215958349720801434732021667320029592177831146547941567632358090159
344983934360311394701960236806436471015526548330332290324948488740
174871625554178432345983583131736856741194821648828321983039293782
089006668641656356329990025891242536746598742757842445313505681163
336650379813616103342876913997790939565375874699178205295126606543
587480249531054620790828692382531734870934885092202989974921677075
930466511581133383047832465845377999596422451105520528225985513579
954331407804687382883091817168865047464734200601615944581759276487
831751006154057153340802777001733934869159725448358499570311690890
502347900418269611277438910111368249836511243522173294127706038130
263418165235751483500779868261068935781083578681115816638025428639
454882447431521714465318821226560337168643885527949083722967271505
859983902007370435204519621300668261863897112457539798316748358028

66090243753336597037955301742860170982285254346628226050297822819229679749507068469470141114718271237717945439542475455823176370720020939524803055024861529194258380746445612475663032936211940643853512617336383757851990930337789563507099848726475632881577185877829735370548456218406166516380521163553595615713655488304023083904849905346402275363505322131262857984748871208797423197129806515715625145357376229649699578516189472586019304801887884140770642778982111550389340417299078428877913960319090947564277462823464504961855895718672708930505099175082590601623035608541002615065995829409418822317117668561034310940901519556035941976295271519144654657011462735647603416640733553010784066121706880487767658296034459262386475855747734122855909945512619726150335698046742946544652410747998946799784648927454814462927046102427724945172854272025170751372587973508902883565123730751402162131170264048251331975042822098951384552813626884177326700882525431724357988989275269871603988463330764027410207254286075391463205633419005178016954816417949317348878122444725186119410088351313755549049418167286424417218802638816562753985733336004110595994336004451093825257880276648144257909554842576325666768618659127051483898044159755020202230844231648171457820102308761368940062171591863696647566801150589395069179486179388110691357391119291194764571638424398506767609270156013876254738775551308216149178633110756769969326398363601998430563988679303503631101462125926182324329202305048739735551038806183963033839202244502187780634180139029250800165476559906039088069177185244075096351519581930854853494363752693142834726012863215569558934759037521733395698605355818133404046834587120394074492363546970801353967029689205641532705761785074369410421620028138597409944580394843717122378085916106254729128941850143373320113941923776992728498792167957048572084826211789537450995901605731914510330159219504779986163997351363430181270766361962564218296135571474141968251977845129239951809480272615779051505299624564676859410800319655247777844310184753683776930481208594934751495753635190836645103834811783830402008724954329435980183990961161442520808102461548343772159007474654697089568255917810215356444060139689315984451593321201982737877807460527984806318853393592553264056804758713927361712743904944420640017604659600972674199501118019442199470307638680820189152106960803373114792754504691807086633068304717712769938884349752036150838640309236770796659624074665303205885579543535898594777542084658544662131174173213638193761117452671984537710736595659498165968875953527256553052258677787436196995545270088885043127590941433023642951983092817046363671057700408235562634578787478523448239984694378073980038821035519714677936743948439795042261555530639372957759761213908282947761609069866159952443474072082548727474163790541203204376326497675788394491159485261755081482364352014490068449037552549504528711277590244026828966023991381226668728716943914242335690716721974852985490650286693853139002780062228105465949194965767734087173852622258531958476574101365001688354835623699235440122359693600605122970484808670655982833625461624988840580805683874768059241672148992546676970704279759470744399240192171358768929455771482444048370028276093844436672655795920533328636382118343620277464608717645601823692049975214261411194950914136593993959888496873253905456168986309629627745569315962711129138906875337142858168326558229153167341288902773433554934478868355534106128230021846623652602520308299055735996294128403615848769828447672166506050843093323577791634125986725241074116285556088741764834982071420906963904058285391826162289982686959759493805904885753681523517451496466142696587956201997664381005061504180068707658470453477147005963307233577790794376706421196119205824254444186413088962966896033391500132432796099227783533958918466257599319452669

```
2421463659868461586505934071484008604030338552638224638158915811836
3359664373818562104058201328165698540316735563816301968056458734803
9675160571644904016838278201603100326068032668396046855898129134031
1753680129125576890009703604992591452651397757729834685305855369363
5182475723337804400750475514350907561272195228462960672210621607461
2377151537118688504003714786281788426461390580536475028946907239289
0947226362566212572056919773693290313934135875697822879124283350725
0272859563234780250407896120197892164132387436929916913977434727149
7800996496729789539148727048958122750145899044623890586964294927230
3541293353238761892115645887644297136389781641322138439455803462655
7913144029141250116885199892287079988203332745885087873962019584284
9169998809625666397846140216095059729972870961243304576253129268156
4329180373839481915146495291988536197668964987775347004098933337972
7159490519391803031244093812163606427205974993743009579616220470674
6117408573410974428749024072224071920084911858181518124276338523114
0880919338699052473755179697915334836986077884734179237590002069645
4778980465442096165582454565757260109829279462120160358645909800121
4611081297486526766493775485550163800936391440387470440680741730711
1491203955955647637863687252125866419965181552726826102491047161897
2792199637288140577295437189483001292061255825008809586482343503115
8427250447144179924088583160443635426313119988381503447473273977326
5725829183742486825322133620191484736976267555076004784747507130263
3152791442464845831054261792732559597899502163649805680167217023986
3642215138491367894696651895996369818952892920910915814558041583029
6387791786935412183004099868888707650560675784523488371448929958031
3972269250026344239337293778361219989460046080519291815736507140605
2132436657117486518651095866553176699331817383034483252372392809606
7690523685146455827238435892090669657383546278011242910414205647458
0713944479048166588098158783472998391031027522874694740469677382116
1510972471275609181821603213271154482879902209158099544671791023985
7757760075937066236993152851061780016222800130689503482824380598897
4280780978633732375367387515639962500202688917156087205681980381321
5927133464986079783246988263250521724677323215850527677276908073951
8020633239202228935130743426597860593702510692638789504893955632192
1166611355155598132690575754094401663689426009267552040653336553951
4595944303364729869725224613028739834973048301961869455565752979106
7787277547211347230810666512202661837023659008353118127529782410747
1768120054732854088244838854668374142336505912599422868792294835077
2627145754704620061650940034891292603995543195783268320040354268718
2806825496525383158353257730798874142984638739305884324111675854532
8754899971955023003383521326423565271107017507937488068307856033254
1460194332096770637493574153953300374788399099007025314629659804152
6455897799394876475410724850931927603294897917174136213784198103506
8496164039387135610981878533506494822506753456264515252977403298927
5375616918174853755507337163704805113108209276849359945306955812100
8228531454181705533962376276768523646265893677373342803558785781280
8211157430619791553712435643547688811631808683393775827893152246419
9549300169784479090007976647619878336146456619219757545283023899841
1280198621038498830157743708738410828080144737287666819032370967428
9419709340243364458161318074772282133775375992468949488568872590487
1418146023764695995080138660434705943517498600905231831220139459184
8890753040173686996125439466721399672314030349362286270110183021106
6751111569744130936944850884308639209469638005567006340478765610370
8240980486788426585055996477627529334517217948195455073849381133042
3859464446390168372344019907188086077474584650233245520572489711651
5037354612483953335503707166335469558335922089003314811093105035625
2415751554607393244446202438951629450718397676169870974697327731850
083632859
```

```
0628633813257734717679708600828636578477101424365570873713729405 75
3606851996199014232615351912187818324038266010409932276803870251 82
8268990501392874943375476282680559264438064463585291569837975102 40
8599405715559620169061180606385304794627810116368837111501855642 08
3240988162569805452419611080501075913425742311627438861264992086 89
2643935521215084790616735964953417920335729931922987009457311999 11
6978422688536651053937230734148336277659461082027507201354847990 53
7719775211020802148813910728443483895833745239607913126446165738 85
3182117046599366534312649590347241970089105720731051403100314200 16
0783683427754926384781255572681147907979017869070658706347495144 16
2525321346591354161159377354271127487844264010320913869535451417 51
0456835940101622677546837090867791763832995134146804688956935286 80
4536200975579858801075441759285242964102754439417498319758454369 16
7154537583187985830646715342764626016617073652015024125094132891 71
7472435772793642305284204915384313671868862378670088669902695498 2
4223482653556886677643797575821735368172417852613962129235281465 10
1903304020295980863199433281222029898589174133129412548255309686 87
2331162921846782131002620265685969686333389860311490682515184065 3582
6202849203691108013004510658289976889398622302002987302026668239 59
8343372148343594114186800944102423948059712951621528595803182583 62
4588407389192471713075627136269742883335952005433740229716897756 51
4385002397963122083229688685441518076875750485099198641600385192 90
6490187818432826073803657941537508892247333091289023297839157016 54
7098990259096337756258327711521976990127206542767363431443596338 66
9837899069142731429877121028098135403899051819659025752871711017 72
5535981091889718059690665346225255996108710602903850682610373659 51
9036598094590387568023489581209837818456632847510122625581176153 91
1397278786965663647603878330958458695212974136021230392623072758 31
6201715327098091760294702138897544744047645354181384402323951927 10
5008365411261449874776295766461315292730408262464670170879217673 16
2155902352103397158595470580242283827027971494018602228872477449 51
5019204840639089778470639368376384247027691843714011326399534905 53
9160928436499378627081492308485158569104536572034214111838272419 25
9960984403071513288390846139536707141210527220506102534051019402 94
0749759574527174929539079385860638632271697588309131577548083427 30
8450034582094375678511762382918133228500723956526732881809023821 92
8341494144956554284260221379058861020041883391973178632547226069 67
8634981468979548112924564919562754858991085116766023520108670357 2
0624104191113989650805631017762544678994028211648920629930993950 41
6269193632852505659071223682642913459750001143812662446396194029 22
6124931396646008217838602422263402909882607071413101340225182292 51
8114507453249611798278098090904059866887394654345337415292835273 2
0684520374228670618018757744193084575684590083048668952181850546 20
5836400727652064823160244792294576503502716102402360482760918929 25
9141865443107973061585721689758130145997794166716858356701456279 74
8137762877912019970773376009154885054854373491910724448878268507 97
6727424749887750371695099645685066210523598133155973577096559064 04
9995701376219792921438423190219340151337337146388569975602575260 96
9199204167969823087835133893409721274136179671333180216106553351 47
8401227180500056058996254410874291771059638614888712165342027420 21
9400108982349163214334109664552364564157442547616280614994862262 81
9794712099533265692883575707687423148256547621396657615870188608 83
0873520634213818055080953871062643310979218340123901558732344978 9
9286404340085664332440355206342945708350867459782220190720434918 20
9816527415475561920532871637706698839126538932588300907859330973 25
2798030071390325461116679061262209148495864246313746047429285121 22
5840905884715319438431133107476804463295291014411788533608414724 18
3078822879553889265428666448434674012601752783005323779504717394 61
```

```
9894984126586178838997327667730925977236372511240936935715309934 45
3343631595721100047780613195625664941902661002920527566702498156 48
3747966409720938614287428218067177294446686422969898060104500552 71
8204741935330365947648428619741881735991210918110517831717355723 36
2048767977349797951642582972286108934350157998396311335671442077 75
1224522159445888123539318317898427767907761957475125202725763459 24
1059992691541859509460537709471536644233681603453774944782038031 47
9945248541902415822547307801051092213830438887300974159589762439 28
5168272417354024953352564978836174476519814621487379737335020138 99
6317498404803141747331125357681087728205440275301579499212248228 18
8315859903217642180857611795898305076310457939415167540135991645 96
0889661120356360724099260713876870353530836023137161827587949437 07
8802623545134999471005751616584083140181416096414848555695573048 40
3239322052485420840917721499157966705053940949709130942603584424 10
7356659675150594129765057268149531775654706723150313046360845483 58
4572144624672088377626519460492307291085755171808704011926298599 67
4373996670398429978562924491578367945650501938232289199784202291 438
4619287710339811795327919640087064849999273641610192982828364419 87
0228318235369601337295269640031432055042715716563003478017192464 20
6518546075681103879480426458869192365485930336260644027694822097 40
6835423424397801948531719202606336030218984998773957051431924279 41
5742837146691717756536221538380395561258833625325561989888138394 13
1519059407836144156978797339022026664366760566126034177238527338 17
1700746543287622673577991734420640145975798560581198520436099074 87
8620106330950503989497135317475818349436118333585257563921246465 58
5146177331430099874708293493663050146531674574921491274225822088 84
9460920942321143346282517160783182427482236806311975876268107227 79
6387411914481207607961353984499878324587780855847091403580403227 9
3321570138959365817733596784757715358919860590770257149851997929 188
6207175540665044143674061959756902461075245136349660724935824938 15
2862368659264139236327584459542351653026603370230664555840862306 56
2445697110879197830061029764884611057424265295474176486625207870 40
0490901790467103598496470060348647617110294936726514970098727032 84
7990599934789281851306023690074930957379371813869516821395468129 59
1464986234149183262075502638768248950956748676320264693455175510 29
2818249839119646790918239352418715552522863268318942087699775967 87
3611749834588993008982463118544784224101131019114582133065280581 1
2412300535896490363692652436919364069404865160756328368948571924 61
3377198958925336526525704820267206476980220983714151087480827271 21
4552656540049463226137117556522557855785438620484397274512811246 98
9303953851327557208738586136332845154980999121622176081942298329 53
7528843084974815265989509596031707675498664537413763046783260728 83
8516515898281905983662442409841239767543381995641388773390255619 10
4043407092540587331227195150043907332570074022910892710639857026 42
3394507230166256217803265052508088792039039830239056304093083018 13
0172614570730839500184286195290125738124421806436611596997022276 93
3679377048967651600229489255184171690301299072120129650133350627 00
7142276635497411119992198196646987095666400665324210039471451781 29
1000017803245406453689450147394974900566906224257146068056925494 62
2647946704886636289350462532097847012868109030596278379131960109 09
0781603725759888909156680494319319589059697362378318104294372533 96
1007287257463297767480226244825115785530275005860141541908753722 11
3152887672443495488939371268118235765079757375591862260954758793 90
0685505379226352071301751998848581413739120823909552910494808863 20
7734526534495606973773156538854783575430682309858090330634518463 43
5242119359009917725193273291229892982399848033143071342088986768 64
9183176648276455164850978318312757196668594096546739916866673803 11
4287725605476721566676445897568217849958036979388003509182753585 48
```

```
3735102380350966032255255659914155544417369194496215692433112650081
2479498775233971600989640432045163241566124325014550343166056753600
6443540198147107297747801155023230507765864292355729797955055139766
0232195070145877926441473921211871557593117881085673494674367757900
8697004868600761048553967400939668266925299485376913467099834065831
1062322136420749971036766488090636658182890886783654476560523996116
6874664350388545496579393366782999422123905754675789611320021463888
8751427704284851614103790853626728543299282619009124004269300184230
0897419472337188277076536459963443767507305972448909468437335025366
8601750831720395152360017879073227288852436370333004444092781290590
3453686631414701046593418834746892826299882363013060137669269882170
7988517212454145733784882303824671916659511051746324312790315608740
1488607081554831102132540133568685405588343101887088938761393732500
2340880796593820148048303164481123176201540243450258972177670052590
8768575291107994887617033468123201993231132192874318466125998701800
1746561179146118689268370252016529911989888749488292420616964965430
0894423463417530646262066320412705247904652222594748526298821801660
5103773915209569257176760513915129079083306308913138467076780713600
8298991899449053998432749402438897106017627516486543243504174682170
4077205357907297881903006476217956560515937853174699754367850429900
6228068593836058350652163718143758120359463898013538578900875386370
7999442527513971642857645585388150959986542599611112126352521835370
3754089383829940714767194795565653338103356092091651358796043175640
5214900210873745219407016607907421171463892092871847601609024923190
1104226715102906017895674642383409519835911424086426457110707485300
0762498022067363837798445988414775150716229321920310260500551509070
6978943194378348211223131719769687308328746838329398680193191653700
2663820034824649888828009953080219176380419759462730434237050498160
8626631463313819924499513504093368521324862216626143045638015541600
7029975670181079914598371430134003203497652952164385778342024804970
4604813565562787670014116764532765709159469878574710951707756175890
7195470146914052898762386344666075216918405152920370643416714344580
1014881245904108836676936963016122140430307962334187927807074145540
3096121950988033073232712251430746743792949084700011181578721760470
2562843687444029990349072352336477956148260727543047507338357941600
9520854118581414211633663318843613930460864044381203050087374740740
3035198125879556512101543796185401817683516395531429788921097933500
6442189220638279260170808596615134092310144550959805004970933341820
6034628222661365245786243689338287481808083116632140886018962793330
7969179670238926003951088492322226248791469952469448221322207162280
1876337541174407176440825635977749100498441131586645655216934794690
9385345895276480298615840226409999421000433420644939416446515860820
2749727905680465910580231998140418166646897107038158991782599052440
3794164767665313637038164955688078417197066690888187111892963554090
7089449350838086720874087385891678280578464638730133563290056081750
5657051868983518288538558189418761846431885541883532205586551491960
0840135051091304296438673726701769209462568404821695594224381628360
3176054907299398382901877071377864821959627958273728438493021076517
0111412097127189513677811336345225119432564060929092039892030311420
8693110299616289715741651353122650976566387254150218818945769606330
8265402520174627484331378659366835358927288944137222712232373031890
9762712187563590305524059334406804067165885499108922339510318522800
4003163077793139388788124263739945766173505780454864709713365612260
9105452680323351709465782235132634711977541566480012164761891538390
4454382707413571109880273825243581929452706387243028983887862373970
2699481019099564763398726779743818824078646963720613457502040438650
1404814540848637229480891874953336845383329185692611600136090526980
0748507778080809719922079054938464491299811604451051248201576813423
0
```

369758459793135250764991726718978359204624413558353968020439011298
808208488792705993984520815145552771604555450916639108614659810109 4
364855299583415894050113221759189182274078858545057370754171980793
576571347642256640078552027123596498418147809185247540517829859835
871945090092645620322145679360032009803658914036592480297059704238
934014178494089834058894208281375410845327194765940157849180879884
127867128834697304445346330011340784244697467610052163252314696074
617972352275188891136610847282504473338769880899788249617457143265
389593198919380945373562006977956600732920737598787739533401224262
824638117604665529549327760151654443987977965759642130364849538 02
973362973405409536566027156662095624204018972541002690308873068859
675832363484860800313674933788046988108179243487055585861260443351
113415506834721028038863079884248647959934426910709807053082895065
139289872456094740899115049915932660761263981350418642126839879243
828106390190244271673507646240245768175241297734377047211534086168
041782949967650685806251274752995065595324988186611187221699214720
955606547552197614550491099906975684236752153392973559712252757150
876656596645027191717820529388510936944721032791299729978949595372
179654148220468484710797133152924225658106596490768857512128315157
570089156883907751592339497055571554396120342875806175188670398308
678334081013481683943703392193419742431633468771675540102879059518
554697024410748369099885315922357683605018587567855736374585771484
106340133489759087774905833455397705795352135901682664773827250855
655781354887635988320027857706316422404683951616571696563311771164
541224971808621652553084508026356189132604359629200964032384354637
212951594753702934135578205609103465031482793614106566034544208285
371600231136681319091964102873049208500417437038337446281046462094
277696378558093427578759878418333403996601935420267148826128194886
255395043815153360888198352817494735425296130520588989474529789819
276536230214649271640863202923565929941917524547761440843060223793
185676064830394341621875362704147497613963842986391528708311459385
176684853692245247913397018567966189810070204722123318045419230799
439221508991833972212946648542669182478057987878265388133877917479
992986271645433393042460911284741410076110542008971258536672836314
860898634346456934102417486756764886499932016760769139511745616303
273744980446090780906403046763494443155886989737215023060224087689
628089967772008295400972862196936797990856286378189206873431243425
191257166586084885331322342618432605583673517357559462474494240918
913520207424891718440223182667020736467686101862473648492758014735
888129615711645307773099187906102988862871493020467922752516710 37
080716394391237431679286682193444622476572604070545998596828789594
818122960996644984189543550512697462222284055821601781563848932415
629429410235472447440652982759565085230803988104176753109539450829
566866700980596803972387830710888730991670839909866670302161465717
224784085226233338425720816810073396534603214984320697266393091865
149254801370103838705478495805692390809071470146803194411882916774
100108676071463670346097016587747938619865572514916032126199719973
803490164842267544912596739312397990074831055385068661830482906443
355681392530449017556754977224586553701311488545214557527650034001
289474274223755834032167742658602941502854059595734178734907098015
908582653022046578069213686344182383358550580440690789048769469523
016824226895303019503849045740947723785841308094244812638676254526
179071856678494915944757525890432985971556253916870664050033869114
702527528774632307639477366220502124317111976697554070733311267595
581143076643508377661383937418821198728140243019592577233992497745
653599173737048234552569017468386181605906850252368717229255820454
717814319918580749491682119101061410175466753076202891546321342918
722601569145323392446783536092923925956317992477364265588541429930

```
28945714297643673232226292360240155503056432028370518644 0270320700
94133089307407897145934113546630626365872857188977005569 1796392094
08954049496757766916683128261519805386857951638874569339 6126973669
87222044985742652078573393450055218249597364838727810394 6120544515
63797961203029165947657469934154327101407474577289265442 2996600802
19143075163201211471223362886891100314198269762081161023 7200462099
13211643260706919886802864097226678090238074035935421449 9157461979
68355714813677142010284368270041034431879942143613811977 0538705702
51577675008745353928774720196545049062159447237705651061 9675999908
56948777593914911594201505099136774196405319122353927497 5510275226
21259329031592920206322743156316398835598947694912780282 5984508358
36799862035335202068546055921678655283576498156695323158 5885723872
98888221915594480378709089164856729907213738605360437121 4396169103
85695176160284757070741220885574454803861554299960111090 0089529305
61509283466502880398315529188908659028176649338550360211 3010042614
04612185620272908635851705705207750060330829518090619335 0336573369
26887231145986400466223734847362980287798810214710192458 5493748777
45311596289792540550178074749196477840674655279039319556 5813896692
54392861168127028607801649247175794769004071383841871022 9217335189
89407640808971431883089221639365968753798701420400378491 3012750100
36189355286464804238014072668778949947024252513956832936 6720126727
74688760322848694287301349973554634498410829039902461431 1248528848
25552468148762739942714989089896406588465382777488201549 8940055948
65085108465819786193302486083380072550353705752672616262 7120895748
38570781071679039632140611479857589273165206651387414183 9901415240
80694271641531248414657507367162101437285661506728048482 0945901214
11539705704846221539045505320545140864908348169336750662 8520708504
47616870476424706292519842182340567119317597738507121384 3566161200
54129148709109998133185503456755250273940560945533324261 6500497
42736992368959557120323458164445061839809446368120108418 9262133146
65672159947081981768665914883268231854601655417288345341 6704493091
66374846568976763423120189832643839103418758413624196745 7994649202
22197983459305656369275684935977671093103041411307312539 564248638
50145550075794360426654494747022596898510266337438301815 3260704636
10412035069829100774024752336575842434925980678196106766 1254989366
94745793203834801189180462399344020486054740053972919887 0648908353
27384625425978152377016539340906639616141813699362622724 2206373381
98430677526480387417719061345607086951288294213418889432 61411559837
41984309650618079924824859955747397586597917835001625124 7911768205
66112456878979546722894411612072462218215036111871960386 7594046340
81534052093195489945280136392392045582070502328159177110 7908638599
43266252683370835162218627906963513461000189272878972239 6733421122
48855253794962334805017456457141696886360100538717492882 1497469289
62534740324906591107947746995501662902714298465088391795 7439011915
44231663338727905054893157337140084303338771179398455028 8105152253
87855858852767867246546822526013941421263800251511052536 2020285088
33681167117913145351827458269079362143382873636714785502 5406183150
74263817135131076739357650065187225796621355848452519981 4004650496
64429369446264325353422704810873584386515316574783693494 3817561843
93891019209933920793591730235133613433361740937889433243 6367662102
05752064049860033947626117730659790071733843508611904667 2830919191
40548761824903540960361117175873842829531071297887413006 7815729007
18720285253473736830526838820885190065288899206711414175 6148218048
59030161269936302200424573036545063083444521271814048110 6462655021
83349180872813431700059389454647778071780075541159447956 6368752313
02809685638497664674164239794038097802400682239304397514 8776185510
14680749244431304936842402797966380697010721859444694667 5695263158
83828526261340027805651395416472679784720187392873431743 1956342714
```

686128687031868026805130778331133364970514243458619433993760383134
891953616522198571734006026268164233315262753256152699866044674282
100016307871335675641760570610365397244034349964075523914459700042
488278070090182478520476973060681827286895011123040202596546463916
882653440624513894380086858263099263707383047836303898086010994899
412575125614015344638442370874909562441301959987563891046520966754
587766008659039521526930724947593463765524999573981368704682383578
222135022751562771743922399554134549014307806588887145132813370761
485025768523236382933147428059668809646209984224762074394269002794
291723758974789327985624247296590853215947205332369490434027966266
307402731316432230471242896578160810904602256804488197247067993494
893743915075505173557882736746630113365128062806763873894435107340
477854284494581032402153026889267092892734321622288665308079172552
536648253192224860467190401188149796691897238390489921449906378342
247258297448757138716393766038353195822125838995005317567009552936
485078884042900036232460798510809447041187766965698527002242365421
484082307424965912899096508885363087254327321514159891816287567811
307051625685105581512671359344832178026783508960472580054261710332
895188363891032447371674832059178733650962829745596943462409255652
816656642813369025930758740440023467313737677792486726102625840368
808169386094183043542160512328994311377533910651173174257919038774
427555774666030406620099040630426051492029870431846013273895090998
152703064336944690410044571202235451171011328756403959370242331710
298393490082072739036495979673246070117441657434325499611780691764
675964746879791515572781516247306058334526364851289816778469808818
991132100393955511186968360232676578194608392777588773560940755982
917754280861145433013590045524655124291004911372889566068671895355
711890373330064908975683351650049482437502013368515728499636967464
259149536037394115496098234431435109320221809709359780329549759598
895081104350136062164200304054253525182009155876233217544217588085
941929940166160003634391015340094039861381614185296591895827468622
176004007540224052349144874115414450603504256362329696036597208236
492559421476520771374574795122002325330757727354406667254606385566
002002468570446003727540392329608743253281392448927596263699974608
198030761215869443681254346476005823451709865886875789643460227054
800708379004133051417219265941576156879115019134029748585051714860
817315609739898187117889639975438593851481271228565920278693528607
609610014500468682814330810028800342379908031603885040608297629418
230827838086035227249810236770590604646347730952402490251187179864
243391902530458957320390858507871952255017770376521626642185281981
740507340026663725152809340520811671011269698677937225985693349519
432693201259024230765182777135271884472532778020551144835864447823
011547118441835229325114932572698861749122603284020727778843300201
824351288952626434850401801176692189400301384623039255957312898153
724381695307731589478556460254890123359844526030584211078366417704
984380422727756181463614970822052978940468419642105195952976344279
449380087623752745873654043686032392568120396815397806203184411751
734063549646449468864312900565992397103980260552719134441217649315
767012502328215868291339917094347218601990614994727041937223244811
365777364784334202259996962798552988234835813451982181425675924349
886313315764355498522016187470094484862457290141545591894888707730
437495867207924838385743401098250062896166079971094418369987478443
956767929238886241602443690271546527600224939349036905471674482965
770830739242100152832723376093569239903388244656012980079191764 30
314202194237399396437444250881398720311047330446839944062988196979
371975777353254193649997033298030950573019449051768134116524 4535932
990515291198614709570353745265578742451856888960135130446546702707
588099460903301835695366013279171787944495410156034369228 6480222247

```
04476758696090322096842256361340563483682971743439491345035015456
271211307069128196826386733221318404444149770373845094446175483054
368993606820580388987724741195238929242163746784562498542798503144
932995331585543002766715402629626516695809146078810174714306991744
199865847329040165535666585762630805024149558847753348985236467223
934163656532479436451005902522586321364641258499846796161843552340
352324721110521226636091573602713021329448208976614103780709193655
802622181784957122075851190422878000874592867736276332300969043780
313708952520766671757271829986143936555118371669223725419466798082
166668111039566043933750372807554514848068166043674678943264045371
156658637505315120812713275492053068222000525692985014308858791838
338588872261667756834554600420387321665037563085408359999738344420
318792535151098838338539003290965874054873985297296837997229366601
292312307160205509733909360503459039551443505307798616792471614144
327074762450851301978973869927099332578952464554750676366826464527
152552254333880535483627391626239252966766458754894673447577273356
013838273729005393896656592230598571048482774398049720583821115538
200989209661369468931771991114747170373374826981059627061291313996
060882187721485255788982496057151197409955071399286692015456583834
310142603080858688493271922984158950926435718314092471047051845128
758699884109287359028743120393437627985164110324412262926311001109
691495544503094533576921409803315676548064212577277675625253662101
080506368182957928716083982340214720353625982063645520085231280580
032671686683448151104637370484997348399072102721190358008843242221
164334445080022597795281797172269973237438645179469844576480639489
491833438525180428786932632752902447890475937940428598452749922277
972100023891121548938323913828729899317311947617390611504472827928
769110237647550252257173219481814737063013088417889819598162999541
083390244410692706737595956997119535930938496110286574076506367694
490893018558649870372897272343345722492789153260922324770228772629
642491769808030278236217239379885400503625715548875361008901145686
498282437678150512482820550492067614725271465218966300496885795997
677522593974060305110289858039626218819712821705192632230895174681
586477249400663476252399854173196026161036924195715977601971694902
399328727439746588043656593649688016852863977515522475999764941859
502680405006409698435113073797110441197918005746465493078021521252
981008731406046947356590646892418148391263600007362471055648198258
938088745764536277429937681358765419179735722961270008929684713696
493683678963525182303891310399263375859652579616496449908909552435
508658902553027859907755325901273060023553112413722883395464048657
778331615768298615178650924137474237208870130880543952259278853023
943092165956490984077060594261296282479677881113533262952874797579
409878835566787900429195451576744148678404482363922335095660072754
793914016971072318582441279892333882002377940639757536572516250133
163672644359159774750611925713016230090973745100474527618016380709
677370094376805966714229413589600824755383245974803932060796044905
017692070585123672619845895683093796806254340250957462165951887975
505779654919550494928671233251337556738716057356380028942990248851
218801240568679236189247556048248749553282638731464641642059885385
147743343317259129731711974000426498722243810614211032749924136371
337547432406296672518156579138643702562024303964790489005044298526
244657566236218820854094942368505732727377762283655293864213194617
526062604999062547968847458530441305937394727793077535078193557627
344106921558940727573628596944966388909215851327061017106149797620
538570852812095752763294985766777194759352152421676877868173437055
674237402436509635179971533020571431114640135864028290245151732610
767169202225500633762431074161787476243110180290133180972231123824
004466527025579134333864823384782408364150914263032146655473661759
```

6256169665943312066598512767046145043556505676323192723803451402534
5421280961853640658606595686500900542984050046093548530620626770470
6584564323035557962139704012841450711551329589154551669286582783894
0339152992238823329025388857260584924330742050480774965818966106090
1810585454197932480203796556828039992614596920546380587713649031480
7744048091127428165482419174572111024497423161561692475479084730753
1663266098195237956764638767882534315088220817956674771470680163510
0596475683188983249712046092085569971337574144650469347830224327100
0384214768793221424857135656462834010324241282632765420816089448070
0169154954190788990858389973870706701541666533841958350716971451930
4192037445743820510407777297327360839324163745628589224133765386360
7495504954305663770843450836517700464664638153286744482262904960180
4686050368834407760844823970025677621323572137726913923930959252370
9422056676983704392607890348267373474545283328576599177610125695553
5019262055179939802157103124143114530230698589870103035894212885230
1515064441420652849534936220244215603285094454454628741407401845080
5733373435077630594261225019252553251299186342147658214038307979520
7387376105273026392418224264154215090646009883184415256430726001460
8614601161949130240366938247501714189422592020806707745491575953840
5423781388607021786642478602868245538257060700785282733222651056350
3445664908743615822952264506909608316956172605265253491502070413800
2190340057017883118312374199817868723882510105974751202349065416840
0157335014317837335248193861982871799710861170481956079258642819560
1977024967004211000953800473880392004724546787309062927968600542680
2022838886684029083133520768865052779186562901289213124031511478400
4650007571261779711587696003625917889958455320352877641847839786310
6650707375096690883613167391476683106804830017611360594125583902610
8497547666962172853403585921903452376715116431337260067105594143590
3321358059343196515463231783380908185782331957168023225636454354650
7396538915851269617268356652954529933665361650739802987340183886460
1244163651746666989389248273782645426314272038650117553097617558073
3454310267608916815162421264870580775063592788200735717780569088081
6079843345659706100924240360984178262541720215278830719157976674028
8514505877381337614484000839126439568917135693227613352816047973025
6116480024364781339419493199814446345033897730483079017221897876114
1526758491378276713640481452241700976380245927541667269859014203411
1588045151837936470769448992165195823326382816833363255130234263516
9444008445773426489193207412771550956432261038689103857009585219216
2848418498827326865547042366752750752984312290873054198395044089420
2141667808219680982797670774928984971242388093354144951082942562973
2782669230041011618064786854216339301274558922324247867491607615769
5411688302134542171596584609084801971969494872285422924913322695771
8991065219268235209734285293627988609211679170762948584749614997835
9834308720070047710218568974412617231091035586226249946839024978024
8231061077389080430317290598477045224303210033049575696595557590980
8897187735513274829633988645718778469106403556448961252735144868231
0530027781884310676814363488368688151979359194805864518378586597310
2712078058781768283476422045804174854652725579259321275422093550670
9152174607418634501047954448472804322875904278532798925864532242985
2338633257207854943441007130491816007509571981783809560002874758275
5714595912142379824103442011990429800083484667984779173667633916755
9812330736044998178330002714620794715396260742401905177826968287930
7334273726355455968205132147577968851655215785638215061003757442106
8786981759087972310547187859794509341635317309713427557368480465493
6846085893279519387805483535183845795512788897107538526481259181979
5227144673148897830668144129480904387647541720328836793153948731927
8428206140837821111238551859257372026423446466169852063384534060008
552668716999882546853183684501164335422424

```
67663197456134600849630856057453735903033205858460474211719831580
072893001356115756207174231489330479644746806496381293164292352358
113902966994946800145068838572950498800317429475562367674376499424
361295901887816363422319493407258497317389718473874274935509850647
269696844126520678050219420428761073628889385885038732456855643881
657884628098866182032035782303338009930591300723334132345096025973
746052004357099860029814550957846283200151357359254602735159675644
163653011226471278640324482400773799691764665060238733966563567934
039835656807221965404885119322488205427980912971100770045002277546
120661716691559139809765659822716963173713238023308189464381281348
664524959959544573599602734037495319810341373545859961495498360917
612628539530787384570759463293037148822519303817175115438350026708
995826545263811037252548877439260135406025221454919816995798737164
535132550990520879677994407822530807758169956027111277585448684402
760529394514288800290953802848541101226157784149158140774999841496
292240198891308317859666915388229009946947450247844902571367356972
639792830403286063454681985901408677414089210890401057657503110419
221614941874314587847613674773918305353143832266954538329922394045
613360601782141188650929220792949664091216003590511538805649216270
544641912365189082065327758919973892229390120026823222236977367233
003938217236746530526507439140683094747321260320884009899014802678
019948268585535148065705391400576934547136732038757724513069759606
056795390037265846113845113230645833725058053167934472599430552175
008531778636339819472177438498394166462144855051887706616890278874
741977750727859461678481964887923839242970123021952643848769171169
294191367645398975302213189442746898644511952336113580869952565738
499513227344858932311386797831195178438771350648230787048299803447
155070141882053104142668229481600816095024682359788933239467695015
594757502235926020424722638494100311367044097453658610308012059308
927527610728526394257529284362186377642535427818993064800665696367
275161697181990722601937571168925947974476124876288821798650136747
507500638323479883964977400488412357566686571614215831108473609139
345000273200513079812815702225616906552683303083665638141347007081
942216648482210415934349190820405640859522403880037807349261650300
231717999314825929118003774744659501565939981386238692869062652382
061233623674596407209835077011082990790280690341091750963573145618
231904447704954866187160692280303501373595224123316964183487990807
480804086899822172755131619587809677521653989830962034894093683856
539421196123081021103471051742416434655171920779277138529506026751
864243969265536723344784100681455951149036782838817570535380038946
002769070563127023230141413066316801746797335097254146260959957881
594107278065966542285301608309809482798087779954151330634185197787
230301266392253999559413949621100419546078252067442508032881805033
938921875652444516995541376477841671637307558479723386593926352240
182260803169276708468269071288406191974911765628699969084970730823
375647797687484667530526919298507928036681821437679607305087380808
301446429759825417007864397304961083418619696619596322018403591635
634118435818598205141363191530912517440662404939092451358851907627
068893662709905594646893766800692046828363046250164021027437917854
480248512861821612512114570003573467406925367903689095025923989154
817162254182524520806003906004061554058929077320687309580061749971
920364712097884192446670920444974987482408865905266935889487752575
164013543674237920145307220235357683454468120686659513932726355927
699659957377744110379091071568358658465622085862107139549354539122
567328062952751900754940904896394388806425455707262211593631243949
164597256491018425754082200472288884663451280304483190178400740116
764773956154364713952355819997693590108417752197336203083262576165
968411936614585331142075321195292766971704206705185984249976283460
```

412316390812279089005602391472762547230446561373891934829119845493
060944629450961591153675525286261059127121220414468417749781863050
111297400394111935081890835733329055114407430444467585330390819867
745858706466753105873320444866438195473708480984019014571108015111
144466295074606523305173459452577257589307863700719576792849542202
391372656825993183849635737174554050387357805408322354286682509834
074246191721241065928405281116620092328296030172136384928510477358
529839208709892631698435885742206374457995610541443705248822335802
675674609925440227768400935931817775078576733453207311853083797369
573820246047450096045240556006415683554046864181064155915986925744
890303471460863686842071415295195399688863994416298501262198265478
995063129214796056471849993133924449529728833783355225306656081139
111557599979071382892418737574090519324118083275321057583443407862
876642948811335953007811514259578279640928378127631674688525323298
028567924732045320938542101580714740180947946116048627767867343775
751143759233304925499457206276842336439469327017336108444018756535
693160788031270156774329211095460374669864630589643299619579908391
638851073583655397358685803947562940402286352096347217039450470385
257108531336244754542001052596712178357874633359416592323562570393
312801881799348769808508853873790156788859249599338041045070095668
197806890979130475312701446911990817138057938235367271579787439956
478915490640769381923678366723218190582136399034973143981196742174
048660691965065868831513483401876813467904264395573859006548375807
152818128951074144096045017043965485359053827804348135830772445160
037860973737431472179402649530772942955247321642858586419313390462
255573142876790225334478768885637977093220704754382447137072108172
807262161922034516766385698542146002937106613178446743494946034274
590970779402571198873753139912381326000956320636823628583078987415
322744621275917935463214921585631006889095807780605937282837240660
451733814756940668968790744643728903240457174689316227991526076700
874957946365529810800605632053593234614913221150818691711550065566
655477454978755929060742276192490131286777580134210840162883087292
122615776509522101508044663744032978226504795848394929088091378349
110527018915866659781539522433630203819430779722100749295291901417
577525169929771479350013718996448891152064736296676121821839308489
926024600418991546699738521967567293096434216988980634192953311166
015202689067552639251081017259294741159705724670208362379144576573
076310550469479661341506294987476166418457078238555743704747405720
187095339272312325000336576544182150162660235171847267215331210750
964015851018981377491426545299866692087088903694910230493046303417
508983514679902569728765115044510267583560834962773334541439538796
196861122862718377702626499995437897566186384522424473949249215054
851012216707555240510210387330028459361318458442786733823142617697
356364270842120283188436738192834713195087173122191012031672114110
939589992288467480174165676099378781968770763447597018787011536350
704268062034322219624818967910905627992687206315734435950789785292
306967195110433305566783849538409612527795838910548796848486208679
717493008452144359425346200112410842665667586897808277627684013469
829419295802033057400474913978971059122642210407325578913140477467
095216337310954671071478824347469732253620897184341401689515209329
372895796179900974531322807631818289943318969568953047237039953890
583965748355015081947010033649460754156809390948275449981181003115
143112437162060285082116771605290150303839981778749861963500489080
522089690682794915503815722397466511442040712132800560653624460196
857385732581380945079434740660360543591168103854745541390100521085
682696417436459269757301112314276156916406438293041441912580970015
014762604508430299473977704434060255848315518370986210437182444909
324499909412396968072735574990974754392902557984797093482190328085

```
05910233185056595885693410369752178796616771042304942352351086300728128713214793278040206646142623007856140840325983489255712085118985382238513620972879195187746506418610105011000152392140198811550103331906715391496612736381353490620189880118606264888141694352927513020120744485069394971565696370052810443645796540085580441624842571854483720866433386657525228581094828921725783915819147691364603268447620225583378843070662682013656256706042916609673993739633372559817540236901883535300799015939672492877457231001781338885062942677684523610642620854720708060536737626847668768462104365662552545771558209684895512560427094838699004537060236388671367910424911491996301475646726002794069393629208526804159391655694283101370172150024613412555388032120174802466199405716025981142053849733099095858647713112190057785168213546567692543695868395539592269791198151056786242787386355969635159652578010088777516139485947653028933659176240229706578369853607110049534756757228407933874696396982052754885413863809128046556795786738024779624558074935723887491817201030089198899932379533927562492951430639175417565236205655375337478403547514349918016962421277305751753172714089928417997105437997664693048399857656970388916180268894828664983964738224030523683858791765498736162847160152275110555356422709303412906341214050374706538761104405763127767768795582839693606879749299247305575701450712864877603721671366639964795168121815089563593221450808534862645244138042319376365335527483533321558341288886647780139622494602435843022305917574155275447784716651515806015968314346993860224116703396103314344414215237812127052900415296832835814274572054807634173997685403211427870270994658214566961420493586005178320307495998499945367759639015443329837295987702158798404530424172368853956543113249128001668861432133590181459881534511564969308722687998154401637903625847449402767622314058383024632327835558970491228763755160993522863875094286470923454896604043955282969394632732961945392634125404358306491272796994144257715378660212159628384800807764860068442119512842811118606563381627587966850467909393030243819414713450444610996238141708045889385979634382447612009431475013914511029035345846423398665337750340328875117844562170190700826875371234894254845267952905967289911416216871720725278954130366253131216168718400290849140108824741929033100395853328090305689816195958416403500881838354477661617640834335657628291603652785505334292017344442399991298215606563923309683123260611349847459047534817572479352289989350094349507539637348289115471101729844079071163848822988417921854283174985756016443562226461225946402830864776638735945988424504709908678771675009139300382117519811184256499449961925019393804725337399459333773125252463064043429925100636277264404252212933536398388871255865028214839351953782912192325132955047942707747981757306909813981758364267491567563803402416350300899745884664455951052637730388753348734402177258548165703260033562049041773557909734759843947599584542976546367412107535150701385121261710170943881638681800325344560780113893154572325876316875914141839336568222962466009146205514597833791156464792666354362782330254858219782070997473109160351106470097487400073152222876647396291277862184468355500202043071914200728462790183186397870257027722687823910369724454864110588891669111059220294449329436270354133098805268800879346170956304846028827660119070894073002820066435986694309912883866952379298662817889842726970488860447376760942026153771779179096775127871974710440809155990679190772341720880805990428600454545675142277138473782341100531182443063238871528440862687566050697234784773621962023765844110337215904381189469829313069286115985645313989313994899983304400924228379125175552174621891287605139468988472677187466504785270664362574831916908491537125880541454036326747869539649103724005746130220293199503101987750602
```

8802379750025521574996446424533498859159093695439580845280450004936
6398305637822541056262416832173011323746636508183215513904980119391
9962514820348523360352029798922437731111500916585701032600353644444
7517742469891589357347056587514976256326803969581696949039759946100
6397634323054227213087624668573467046062234937841991983801309993928
0236522741919860542642497117922820503705375874271366672714855530946
0807796290809358385465468349840363555216845703430350063410235028533
4877663530471250688440872326675905655793347845911332126078901928699
8099359636775783128957269704288379935513039269512405891998449060466
3192776299056460394768756527761889878075082021154853642537919707544
7290711263442813605992811917357099215255551980276056037180905189002
0718577350555232713913962501594272539302371864450176617835950053677
4245283533462966004008468072728533180835272486343316020649687387399
2161609559277707472091863836191285755719394844572279339098413065944
0599965126384799973332898272447135236300117319458797298546955749666
4148606783193641212157264534076580706689602531854014782487479728066
3120191667380722377639208723247542101321740219317052468831195661300
3656707030521912378617793925690762722384770505239270622228374942388
1430610344037798238210887741439631390151070820312754566079546433711
3534599280628719694697255592487623405608599760254233805356029198699
9095607613736827707044286670464122474056996749209859838361282936500
6774498024522167809570099379281101073932308678935464775565148775077
4794665008756926950491325561264280600598839499155162576408277981600
0572755744396120181474978004513217821297863743751099747767337631313
4440669322169897906481415224596057960363749293853905804580982603555
6819528939522166957415642204303664372299146967604386441942130136755
9001693242269349130492467027077824818455231134611034534892733150600
0012302853833423036382471550255513687456321669366560044411642455569
8182319274119450827968704694176702966019507450249851652980618680555
4638134752513843327899199609271085812200893576622256979935986992200
1499254647176821012765199595978247005014221747545861942960392394599
0928828418146877484191361418987382812648355343241016964934655262955
3455634617083351095016806940228675056776344571474132177751673062077
7821877064922444475208280009834255704577849191916884176771786886300
3321268954919764573940753700988371400487025429260329638779287543777
0695604373399901002948526381500326289972855113010369858193267448855
0522284219180545540822774752760746538989050643747981698347177749077
6103760062828906194576396781299288020027596729449861547706520473211
9541890296708583780605695026885991520228616831779318138111337008466
6482823164294019403501667489299392408705756479425131999586127833099
7352653843359384167524753096842469778191862434377115599252828273111
3295136978782140742545163126864523275780821743915421468894359097733
1815658022057964044194212253701479918927885379033777432873409551177
4137835201919791527965001393868848556937474821612927167295727856388
4738632469385840529246749040224134389518832380107931460183429162166
3319657370015979427390045000638416513145176559085970026470032213022
2198522497413915779529879290963497289851176018113744692209425310311
3138344961355993181788354416471450387855471665976982467247974403111
6606061989122504156909044764662457128363820616674275647027759689744
6278418105147670135804259038575306203657293784016491669482713592855
6927354306769178867000492202732316264040702550279562093496216227333
8619486811060844935895601787058883133844172887638909315374072400077
2802532562764284026486565019686979744304259225849580474179227925344
0055252474495023408392656172390930942300609366303234802021086788688
0896591816847927368330143271469568445704936542127385236419762748944
1760376029752016153593894487622023573913546834272594628295090576511
4319420959551607261274135359833191841235784196421342887256687389700
8438311410465856003768822032463086565154107992964690465777706523795

```
05345960246149402061560544843064378729945258226263609197006342 3456
958121081018804294851368286739852132534519851986806527920161753896
561841182522425296893463498323878626573832248821467182212392161452
163325275670017042893990524654825877851241251856125788689455531665
497546430475350319035590232143812858179275339840124608238907170546
058359605867719902183465283057186827751076250665370945298883021196
273029315889270847570148568998529665057338471038620599638943 20941
335957796447699221415378655112464853794392540736219275246848238284
997312571864576555150869582415134979815701743782733663799343065090
606498092983863033353942502182256638127320974354662244588764349940
735538863587706720633681111322942298365405268821561270245962885723
548264218314546143319125458331181255979147364840129146862219867375
818977195188232785208093327828052850343881380195284554650513932469
026911560267684358544393507628566726126650839453589830932080370010
789324365829155080132238129887146480913564402924712524410024525254
450802324615782206358687167110556932854380162468346196749237552277
513105100126776057643879915719948597065176021389146406317350223384
643458394835435027981902728797303202850846884019875949870378146179
668646287546670399896304248334225490492446701329392472583236231531
199712398944621765884271933825466621610382140069902302774264438571
417574587943978979594815804972905977772621874827919154213901567104
042498796038383987308071550425303932011381726233669143418847662675
503258634492672941635544061641605812600689785048902465409536738448
508044199481231522643777835892801077052872357981319176422544079026
297752232994316244056822824048979585862042095903016753077009841255
041439517370577205755550817551260179018120073513341772372476220812
000860440795123951426598964340376424506082959966615608890385710684
640291412717376571513488794464268910769410895310119099929995630930
905035222777232629147014017864451463531187383784955438825 00856927
308783947452874920176886447311783104110199160063149881892999061015
277816870842162138183955707918405119806759776959987531377577268878
910886459165446898313347423547929805191092151468307163238553510387
271875446767082952974905345953765259319251659451479336850638167973
478663688327078954395966772983270966800627905395999829457773168238
326073880180654102514617216288678835870661909367729796642225593369
082458671032121453015761406563848832046204655115731003310627177636
632725355105114011372947974242341799659537348942142140023658440811
338831976175255058900924545313775605884224762865238760627246990302
126704707809451241471629455702704018998666320179842300550700 8440
753327962569991771876542652570331254951397086494471914527294488305
094601841529556251474040952579800990146338379776902129394085310248
856156735060633863492368448950752823340100752025828306207113719059
426781552141092186057054209610307132937255536822579473558746256777
651645331092982287602837922593025131851658133770605209210865756174
301233428908469922349735151163142174525426713978924805002517223209
082124574110776116353591686046523764118520831045560051390958949873
097070872311142547023121673320381085480920178739148793448883726854
568921487783039001654774176228126058072835541533136900793139630006
376970200762535050726123344151011142807093681940223698999130824742
465401270194011322299993204833287467135538349457963583689928862329
043972258449381710772590580394971625950663691604242881282548386971
596653055474254354559734332016501747169426140864138038046659532238
806099596893049398139891441778108044017768041263118730703803284078
136515237865950551008740358384973781723210016623052721994787990743
605742314099283345866153030265910880284894388262719286059268854625
261181150655431439186047386383201495201419924016510173976740922604
325484294565925858177689977165202674986419890749336425882430300822
991408842303703349200032109476423574937082515388359612855402857151
```

19996841213095132976010606223844678533043036052833245947715175211091321846929689013599203990675174666377175408931626352691592231667585283815133095733518294423401948575999288757158961137352500733529944686451772778107293555066200111662786406845834742122015354618427456277813956310035038009018522203997262759054682726991437536006586551263453165342239940332569876199032700182932290453802164698053155309882953376189673095344571303771285992545818022726137465569058225957869209898046116740093917323357544514241815594279041648405012175275111622248413764879352894876891106208346787576323688199506508172349368185004920139539693115045084063183316979565001151633008378271107497728604641519331149777186200581721183571765889164635570184488733065674121671104599185285061221968011073225482951877407666997960230384720072533276005946786952679051431952573547714111157306283794871723879901011073719703379511138790244228576611951347093824055168672986987094588552809896555090500583947977681636213599589645466936774116795236559330196254317145982816376377348304158535288710628200928673451317867057905586242287769770380335867189664400760452105077801090263740143632780046286289324312169848956969268126996557009611629781048880833322640115844498657886919891551164987759500820116547107949547616272535974431406989501434791552148701805244068880531824450548615105575082458334830601530152714103401346158717620493273768228117936382237726367695089960600576457607434908380867249533034011936473642216403187735017426283830918160337130530819470054814566633422929439437912961361179742997959789822201838204339375151390081879567578084988196711699577981480046861111020299855976962841938868761232745152462773308044657336954636549384040081977760970663913237654253918686820356685427661932684390288591996788147248350231950588774756415910641899124069125309416312561954109543530881464234340833160970495044930981167353983129373553934118732008867086710676292802662313136660983836430756156843371003247612866087421391893567521305950626336204982646550082066501877463331840481096537269399354992508460932223638918187900587249238610783215779790260035562226643917254444606289329459454295831001567300550754372474262118465163712077024599682774758902127077460823281087774656437622050892217628625949233373223067991761502464359913563816206074085843974251331593898633831027241143850753208053897338011591250879562340729139453038627070681780146819477240289396172216441758486302045164887958376109298506760537167764010412278781795500182331972605746176118837794684547320398918381170197786622080801810164834714314032925450314249522008211143307446640136242253192598750915751217391324329653494012095392865347084631588215049551680144287064948483156384372726304816947957920355668445777863829722889535344118520610069545041770445474492597086698863609934470061993886472734499279127222316585283623292536482593421073552499528548442312732204674710780642436699584238528637432273244201828343973400032241859019238030590058722292896105514993883061413500649369104739021291543977494536051080648720801311904902231107072307706242833919528937220911487783908790449596315222989682708220530489656016395945586075535222215957383495960928649204136611204987681652094163269125894048452822903607027727550910423476071510260847037204995330735661652016080315883563879622431208900709419217345047787877409407146870679225942590522751818094928229533182148904042084393337728589025366508426327725814394860195937648754924471152085966166588308595533616071705852042479775057905952120494899134627373339351797353749095540180502086242529471556100879915414706965354572999224070932580384255389746776351480895187698836463589425494284220731203645100502716078039833613170002276335732205805047209990128777689353375985741664585200763921687804857367539294950338409822939797065831425555392829591922969806877227966397293907779082178517324761087353

564189670849418232302926913249449134037576977880000852120689948851
950118704243081970477677656477051666007382064988485717104832272345
711925918065271167048969229098580751536275170955052842903922436500
482488074481318574364656698445218053666467548379873567916422013296
190351708641479733715775410615161742404449579958031556111579103087
313472099035301894999465821929921964771056882282986141014201946390
542328584438171240836332265624325123838594776356730120676441085014
753981446342859310494968693638264004641625964695149031961110485447
759191706584392706760240031145212717647083332009417568873875947770
632409980920684630534774332419452200217630004662282023808277804197
794933893918898522440855068666909872615099934327559421951361489460
327548540028247463818557430386722484814571204128940220014152688477
096246122211499922887643919191089940000764500426736360335956446442
081897852741770774513395840957604462114327655989257121246407049760
606889475217788884675365773130888483170413084708302811779259466701
208771841286594199018778750963200281102375514363561230486554615329
882829990461745177485814776012313343417313877109055770936706573655
020317579004306722930314450241991977428096762212425199286327402583
704007529728174354804106393450637326750684346881838874833235411216
634188042412330340349096757794165377908412586879828861032352788573
321553381519883058804585315346904313089809636940664181370415485931
496667115981308994408254571535523006525082284961728723967465082519
004532455823574868772006674794971216360282082052354302783865361171120
453214864879424132133170085231543372774607680663766996188951228804
910891117659551573649847388606952471668475237514464152133654892467
276122585393614841651438518691738416754348278131766314291169378550
646181716609663402912720536530254447638306533550451146415224708651
212131290099900196815169592152430391022949696439063552199065139432
163036534539747151573501445915609700314795373825072228643267911802
228545445051006686838264972907481325848087102088749505142696429373
925813677184169065452156108761573780205352795800446849136136917468
253717280353678435036189012457777583386467700487187551541811503714
129454911427269687720886195290311000652148060479389430426121125047
463622256753934768192222192006351687668258215068279880160735706110
805557861686704947486404202700061440097794418761478549764582395624
980544495512570910640270832390814460092511777876520638039371357117
644763292216214126564837394710745132290507372055423326208635230121
119230099328216475364369237906325033568253135543303478962915330449
231153809199575553294498705280190335116740752763665598147220612180
438573003072978792173568500012562331806742598872401099689698138523
973061919559283336948611903239492535944158365958161383912185419515
199265507043722245110633671266896256727586677388238790791336450938
651172201396285944786544296218326678451700207818841924009364903660
272357443728744856331087287895845848235250820156274220792392203392
045082819462261529184460706197582285213387796963236786401331304109
955645374774064577757684903513791673253218265004401500646241636404
631178277966053575667603716137442026691617218914299163923048497382
542894221998545478689482567054577120830606966401517547011398438289
931933635228885729811548286913596032428511636219222076679819006388
404842715260865907155370497185933522605711810415045793473539632763
998872325606368960841031544136421487826119285418384995743044276868
385145914918918742400661902831447985922644596334799531028630278018
311500893000765762808870776888556671136106186168996249963879937029
113619500621550959100266394298058423177896496506627565297834415149
733882552363364465203622013216280321350049361959750702691727832370
138371576432302888101329633287393824573874624509689508223833084417
619240847605102724686019144743039151080377748192387105291127959055
174988229390755127440803641693282921255378008849192870285467542546

```
6697357397053653624540072223989562013067604811339156349727760567144
9640906404511480948248685117962164044280689719576297535622361816888
5002728569433652880013184412121411238938519527851194814679016655
2840688382186958683066129590397745990561487036122898098411382006158
5914247128622986004171890645301008203279408858038576089051226987600
8642460648269485048618629651722184875183556528814663127523768706744
6675269172441672973545695673316677184928439431385995773850485061097
31380578292094499446323943060687595811900386026190492109839871969933
6474633114066294511147152055694804027987358243091859738263977134041
14160166237752693577223614775634790555275216648241460998148628132876
631187524107417432987436275385045777742542057576627393156984043856
77291438378359018235173687708804803437428632366590745228853952283577
86813472195376605008468619896263300503309360409978222914815147525771
837952813848915680491921812383604122713582961164972471080261254592059
5248651142278339115649754666274486718521875618162947119647138066877715
360854178694183861466074853653955258090169662377800006558368188471976
982444587322984453088699029933788779526571972808991597939419343675227
186634378290793682444032062463960186699049723190315024362504081305535
338306531610923789527333914369792593690728697404262340424758703379170
02214925834352410157186453983478454517589224123613673529136260171215544
108493033216442300759697110588546958695711726320379851371929401448711950
1537158791633212538307938969441274689227398610118372085142869319715028
646909873284817207387381520159116379451230101966662036445412956291903
5548105191253438713160015241247855045224548041708580097441643608403759
63801883860748953526626950353281648096816794488017615939929356306431457
1114835166747565462775942167253782296133795200482904228816599956705076
07348704290859084996849095294910463268517636522463170134879989376887799
8420929485129627852301598830153361268342991776614639254947705193020500
310550549367763391632839538955788699776971431354461013249618901917057012
0182066702116577665414605136853434511733028437410975267518355759247185
15188909168989486576041645332124170280811484675907730132725479460941550
97286789671879618012204433502968796219644048327886379960409838825362938
23039583969837394961017123582184217743974270364691125810751594526635546
46751436788687978229022955994771576430671265259718556151103574766104209
64178412476830158403397936011211878112008231745037140757004092710837435
4010891993459498375670612740971769921395411095210125083981365495620451502
436684311339897385873611306512474524232154257150917098311414008602648905
39370712774412440669076831670854240573003611786905243232054426823568650
032703030650150774804738700240267292414480020515306773270191114548987396
349292489206289712904783044926853800283148753581059970561483806926973300
968661098886378902955732473773218392968237265964099999476679557605307182
16186939459927781644525369696581224500935645899443219172791868676398557
8925399696609882487227058690249200178490271214863539553280594682884699335
78566896852991438034105283369383898081065416312507494946094474088864690
83652165710685290293790114001710418758204392619824337261561113568584173
0762865206310031274971446997819103881992609016646179754069102972565847469
0450719524494658335276417463995178861690567326593163341245854517825808244
90071885017851428871766720831159955592926726211782561190445950693489617572
283250711475204412767765750508689367098033666867867986680958454163564504
5670009828213046712442375802553358494967834550276310756161856761102420062
29086221786801124345915647756613627310796173252346814090700110500979458634
5724419026620057736717904612327442085379760972626868770094642272586850071
636459572360638163384749434997520654319048826875825350515691074271345868
41794569558271770980275281686202031319544359749164686549228763080466621431
318534173986503522645190258054531
```

```
72423793197133547989443130184302401189808568284287635611511359254501759006609029317534197237037316626763104552677057284108266195395396768023500467639232238198895390409926916785915668921976462053713869576979999088841317689151137434627023755761356023595321292951339330688041066225809559753015227590711430726120998040611204959544702529022458298103260460366610790784614562477180721220945378224379608920847836988153399857843835847623311114552944993163589565451707434941008645637568236524522552890279717199986729963816213783471325388298076612871462553478352971463013937978843229852958454395196768038647708119996215817080944398958038250707113582707983347809856610300809248363340106643785171705008672856057256658249006303816659250276035940142072432533503290715340643720991049554417219296172851893187876675409135877109975306839422832961708480658343497111814009227825302615934813947551736035584089426647493309584619986206812924842999006904953095601991673592700342277058077772579429891924835075000262535753826874832363422767248087114413930325764451626363014157737299135855264761831061547505505435003978879153453277021596044566357030677066100192017932140171479697167384697333397070560585989228309253129526494279536183676079287994017708601760847530393479112478861239694532982336275032741764624321782050586312100328081025353090522811213357690673482789377192908366864035028279947062486247688670440208595385347241370469282593722752895964155974991677578726870096143793390912193869911363019731897109456037301611109766624424400181780650555724623398592568655386116826127043340700951800886897139894921319480765456160954465122643149669349697436169839616874112409269250879164951012251867524836356160571234863846892796456667649848464767165046561266990865485403705281050282325415823196482458286149790041803457596958657165789359912026924047544686256265670714416277114320705726232045705864254864853864287183259235882721005017819259103218621025254290610641964932197384822924672145088027677363100251061465898752818456725920500790060992633179350293026339149754788980559159838740722820121116031847446073130926422360572014068318740741436847356693028138596844963678163554669045752531854826599116179188647506992213268380788802178150798752627095916528280767673143687407626055402771583328466679056225244150316045686489418112599997950353070728399541880040621837690405286046378220683553744365548569477836150626359899363478702790903099746277218424110017648215901270567118208766878227576467699428541130542428469796771293655637190811243475249918894104423899887655814909816313382834439867883056142206994865643705634568169510209714342381265370529023114891741626975984689067549381513688231255317855349374611505045803566781944318476851348291726795304651549598075641168998237936826545225447682319382165559881689756544989847223360804023621521263789857002732047970983507338475588088526560046011136366410695357973449086862143285777692977138838668754917368355359148530578245719109983029831395137570525256209580954017897695413946151720261764966079521063305486458118903323277535560804209288079548131044308314254117564693796449370088051788439064650598699529934562288497813679005684246906689823480376722839141414639383441970505255527456615243070311689399586409521846800689011361913009089342682782883757056395195330125180182350049293106972725805703196643197756434141864919570951944115202257960157942174332998712495398481643215884016823180156768220588903344340576906238372620605419470830269886808831940015177925067757175174593722384717722050820930704159311736220200038813060788840091177396641888367333204465296464459344197685964281262445125625778863231538319095654286792308345124027616888359652510288292547017458850877854674323354131435813989005234227038800607714317834252668029966525159580526739682566297578541127324599996348271937105702177267790883005849073633640131647993683784
```

```
7809427547616082779063539802635477089489921777344518972910084616649
0569126445840049207083085260645566055418879410176891602772833372571
5292633912480905600028233792017752640689351180449779199732378020380
0548451534642144112157409261171753177525342523126565278956547994954
4999966134186685611371726575357616124675639363634658529021988359358
3139219249139341864245413593442816603840579430340585830595161258412
0866417970404500557090151031427979014579958567197456136453537244575
3259717624162216656098154776510792433284597303502214180191043778487
2406174681283719961462839166425348030966724024117848379051186988338
3917902679307649564913279665781977169564574759333133134262607748971
3671970058790516411057560860390392686582634870634540551576313986167
6381077414451225941285507544942159529485739898630568471553514877119
3322794310386006628760697072692238839211010422054182314187838700284
7488883890566750633122209205148078706136108428374406008904461466797
3715826720291116842293247482478917896858777805977609418186443163400
2885026453644551355067121340118869078555749941020501202058436935943
8333843142118798496695796671231829694191171815804943525795240601837
5850997934371130880264021542881644344306720286303061244985371567180
9096783674127520201113454134998391711172535385170214243067321000314
4137288710554407895824702376490475232030970596062076120274233173017
6569032003677492694227330322757762751700794150691302352338229522938
0423742991955311001375700873574048960493014910013105148285638699842
9294173647557855294153337949392024402317194271602902312715943693646
1304778015704697510260615433560235322727132552378164940552536518894
6498390345178857443963543580134349760271473843855119847810892866822
9457725753597842954543499095269077618698050126097324257566739651664
1860943350384149618387370350938070380101695366304616092407294232113
7335372256317992452086818271670641961004506900017835172681539217865
8474812406988299439446928475392120476967040089175169800447350134011
3780055210563049882543493206799641734183811320822606619087198336021
7148256562393710727708004426030257864375469141406467379988133306274
9804340488444339372858514209290714069313278515053469681273452320463
6356663009170263359763238861424438018824049100851015825229325655672
7930099661715167571103702279090057724322645193485395815336762018043
0790663469385952282763485280737392669541534068128659434699569118047
2437660893831562192438656410313134058911508072193286739168823814944
7760719920810354753884234538967326548496844080635106715752371203075
0328876853691661238860177353540400910880395892751210025497166937079
7871866429220140145588245623424144670313230350128103244201632163057
6537713870990527259684940878298118615258884925272186032895221824026
2829832327008176345561299714577465837854724296746182466438490297865
3007763159379196442547839488282680655017633162340101463270947259720
1882333538813353025456539046348310517300849704261537367640620330137
9064787387371214645255533658355828253129869085396002636689072550568
2714100041735228984821717599940268074649141888703063814711532964678
9559318086512230266369972047113174786349052776694142734227232795808
7000259828052580137853878320031180872150984623227074316277615294128
0404273173876699769554819153808427735709328137376056176693707288061
2119558068900815993982648764512003321785648698432090637602562999928
8897307612477412283832696161107516489152282506445462683064172271803
3834317376581971246395144787832000935133331865522233895566025164708
1019002244674779398750108774616269889409502813107485697512863709006
5771914143770296754856231438325159503852517313664426550285981057641
8370704824060732078711770552954530969818351972929411541825195835308
3363474955997898763199425104174380877385642307717332540519763611239
0635219894917439052550024775592393944610777614131867655092406892223
0286443171562375620553253594758883418841103183260566160857078012412
132972749
```

1660000489927474140215834370124815741912988770947116933111104113046
4645731987871069570113548766016847239555580887290897174691220369255
1189724680591711257457394391145651806106080563786530895784773539111
88780952243969780018458236443954482446555627892290237229846083255
47054940682218788034731789918341605402685996748721800813207788553
8243052788952528970977080260850788175268441974747503008944242700277
730324729381969579912766676269025359762295246233268788313894840039
368170446872185101395713247675408223230437822817504981212218492381
1060720044101737240292002257194762803149945154783344703033464531633
7313152749162692772871965807579765249029624121342739474949499605885
0458288719222182437360162808616446829421784486643308194165490980505
3506193935373441844498848185595049650263222645086225208709839417955
1613729261563166641163790862599661958483269538206406102682517040499
4898838579192421686509829170475839529326011944310572999700948820000
646282506414298088578461198438509317434993315875405684618443087248
169038284969445491491211283899174426980355442566720592375940150852
8758412056238186705431189016681809717891902212293518874279092195511
5518088868901344770845777714549283578452961724874657333204316660606
413022240780940992408614861966164617915731781241135208581516991824
5541054412567621643344107017351203236836922470239475223198646809466
6576700844147762711278182037067394773027252712992031143845135201999
46347089810581466817328707877561024420480747530842041044301634872666
3326788345044502448423109177551673670760528410517521452293493248022
842648388484690020994452862646418420347221657095686434779811103662
2042605284032034121534186240396136792653976305723917678082394197388
7937369993118579045446878731500279916476825885174078440005612703422
8031312415940062560080603168967960775267805585158444773757320409866
8661508956832617959871934719108242562218826890023341053971891760366
30564713421885935991661004311956899866845470952963076078686347518
0887668213990046769273709484748663262578526322996526490290475572655
5642628171067361227793268188511621382424146385141980061848256020211
6207964774601224999669672286852450602851380061764826341859670837633
6160177178787584787211352425712748345276492317626462574367092266211
1307733555205683386054307054158740244929003575611165555716998579311
310006819332853800182877747232509141158198505769545095128707200576
5226634271771499575351994237585201083275572559101341983066117809200
8403270159630241973591496606810901929538788649629120915479131840922
7623462313114441025278015853644351302631195924384614550783343687133
2109051148727123095875777971222071836071360236141627933630276200661
5130143175584243644725271284482860833476749411206799900184731931900
469613014178604322552671008309502966151612339140072324812740694337
4848131945857018441948519546090713962540695926556536231923829498577
2212861264509463919495411072692219061756817721293282395098163294233
6973124724084346206764151658372429522369301743268413874102094132233
1590431123090085591780898098639811474243431259772730725874965450799
8846085036494035563606421360246367250297582588214239709069638947511
5852196010056708757617434222006881840186782896407971342119879894242
2005426232263910916080832822172062383218156600956376613115070352533
9431370438476406712570736598637047057472995577056332924928706676711
5784263974841648189874644206273262918091863456951408211126211183077...
7842318805504839023018238559619868972586637538368548518808900275677...
239148796757475871447704496390596664763884055513983208511051808694
6733442146964388936519874292945007963579336776306583854791344094374
98487491781105259529349460888696039617923756363527056828663233569388
7547828496049149559435581123376296279491108962728456306695903129233
73894987390646454823452653011245970936916636819842940197570396110533
01809396370767769574613416736594918684071597994097749212951447536433
35570510400490718226804775346899219219223966559889264013833854256494

1660000489927474140215834370124815741912988770947116933111104113046
4645731987871069570113548766016847239555580887290897174691220369255
1189724680591711257457394391145651806106080563786530895784773539111
88780952243969780018458236443954482446555627892290237229846083255
47054940682218788034731789918341605402685996748721800813207788553
8243052788952528970977080260850788175268441974747503008944242700277
730324729381969579912766676269025359762295246233268788313894840039
368170446872185101395713247675408223230437822817504981212218492381
10607200441017372402920022571947628031499451547833447030334645316
731315274916269277287196580757976524902962412134273947494949960588
0458288719222182437360162808616446829421784486643308194165490980500
3506193935373441844498848185595049650263222645086225208709839417955
1613729261563166641163790862599661958483269538206406102682517040499
489883857919242168650982917047583952932601194431057299970094882000
6462825064142980885784611984385093174349933158754056846184430872488
1690382849694454914912112838991744269803554425667205923759401508527
8758412056238186705431189016681809717891902212293518874279092195511
5518088868901344770845777714549283578452961724874657333204316660606
41302224078094099240861486196616461791573178124113520858151699182455
5541054412567621643344107017351203236836922470239475223198646809466
657670084414776271127818203706739477302725271299203114384513520199944
4634708981058146681732870787756102442048074753084204104430163487266
3326788345044502448423109177551673670760528410517521452293493248022
842648388484690020994452862646418420347221657095686434779811103662
20426052840320341215341862403961367926539763057239176780823941973888
7937369993118579045446878731500279916476825885174078440005612703422
8031312415940062560080603168967960775267805585158444773757320409866
8661508956832617959871934719108242562218826890023341053971891760366...

```
287750824045655818033979875280750093213251659556264896843264720950
845726942676196203246524253611380128554108098613889932317527610005
936827481891930572687927052706681650947384411241352252246216405896
697737766266947223060479259376589040545108908727196692960261564605
692234708307765972494222517344900495881032587117349851293340748288
962822868451406587059582208854635662223796926845772708006242862470
839100012713227466932910775957841160555232539427509600607608370533
448080696135747986610034569429050487428865415852057182474934302926
645020129015228508576137455210972739110882540490195467902253732559
437010933022233435336792479155486508905610315092010532977003311490
993319144158254039376710385615125897084131515152832179811625094407
838446359926982485147799826238367154228185069666716266201761609705
670948611250935942092576725027370408358338931609750567830354428400
003970020286423333532380030836727576947167063207271563288145135402
665452805370561633756575655615604568397358211272334930266571373761
578088814841695460695189245089776145827730564471156036723401373751
239113342221350995201035617764307709080447304826899917797646876003
448036444148641346346899950784555102030298886333848328181072699200
088982857193684138915398111676352370135996047767943273521946249418
339830341772752871973216535239747836661598830001870135480072549967
794815641222507319820777374949369340515926151214725240913312432853
522660950991788624206214707618144436516820590669370269728484430350
602521914049775512614504465725697123159579764295821796831320720497
667628657047131171465971689941414194155855279213291655341080358645
394236043976346169533528984633901443709771031718852633529786009866
930866984352639341843697031885743906286547106851908002382479226597
066957969129228277977600811198961917051876577047154804076234201469
014747012300723672006374794146524884800218697254454637056860047232
674220196980822142277847213930550996393066658835120573420953623270
683351905374323509642416928024349246837529131968240070383892099468
207970820508553026506084172906467894329248904022666237149391487185
204533360509281927220026678354509006721929344835718740048645258436
195009455202553385301501936082754550814836776294317346668701839896
632736870667173889783817058514355616626575305893492837995688371566
190511746934019853587525067274615771754279297665411243066168857921
466304826537623629178636344787320604811685644513319633775974521089
142064262107733716871629057910904737837639993403176101329586566017
868615084132025994391846880266009194120701567367052752104460254246
476622255379685622112998222213661949692780512346135893880093787006
445888955300930967808022056712229117324496219466336085015095949168
091194431883188755727288072604920484225726950234777273625668174264
307924072732430554923883140548639459295216734612059347331081226707
443585443063905135486124584692352772955595950816339124034488084615
557483165110280565969126047382200962429878618959522873019383292859
627993498447285095834161821543866108691365440642590891158969812989
744271470860637344088950811207925632434391216048670980372692982232
485582499570894311086376548403737521383697754037253509308684024083
186592189475434254656819933192028697364168763807805594272649094054
318608688358706239930380932489377606395880881692788217232840100800
778744685528493009535616813369878218813198796091570780060658751204
136810551501389914072160545407320984244571124078690275295563717649
969227320973453390327493842246971775604291219637940043929139399369
638343123810572712316016546238186080341693779232360806484166851670
088458007079905399019138986928867886850125467916825295729795090778
140077583729195952592307789852900953749693144648560420183072483668
164534888900616418487213140176197920673842538852960239842855401308
933923814117570120808301554188871910117122035439604125881368880489
293940966294766794056226564819392253637168630106007982286989050
```

```
3718470719552486361442452983986054972266738139927123232269791352678
1947508154247515825957071821517477933308380538542225259358687900112
0176971506948468723239775696021905302772913441798953328457172256955
9513939845008081855050284617312093463323897674396686788411629825366
4412222350542063236389978613011604606427642524721199538797765254700
9899138757333709587544460688181033307915923351694002680509969009200
1681369502875893937714949331121572415902123622515497269878580423622
4412748789986559314593826975693143055498179506531441866832732881951
1302751995672175382370571522522917889973898390630173991729947859640
7328824514805731576623972746812720692835468599720491582006549321420
6373785365377765776310542564915637728001898109944412679472769211500
9560728023628284880601982030177055736035503431347690741276028424070
0278562450186760493680921796666305062857919256903216092155038298150
7384365049568333881991420375632076289437684602476610394352022944810
1014041168409635222224465266984042964025300170064070372331719352200
0761783135003574256845231020154486184741129462404963288983640551540
5380230006576243147668415333980526779819872375955284634559435087590
7530812254078311528564591382669854061989075985920268537279230084140
7530346162184574848815554875180280750087011486020566300511079526260
2181650999704624609382003056246103553110403422874336687869698965890
5714605263601339474029550277428860048235899761603260749857047122180
4558667132271410069788469581712627149938589828585921462536869196070
8653561335684500757664674333108632471158007102508635704220042755100
2796922229828867950516039032784227388738111830329773296824160426830
2369253334343948056151302774756556422435386312834139392655972966202
6384969453375872939469025962873887401488070946338065979969831651110
9290880251192560285817304991084121641799684325236402041202666033900
6135644140131389322120287306294453261319831333565412520582119529290
3214940536488230033713781306993375262675257342720547182598519343970
1228475497423228254040766261730855917977487126298870022667410477010
6114686902870273514819887933069078040518521698287223191317558377500
5538329306419343327670587118572766871456496475004679237066771990700
6913870008711630394429748229895181509410741915838284983000890515630
3749970923445812684118905572039013809374492672632599147334552216660
5140583847415931793774701388310929207297257480726892748636254501020
2618036545799496941836305185203348583061388608915374757681450689040
8305047432310417567254444567867754056535324624426384501125401588113
3762879227914457699932454902071005719389024323158180677444472667200
3176645607682348386279213909238724304151108883374048260207564476750
7768523134578578434649845829336240746480141597946452143509285544410
4656623672600705710744294714808993054625246150539546672945745477520
2309885938349227321181401218199372897274783639130242229542283226580
1272993978869758174293364400546233397984792366191852240226254562010
0126296227425623817530051776328637553954276860419576758487868293560
5801648475164681085067253073869350186544318606782117480706710238600
6132897325712447823979443239268514685587071759326786933587685471600
3448961677611716341299667336450589792110754601830123633360691144960
4188387934121842194935378749966523797515391763059159646103471521210
4656427472391853965021316325911230816528350294868195657135887476770
2396290191693199167768645873058755288747597090159188584134023149400
4535163715820461193929536500630901968781148725200246325005859550900
7326566975940880924885276626744424667263984945494096333588544944380
5507082778660432637669558899094233921334532437458692369553584084410
5785410486788230887659149925858776134937893933817239566126732645860
0588609983313023881770669293348304804804894481441182843465637528081600
6560294729887698489519112897279950597630327730517769376782997599250
9573447528148628394441893629920990024135806002423326855203253436460
4935897752706903435988090388776483528114172898522061576657718974590
```

```
9693126904994274595857748900715017710280050510218508746333748028180
2672386637611059367212151178910066446038280924572444314173858083144
4173658768637249757501724180505564815645888269442413625697379292255
5945902050613210392317227946862868956199674192340073901316879381800
4182128317285099359198047059989085315255060611129029607455276541600
5555432346261016708812851520318516352330546845016309787686886251609
5539218201938430432205788084740784823651151685245792053763628583000
0472488949906232202771501038935424792067272180390323180854549352300
0215703224048303575168346141950451837704613129450220604923254337220
0823309566895789820800186133500506875378551738982296086457926134600
1229336427894129347237377241183471056719947498813255663024174855114
2544613530731382508017759590020575525688293535410332940582476334599
5489119148002630594112285629020991982970892267520245118222001125577
1579240733650574612758838238123948024110404490718897939017921349177
7985750287517111212449707103662889052674505062509392601996539954670
7668561456593004672173104967569904556248663389377247350889687245533
0867838193979741498390808700712484440614848824896131026973307385911
2498790374187062600105142158390408876123703653713520292948787650544
8885182853428248410038398553662313376457670923704477054434480282499
0886232209658664498591943363119205831620545310144578482233739950955
5681727341450850356502805930648292718529747212853238817532400077622
5654889901114846834623218046070717582378163621157379393336563514366
1265578824300183870597868274534862241033127098248694442254632051822
4297733063193782880524736277279010236575158387770445736380232431010
0591330252239746032544228425304763924993687412259412525344274571911
4357904261985598032355410755517179602225731007940379296322417785533
6177805088049496315873832128675554297068865951555521682850849181844
6715119760879072356978603646204109197206493004123150188837770458311
1397629187009230852681209787516650895211993782704945513992044479844
9433788484231222487672759892997895482574664348575579264603758622422
3085401606220231239583793967906186082020738486233385006386037167955
3946412827981719113119614782167000830808950785445813266954818166388
6256950925231648219178221346241417591335437979028341423778353888922
0595668461979810523192825766529383288091196687610481858896454424400
2205427489691120693335345523517307201395279545216123690563455727022
5608582660648538391808817916070760661386419533907534631042316314344
6145514954683921525457176523017627907134670298964119348104686248733
1091290588286930561548550109865716994317948320400204615028922428322
5398720403509193836454205680657981934923777973992361643392328441222
2912416131023681238412309400859555943912389026101480024118436732555
7218566928685211711743895773556713694403655341882663032196737122044
7784613967242423934382065575710146521083904110580254990574309270933
6597181213253729453276129255716033811599327295120079560078112053311
4636112722208931150147192517953524282097046383536281323733050395799
9214257143099602033906880057835187398188931411813030607371891553699
8731169760498551140763775109513049911398393241826775067861293093344
3419446004710929787141898483801103110274188437832920482839062201144
5924541976522126891453178721214513312677987845560445615959524975455
2985753522215468714898414511138425081410550130854896234243628497994
1041944000953541984782940988043650418337571950530816933625465486688
5067659486021084403208883697917857456235888145994833927128325817566
6478148930763018318845031751877025433815121721747380864741836917800
5118542713928305925515203696154426557927433409517408790292846894844
7675128182899369369638005209662580963095224478414162334706388675114
5420150413175353850000813287716280810470018834689655555443257656803
7656735020267265299682668844678106657495635099985961788943244307511
5831054977176345323806390582047731811620890740012401492008019238699
5449202136793024258024646517698310567148501978569587399755567875022
```

9661732867079490827566132163830257936527271172357649371977298818 38
7650160046960198076260717297338719586498709909968724717494761114 10
1478259018801182453610215220422049819761816353003988599978726056 0
3757975986803073314752247564007571518792201644858905540902200692 15
7100677635924985723995527632014441216849154357780055265954849998 51
2479780901999090881425545314201117411693915483314820573828041454 36
2718046468662629137358234966482875220896995836290036596212940685 48
5088790079706097153615049303070971447935664014903112055308082409 50
2443841987582416470860586489907394068754413110174450351946487233 17
6746260249006611578886109716268850323904256421665793019714233077 71
4453553878628432514336021250189909452614454005268521377177876674 94
3223919259355906514401227995323657387859633667188679821005112248 48
1754029247501366950050047596708441801263734588010662253040018506 698
1810971904908813022918728763660112598163407302581325662620787942 93
9377308834058169822940480343932468067552000853043214053837036811 96
7449736426643299033781535255022524682542776448272604906490826977 21
3886983755924420723772857806701948407548250245901366717778767945 8
2809712007470914103345397923040702124704789597241630631679390426 24
6365331538246802784629998492955829706777036736178091274486510961 31
9478375542147347260977852214220697744173339302375889154517446218 41
4658881740633219251066399862636936880015612905397748917869227522 71
8660000064868860694384334169568976191047931550407379069948054142 39
3140342772120564176101918465198316227552484709378875008888303178 63
5730728291876730356327135387492718627847836880270457848570870734 72
8184365507652351170625675594045614751081746288865138894890196169 18
7358664401789113965033124828628212773234149566257038143667039496 49
6422017426965254125031386671549257792425824718393040622119315529 39
5247295659610883491077311846506610853782237227650723300729864336 81
6764066348271265966113355194054621502427959882603393437778513689 66
5892077747703809123061987976754485388849348861517902298951335515 13
1781694479389844805510160447538729346020810564239999565313294381 81
1817949168206643422986141748886426889109104015783835789046470333 85
0624225450915261785817209601549590419019808172498633323653239962 03
5299833581288184440031231668441282092157103650031779327671655485 92
6788764291194438852182338965094495108299292607756543518139988333 50
0316594418749015738251515349117302529210911907594922425748307159 70
7103394639477290177111179548387532454308219195710971163136558511 13
3616779926745002254567461727026192658228096930167652635367978562 18
1504406855242502063277431207892459280730831609544932281990578760 42
2714125469899220372255809419313290739795298469074966884973028286 12
7683424450940254197334278386371332162982718868028770488590398165 42
6651312217466506883903438805406628761324151473649801132256835245 39
6445917788087744654570209538890575598696204337257885828876643040 148
6028813478566777522316770085281567031351708699368722839597977614 27
0430443387536740461034096265981400795953733803766082066807101929 88
0983464611253521726264746148090624508435609183266233286147657178 87
3670704326449642375583111810861353206304527313550133893258469803 96
5075894599527870986677366166565272940966270953618992380834352325 0
6453540653636670081238084314212916084893926064757504243607733700 76
9780104862268669732720613130877124288380795136823259604935462698 75
4785069760870906213944467098705043539971706828557773245561833859 67
2584152958438809541003637976907483263922322696763108630399810679 68
9234160825946605411965782508337910051764307196006691422677808031 08
6358949549126660196821689848727980997365188267877731053285059191 23
0360839038340639111365752938473873273964758695119039096129214465 78
0096562782308548525764983192372138419858188049149140812202983666 47
6256389535915309542442102381140094220105435873360217656075153784 19
8983618305840809509579232887231314482568811590029308704194884195 22

```
2515577142536019696000711634744743935005684563443769003357417602 82
5549108885215323925060878448597881672789669026317200106720647207 40
4594248900508076282339720351383460410116855895150189454592283258 69
9909935831848388833334959057125432197139992855669836826270542692 75
9878814989388955532775219571619884675840926692371227242945252439 82
5238364176386668895023936487670293181515076725859767848492337458 449
4308923193531065125047084459459822932339044945520691951947530503 59
7462788335698461320222129938974906934284023355296263560276993322 92
7250894302020639727851055890584430078972050488044129234894746728 86
7838915026228885291287429527504355650209629422473679346403525512 69
5447933149314320123748438652466578663381046029077025167406752254 70
3544717816861485292245879861896172324465895281971514061410121927 32
7569484710478372857694609245181691687995355804049841241104919757 43
9292511009593142809765921915887014638655140297759601295358470076 86
1168292264437488830903589618611266068498281807295600945732186507 39
5063439570125354825915035368957714669165095764450433626512511991 68
2040885348821839921490374688320638921958396771807212607327885619 51
3135576575243413453665708486593415984435464537694535909031407965 50
8106604946822472145183834665013178906741103928036189001441926004 51
7726990294651912262530275450380603248851883604793646322499054825 80
4957760197408544823830902887041597312047031639348365489265472302 51
5290804077270773036185182519612016624249355133908758669104232950 25
2196222742624256671592982893040431190067957041201008409478265978 83
6503276031030284843132564211053477207583503146038617532938273761 71
0329521381275669939737444185337163250635583905004764405043184655 50
5073040899038926993628862046940269584431506310889786433825298791 70
0659552819878337554177791762887619777502524906729638062184794501 40
1437110271575943654040883382581796441943083330859984775988917685 22
5290274578421689690036843713892403690325632174580396528818827581 86
7775090350407785677282152803744178285539246393030179355759496961 95
2814180998160358562272455412759745369637536195570980535234513266 57
4644682623554839759342756845834543058091598382508947389287692102 97
6887429987118954151732043580651915856132717351681114909835419221 18
2834703657288674488155998026216334728734343000146176038786590013 68
8025581277660263460014492081709590733726661036073624230859884385 25
2469347359660993796975691783492560369338961564602465312090800867 02
7278477415610360008789753367663944924562295092340663833583613251 46
3932391220211410475837363815388273912015906594748848180494898363 65
6362234854214689440077525080023077786376424808628191028182034711 83
1743730349334426177975436953771948128215642985465056109643559380 31
1477664303551338888294851698137863875130749910740463176728759532 36
5533291265947640487356284411750797139047400551332393896195551285 69
7859802047769760052520606805483520547158124294736280121908831151 20
8169368170922796178050408945578359913093476322808015149969889135 69
6881361110514023419878417059507765640482463118885901480833776111 55
2376819383063571431940964257422671435498184739540779481350877889 54
8854413001331746125100043073325401075314242536243267779801060578 34
0073046225673594886885619126692356012329843557726500006474319751 47
0222670528280388950057002152053908057026851688179096653597758126 36
8885914769419797482970011325857658785726696799680032089677189952 20
5029203490718021401691020056286547729600869263802729111469401471 19
5506772843968772487327158127480428597810302450513289974410757541 53
5707520610369102909431370692300027584895321251197846884642301068 04
4903732891922605837738861309121071177058775287031874653045525558 15
4038878565241732495736977488760767011950492894183245918218070770 06
2249502878998405996609728435314033200749819370748032083424556361 86
3165997415001581892543723584147565843571193494334859756354649191 75
2511745608308191804386335764683071924141075004094886850106059961 85
```

014204586165368969551147587396066060761951716262525023678143505929
992743236542178715953380317592362788987829491326901896017961588736
995835363153030503048325861920935222145942082074130397798738379090
640621247797034395114163048800821786819413639283924963789204424567
103999952897567048617902880627342384547397844728193551281160733812
632791742199283209721893969611128149769722842643702754075034764079
013453333133132456496302881157135538112815499523882630906800982 5704
032522248214189545731194710504933927455593513204206562153689294936
646864090563109585365986127655029652850490850254774598215669295127
371133217455907531571802909943258834053869948164099672325312246083
210899317524899234438119482066431676943205728014253352052621878287
214890835065610874192721644374574088327016759943094565014599538832
556482404066112833332293469447382298147582021317975355055545776242
963255122256361396446854997894034439749368161016591941235650173277
012122574966526646311730711573483666997513141825911584614328108578
758134217376132983820767519555975541957172396642226764547465200211
986278228782024036452599026354617705964647041183230009657954902487
137117915631899562108167542835268880911798918327001510089430933502
265509880417268148908812291287082952109766415444761833098113691278
977477122980202133212746589852634671926624555388319277144999140834
101059524872569030654767321855578141002838442058890414682109669054
337555206532913423204111494441007724598556415289012162258426352551
147078595553213609880932895069644837618776325259427108701314679076
750276325987325766791190434282627051475245364942311690421570359226
975853210231171944589747868173232156114440928449874481225597 2316167
944415034458684482061781214268917234825687477876627836168367743249
408773244948988691063112600380478865818134246210720845544736421518
472876874593713829842803509208275211768993845949109624624375453677
491827465418467347459270497448425473396257541989940808113988909617
887011452014324499056952926214021933973003160651735918939332 3587
541379546540821388091274730654354517356644909327584900617263889764
584218459134590451977008403452259990961887919339840288954323562790
608249368941546323611677529403826834623555194286330995651263696800
115648880489294626619364652318434098834586027305854133387446270545
353835020397571542522128525212821830130299332661790412226923870614
682842645748068445855575824866887213502541730937126041796912427648
131997461140265341380050202471813955693977026651364840094792620145
897591381816690481772316593805505270690768397746184553099126023123
008399979841076047829385141598878724798422390914376454307318765451
890953265023109477426368636396795651027995433045501962995102898414
290991155800188855761777033734674454678487614755250966994450659033
739301500313160838320599729844570358016495399357568734065602219921
218156704559208658030544608103653688805197213057760336977912821309
760536858060300795151760564762996410624739834969589994916851 8709749
894440934598359352326346812880259885425319651316359589443145420068
157243560539801859680943714942865566944149003491115569797346153042
368660689450470004538919216435945629122204204541554833978183611551
289833126210250769674369298551683203785418677422376337169514555308
472609142939192564006809487739878753639043132845210957787024572168
036765425369755669337691689372159682642757537449497418005416994427
085677468627943345741278193459750892923701449925344551435339662061
684616286946318834116381687326356609668442661816850878358302201726
827279515949196298894654714150300669941787908569445027324080377784
271503413853737556050507742961538376582005594220959407277510193188
046442455891294859364538378440501595920916918099209322085122672924
749205144015172216109791221026915723023656934985512430923066 03059
365779850296871735291334499724162964734825673764078783302942775073
652195965175395117328425384809993466669701185413116405189495265549

```
5008143931482664881444646402094078323539342361234953898624815016 46
2628725140684415403232410303812921202843427583407715871458381042 01
6886254561952959225028937503794382926040209740029765913066860659 52
7553275106987944541433996555161949869209406591523820117276786661 62
8344383124816662520388365762541266998454645663056269563005241453 50
8164490795914799096477820024481302876707249446871007039715991137 59
3470149710862440766515214719893306301860213050480860703451838006 27
9564187122853624232806654123242592970910977002929721219947444262 28
5433086841273379116269847520854823004156905721012202655469803567 15
4815773525190469140430937889334079783576638924079458310538093398 61
7146133213150026795797258189622905766151199162409991932632150599 82
4681596120350861961621851409553835077370973816551296513520263189 52
9392435623951453903175442236331306573901918412314589429905606842 92
5375989779182457369869473304239369233735211154133584762038181426 92
4586220681605170577372233329961192988887052130039696680004463367 18
0969237088530503608758432040275575677296700500709344562921987559 00
9851741611710104989587970844695219578481169471998915071084496263 52
5467031605791774211693822077220932352600571823423623934394111679 24
5840915260616864130025591430568111117797082777361518323078893856 67
5090928097083693313274270041040190294614437259108134835491707410 47
3230297562216932801692770491932893191411149088697243890420492218 75
8259799706756439265596940213811426712898167295742804076468583369 87
0354233990641206190892587349011664057030824007649122612850101872 93
5100246046182225683153238261980699821183840107194822899896073720 10
9075703401473266785003056258389980498071984977342319019174724659 83
7227207421085576954325059034070334050482242261430876280888342016 72
9941844956162886958921347234185767972108190546181583973331783147 9
7813928850648258250881896576169717918714150170609154500399663989 70
4484130921254691232004758442453751004184464771049347738441125798 49
6196654994341689026437129512680562302820852708780439998811778775 26
4384182314057616524661931188606904051324232395317331395144937005 68
6946093074693141642761616609318597058895663525396023775307483043 131
6525457281206579123672849821857534745553875476826027002266247481 54
6710531782539114273717207458271650962764009915847504336343182654 63
5440264040597328437116507225403265136655394981890509934793798198 58
0697821865502181327039315360049815369763298650553658774363415217 95
8775612451858034830994833708860254890152582837798366834873955709
8706627632980572519218791453602855717737671378299615779605186852 17
7462472797744589456125497437428319048153508095360334517620186222 46
0126046248802268144890302086995405340681415438518493965990384591 11
7458690409573581466833603032345644628063430524441222099497111347 02
4145602396931181520775528928748789363961892837294870079331117133 25
7969760228398317745577545861299311051810723969487657942820375588 44
6207770717323413389041519555404647557632702765338010792659045019 91
3999111486319557132221245993272985911849735013224173775276724983 32
1615737118005690929970080181244718689665787726800545551153681979 71
9882684807894522754243348703672318842103520350485308724115445938 47
5496586200922220756979932033803693719701186206867854194952555633 24
6609115865504217061767650666487720230673352128712295728646285932 92
6867706130769255514137249340019276522485394327005956196410907039 16
2084403283279898661939875924646768939114950318280834793998604665 83
7250695021325692175649023887656152401852170122116212746858948178 98
5028647447787288052235235682285203593722441279936637967428244839 64
3780680849492301720946887777425186607959324537172908026139941096 97
6765466340943127143436880658920699238896633992377814747893502809 43
7366027590036462416130091873498595963428047847369567350496512427 84
3588542222945033800113262003971584611455196041542091202354470533 82
0147803874100072252486231838881937801921658210374416709758573537 41
```

134083939552285787470682184294374504489182475143887812334555863450
776262702177165763086242091747050040170866401275592307039259902570
961549547425743327576518018968833828549557132288485916402907228197
474390843291625499233603130937725911624471648741422681576199443246
160572956060077755727121477555028219570885987610308616526997434567
736849345330753107855095203683421538202686763679904808755129976825
548332690005219503130028482569368881011500900708334010090541605439
705010448801241231425172792669780942466246160895311361541680530976
880079062255312749586495569879991888536255300611324583354828575063
694882255737304037192527978009324019657545394260194974997779469639
167367418736987987825059437117506136845125583580071465597991832278
671542835371934195490622248935956224872350015965515958203602782874
174520513574548409743275382575552195680734777891272429525285475377
416310543712273922030540663165394607929542801194972285986886262095
970577136576745769464229858567404085499316146892335485678633144181
922122136886299706540317111527979213893436282996378841327782939509
892054955684786747301183738455056131478157054163011814605181258318
152660993266856564474948642723611100639902015319341288259832107369
494952916086270297793904223632515914082470343247036819246398275 18
952691022795031493373089983779927924543941160471591197331541232099
717813372288860153630328005321283493922821942798595545541667925851
085320640320988850627815661621488128466767270416201689843688069 48
599100745257530198237645384205604722679798456326015055493416189255
332635667717529430341119018787056822355471201598295028936095633683
611856083769270231506933402659423041956204596724407701136473169496
910613049728321764084695335392064815005835018255851030854903488038
337481831944218813095847742203769522647144417245993959341190705441
636307972141768559382864112094716562019410130765693954697559964008
297600535418866178823111020172715573022550595290335013740258692854
277197466984463603029841118345183219329346621191049720611973683629
567033419427791676238341546392166558972067100211039085968668390528
173719652781392134501547568786291318328433454758072201247546748 76
828981892346880324971215786221858465238181791603387622054450261053
527730169177366478088241739088445258913852404189170539301360562050
253228909091314659975223046546496264872705050427985635524999568943
548465629053352838905240747682823469442512422052432146049691151599
502745119211568291361987775744299750819945714978774047543664667121
836718639985938647758480497379574310313556106922648893323794188621
034303009967129575625060330359032217667494155356337239116889032366
927392379605559478222318350257576956904849578355341992708004537 10
290967308048719319218734905095783279092933409790112305095355177878
797425730259126615147330971950212836644394579639594272143484791826
563859652532019504389724159269468392524242186038072871266166423738
352176839344656894225000557581315184030850597256194696235696507258
485093481378292837221706822897942641654257844542009284748645428513
828372778381335135819408279535792283988973991137735931487315643412
685577389382827974403739403858089054758537646920265668181661000376 2
245923078253690283197605974266134558262895200074717519866139348452
285860670989229139860073767216427450218418990687512821051640714206
606389587802832431977581088443726138355462961246061281033813110128
147483064925001565512390649263760563155724150594446447578971934930
991026680957081484238104884185792550051367684291351141125175793902
226258740088453641633871277575302581962372271590742555475734011936
308352925466276945714811338665484639021230369169058049540678417310
559465918598303503065831399068316976483876101199519366253613888976
226616508466733759478466304203938446589038464883472822845237953170
699411613641081944696996724440746928392364130567933923015291910836
075357808954407226578423150840588341954782356879973662184218680496

```
8764307531395163670366263754439135185429397386393035047322416695286
6543843954922710470012092173801038357609531156944976487595685772339
3959461254950830179421864512497606909585532848141303982833219574415
6994123083932663795175897709125491779731184593992615345221399614109
8349106184057736741482444133572465291503100508044625750253745275459
8551539294860423302145828071311737531913940893517121551804301704622
0554479737669667478931730962714817804320524153739850169540905116883
0681253148680904395232324376023162252504388366898685706616530661819
0456852747466558716177265851650734155065945175613667842590715951852
6492326611989419927697833028837779411117501447410422908089023660833
9194065211139323726761359788538923428288900897730547336312680332517
1091298392614849700054268616029942960963848864440600491029455039665
2917023423634660650422229602109878588006944215698577053669844841086
8673105069630296090619342316066387489900188289495125615591102404462
8205315937709684265648034603378173148140538450449907592035509064459
0990909144525972567149530282726452152739661221826041346147501028649
2244572657657545290324054714370601234431217752065777645527190011539
5334250541807539121915059837985261573370516229544119703078887431739
9891457948253499871589694378773437376751615663954647624352081865315
9751036668970777583283865057523580501714023236204182085387774679830
2950844233833110374580653641907944749706284770654767948296218866925
9068217600673139160665816078583284251386246833062603366795467912492
2303238892956877289476121515363960309406276531197669010911380487405
4937787515860827573236354566858067490627165972159902992186708613896
8951373706831731568009195548277920465055777750666888521186692976521
1039077863184433695906723502839999643239638768673203613791646686795
0311217912679120494226863196952264941526031838460165370450925925788
0042440594434946762285550854525556602069422687732189463339027671535
8202225470331223473986682708252459880123468395377635517468912253678
8123818919954637844127033241873737633256130422332711844450749742422
3782661970461040111226532758895572384985057636480494092480401111627
7087155527988407903612572788359124144608103336856769783495825697333
8399561692398900085029353534299965740696377950214085190300644954777
4735484116840551028776110864198567266226787228785939335839702878835
9545126358807626541463405148082978002699115811418605476295128819943
0838665320484267405555510253322746134221993103619477720495243388211
7850322504622922142456955550033137758428571026505201688448712793185
6374126072774114178698939715422672763228658486169677581873952946709
2943452537335065005696013460731802577679099155134503484158398467526
5057374239747147481254009357819535459734584707650074470973254939310
3595244087802427666984630842644463867363801628651193925985133419563
0392655957116711230449799232117360684897591755826316223902262248984
6228657935727962491037640382310408048197494285927024632127390069050
7498877317321885468936424389420964928566442461752642327072727933081
5571558866484163195316141117369090813201902738952842515499672243034
8902376328054372916139822725299083690889249738852299592377545012678
0887326119546163620900490104565727238121860734029185447799535289959
2119455188052138295626177408041273303794209036780753112567600804260
4950740619056487808050234373558916155389927465633076200800996912907
6100632053732312693727962007390543343746221025899572139788919097031
7550197355937869240463611160272063383384090322398941891672249406584
6038688359912725214200892792743098661635079572837905143855138729527
1129836678961619181394864073685794226166711785990514038234729140090
0979224913024997870400380541456406429066379039225230449217160958905
2028178161599011704358289134091358894393049509659960511332429448250
9836510749851489015128230584721525802518501199967290923019534159104
6634975148097657585419544419386603010239328940819094792784807830452
4045296572
```

17508603472258594175772471071244270779869072099558068222519789986479329847328307793432374088524818024125993607628074995522310463219910682998081182041577020240378672352363041586909642813303646625339494940242686862576591833522413541020048878505699747168524067286575194342570625734736675473650312557208374721707773173242611280307759065469239502290675828206127673498471063519764466442716720938461560725568203791375209490395388168627203084219274933011968906502185542429917425792226204508851936642892877228775513009477364630006424109929900045932466773531374440548668487587771578864754288251325710249958355230509904068164634131457314484939386983313477742735215011666976795032349208702667063334267712152648808795365929937351899242067225119480731326592334357720796452977775486743842476892616068173391692812463591354946096450111565885729253824469117197557285107865529845427871658302341211115530007466352555048245234541048573187791003476233058840725783349844254988058458762713484532692040225683831642322237097645471405091236413440636195922050000387149001957833598078100859888605597284847911653207087459343563080218716211148958962680089733082142060670637691930990581223716105016338135993918359318713030449261801897108928204261003161499659858596679590094337472123334438951788213921316896137345600884721183405537041739088655022155389774248059789541723435365861490158428369474900604308895256061113875543858496272691509108623975548059013623804035826260053073574512487107741426347751250977397730939072528233632100264802882297270641095201052883807867694620371563957604766114500580804771764272878001313127741324430272340885129896856038315246574743679823704601279075780608924227128322264403079900615323141020797123800533820530512191173870930198385367908173470015597347513283321602546122502724867125834953157390056206935329540235971715394692464427438802759614864941292475277337413495071487803353778663631185623061534867577670632549018682958003825878844517645563087087772192083183889862253677915514040364912819332723464641041042088110931260983961840185584637023543594672485749153090804859418312609672994066748441944008425983217548033459861740020043173580828618299756817765710311963158186599504906722379791787367219075156406534377644763062170576698567087492270750280876724620422535389447414241343631101664366396998808785733504534672454066921810426881156695438451339196056976913074521339412192950876911121752555502502270789147173800685423650303237374867787025583890598936305021008716646978571180516617315670294795858844262719841035509462151000546726532666861744293511621047567390241977309661472422087045241117074333885178666262283897595052031288720189523544821739478219424439975899983500607804123879219306567932572487287019768589246523250669611473973008800477104433865437226884395682500885716481309468446127095654313955754758050793514267563138193621702422973187848122776831895740704846233538362165958684330857962853761603136764747847256586609266766292576087452731246222355044158659706369989276817043499411681279792821296922692766507086672448008802330978928203559308288859785353411978502118214004684250546740254977141733336689523049168314443762977348272050599618427960138243826409005405005054389956220325769403114107296693855412386184534165135716337686204154882263119603753953515796511561579168752008167453622412708438608227154950444416068767350715278673616499068407910205043844601230826219496186924400308314293044784092563118632077751264305941995949177170641308906867774638543917793819757616446811106638932358361840915953211635978809063329517326102817101486669486439611310171755365403322789044470100197631212341076463636245830977326893259327741919571499244985596469761730467291526992474055576981593496630773754704071040347974975517710849312135392429329973675722029345975758802576403917756905121552802314521029313049965333937302320092050540968566150405

```
86803416379342521973861293658971856933125374145784827827008605989
16540395608173187429758719191069327571217995208732082698186359846
06727643387648206815611367912284097379440355613871405973903686799
04742369235031065342146664191636140197023934232575269429902746933
64408159301579187951544290533462614104915531568845012558555000913
22061112701018443500695217461730659598641688109381630424976087706
54578395449379187191797782140502257904967221220778160238014923812
40085463237140405297277693352142122684618597821174435852420591097
28941984624689995232422398165559046677132287636196018384874319465
72981229633527406286439610417591624718206354197435685713007167543
81062853835858736114148832792331046006134451413086470002471956472
67985528236769001963621404356498533319768880648886200204617790255
02270949683423461083492572475354452133926887369393128985048595882
32814751038118880946045143978036923529233651090034139345846785041
29174135049437061960586661948266564318216656629645606373347509328
55343251749727379136224270823935645582443273066007731554713017808
01693196075223441839922700118976889848446350552660726916423783790
80479416176843343832284585376841381182511677563838892583940201206
35674469196707575278047069344581827691577956860232495884116028959
37840511525597978388184102901478476234508967028966728888964765797
82306997988192708835134933044589817086468179711128381820020441974
91177215410342051654270270319998466349146952076159865068488522031
32873225903815064835501000845177843754507436145059221942402418726
82490356341265264311926550304063202575366053150918626942304009333
02482986091924700441157769350573870042859048669736423070558612735
40205404826776438809032580278850876909948092573290173311716530546
83923878739859920844949442823545511110755671417941567061971198641
56408981974696503835985600015377631978659426847065320729130183465
78244925078198730112304261299130804129377867117144174364941704
09599842774961523852311952163541571620418554261725773289754274896
25245583690080520697198978340532795249628326415693415613998572867
09874226214028851812860019084603231750133307074831236164178261380
51177933714470414812118995919098022374678777281289045303579959340
56720430564404493547802696346463971915660009263686421734741176193
06414540231793906317382851890365239862900709983098625224892343712
60609858103040957638851092438950976336494774858416747664414121044
69967768519849816506753795395453287080549905298268091627341027240
61084195694627375916305703069360493049551760291677145256732350336
13095707817696108902556901313383745115817342608720809197689623761
82472327999676726594917696890350001810871147385743498364099092793
69454718156290345287008933177864626001848458350275093946565743519
96624693962789671332753001033621670580280602032717455317735493275
12812897223016943175659529582131377364076503258241209583942276617
89875728184847630287518607461981595309145177675376142287815383246
15820396855647131870682486414694355434186424089865340226529793504
53105307455647445859877651882708589209421996518670330660554024323
85305741249889718839646582694981414032729680400985674094472202944
14410268192913411094218741513282873310798232925145066107827921012
80103111970427769076943035449752830570950893363533331851096902389
06980629357163430388150748514989827901710659364412707476112985186
17773137047234454037456002862191679132213657827070240795099679141
03348219625586266951974361124884659465827287656449897715944442118
34927551749896827448384642155445225433577710157111531264690883868
10392137927188857961098424544017603589273600925798619743410246093
28989695597260191902173807009755802375380835506211199233147409088
68143519903350329776225541026224766502444698571713535726528821856
11239302212235302190516277356974128634983540839032773548105080711
38965572944766845792174112094484019965561435530689830861208494869
```

```
6451710667370769181572544604668202820526485233586992499908059955192
7828814586941368229897692946966657523038260343104885807605511170830
0091971011984925364807283615697678187742215071103739953692766152452
4496535091003452889597770297427788541533978588106607156894926219308
2779492654943621073456967878550687385561133352065110009516722038444
4353315866717983535953576451196680957452740004243401544004900626661
3796295747065274075783714609400233265567720783707945010252698044793
4975995363121472488812065999504473245405295694916113543765127592235
7126014280388914399713206284195468196858841752929226688644262211434
0633843235449035871836990505347094758449581539405452988391465186311
8150939736233214054450969089453531162350231626454242878880321886191
7253625798092179692510697663155348667212890255353427663211799544188
9440802311171241078910639117913801116908415614710432641203243522019
4668781977732716307048851095190043634508471386726771537899281655621
2509319933084617355227009185624196261048152846404552681817698332360
3329448717990508744856244052584667057078202967384386993693546543644
5644472300445362273752665314529921962230988117645680676713978544379
1658473209504694430438488370771865018432569270115171349496173698077
8242694080406450092250682393379568371761215390570823858544829100457
1562854052309447709233679921158488718861524422945904780396105235477
7529451843291821776470401267419025562578477103968755033652996221444
8817935264058678133326215920913490441894123125521539959779526570687
2574624076495486611392481467006572277196024957345080584087022130782
7994543507255603602188951099248370331300766185308525391274076920382
9698099676917560701484757577914252713802209415938774884940496468317
2025721533555806488881999490244912487443870269648190456178567151825
1532142145868896572634255779575662652700629297845946506174896425300
0210922479818088894625167573273500296771470503279987579899629127922
8746607578196479484752392035222645594063126283248417539754817457016
0657092602259317232087409327491400979781869702601437421478631793853
1308155711671801618419885007706082881144649675351462171955213852392
5110419841081641404822044249417827953801735743096369443649506351
8748203960509107089209844314167840644619109367713615057721430047516
4292784627606125879326495558644718659029848182201602100499771983618
0377821189595651689225393418263501037136321157781214602370936691063
2191188391695270536319994253584490860239808314298724363262584106915
3661791501171003458273988450230019002557747743121433421560910214256
3004729295216805128221564798791314836123033461102775203382979698476
4875107530862096284646878635312023068605098718087512822655052819891
6999445054582528742745970634022960335685388694979938282801471099860
0870595684841215196473343476633762743513560052413635371901147912029
9222531533188660251537706833101548890999536990171736942984470666770
4827932244823418206567425879146781115189747749072558489155466470043
3292220398950649452770755329322994262674332988281428255689657332667
8657561933719593908066429191475031113284467514873963577287934298975
6413360426581430509213481367985288829257251595246368667052647189839
6196359849211341569531986380455818484790717809078695292727918404522
9430102942836711083950634842506382085558653923276545286227266488341
8507487413938549307417630279555031029081367706943028970120253177018
4941820914979238296316560222983619803482040579523193813266546097213
5883930448521662872143525751137236845059292982495611474226829218305
7942653346922593252263720317019199844767571541048969160820055609293
8804385615393938861080003889314155142519880728134675709393315430052
5690378371445159973023442914505699864146759503031812715272789425023
8346672633173337455880994354439500367756703109190940716114115405573
4088483428335359931921443710600685936602646993465720093603162344426
3821514244283917159614658131742473170515632534823793147494492006979
5480164682189884332759152807095398821268
```

```
9893642318106548904480489276848921854710676978861350333524498113 86
1637395731026802516423133941154981062670497502013612853271679450 64
1310008468510052112136399583903140226191080728990981630702063541 31
1154226660786954871773820214105474014024032631964563930096218551 71
2914326524427459441441827560214455153440454002874324957770584494 08
0984033027258180963179652491735070149484668415725465928994947623 63
7005980489039657631382402769423666262269015147894711690498025494 90
2525878222068537260457330359730907758353931703088870854234953122 30
3180229287959906405017737334421306274314312861522090518089923909 09
0287912051223118684602413327860975002467507917126057740457529256 43
6482325915999316644509890191461480286002548234387196903373987053 60
0376311002385030885515627394262315739071459324738698502972134778 22
6071168099600604407499093418534005721719934091308208823412305076 12
3526962124545508422240149861662157316029979040149669949172746237 82
6730178940942495960688437738947431540589473271470169619858250912 82
1571405308578466191861322806103650342003901308140379286128430225 37
8811284489468830537103303123570043462316590768763089808395415916 85
2054588094762371192788990746785753669928142352470441171665252891 00
3605377559735588435425423746517694185144707314525476876928997005 95
4613496803973823293623899801986205650562460668131022520368054832 48
4334969568965310038523754667587856799400946425372666150546757091 29
8762361926700835987626785550302863066879939226509937739884608390 66
8208206623012461299730378011574829644982605247059002013885624414 63
3410581453363132825605320520059292648083031321203507877662958464 54
4189169537342428139035162929142250483903626144425573581074868348 92
5185396565314981963055712419995035132382195118696723815145833934 90
8285975599196697217045343043273161935718967626863978978868443886 11
9041809441858258695796026345630375524775831115431147620359386985 07
3776707427651082481928976810133859699786143424430006768439420759 55
4957407609325016782399296004574035775833106586041155550814690850 8
4839959586167662512905315302243940117244488740345224071805352218 7
9714738531321688926602853125348758585567251370781868635211696331 10
5720317223706046781195086114266665602658062908484881723155659726 46
2424913746676244614371952845693522156184400208981301595486002990 25
1885850735730715293231231813184991789363734145399134110220355654 10
5101077243598605563174827784724013798347463097245382607007851025 26
3816602743671093497686779609742645392324196337989768248442209801 91
3305485964528681424629087353705341164347696964729667525830078693 09
3079849842711687904408338186326775973380325268242243329680739506 41
8067156560271426821123031234294855165365321526945761064682470070 76
7932911101196016546877992087415062186924352558605660814350070546 36
5728251289908986529882762656823007437703610580622266454799657003 76
2714425715772581268682546629468723995640650972832407761438918770 42
4976762342214513091793687746062916851839024680313643989741696135 88
2918597365538906457751308119345519829181491284576515229964072629 83
3896418739380246322470736392768595129132896252267569031289898208 89
2471349570142944686822655595752774582282842997280977738321273253 05
1416992465522506661465591357598655474894260157123808779428472791 14
3722367111530382747753341424240717948860202834057759385860474399 50
9433265113648775432422147266313648590577719435372785104371833790 0
9517981796311350895996055705684217532144079895592318480852487808 36
7550068345948393424783285656352476418949336492249297708858162423 15
0204913980435904498100431493233010594490247471847639893163168444 34
7404750568117237464392161343183812685470940210927957187993693138 60
0003846851436845821166800218282012999174809263989098956653940582 95
8886002827448026999169801064240492426581075921272469063099245607 42
1661169418389720402845531707331523151114205678509496575612039007 68
3156747627210704573566171878402962624872115917692632706359138767 84
```

6553619998598318230451455400969742685037750120083213320695886019730
5121870854184388061088381433471343256668979262770244341992180768631
0016485733840408240758539913655790811783908542062933068122947293355
9716393679462033539152709063720694673423381513834269471410243982243
8830866768989624415715064474790566932331808524642956292310160051118
6409568800680522939654913797813563666278658482540460687315167516856
5587130530521158705592738375347868908081484472246840335277000119125
4671233038886156296696015872181330247282478791621978491164332860672
2446352883105320583604580514784985209442235498471314113188173524407
6916983817007803170683363615105313355153309584662365539260080212583
3620966795554446296223486922443190847463919351749601595928620445379
9127924439547619127992304158443289127305216912408131923408866168091
8543382424029454461017088275160881042747219249209453946970268602852
6307940310706909913092204311596450429819108579944260900152451424283
3415815488227675820036415251050279035800480534280923023699820894145
9463316935938990700155598350644690822444986197170443076286932014459
5156484877701259485011514053979796339301004384053190679074364712995
8471833213887110909982356672212638054868387418940101075400137881018
3931591488087478658787950015155396440761625775081863582179310117261
4404666888481821945604405137924883197154571243841934389672475514442
3665893647185182260718836387507045929451981123641178097230743409552
1941405244642200902221666865483560810185144317155508745203070668135
8203884352154987944960394947296065470806398245627394706397440640513
7892953357285866899900859908690670394343487080081760714050432569032
0088153694716707609996780837875260810732992479498173332139531838778
3282359167370125831242890647354742150887782551498414142350130167267
5082179111002557972517427600739373192142103926032970810769819058988
0389161813825799144434322105291569057878847458211103826605498946693
7643057282009457407529253361163657509360063674985028438872658171072
5994107849303081301175864861158329066057327427060306999694824005860
8640332505107457077136203520688649462344119056316806989240695412565
5639819424718889220352243226097231754888531728266773910375723710106
7393376638089815158426760468520362036724078914901879273556180766175
5878181538307145722038817729718759389566296149750567853450813459765
9282837182367192431400974105437297844510162575439587624579038208902
9349315014810483645135388892803043860369016426589231622072189666519
3559162749795504800925551595190461860679188081872269702979622020888
0024877817791258102117894250727613197954310962466401977209723226100
2686374553001861908859825656562652793660854078228115251551182617048
2175695615416278513963778247995239435931246975243690592186779426383
3307337392092318903473965575739664909820526187772708461695587361455
9295219812689331644338239731423847261594530885254088718865776402238
5105108797310172252284529976947617375824995263247141181730160201833
1119181122281350885698210048181611461676048518736999561147171048969
5145284969675812583453612978034773231329653596522390633574214202049
9047977949714036872153280706435798771212837235867186123284810142893
8668857037620723484479675929144219538642201210820779887655110250311
5293716932919965153887780425162560257463240850422884499776238946926
9631528657293741343016936007603532936970641782778773779306501056973
9456116219240336676403090783541455138316434889449979237557815875014
4552064869347130864983300738980880568943460652073487595248873814528
5633118869663717726065392901299624512136216182124975855109246086067
0329278198602652523263228264835722732391838349258202127593894057153
0411273628188361027150253648154993700996249826124488262917986728249
7649487437523772188232702328607878674144646760756001820948906734657
4075767645525563642243021209167963726132117855243254451672661784549
6108737903746066329417692646345850239275544630030638667795115643109
766170

```
0950080536746629214903192289315461344795220517567305078224066541211
6430977472513044952288499254238165437964069910930372676864436987711
5967455838788178236999390729136295113565859212624706051237992070981
4453068067510219235976258038209179599403622932241600021449483069491
8884798402571157588664260148826172477609227552782493180061245468041
4327036949428051996932474056765621398689679454104577806793818986781
7438960315493080875448508708413969377697387704317742865816964018711
1318755551398374341494804367385069109968928340845548658831507829801
4444292178135196816520654596288592489947217333292060737007254838521
1659865898890770988354659504458514681125195787272983135614348787391
3577890165063107586440694448397384650888544124079935717189272387601
4339267541421182404624139090542938706128239046744918290461763858171
7673659738693310685073570068839226144004967522441094393867947431041
7301757352214306870791138992751983374317080328301799688937442731251
2158213563170635121945802432086185211252156360948410862749282768821
5625016862899405981589304199588164286788710762011095607597412872301
5221317126050716005368280281377723429999177300500943273641748740891
3193172289404803345998552264108929822154491181471363488518083295241
3711560960510757651097870387631281243959587830946173490398347583361
9466057915452205895914405691865609642765085245895705877482881204131
2612392858948735235603381043140003572891237856274325025046365007431
8900955727406369494461883652866605437261524541722058298308509659361
4828419586961691157259324198273583245853831440167068161487347508611
2648751989780776187917496827001171248189184661389879780761149572611
3782398415346224573473913376690617788060546347492480215010001624111
2121713945435621200002729273788090686389119833516081162870910443231
7307015978376805284281909521539008995468145604809347727238999210771
1270883119994083118190220414788829239645428650979881116428598216951
5662881290310706500009320237656256754844374179931102181762310008021
0140461666848991344989424122449701917555764928542399239724820650411
5253703922881058863411919720344394148701657599845533847868765677731
4770917667146803823673134016398284078802053495468329590014417804611
5539401292235930446998544589414974439097524012233423549654251547581
9721418489379143502778941401688528164981439552982955401128307290591
5547761225000882002512272561369373743769265949008737460443447568741
7917170247900735627167818337666364901040589004908919037464562017861
7738315369910284000822875981974853524725020143724210479284879675991
7055778633111404474698078827521309539908080311709187392213784736311
2263320076649516350510825897887220534451471505163639234558623587471
7446622427362128110925795828761191662541536846573185406772626628181
0746456123652705702613999291616530551980465265030554548499179403751
5411083989139053949669149956241308657657440203839651663557873061781
9061420797246175671478853580693617001984457984350911655102002273651
1984534847982496446187446258304767464826173612333863217678883125041
9127792009266884842381818548089727394461806922746549046732109474941
7459117309631426559931051181446498491646573488929909562360569180741
5378234301662743162359500345076371867998693071862950698331108755671
6876752095740314348590022881123782362422610194674169308424929581881
2290971159753012490415058393440528022350651030862184459727403529391
2769896469538546962372842851718870062273433716976454998828682355301
2327643503763520442330312191859473589456042668354496126899092401301
8998337870135124523948795384596903934247060924693398335944514283381
1668768390601454197079224731086282168592765472336421218078738429971
2932575872522741969211008889948349564227696402311427539124474432411
9589510468682513841571172266308178034083469444691605476793293889421
0433966208647272271340585034694769837848111659256157715352284042761
4824972916255731478640882004014719734509654777030128475568141016321
8618137324409859068562663716058890707199676569693695577718697000831
```

```
4782679846572398312806248566411958355946686463368241014706634969
4555589265162962210076841661897345442324855875315765411575235082
1977440508940990094515586829666106709670902421885672635130220769
1647419610124835004883243990996858554186876677309613636285574990
1672834279055520874941700667820958305569962494777343363507138316
5009160994458603070199120636209472616281628154305557973001978755
3378835228335930191701502437749238293956379358962954953801061735
0050621153794116136924540177933110673136807906291585771153435290
4174027337465251218836939159355205715254803914101411607607349325
2865322420066828708349329470271123823044819108063670170555516816
5161708525775389709427072966869302260064896574146620726150470861
3723724645325437825575900925675384226193084201930141705544579737
9753004704168611858973324224553893793995888972573965585786621204
1377058501004153632473380634849308781705566061533411288607376743
2071404068751768453010249189447882289246709247645435781147272683
1198125157937479385901365363192228537725907459494891650089063531
7329346048208127547665544803346897509941733772273008008835138661
6396087695080332774463275202112383366389075701736586883407143249
3763761318902317957201193318346840757130035560035891019144267179
4864097507034891571557880121672194813174243874698484019368355064
7538885953635406457845952580263489405368485245661207135202821836
1210728244860357098485986214991107205603824591948598298235436647
7244318744362593852443193498859769508476998303011442779166402353
4406948893643366651912063300227069643142891417815651576241366067
0864427739315087645327820000514311441693450213602453859527358241
8082284051480072499505950421581980220321191170380602272622853152
8225079828160184848044638845423818777821710453476165937626072970
4217699804406003609507163059379235337276032567908429663771490318
6980759242293061592887578809375455664416099881032273324326116095
1520558655728808412282000087549230838283980249303701852920622387
9877042781012562268286458258207489374506573468589573571270244699
3040752354544863848261179497749065229880663969154916194567573417
4146656667761558913022851724937498914231544042036008376023193268
0997554626585144244130691699881628089074859690483068772415009109
4822607221195366278356268880666917145514720406546986724461341839
7546666394924222757872605386194266203793909264926951308081431676
2825048764721048635839380560930913730692084838813775627306414915
0911084412526884282244779976582804516708878961001559623254578416
6031392298780545287215559674980408504622708262598609921560665677
5919647866196535011861033873012068186269889831755538563493334962
6254588905835397049964181414344002208060299886141346858423913934
5356423247214253014285912056576385693562776247087717263782078595
8143314668428861440577879484394185441455390118963375663753705902
7878782986981491497904899821810205290687974249099428432273239292
7922935894937563464044711741346181187637755675531713533286944678
3368525299779133888406252053557672745226875909425026988026230290
5919800718727154390507570920489474278808112161753705708177786065
3273944368967597196132409349773380717748506768066110002497094831
5850489613168171047157601328115997979669711796489374936580182829
4688532667068635647384591938163006141247385388455900458292731183
5319492375073949535971393532734157355851621085639294721898095939
1482083584956933469183118947980144332181463352839107762888449608
8696378265107375503636164492166918087904910333994848244220747450
3791935474569615644102072323320090426503949670459479467217232231
0461977817923227968911516033387085969994751284280501000750793666
6448833626725037759025211026258813348489287313666404959347028020
9670055707734062202975577334989184277808485032949241500065621022
7299216940843023786907112148745940890504767609155597377014065431
```

```
136419939101532216931977506053626463245629378601040851025972253251
730926509659234796949922483311768116594806088000826189237040594980
770400173967458218924295489507168771331001039785153353453147106859
570944506053733591536586171963149700601821601511167816445877799372
327454843702167196983240352158951685355139247820559128279615349166
301514580517888411480971867069842722647325396278568856218601357551
480258411912578616981540276091270507419511403965637928982882852274
086014503953521126538953883867793995172958629270947841273911524331
129259464000726134649249972681810945151440336063005287128811763455
747440049685242334339885902991306423665017309231172549322356936462
708264736539614701936146564880823663856871274311814628024296708416
102187589986096496923503129824468202286241015811833808695873215776
018223789618015767799892633527484089573104084610685377186963984413
185846115041482873050231180669598634179338953174698177066866352511
778784457585311149522528920915042815749224555913847113304271589135
534111423495667324043853073572462286846922284083793734484706029169
360139930409506545961900308183802527282563082209372697527529895207
663388958110039346705019550272152540707842220315869001599513082638
484197487776849916923922196537231665447574407641010099650617126279
590178098819258884779270810165459373325352841280200757510482591165
251375783401008951847685249101862211735553486369698415740199556028
651242236187405834090844768789715421259530355913270720760615089738
197994811856383567450625729469513436916789182630665079524311558263
643719976037744462018791016135424477006273647656549196267616444680
772190922929080866228112959884924781148671534257155367603119524547
561565236967703853704768866046980213852480305611763820687575067581
364128628780137765140619072670023309784587766918224389163169512907870
760866937517116891741627690809551757279698520168210271626213606097
060416091561788705305407209797684930266376389686627360501139889883
673359135139603154742889747138541696939293183086800212328963295993
812716537221185295145016710843207469420490209766700742282746672221
568338634130232860911046024015612304984559140952392104609756543648
344461508550374997059553366602213462604839960122732736419106949439
922465245700052391362273333832849727557393356495943155230901233230
563434152351056962822867788210930846121568661144438707609582840671
518753498089714331027439670232072866830105305585474061120710903593S
222453189737748928721223938874431654802090390081081088526692277246
193143825290972586311246157795502759822070616687080487695005424198
755620466992746639886393484868401422335287282144403954784228917454
765827194543973721716746000608536862066597343051524283327289391251
077992281717140591722360207385278926420803737929278643557802115835
757358359060207378135471081449504904591832117553015450198368358598
699232679936322436043562460202847050065834538669263343147898299146
785381491643329373377064728561197775471780210572065624167806204924
960506810145055444000836915853863991964055830278633212102715925547
804919890670890668715121943494416990158181216296916452965667288822
617346469987438060666365012549193529951563426706148368629787919482
858285181278413770269402216755806828356762152712510027225321755011
753916761857082441000569786355201545717750960983903500128251287302
913885175974609715463747851581629121900284214937284094101651557061
686206462220736689554939314543518226625017737147979689206120653325
275418413914476113922152134614069286419355821654479670253694488544
417123943334998602980270985027141815954167802543245054515169222688
322276807058416857108824894008108059824363880693049401400360540588
251472745588258232852976555436600609761418817454395068351899430644
076770973415827497543346074110326888197363251029598689127139183273
239406546776520570126856021583738546587562512867371973052008354520
571151156379671524228543756123193671768567009006373542503094551019
```

```
1851196229951403259743792093543742091184315511683498513254915865438
192839955738312594536724825067114738962967299087888584888259970107
422725250403548180496285225705208236348512269383156280672836714743
505598392797326066842950726351382751041974688976767259136901730651
236573171953243101286956107258052833631589009582669841735396384872
016520049064906403549854492372294274183784110330807738694039345046
633322001742224053633940752750598293574910869881854105227312991022
233397661253324690730080270049025891197866095461412213341213891962
638826661786556146344210813263307717607866380636342431909183254194
322747324115237704877561380927960483576499695368748511308807062476
127325750376659107831658785768550661988397945830269086027019641122
022573660586407392914387722598907407359876447331552706846619167081
990942108608514033280601787851430149967994736342366222291820690324
453015250155785760152288473671518234944926548288571797699263163527
538455765576440677544890668248996613455952180097814220867268863056
429154013829653468573489967197242017176041456299913025141444752488
487885952192226843723645329643388078851106993397696127782691625463
097323535451462264137652139297506809924776597347261269093978722139
280745585647099981589429668515562704033660587623053403109834593229
001269832269205022015814343028080002236580154632882552904706825073
630063078118956871980940767158512610334401938296271880860086116970
723967039431812613097424711171790198574301239907540354716506288051
264920095605513453333620292630664980915408758176340212996001619491
110349375157655887524827214237679726425642697736819889088217226992
655530498724790479810006504684342655193059548646351596583419325601
995394272542463731715151763524395140380742442385772476565961524567
466993162860282648550406859122463407696639769427013669388291856076
758200866943833756314593294171455199666977282218147062090620349763
171208646603060567561493310916735968692629803615598521300888024046
181683318608779296650027792213476011617481352000602598951502189632
641538513117752107146410707257793497182252726790059933701865961579
327800661769111831676147157964648741069522453761145688792311508863
036238407176919599890035658075472701071991664477592277306588961119
394275860246657291646477829595177925217284078607443295113156581166
361862904473631555156558233734102054109705539810551185877748472553
177016945619773274000762746629160155781498938499154800670015880287
271396477885553340501525788846719648020524672424493955186437255844
099960063063002898185781127353194003444827534004296065595089225351
860155422289176429463530972839057155251922006718225204483456957283
024858158777783543719512685965426708169607982346616792592607356189
398955902895422982006901135011999278337057617540712583480582780681
238942856193111114132504933164260528023303981416900679889803737603
209951643848905869936960683070123179615266924530464923746322846279
908242334798330374034450178644803988127559225902046536608469102137
948423688814526296986621356647670201426725320564435031311714441377
135146736716972654522654651061440382027435161022546011116219577553
769090129814813688328624816036689927739083394051471433848747692011
642619481923964494632004463847468847911151704484391938676530311008
242387049815245204055739620581831624869450329535091985805645898908
744256831229254345074737341519527423647641802819954873173772129012
524214467540429458554024239064717022570044642487593638766367067747
962024427680943778548257665128437769009314209866607101870293385933
104377328530343716889518480254779912733313963366725069762400443999
842871548273540021362280036387835780861930328130999490596589188937
507538344269255703320890375832462846794994772016161849244806707260
664239432321923207176003752531360026007938117888524025045773149253
502497399425440513990997242778918511892389555672490883322532107988
627081564000322527803151097668662283346777383494174612258945454
```

2098000029093296907437726013869091027914062598515250597766818440 10
7816706693400075149348285405556143047553911053314375746422948620 97
4467908447587646836317892773085988511135509579474495421862986677 49
6696159474444092731132006697861138085905453176264945901678196971 49
8613994922697223384527051438093895135046443755122548611170891396 68
0893667779730994384880861933190910435786072084967307382593792396 35
9932847510040727279386262716704475407571920250393419197254518948 31
1727902461404966895517907998691025376489096484598167090171393512 06
7828395799612263119733149133778183433841931852367538662901900463 34
3328532834341824921071916092767308013235369472648489276442979870 68
1125654628061172604607332191763047412150640302017893205795687605 10
2775250530436122270960467584531273866165214241940868340837589140 09
5114133929545770094731748116885364094183528610997103416723558178 60
2823498202031499867940174041719140283936210519480604819018245180 08
1701371042197459212798404024268963005335536854941640086392177456 76
9534458650883286298216584601645078000035989852129012395900704202 66
0744988785062717607762255060639074531947718892509905810093672989 1
9540995766335386583780980447935377991877121429774619764094727212 14
0235326551777236163419660743763915386601945017769140062406841273 16
2958608063506762937751252934367596073427199675135201580087373954 83
8973439901238256568290785911442588285213661692014029900413146213 68
0632352650865411218084749987584411183629097908919834118753766496 04
8093626489329104390597725632955813887767446954618157978704191597 55
8335000377286724607351853508854954642029309715856369497857640483 74
1505558099188402093433335128195514555185733348881649167694427782 40
5554336977311920143722541541927450597601379841443735994202876052 55
5718937804114892612579830361838010771100500423923926441569227790 05
7027947401364942291847933692535432484048780231777445184177958355 82
5754761842549575395878549458343084804417370879849267419528932303 14
8958991600685422879578929481590006873537333333863813908420994872 5
5117261710872940888644785081163455852692141540299672098869371588
6232220331485581742682635950689362344813422473786939460923256600 75
4721256741410342184901311896396765473291674247189934243302802909 26
9850752294907970944300923867287743936255111313628761591973832413 49
1672268261228263127793811750807408958943971900254264126694798017 6
4420164541588131760189726596246144139131920678503524638306577640 16
5229732047089201146917133722878630370384531341942644142496649844 74
4048617738513529373108099859472815111736507191398812693074826906 14
0392864227662784943295588285938372148475070778355119896224911955 88
2370450645820056101702053248444902150229456176556185921457439900 95
5482294137515441361329150430469141799412246093381651362627902827 88
4213812207758942403884062294331727989259418366829367925960422418 45
9417706530195486439481703355241028747044731171507034775083432373 33
1163258767276368346858444865625391872394608273247135004489570868 03
1503250386764017353150794003455728550370018456027699615061568291 41
6117061046161740824846267033518915255188248212726007259576567889 91
2567870201497866790847106631074876467309890914719798792598590625 73
3649734982350312609830987346861627393580579073549082468304972840 97
7323811670824915163734680870510521919176205416988262547605445817 71
1179937767786965421699257855772042634424430420744954897033904345 07
2061190076973635174019526563221392825831205282400374669545909280 45
2596879846081408707195342547613883633535119112144143148505520123 58
1380626492313538338767580918892379758551573203658831762424116916 75
2381458859207516403523668437267917590637053921979811265977081139 47
3516719629999705209017090758985691638906642704235700744502775120 10
4903948148329457443809746260351057898195407639870607875817740724 91
1845069788429941383420608124283901488148725998541814802929492278 78
3243561055491564109174887706706782011985910958909838668839511718 380

```
1349148254992749142698552595177653612624215726624488960961482979703
0842021051602796714785615940646136382477589020110251992342153210060
1752302574212237542107495918728675189552155329945322689425188409422
8267577442222755282076156072771039471825668024710660677383120630314
6628474433862047432595685056892871626532908327878439965071672422061
3829453291660046380872563059524153288120937009922989600698139627968
6279567635198741824018562931984922623336431899309017048819952588273
3880795326588514493938124115432732058916457864229452684117518808184
0509569046913134430778489021148797121162839773443054846149807935624
3549671412947333266642248305004364454547027491723207839956508680187
6173270331906565795475395206929252015307064350471306881289032053854
5563987992101095667298287304794661005431635846234487441555407133814
3234413117884241960190370286869624227624650240042081371350464015993
4720532755679503533906712721617790603021623997804185763348100544838
8703173071625525647995999986935319681301015629709787116730696494027
4916657267494343208132314613886925533494929411831638778899032594010
9341115727429801331814578281687913514243955787342059156145877368988
0807917071145511547626616820817775747248427879712981548238520368959
1652405437305246672873130301925829524987639320985731209161056135722
0176392716995986861088676061338436496169518654848604616848482407438
3811804717342224483947893998278014734222305786541021772926482091409
4850350132241515599990163071478148527051614432258254780143440109533
6602393626424931385229405475364168364670415743005583729847040181455
7100296962346985059977885573699802182230354923831879762989415697712
3638440889178927527752847144776218920574254531510374799770686236242
1899063030962822117732197082303477454550602385859114038989691666220
7787683260123961741999762365506363266016990661168908868774133378091
9516149770549214171181911014954347869382062098082787895731327899060
0020863391127847153684304381498150973040477088688163597419253413412
2191396287457810993424832714109178276317654209631250713669263658821
3575119987540115790280285078066983338418338266739455368319656571703
1946293364109272667274244992747322913800983574450913407993085683604
8467786653542105866800521154264867497239537936421566535872081855412
5981945474275161184169366255632419359158569508890535314121833662399
8780221150245660015023646910815997419202544378736102267129412282988
8053367943950329404804961677110728788103161467730371502183528902414
6481754309549059448875410425016804069999819671937980827733464855815
8591077617882849750546856791399040113845624360403574402461912376944
0220076042143357338726039253724664089664914714654730072195292737417
6796135652330678042682000242307412186674866946280587887873829952327
8050107066101385402880119138557309113805727558936819403093807188637
9375821544435162655991203087848205239374935189559715815518280481480
7831310535096823567161235509631615286658578590195287177546425064129
8494510573035332433489097997209457291700958784083221404405014741143
8170956577125267157798170976763847864206487613679394578442385860356
4966446314013104866705613462679017492832290043271120819229564158948
1528265584221926189025305138159118034231088514912665391794481743390
4322700506874288819967061960688500673328353614680498596081402879119
6311274825466404370384782884007981579134452321016686737411212944968
1345101223798429402194794691664815031243187396911960215671211422794
3068201040876756809373898205468421478560142776882018807171741412749
3674678175132277109046730015309467773069223290953495694491601169046
8181827234778161975125727851535569861629220291884745302698301566387
4917702194760509417486684119727660440854832975049890782580615390200
3010352180271792099508178391212339700700278329061937133682183369615
4082652039271615180227915286407683150329974060928048310506255157226
28713132768182478011691549378624832240172383707271608864192942118171
85
```

```
6467481185694008705299611314105945829387033052862979188264932474420
1795512442329476290348834952722928308040122263722761102752038001200
9375208856240645311250372640153996437123370790374395120320285350250
4748277980930302021966325093290944881905745102985217283069962242190
5471016519393297693706545763334324332564331363912210835291355577000
8126505397931646814945134120751218835054739685955537809194737465600
6279031868161713641615215540774535438041479845458406344747450856800
2808623241269693993112296405603273109279384916918793335961485351700
0181496982616480034402782281398587901486285212867461753848503480680
3865201680747674402114766556964387396757966442958864095775591541920
6150719665373410817064974822204191350352239320369277923907369558800
5779975526019030814355084924759818577979802981264125192698083107560
5746594693511285627975905780034193234760013696114472901311372932650
1887731467214107412752210105151558657134939127688557300645655666350
9352535450945737896883580027707210807546851979021567766355960858990
5244927220497752998154586253592955688586552190862034885742944354880
3401766168305532660245835994454330952973620564282947453966410175930
8780787579040143195672644502565389640520071487068537065627117466760
1571918106422804643826867806417817017101455799878594929810286748770
4716790174355039931696835285921164814878612862891163759927684710880
7436616177623930982949823406413782807112174123783422241440699848630
2882392406563774389808463170433981419017041770458564678599349411370
6710185104828834584759112985991132618063116652097710932602545777660
4047811397981202739627905217807965659334830319638637263605481726170
5440262684357264514741114361974748853281352543231321040655374753560
0914051335764484512650315994993984759123386762589988628267424214100
6563170282684202742775354785278498062554779673095621350107513570100
8143767120973610656933989112877006439508682263552419579899875244531
5132684357712526955116568426062497953005641342367940326869432022120
7715528452294559060131663002332978618427293697054256408957224731470
9608422799606431211557228988841340690157060791698553970627069498690
2261315505954581624066542762653609898824692284240221705109208845220
6419380040506472351410654462939736295006268706918574350346890787020
5266889903105903073320209977070195562670800784214175004024877643690
3827049667540691448956340009298523549912969960465402832129951288170
1829317338025893433608886395618814530549363321022467023712349079740
0681256872488335280182087968683767489328659515635001584373454271480
6153424971252261517808647183501990499321781991553538737856234550870
1431390503843286965138769032905340152384282439639132568672927224870
0847796968092736560421516904023007501736619499358544714404152214100
6474972421615230372466125530179653334543540889800869016307189158808
4555221984311574223129451967037586260587762633366848507527528479030
4425016537649163317928320735720436314962933262171984120414969390020
1578987584055068836313189782803270681820620114709707824647760276290
6351324513522519224278604476601784554635868956418344082595532543340
0887101615107036746824529220467808485318529560302603933699879125290
6023073278584693716270374914483889163375005262169733233215240070870
5809848564628977918098482534272120248127256555150503057004181198950
1860921678780927093724148047112032092752163821969300536677508468350
8938654452815223534755755907638023785215194601827245682363954905680
1259327472895456989344711418098131536495974851541068546097863303240
8642987770186355313674508110767638604733464029576882115288981356640
4930949310435890364514131755241478099253505914813095314712262341350
4064609059803930072954096921369456449857878131484983471061858858020
5833538008663482207458754757769206741006757177870214802490680993540
3404978086974752318213687886719206942034418621529900468668535749700
7871014752845821521535098270986352770357562938493139316042388716890
9073982395618988722188420611902770942990322757366871860797707077210
```

```
55923264181360169717277740702884134571773206253029881617264064 9801
78019269641550387293286248745115669440090146910371466589528076 9075
06309916580190402824912396345679839269565571594761366943873933 3006
83738308181230942044159295951718719249267979297129502949158118 5269
44654488816064489091085747384972252662561359833739178319495991 5065
43998379398350900517433878817182955161844732570694229375365255 1534
71178576184977477973316771601499421452638170475227272955705001 733
74401356029781216871886130729572008682704728150994493655761353 0068
38203007248723891860455582340567631876262362589043407960239552 9144
08186887350391637299347162815765862853465444767189779664009434 2024
90164341084863053640849409128877119965069804578071379779515912 042
53802570919860455967388601901634414829009972971392282778638712 6308
01766921370493497690438081956561880129790914650754406845318051 6940
49624845495251863363242222261458699500929790456268865970393098 3969
56023564388968632992332376590811424860358035451697820676948892 4866
38330687917659426382009263778903165827050291137857297509740049 3867
53580516323216984736338584197352048763394553946427392885249745 1674
89904651459473884977874365758947077177943562707432572285536101 4929
29675650265851006003218146153612928591069343214878686374342977 0205
98254510958054174455625081164881956344323355550915407022873450 6176
63489800492811148486033667358805224298027624506580641661646093 3096
58322774120168700461864708735460759460023553734363668584630008 2989
11593217465432173511755315755510186309658856027447328817436176 4536
55926246176438777403799768860801841457644764303571298399555691 5655
94231174530659483625020603643822173544096553539509045743693865 1043
12934271665810521464773628560410427152372939781248710605985932 0178
07577384367065631135068593058886083620234778064987975853178401 6729
05978765702813875802603233337988320303896853999145202912912522 6423
48966197633971826810602370959759662980918534819012504031589962 5204
71707676639986853153196608687529125423115375034755005153674068 684
69956767733057751079235049034577877826339647387642907560416443 3168
22456509035700668568009825182733058190424322611289485184918822 142
53968613100337137224301868395596441734670841783204007571512416 8083
75541314824792400452430812536772968970444067964317974268159359 2031
35821514639678923853314691684801923785613665706360942213296256 7182
22140853765807068346168583496375655648152132788002082516961807 9848
40474867542864812471892324572784880995178492002381321495055976 8609
78043922721365667914325583872939628855575318985133904712378084 5594
07184483283611533615780257058364385933712923478051058091607157 9237
17358832712616456065679450348099079972050842273054741907781106 4940
21601666662950945932469680827885873826896084877445611837984486 5730
45432053689268403491423450881535101678575706668749563760666307 2936
36497984091052840084546233261781814979761412181872861268653460 7116
65095513547783230627411811482071716466526542709914847880777689 2823
45795486110671504947364739973648066529953736779993402353274964 8010
34460008563976976336337322294714697302776409407753962883901258 246629
39693898770158620893799185516933084638159965395913392629245005 6440
67609742316903078027155970074441832783863920059150419266647287 5278
97954927703415082639154789692688330816604795642091123793125124 5238
26289132391142592592488723531353414037167337993061711996480374 0766
44403610827781509371989266789958837505255476092942001843074443 8964
93496814253542442287548263467259939978795979725472244117287600 7712
60884093950481192159674887395558626710654903021324022477079265 2497
76944955205108056410482206802172927635615223773851063602097203 1378
94838908760877304444339107037138713316374909282154921296609435 5995
76542505065970239239800133971925439883533581932604235533464070 9072
85804865214153390352229706047122013049412345535778954712486300 0470
55628894550446086222664852384731073317223038564186531180217935 1207
```

8836789316324319258064485005114528227697470288129755672304193896960
6911516840342521912666860561300384520538933691121008120502524108790
5220346236601390629409586806381048615670349189528899594434218075360
3312957022412607656628378577631058413324970080210963951349160864200
5194055137980373826514725989990212475135972827648704803024095769240
6243692551113922353178694829284218555724374736182657795600351890150
8768759814426657626582583777353798801168581116118854587199032823770
2576597479255550151703522520432959456689504597798593133546030580460
2871210509920026539199902203280298551349905589529620350811851911620
3933176841545106106551624788219806941469531402163854294846509930570
5901842547725876857641474091708005076586416337693581466078187224450
0583794243757628708545403350110537092671021601688974251901726647710
0911877340196587613192382440167786694473160364332359105304639269250
4864734057622116648426993833030504817439731193500536761645050844760
3047325637642166613981817216715311128910245585162073197007003112540
0505208238290893128757564218754167861569179700970093805014298466680
5212001591511327205923213373624510092718572734941352894812323115990
2346158969097896744541306276268725633046823353137159651300040615330
2005626421384322314827035473586350919884465338356840048416846538350
1475298726685210475900910516731592462648535707081943035235987550490
2977333075317220355734702365170793159327874445498164459324739383770
9436527800310927753543734929701120308885081138511036298562059488340
6961563632082831084250287376136412846726450367957498216344694599240
4402320386636095796527312504891201235999628480875170027135590882120
8244592123659726362362619317171499306027800672703852044386944202396
2659430717338754484396493573940165446942543891831593959675009932980
4755318320197095868111474034114643077490787323473238318431697758000
6951047596253478039290531227897202831710307704415204096202753606610
6877509538749135648654899352851081375466230230104416440607874337990
3886594343197397276280988725535964218368862525286842920940766935310
0174676061436150402241061006575518385781845943097381666527422822359
5232656315600436346060661799295434268127824698023110783192217548820
8248443489421559050962496809551681614178408105806817300900263152720
1796074723457974475343900826623840807048876766201256697542263247680
4144360299612706320364247672556623958413633466963420183396378254220
5447430632805351464492080284011693507171925134344917591634464815470
3816005896456760840579801659025574897671187722539527000178383461800
7683357425061963779397290718664165775655492239895116050443618102050
9416850541876584715902962594030767718693860546243793895291773829740
1484639269221118535479059909509729976074738729624727605210459511220
8274356312709605950237557318061954525987653198881915837078060946070
3010461531407967225257577860927309190246919298845173987163150768570
6635186493797629738066031650319861817206511878673359197652395674430
1888795336522908865200801404998114956576645013571486997392219460310
6658901192022613706395492150000809680804936515617904441399365473210
1942270762716806623267993172218125745760915245516705097654927987570
9284966167376193685343546860426007927821050502935106026991107729250
8332233138942398087165405046314658617867219949974969729059791579180
4648037035187388643820270609804934004556786093076538261926526318110
2021863859251656925865948327448316434614594036961723580597179588820
9058381523697885331682301331452292999154059230227405855037406285350
9045976578596457380652160026315917742888124801830766646377077199850
4694714324604154308710677882187690707969413136784605770183828392830
0947916091577622835129330815994526976068402659423392885871105440860
8306366385810204736320944965349887762757862699053539155327911881190
2633510691931273397666740914861397456145254527568838051822852660870
1349632838841836848480136264582895400730650791560741028890834546590
6253808696255262637115923594826384545608725836860376198170672633740

481287637268299887772294454040770678994016438125002755420169830230
695451162998313431071889909862541016002935524415486259137615974787
091851534025688881301989218844566111649106326888324234483096288804
965797427103408223736673828255772507677153051860616483063355980193
407109897163098840874672591044598887595960530329248899363852119394
909682837108645713523456015804386429710353846683059689879680835873
497857626785565888383649516272354520708779533467658672049161720879
813149141698913756646454569742166633880288709311596552908909685832
466209423687259552095876586763964525810627609539552914917651817376
729189876677984251192168075525816004692672892837696502864920879878
222442107140464673074851974371397605307432234515525321212358708516
162852145380083686124629515480394533296837736248629645702435818 92
316862264994992186349832468121494673751199481950450744965970432717
604013383552223608153400047959819368522309258814575459795669694756
238949572473252484866070654288256287673592883976141961905913290839
946916384100532188918694325657206677652323824731643807976960444572
969446502834306166522169870802617575705124164111092073577262039704
116888594037610584331302931444829065955684296487296377161321950732
199716414417025654689461012703082459723841828360403116603489153716
076232863966616561856000946715549151974673084232558676741097334029
846169675642107632231536789799885806831989228305976337509294649 03
879107437077400846349362362400083008495007355816496691675977786 5808
111823047707424696436047327935182038471988961170359008300455685125
280509551066769960237387823537663727822677405205106153201899838061
149198595287500266294554227352605814894880997940795238178862244330
133236455432574103883704232398092141614963275539566361768675243817
655662510133743046480820755285156491167182834541304723879598488899
915627591908215219594535894398739198788544787855883930195317034712
402500720728681966631889154092375629824773736358962930373027486492
513691978890676358246153690757238118890003868340893039793751993065
381722873667753851141716182146406300539934079367210950941233283505
714265283194967469485021225058627404548110939587405372888096652279
949131350411485737581899491522734135204022017717426975610324053900
259385589578491549406875910851090044566987790296358999578580439959
472228433554403913845515754590510122367709490042907251632725064389
114149403143929338160492141148298696151260756811930048851604289256
533437306862399621812008375911431730894419899802933772305065225027
098497205959635360606930155405423580935622219990176155133694756828
973901009351898868910230562033456067478159556373737243150513104638
843684616602221058076605501633844395133927539050471981112677893784
252742930717142873760554379041535781461948559847060404010163365311
893068369659397595008458513327284730880048487740393171839649232121
257591559863968310050334405605278988766114724308920739067717133448
999590499556528668704313897455638641950652562633820072560532502544
979125893728660693665274756954585549379365494669059562648221660110
907222716643362714785994645999926749049549615126423085297640404369
503078388756766522322785359375567721700544176152275789006884922246
472581006854831676168705370471402932937942957597129456134524552754
565682494397143313858049509737206075394125741562910110232605185216
108762961134662379674361123425177993400596014944329479641646003108
837766887059200488620180196337697614505829217689137668547554193811
607470643646183550950427836763844727462071613819711917704444879751
377889228995884738200829650704622312728062105126991039445893607890
442906612891216488673293277124505955764999531645688885393740496 57
657168809130392423485693764450199912028784002735463631080280488390
398644628663159407840102917796877741898286222270285329191455035549
524356674461195336689703928030763361342278481300805902452322986453
653475937924700977123725148559789622335055037140823738855989996357

Los primeros millones de dígitos de Pi   191

2576815282498573230291020966336552980975186916429280761927498322965
2194481696043715488475908552723586440480201758142575400529343879461
9643196734902934702696186973283056021266285835941429141764327043883
9971403798486296507440722652641634634289829191540694582238400532287
1978130120342846511500021415969387560598958467433788321510445817334
9102931408492619625443010694755863267361339601315493600270288226537
5501691319481721677272774887979071308645912517689622702343482671737
4447625403604436123834266368529097934730262217743440936100473438325
9470556179624247014795775993839612828218670404659473671346740038028
8689067343505606541962915439823233191663415772757772625566712728756
7764740358782518632401429351230992652418610536526239068980576795900
9378267212512205511131583478239251417189326668486967410493386288058
9331412583648730855968523648709573522735515641731600057043568337512
8586486798777626878911970174198926297503739016966811455310563963891
3349194784911260028872720224362955411330210328883125217903860915341
1678577623388013856364347123025313312758349214962681684346180565506
4376864844321691600993297935886971326345948047658016730287623626375
4046417737117123337555290761684576098412031481490671265447881308749
6692652495072837633958248312795524169984449141560908212342014466356
1151439878692836764403819999607361303565876406833411029087823685230
4517716218148049432624678420340375691218100204857133468386031640918
9049331870282565113342259651395183628517923265340031625303117768583
0439058553031434700094995404289931062006909384298598494625764243642
7475502009295982199705371385675402423995822493614688183578390529256
2766257814762825490521531188451672679258510629964112189047429032689
8290300195391955649073481812466843389938765229124423119814574662009
3780807965110820809202500372217656466226546285167806975616512298469
0402876381965360231356361364976638902219792361723388549181980957352
2970142320454913947600203098311826513470831957908274217797322911001
4981104209291997270793913105416884305647668068288143263931229248475
2803515563282795273265600834108816169796102396306652310043702682309
1533999011018517840853479666457696399956438623259072566307560394705
5135897585127025937635325234545460711578766777517113231407198440702
7417259903834799083775222662385016189000136966533102252957386519369
0993625896333791041177586051878192070877765609994109805155176052433
8381498578844158021483003773807294220576114221873419120173809741916
0390896945708128691961868771823441333977805975939917040852574024595
2795358955168367104612241414848823507042098949464053346102981481814
9838496287485469500407432484301004237023770269359497780909390095551
6428125416837951222634081034024006017318562283671178791286350576512
2105234648754708922865475797991986634913433674573178080001015922803
2458041560620405881497336905468838305683111885642692744666825628260
5693182711497110790802221674273725205608523980970519287617281829491
7079681084956342092215680052226576590502708101059646896004191594139
7134432079748752006197036214365310768194923146657468333019425617725
8029656287105746356679361964293350904175915476056437228482315205448
8326426763087111474606360347328343230094190420867481232196335598089
2981390137432172319029440338021383503784665824784928237160284570901
8509399863087689746361213922287446437282223068981442710808767398474
5198685973565683247585023790229043874338656501635430920494975139465
1712042399638048515240438271400499873660922159516794366552097162467
1902878497234306879414622093306540351514653335343817621214097499529
0813343668874219608546300562941871857198979654903892260994006458134
5769898902937525260315947935205172873837166700721547961956375740701
2855926075633358043611785695703271510860973326600211008827123199163
7593409971230320261381098899642220973175527414255363413061597294843
7204856730536334535661832196025697236774376640419855390845866547731
334424

```
3061721260086297605296720785932256229235584626284633318929283198836
1000259218711370399715055774932048759783197671362863201844282336533
9347163637945712771588409841768777705511446946524042208853820282449
8929639508467046570193475974601082109002237981389393889173661995877
0235322219629414991396048429927934116586704877857111337265349285666
5368928875089626084058604973081180779650060100681097962304559548011
1897685661967624238931275652416559831945661471675822057205150733188
7438649959207729217154115270702515737429327406030388997018176392499
2844496144989211996008741455920119711061917813560083117939437002188
5678808012611811579946141717303547906767039162644803691523001638099
7509549864785771530193320758707672807382416272997985657219816684444
5193115121472153946260624154747884492531474522234289814443935668966
5208172835201849104468501236353466594439101771286059078923203698177
7814414065765795314169342756627442756479249572256177112244150820599
0572608481471404592395307959706042717245927521655060051371539677722
4263182593431649599940848813489629443980192805044699030743329586966
4202347799440608555298026016876274594816524700132047509569931582511
0565956554511246812167410441892014971291705911320464869299521893600
7872571989543326870276421120797111258063437179070285365686818813066
4931529035864912313662571902811608044992533173093318861973891372111
8396348879203809214817739751512155060714212378478249514649493285850
5000899517323133417944919571954937381022516204335585096404429995006
5494821817491829820980285016135764697993067913222478498512958741988
9762340204826428706202051130484543207456436305468298589979035884055
5646100674589972300286489589524145330379221860767572196030001998400
5346104236967394846598198903322644713641778288583186156410899810633
3325669588014908754891185529444754877770703325428165404870114529022
5916253519801238741401043603630920528139960818578217505919920444077
1679901533844586401542054227660394950985253171464765665886681458842
2246276815471774897706020161939694773855297795179206393425938196355
5238038842483958103927567056400517745841545364779201707342682078953
7842419318718112513400191354907522301885366424561518864030265041522
0622587526974644830596060008664808467397587469403100443050711010080
3285756185260033706833217834100697307370364032129825039545915664511
6251801635488925018864904176713086234741645120009780526716591409458
4586669529719432662613627554662763974798831324207660024708256555166
8634654157322730379846334974354176053391180554958485171003065047114
6570917400008220220333420842716210255069982951669623227920520679011
2499910597901723864217585369064213618772371091338814995600185227361
2965360920637316839784737149841162314047954571631028508309649294655
6142890777360309568914137573724220084319536767372075167234021174327
2646707775707205664465381708610430491301993304747985963516488796461
9449295289058257309790409506277206668356944279880549619837512732746
5076018212152053349220808519176266170836135723334251006968310417820
7971860650279732577611571650724027365119908613767038988665032755774
3894227581566173076972183643680194219584768114175757657802259412293
6937628548376150113712094447772678839072637650618932744947410926405
8693198959058559969600972046356710955864259422250713422810831610787
8545620838655268622496877558956742840096517078974399836452194028789
6992967688552250992454811316798119609584499945128301743956584655425
3492467331927699292211498644288427428218962343777071491438577608058
0848564273037171353764245306793786945790575233507643881521810656607
9270751572528839918515710526005618833910853622127568842615368679981
8073601708756736421701333242635306193463545436017260388552556774580
6213146382054889977943799486592528073247712770153356672430512874551
1130522707692262151065261479813961301205482595539849829038221658540
0027871828179452759345759816062682566935359109197025317587895850786
4251238169022868440885550462336176809374387125
```

Los primeros millones de dígitos de Pi   193

```
0306276779114460427175023690482605349682200346806279793975282372352
1973107085666232473255481566912018466156539344860475403574057353262
4973565944918990736160811763133524918574724029491422191055346694232
0286637390630837957952652291658230260997650740918733400133052343102
1030377785078752063516583462778448353683665590270558349479612983503
5612394339024757396930505229513081104670913249882048315378942261322
2355663430981141830986684768102825715502868274838339757192587347402
1153664671682629370155268224421277110523909179693192391277379771762
8801542246883496201400997322757593293917724086463489283646444353872
6181138341439888235343530623717836037727092220679014913157494612352
2486498036806094484885719893841191968471524836899608147222418754312
7335333742369490081762643689316367885345454285713963603275099228952
7125803241463056342872931869971175945665836310361683515735192411529
1745856865483974709206998158899997133603670512517832216587046941562
5206271294188303672861697327775954748983270093376170910380551593860
7797518316479113151091832801275251593651504886079398848586099308113
9349380127789670910847840847094315489455770550455036182181154602652
0233359866262119075457284333340654655923652677967900972402255903766
6627701571787453010678368459746242411941460927025518165357449640803
3707635921820480703170780004950305152791980468414802926237591441093
8821175845422300258710509897434053801960809670600172944613159435393
3190215524986391770306032510939596603820623564441379417884276524064
4389978721528985487390825419481126849740034138058770293316002349752
2331437832506834683239029486296128917710704498770623085845558300722
5385819369995627494731655208956179446276477688277511157614704990194
8228432386802734707467386281475267533372012101071646686196160063377
7135213782113885721215547739721693304401947166534830268285098055310
0367604179853359108399121356009460421182548283826080594511633337459
9933098540090956755312822504067646007341266354406248261660563576912
5279981301615925942686486995004724775332770649993846444113929558969
1465220429908122439062860004650357381269521702256392168217733673202
0915867504500478898168703646096151846004855741439881726097384472127
4644195450198335593231768829557830645802089829527631549073550054654
1111137194763043626173297859028465131916146665516766350641193345758
6671378181098415646592962365769083627160722338147885085506388631774
9078723491919876798967463625454712604409541681977992207104276402515
4843319647739055810496100016470598915157852943991917985197806089395
6786471973638900985242234000544223763116403151864279380217952656842
9978142883832138959824393958877015579907839448920670917065520349676
9986054155902105765147715787378675137125473044660334994239637877962
7117683623689624459677644019969786930278957043516744315098022898650
1287745403934073972426716050025587854988889409938420910016817387489
8358456289352751709117054900054362196217064294043278062798737866767
3022285201837041592135242242759628375037299734959143125112923968531
9012975356116296723084861743231763892988175402470391522806254684791
0309796282934304213394022884129310475940434608356683432324956136475
4257986254455449889635167136444593793573500702773176734884517488709
9668250810438991556770998488740178829907494844233167883018060597371
5188996429503241991398806477821402001041117774789688395551080742111
6480422750798779310315115110843383177288725255853668013231927523396
9078693015925808524191590883768045362608975083421104441911728556321
4646123720291167406146603573964319013326735113838180868544275306115
6822006420507762762431630907633957468027315291779908101253549436125
9147198875238663993748525397978887930776928132087457027296121993908
1254625546254109008343052040387108383857226421767563029049301769295
1152885790854789541342729679084551526624977107434221537656995492169
3119003567558879719695936089444056027985322829745923005729290225019
1869049960515196346658738457662861
```

6558370926229549052558715098878019153598544171672135730700635697462
3664506999438595865304581695576681415188637516729582855194702568148
6752161213458539326242521744695255070076927008328053505369516383702
4826205634521190864360945508786374555688416514747774466068027320905
2745681753951571320375462170698262614847590710692505568871840363000
5305138681095753887480633463299948769553743481082454131098108373690
7075104526381461571373620350563741206115436983956431136731850971749
6343405832290723583401618290608716587101601304215919171390236458970
5902734815681072289867195302579683764563989718769225175933155867973
3407737330432167556539107557542389161607021227173759207005630713684
3747821213528898979866821776283257253334518323039274761865403919208
7965652589286081930704035739642080989321089432200851994167611717527
3539788820266187445622820220531528314278483033868602799651751797558
1988333102562543823041601894233917038633783579210320377866821806189
0863264867419662008345377267213803004835349669601066224138642752592
5300053729177370611623486543873603335731512271393004752577030921790
0269105683369868147007004668071319009006387690689420354186765107497
3393824758598638628919011849851605676272063568183641257922449828028
9965361861777668677814102903988473476271790234863835367198841815377
6428435790683635879056700585812134278486017342992731149852582942638
1306584979321719602718883988881367210302529373730687284284252676818
4950327932957470704537523032086408891882046920257811437470677421043
9314645278658963807040853074482407805394314796823543620540986524254
4613096095689729925320004693722765192645252347104386806162844150263
2729061257192725777631402242018562351489059030613122440819438963471
2598106722230807362487403882344642804839175997118906930494868693118
8157335894633373137830646307582206036072722165120394083173607712729
1089455309927713041310614156773024875503030331197459367823569692069
2900868406551784355069909796130120859134208252365383197216400257843
8653155268518045595065276218297807292700162623807539845317874932145
7176744284224049806304873363455955571419216555990693160116854568047
5785694458258146525410569094213041518607874243640505075700116978451
5992851436363314191985622039283636376980736964248023175052955013733
5897960359874442590363690717246275208403121238030892613188032071030
1404611955903967347832214727621039428519154515034699239286860608789
4827204013155178548892421185875032601207662275879486610780619943166
9460231246670036640694569880337894191692790930563800771255696111385
5111068230718626350878130165915966571995616639269524013281937122686
7383997102313023718606144242028167500027852370132974280057314123377
1076730526300291885432184952037726251725196654898586302752019580555
2865567017412424781398441147945614036133723592910024028800169542825
2763700172605581740844534308051145690107092006853751074980056229956
7939370360942165585240126826086201398966399798182668381464268876294
5498686986956018358721332468705175195617160408503607021926593490727
0251099475725221910842445595207830851434274897958314090611381368732
1865624780519973309894011004757071818985229378443814143454127508270
9849791964579292080235503643635350960125171776805655499827883668720
3057953323354892273581439095605122292942545110596156659899801588064
0054229431876949270762221110284761808261596446602704309729054929180
9577577590269624782434271968425210667370895391287926957103913170155
2419895665937962888409428690519523491907549396833743385108678868311
2974840774256142888024202545647075085740339539876746447064724122440
5084157459877316927428065793845108082933471369745731717078012150465
5607730879875787050244201825130662513284579379669342674659176754473
2128729799255322939565415828683586256392962270161695814361047964633
7016816903837002557364944013958190229025904302917933014131985196006
0539395930151180348550630214863817390059278659377962839746005016600245

619242505593516523938993857858329225917116476018331586739589226917
986771992642677072280445165745545012821713074850073677934454702487
148837188476688243781859855683230039182925072221247233954381450812
495920572738582163867174121455444072000774625667799993033885814383
952246841860609946505511749493126247475454114900899298880244751171
439414717156204843166161483490190460011909296255685162877604368512
092217653725203066326102792604571211234638430897691005760760382050
626948945183133681297570084946503627830445034242988558033635619845
445054185239483989082514808667971595308723718732952461752619649890
592054696908404522519746654776340655367050839612952694377982971982
255074008724675796073755929885119227004014089922309976925072908243
725293025365545849629334370195169448316009981695382175397508939318
308818349025619452689772640110604134908045313145010713937697105463
476654293873327884965077889115704433899875968620677669411702353257
219697006335598012767963217354057017373873456002788461555755391888
881901579378055441731521247110485252795976660872618979299145615755
209797040480867560544694283122745402563321911571044554296315225230
436082636308442210335683371003474828646197343120322024724439322933
802978839273166096657341966481397117329057631860775941914189828747
832911366843302535292524964792110196464906521782428021658444801194
148375608706264682217052788555866609397308492117248898807055295004
138866907636839943008188779348037755411804546951933743693074015004
386915629027469361458814570456637297627949440616093119931117418045
204492835456146997128768235017514453738928383768007204168069639536
492505786930809325864323795839791850836678526870939433960987834815
131423664526254152492755877990653256163320812718635364405049101813
148648797280648360849666502489207356975362171904757205540792696638
443542621309943524325188309713530823407873141549480966574879196207
042981321762437810817966000036278059616864585833110248343312510293
526638577653971473510052211816165672635135384136775558921388335613
754616690150611753776496372976412757297961854600653058815433746646
375024676618736286013593899799661048870373212998988077189303455828
424798632586508329716478813687836934043158699441584056073105170080
740906242322983421483645937540666898799024529677503806308864246239
540006792050169402576684226733377623470073850861041947110699435804
534455704891685726842546490009371256247610593669638899731278465862
443799144139951569466810839263252231819117286400745587634104562885
751255056808152522939279259781486174754526947763804476995955050607
030405723074802347057423446724103122965349505065170116543132428521
975922325039634918024654316346612918022256977140890212339328788604
173941013526311520369111453920038754109001217400800370764068065824
627805087557204105425815704573154793095847220829190461794537539554
705589553490462381008166373194550235848101992227192912016177520244
466860590096640142655724768436533186703522065580145891365214214884
279565586627059338874918786393912310949856121262994129219570550982
159041459138611252665621879456917858641408418466291812312771701856
076429841403475924859795364139295700295399600044765241741180636090
891070329935760123567450289489667243683113234827356381370078481809
220454448786971363944071406838108537502379067925491990743545391118
754416978797744588070612794679102610597267850687549686191026642898
726604155400035593706209614687774802119559012974434756190369015032
298765074421165940749484642116358360774214267964398310275681555461
210571679153107221777930254573228745372929891949546444430214743494
433991526199764617560500446876141445197137848176211789772414355467
354670242507347836422189788430240648952846314388163435075296533334
782074398744784424394834378621580005295941201695844997595662195314
594638517065744940644541377088385322475395462267472178164107859711
506263948291174373316912308779475584016245243467316076527923038336

```
1084033932278592304370696142336185151202016300371064733923601594093
4876141393157801473755209993057143969093614178086869200812729995012
6894063381545942618042524870705529369512012093385006182670089611
2557402629284289397798199536585334676890135251331654784862113897579
3953376384770437896000543746315267922612655403500132944795933203
8995044036912341008956512641833327189635116513065117671202257937290
6101484235246743785474046961258221106399832604515812547546779293221
6010039689183516686733683039313629853299887287731336514009920077
18115949585299647818660678895687304129796819333868640365429982502489
7608389872787996832247994861290621538119527811750653500768127034
6380699853213452396070408503822031138373124673544085400354980559889
7628482182550298417519242138199529518355344031257843107666981982362
8904985956993976147201950407415341828849716367955572998115769289902
9453651754415265328609725311247060977431006428102157231991439287247
1828409399674138326975913701920603934524244628182094162053668835
8917458615199461028929758611633262539363485791650895497475561088704
3082657833533954872060436193138168742118417529818004502462401321388
921541354063163302382161565464533991219188665880282830367309947128978
0816548788972062587681901474865764326474554358647966050544193140078
3305815766575393391766014969017251101351930327641254379081724668999
981078707432988286063210542872930684618965421625785755601612552340
3005801973294312555344214886520699809700430142983450790538092344582
4367943874916281483401529428782991908462113223908762350246378918770
1226754763087919453241491141091253487734704529022285676973757021670
272351520368322814449865303019336247358246400226530178178623061318
26734757455627191831385937038694232240607834158561737501481032037951
0019132622685916207583999928414258430675502370367514373472500610845652
1231782069026932327170171018071750076671070243830088213495621142096
6662792576294753536561223119630348729799239612956100144117684309914
4359806556684733183771111489825166860528824315829668157736742930175
0530961966351587675538641288368646401680329010209836414539013618201
231060000077579660767714453237449036664538190330356596405377484863770
56891952143606796432870265114198205871409962188495412759055289662717
4371637870154631182349958080516726387898690116970574332525233066881
1410230906371609653933829175424740572281318248528656220140842948358
9030543317686693886272529901374301298828533204149259647248708428870
8681215621556590555201187669920995349288586951293492562058852997594
5981473055255033151457349813024963566600571562129412882016229984814
5291580272745294336713461339895499251972614295467134110655087486873
5678990505261841864946700362615455651785900747434683022033530621263
3198282054810388329437727848015435298542340690991512207114081916532
8421628682826366356108343235666218458349658424351140825271341844670
438854605640891533111831123911860539878116762767613703658428481807
3139200562490471623282329910806606066470626403542859190079697347301
887058565429921291410650831050249211811525610063742292432939047324
2858590436910997808736870161271565760862527256304137946186853271590
8948468280276438781968830346901398630993534890439939614131385964628
843544854517861469894836359302502333888613866057882534938204297542
053481966053943726434779791355298709044097516714256549173418657402
8331056378689930376561815662351820475549941943497152154891214252064
70792904376212845403635654004264438858799154465265045884415022083481
899808252376263783493919299087741863311950233355307950955019850442
946460037920770326472316538371677976322551046150834470572786498431
04069195521190290898190955066437540036659891571296690373826058688622
094315856762141694627700344614655883709614541838367816532646717988
70475162420027698410568104993479741747427555662383448218723949255987
24808179028869791780821130782667388227175699536815810068349441770141
10353141107098
```

```
2796796045742155734677372931318357429009881725107070010270568161059
0925619773872526295496706438269748763152709963323153897802141958462
8370235855228029775802140619125039390009549720689692293515487099579
6216818651729143002365100714102755589431262349994526217425183407314
9518226654136707112054359504770529840551641440823160400941485932276
7183356104103195233484846079523646610699869631765885028193317090927
7543809750296912928290287182718686765605656010388362597476899331918
1508684635102020444319141590772364683025539168088913774267233213994
7128849775979539773479229678936219309925112006630115661739065757368
3767636593718921142236849912021475571972230557410057254525724538555
6505686460537112268226795019296310394584417455806521223889346737778
1174877110853585636510480400702351384140839434491495873363170337452
4744207690310465894028070652040490102610180630714409508901183652829
1001042631126121723016073039142782998260548259374871970789455908633
4217056537691155991337169641525291258655071927483459371130756268223
3144193075059940067353636503729355007679804215121435197253256056226
4394541411316747298778368714099675896563070199695608246280145049119
9124071218574805370693964038921234646978712255066960696516150681300
6062941074008047057013091617350773347556487725473691225215098135033
1929933833438210788554383323618735690716080545580984367005743508507
5319940976596533687210434933222806188349920048278738112527503049208
8881748464283190165396006304665029156208905322947319996678910429991
7745341287689103090997671881480309327162698123657206043315964964934
2053593097499554635341599843823862049425069393201426663783689481202
1997614179860830589838293900673951455175735499971707538924803152941
0901185149261408759447372115939328926370506958329918100862084040128
6489923463260345642370424824257063909129380801704659536307241449281
8375533047948623350633663637588656105890660335316291117659790023653
0121728575366201890101649815977247290540226707862683377301117009431
8514035772194548167620643753196878414851842589344814052958399638497
0253959762126359785945669110637060133227953341910530379540425978304
1376675167497687874652996491783423364270007454754819494713598668069
1566664585329149030823205989028120587812681576743093072101761358226
3189992887973230932010149232126373267151796495548968924776611843154
5671617574939384016165229078440894231508766870546652757932388055491
2666169377759895392556108040693811822480005135080937204668602003905
5009141165394481995941732187190340971882559072629584283719770085817
9418507010239247599882896135737787564358854963425611467807833405187
1095131257599993180519092190226656156950392826194790160170231224330
5754431260654464625008686622748043866744194420153942603811557827540
0004040207121819013157464010934273357483361014694036854512564432034
7075284483893175456176463157220928781027991202902189223828247035054
6338309419447797469130882924572050292206249855523551056541643045762
9886417680620174113480892342272883474543201198072660689569258822932
7024544775347217655283908061743002542828159828767471359831392486775
4531846844608380481508156635419462565813296359550594829076330106815
6449665178803283777234426495734762093975759557930638671004777439340
0649834055072362181119894844821271727778513899568490447620086131269
7815775722954647603359273556343018515256595829201382091502262008800
3174972853899821503906535593312828283530229104248499101040960080812
9227371345158145829596251438171754663416763065800124676193027393974
9682827160964943723113557562907810196124240298111767982618671404839
5466852385580727594056093297312405555373044799293256493279811483183
3202137311156232404092544419362171293573215519555826930703620869391
0309562625792884944657181752916336105084401385563679207115718885798
8513496298042756138550082816695303908698962080290303553800625563214
0366817790818021164843877948278512937817115195312920602534993978761
75
```

```
46408001885491126509477377940338081385165821773654742122319328208240
69808040149053483955039643892782029247237348271696437467813541562304
07929349307240336751699252188922405669614699681473878851860314289706
35379762432424269819101596656181862939220480809589153523367722568736
43846668169767417735744924027732442718521724582490379444028830673840
45640018536560746541756053710825468179256936469644180207220767950107
52974675083841352311356162549952917635141688384581887938427692077004
03633081667441340571715043076445505570862019621875090213884932155809
84931463611851668192193333106871041572192258451363221990026708380222
34873215757971191139682680384884040281459269592328395964188662679614
93051598203711862831094501976913355793881589511415327250422495358886
45052952518856976647677540641989646125632782259701702333755850886222
18260028535928144630861090706741716126123002253062294326943978032683
57300881624868449638061833812906317206669825392733974004947585695873
51393454769511348187322641752631190577688592198023732093522988172495
98232180205141646542331746026771047957385695174672602807096815250473
35898205504740080301330175581522716953096751972016120092056623087754
28710696458634713742806675167831937351325652214838331736723081198165
34223980262474376558947675692163436877669156494799894490895333548260
86379823253949166726899416749983477046990214640899683758249505829081
45331422006226370265889085675892630506217725045902749909932791976237
86666529191863955876879356638777647427669516078960839316235252927832
50364155846780246181598805142926914406989652471948193396323136854634
18650909284138271725216953836200632300921099620624942506081118148675
12981608654863784916838914202440746125373499118074444680045657807234
76210113068446077979422132044175184816160101908431185778373692302853
39399275611116062550093838015931151113590785216256048538691432381224
59042997729469643222737151895258029733660453560070753438041266967058
67914369328092183041139251793786077259043301053693860564531228257539
43173722335852211681543044363584974272720836342278796178301536250280
18585784844259719867132834248512769481082148289899874543172209779240
36083261987325361585956014193841365176258823231664971366187149882091
30428155101622439116045249633842565407862054039684759841372950931581
48777371240187179778380478989949436542977673257015705381263785222746
97246787424130079364232849781847838418709500092027232765464981769718
56311594683012099715472735317355702526409742948625381481400785942093
75626383946867371632446500669475670531599472687811256170460064074445
58074290199970126210536944280714092216615182130793486989728370011952
93081073666728548798578714822353168796747873575266193854236240007139
11305675555033885290142377185416489229415567163845886141111063333831
20411085276458284026102555584547225937596187234636430993963801234448
92556529898272029900367843915104186874958244295462621261555251986745
09444652902219649632955400007038521056321967658248422650733125362054
62602686845226609688804383804743726232331616660159127936881995940502
57199993291767339310271001259536094694379663859680832664319316496584
96339772919441451837316675736885364518202302381482637706530113911289
13691346249132791260325353459199163234527758142476660279547954070433
05095730585710512198291209443165335943240846813807488753872970853754
41682806609884935066699637289794431656792687636706605922664955035210
43083435714033518387756174209630866622504815251137848588257002504051
58386183616450763591975664564712150619898520627461072077885340900897
41333788845290560643246783723784423811624539607897311433337060960525
97301996509374395456246686628124327527788178576450978686549138923396
14539387201609954727731688759973321677118441995894848614261038915187
57536353139008447216715931361056590552306882270163900604646542371934
04309850825077350154851993174718357373044915069497572480079084269359
82914383093138985548754942322744944
```

916279219117441681762258515329230906270288626273271727137367472885
363862123221521565981401434617442086412238248701842176211379848001
289184611502913407235104009968281635515588496259347022842452965644
631458122087796414813974052131898287854284269657822434892186212453
402142291873824879831283655208388110223504587132896511975297239395
600114252964021960676967957581479359799314184981204111115428221651
323925590709874816323371019161139791981311334362875608519136823562
637758111952015928301098024561701102225736721118075378393997056197
834785899801039586427329468431331010946879646342978777226821944480
569992455368546016753353994086181176225929427764715341240000276901
027411761923992248717212932198828213214581558330810327676656821576
223286102357888866495575706551976714230950420576201061600927036420
023404509720835648577181668241511926944850681518629351905611712803
659267821369850750877498220731933486197900725897758266414280631975
955986314537097065477664768007258785006309940108789455470972063803
894836930369700269745829254188935682769767592328677671016980350973
276936027288312103987040472950733573175722327139128868230896977588
125791454937934298535944730061655931505590245069290180294939653193
727641307597943503018619518284940068279455659277338106214901644988
342847501530408357214322458926520002752148468861352026832020123565
045190191187232355916703723297903459787550694692772157114718237996
680746390722945122990853465326174679733821683940916461117621210756
826473382614614878022120885461094160724950146164718017557452315757
256491655201696462797061834737046196119470719316611275377707519894
464868916112464067799340622219650686591370531036233918759281965741
610783982987951386477074064514224493029252407623686643359498661139
330968200431501561171744028457058929342504889972302803590243885579
715131545883284619046631488813005446165010619163392539632499566891
885581207683296137502319540263309630469405124798684956587276452876
970991565736177473391905312486844946258722691209550207072170716218
796791877607055804810151922950743263378200279183115536826437678875
799119811679688739631778145299544256657730927567143291248470230227
864752245335402514079094918254625352910143935228966648242984559934
255755917775857582423523389737474844633400472593135729262448398487
770176548131880669706150228893096106568820300579282477684565057591
640181294558696880326458117051128812605060822011029481378867623347
888324825282503946688656047914724349593624085753393149412855950658
025762800089063568814923209519216400318809729991980254670328632185
674487704766797400805244494123019257706168607933337726166795237231
022560304560734945720635603131707037596272146490194250879542596683
656734967847779640178627750094170839259651792113718885026960580859
871546564185389115112448280957513693327438297878402591292425270152
380183942827764230778659980071499001127186267256977974935585858827
620784419210115012275557417797638627058527065459889378332964951877
011526441421644875208632942410854193186111409682762851290143784802
343912480472466682815277274311548964625567080291229410470366544127
961945872451600591100008959934764826857346824604969511368019113143
213023072466341637342509019213619905879348610301168491367031251593
211223143289163231551486390389204907304675379060333848146223790476
336372022317683354114329733331141893942473793198755133365951923692
060556418153629274571724953820445747470974338111998252069390559257
390707774360691544834954645439455065175130465938835163084824746634
109905199496236797103589927135620109785056162499523189050215581468
446772463615546978316832482756963135717558314708970917287783337180
485198954598438285966997768692505943828099531163809644381799776035
011308707394485192851625490589031108723329631488255920742740143440
238814712545595907001193665470967389125872702735685273077751939688
620387064305373419963678594085215789772443560955383209737122234993

6362340929899012531960339947214295787475147685543217321671274622768
0332330005638232707227545294942172575194125105391672186433585944534
9268769220823873314300392613546630057296367331556490979598048992472
6693864564374620224968338000505578982685667696711428018767262177865
5766491577003524611009327946825636771615396243792771294838137972344
7290968522053123318201578958447957484049665426250203956746823547335
3258966746482118862207730244164139640057439589934451240708100231076
6672834298600575549363747498649085556304880457349808974578492631977
5144735958577735630772546785298233325468702005719748961900232497446
8772535045331727309242308890578830620727285549856746790484861180492
6653657381113003182547299877874226322450523541721830132563417954396
4983867938294564119675227721807970795055644450838043578920044101599
1008710562086545753586198813375442552127302894241653075803033080796
3603979606664242815793244860528724956074874090361813640624302017652
2623955868368289209627492460911889429190221269876819746106434478899
4633549049367584304851434998064609544967328877300152215440295681234
5344894693259234979855786079219347904248738644206792284192513273004
9639053883815793747911629959337347104425865737219183591342311892468
1215100564175537835673127527720339420845773309322939337741474629120
4143364237584532278001041819917548416469079889666380349031404208579
7512767023436973090178204120231201633237068160980961937623835316642
8146780855607220894937814058508265825612064156690803913301450378737
4700861916342078689658413132733633143633823725986924785670108198872
0614943101160093264302053451943668673098889365873618527462830468486
5086589316628441742815813439912058343184793313825136125768653093775
7477371966080824138797890956863192427878213653414535171512012415632
1455772612571711542375752304356111855891966314442308693667051199138
1534032262106215943974271207654652317651989664244752620471519096989
1744551184374331256041120600048106283417744951899906102213412644533
0065348576158000633640466882739220226192144757111594145475056524353
8867082174995562889089016770823973102051948388718354983432880888607
1103617690332310781379630557273898112912770386827993216590405314689
6325986391942915207644121837405335668958199426520915206072234787011
1507849459926379425827381004560937340373847005260432400476515103397
4426291589785942161902765461243710073141533133956067012099235705589
3555586437332466239368273381376660988561386081756085525751881822982
3656205930398480268468925648315727203819634275024490538138712728365
3813817411890381862937066879655274018351601106777215442748763186693
8516652689190966932412414576525175477138616790707468769050286308364
1493189655956235427862455158759933740486888059363509476404640422669
0237394346938131980945539830596379527850040281880171518968731583106
8254147354750483209376687988786820162497720796546229659986970928634
4427118784043263484658241672441603790048629063352273962632643689695
2186374585547737927708108320998006560378549786179281682380184437377
7396596758291322060125539286970613118307574973649821014731399951378
0119583630465784586218819441497849370098402756006854980263357350276
9035013349159994106340615470787332906037072311612403418705507883790
0089817694702597408126366340233205234759494628647720279625211368644
8377842127754708906075102553014546480725459627611374316793083227144
4495182515532025306889930585319483180619097628180166772303612166067
8136951717648759790641767207827490044745667114390302618481170988221
8889166496393868513193469112598949862477341922210392931856537346282
4471898957875867961128151109965937010037834603669908366054995393142
0999423492601951720056003498594040963539910547277394679790413578702
2632069202545498416572677427946396129743913685217948503406180772850
9874281227690114136816402846752887542766483471728545123898591571606
2110621038611504145324978791301213806889378088785741135694023601086
1172

Los primeros millones de dígitos de Pi   201

```
7474907686345867962597361001991170298696396753605633035859850590 24
0448570523144308227985585804210667606978466858561399205325248703 55
5458537010107735008864951963541191453995475570655262775843576574 58
4612584156310747495367701904508846045178961035630096449832567980 30
5263711009034833683273800925855783963976788757455040977616660990 2
7954291885893089179509868123115630538921168142337958131082941913 01
8538766498384326660489096880186078698996946395195235541223544449 51
0914904279326593168916538452464761210297732380494910269720631973 14
4576872230188864547231035203360880327345189251460428378272357373 81
3799044513964614587724157800991829452769114892564495544578208112 58
5497462991227232646490397507964230600261945260981238603894172852 56
9764474274292893781644102259782780808093811884898286656450750469 90
3550368236404570287861926400784608310625668967210515107875998062 60
5331021001223580899087864525527739274544838949424609773097681032 88
1810483775584905357543698547824872097962396028564633703672244472 56
0265313928132432260277494460178011800643538046561772418288441537 93
2797330316564262549644575247852251514033329218029943636689200450 28
0879301458362655927453036932085819923685824058244928679704700489 29
3410367432496807871678052871557152697953873176161393561325930030 98
5187458526074604280714530295334442483635278630915145811167703384 34
9810903471380868798951289092704710360333677107781408348446246860 61
4725498836547671435078971650144527699386002279228873124616118886 86
5145487571245875831948668196071351297809734289009348299609161372 17
1840805688912848320307378043990298011977674459526087245017878848 27
5822031416079664684533840137300363393522391326174642283971469201 27
2934108032240148629789074135362043551958301512406087823579905459 9
3705598339963964272542888444321935083739604441268034988549867801 42
4120139847994694742672513457504328416115283189343362578255557624 86
0446989208108295158121308074724848831737971440657552370929620468 72
2922975057390432552935848119802663290934039894973580929027356502 65
2096862827876692654166187793651464999633518918591982811237177058 08
5129088914798950229698022775369781832643658030659460809240080176 89
0723258414412971928242472038004865907624832984326661253026851033 49
9026576578579963305728578158044815065341472910340118651075275759 14
6213859575557984653317465242124797035629657648497169968778459841 43
2813641506265880323735372672051002039187208654889404916333923844 80
5717563887250930123137906973034464028369489145321847968903689080 0
9191076964875226793196883973083136328551644284854543895511923516 26
7055241661011619193956232121540447458844931776033264586483326999 95
3276131156081986730317987770968854732069736111069687352300866613 25
7328235545132889270735840381580895934095400477668633738822098999 47
7588872525139289471025761158113058137307925695089111060363374714 30
0481807454470712358569670187616304402485928102941244816533043001 97
6781251848873242914654653747653084078562990904537378476391634106 97
1349483164149431772592573598987741410425852565064699225753338667 02
2937999299024833844979636165826017703760240428543525146892938266 77
3788401005040778149801065156552974765023025304818482902235166349 07
0894498768111961215106508070884528940298303191343694788607197230 91
0879065454559290442696210241265089620800237754863792190058221375 41
7994513677375502934421394783438454088249683005596980722742714752 34
6186384496330037201105848844426282284718356695105783641807090871 18
1197634134679230482799919294233444343374526571185195827581724295 56
9753655476535585715371587886731558237317912035819433685902461168 95
4935845484381021820980564566711522781111528663148797912241046715 03
4541226359174023105072675781565169079497535456954661023435063517 89
2628200738767157841844853233126474816964104500932952639391072551 40
2638097234507421452663467912487992195042495063983505756316700242 22
0978888450142354933264477085420732956420064799904567282882730897 36
```

```
3424016355981512716558570876026319347603574797113673228442544954614
4124103144112136532959073184466626781110627401990080005740851336021 7
1132919101914817238581103597632336215944590686068858174582721066336
0783247211055398822853111623083077224932071876031428355497239999099
5438674791190412064095816350306921536539525593982910836444057789477
6865590642695907855588927801481153129605282973963783052239656879799
3291341582956231550105619750057478825843506838948027201316800544922
4176554134155367229678186722629752193572967621597457292998278457699
9958185701247041065275523470931676021088746201894983099905626803544
7323919174388035285239451968559022629912340556236681684202614065944
6016614268981636489632267056714545276155208403199775521811222283066
9464028275458309078800952553826700117480894400582442234484090144399
9309950760458749929609291944867872844465529426035504015366304857277
7845750678903342063754856518026058646545350492315463660672149559799
2319961283892566068624538219662137909561418094819626802348373704866
4453909857960411713107012433147227706943816242616077917473589306044
0322161173190236290108124146346823909101474784534812647369393780344
5086690201178540922691890721139084273626400840225609527953662226877
8036310749929518963349372478078424620773854564629746985678187794644
1332775959594959198587419166844783018668875825985063358095304730592
6279587882662813566957418566351836629677963353661625690006588345288
4789326123079425333212093431309861700139402245159398630153300275888
5744826155520116321655830540110902479913174431860947888944247191766
5658573938336152938916463157877752069260989922377842721076226754711
3629677265283382604580315488184291834579056205585231384674868809877
4757418299514360895275711489696984659133055157182490172640634694733
8316224845702956882134783218600502197579493279575371401946919871033
3919215034601174895493500576483118480038321070455010003197299460626
6908170324652326380242248581740354229851081369311162482037815682440
0267054026506092762957413003945906744527919799664729933275003238788
5344552182030969527725411833131949298374542996743450834945692079455
5833089572194166974255446825338646561066514161947402732330689180555
4887144239701482488141302433322116028228928803159132754604064039314 4
7565045102470784782700310083062398337903505920853878236743848746900
7159107166138352709755851584349132103501222558659285742960510769144
6892529022359382791271100717798787378979020601040537927126554260277
8572353850665444666703866631450870991655715371206920784426287258033
2345585653143785432590390181683860053275496579257260690379957598888
1347306888807474475471119322401485057132580064528148510649450621788
7971736653675812418556178181865092565915089678588385373460069351499
7669402008541424119586157738199026180199575558106225483616404106200
7630901758560745738847326450713338575654604173253371130280137894070
9385793643399533627809231210839700233028364694233862029910331376977
4507251928193044810605361488981272372755345364515179843869973757299
7234479617541226385432501523178083972557268785022568712168135342533
9028347810191915420343242593460913311364251073193994337038432388611
3758805682715616485493653802378509039348336224822731820740996845322
9664200662680372687820264867057829851192845030221581505303564175688
9377542106313879430081690861925874286987546755092349447396156707599
2501916836911293037748049551990970398233638263648913505843039964811
9572362115740772576823369907023744639354292702053460448038310231444
4811459137953847492391572943127807412044060803097587296697310718199
8441066933408260496984151577165929551948655816486757794233936898822
7759003578942127616047047342116721879204887694233196384054499475111
1593254796176239384985382401964770818520948648559242287732496687300
0301024626104466769085254560976052527675426097221758042315215767333
5329075348153641113756403344937644773157010744177623582318651700355
4720537594043178245991335983391817819096329898151391257543191389833
```

3725440528150815457031022896802995772275083312116597704221998268965
58324694122451128329498987297002528869278200885612715994977513562152
4144621201185726015252469722909151404640753192199281734280327618
5996457025802115601746209063589075186175753000042491967200921485673
6401596976159704057369425903568270576217269808261258458059616706188
6633284026338564828642610385930749007326146476834590415787979304982
0505904321300238863933029787387361962755332185958012662216325846640
7754647657936338085449649570965549194681612051155694391080796813539
3846059750067179506310256122479527199604657086253843127219194520031
0509319123694795458561223792958467448322080383851926631532382845070
6222355416355752016048458595787727964356640792897731517789254324601
6374195165332485486621259981179724635762805617849167583923257722366
8439231390463625063640230283172300137855383978440596035683326842799
2665461606721109596063883424295043002336365108733945914246608246878
6791422410972599551213534391932339520885700159038044698266311069545
8536384642995474068040679609633400896596476123350118154718221565202
5938005625906215027290122242604041472615840342781626054598733857245
6371477792160474827443344111296731237676119862978669863080241795004
7309905486807868392900997525783605684232527345124938846464261174378
4590176544695409651594708729976507112762666117578696019032897428626
3834806460258351836519591472871025416090341710762667758150465169462
5449579938289961786666098572735726068550669586903757230549955720906
2621713947039685039523631294487087415247642250606521669707955283041
2810868604973922953659243154172599393270748607956674145938706841232
7500416690860257614875887987623593673475462930459683470578182433923
7473999249931821377630383752990385151049213862685594862282898029098
6040984011665073222899953224056223484778426908827773333002520957071
6387891375728361113161508282405867748061283780997650842450097507098
4791439925240141622405328598517840602677533819228267849527886672456
8933759451607319568621685606351203502463099283741850780760420477384
3053254838763592412557531636452293163511786522282328964448319102692
4741636339992805353093665926179864424954948846174813289956813731394
8309594995811247355548837387112521903370051546804023677832615442406
5669062240436357919958919161873198530482800619742223209883669364708
4018123214174762767322394733060040517262859354854118824613991225459
9360462896971413416520309350257355593612611451396476466490210627544
5737497714471550805888268603135966157597888808251340841751240842314
2188759570263961666676842178850151166502959559786184159605479201785
5481164654185831131412091278284596904448081819980631438903805220749
7099964459268042684734454155781033449320595015632019630539762141807
3990862708480643032178002476090143977156423120072226354349327379915
7315518591100652472774851997101984779766556894491967164861686707903
7571706648356280803259648676734045842056865018193702426952536481695
5814590909365907807686812438639934256553533046505678506554865557128
2118381739659983633576780308871040572972063848194704823330793522090
6084398628018386708952979494559033980397505682344935367837444146988
5388804528100813606255832951931121193475177628452066519222252738669
6926300256656057137987467747226321911039544639384612184558577569269
2112744696565407157141418197949229614464039021523936521713197016823
7910162539056307962867690370366999872010105519727588390490266619397
1648348114974239117387042271429504980391844092035353505646482647090
8831627172704391412142384229216009271291236006701029524904826889528
5813608494320353804135696451593092433827730106982907400363781910721
4220109190692418721602775558045932649015215059414233531352862778826
9126850570087709441767082111780339161323107788454769589235628606267
6906368115480861944886505985634982420785224821027355717116828604374
2793001905324214732698076035933663485592468191202394714809212332841
86050062585

```
37910855539500693514325721418217342416965828916871047738311059705099813494096939955335172453464547253019452500219704236725633941992595913903004372603897653397233310189273199803667869665461398075380015007499405896396569604444634104888910187725401758136482992701898931874351475719511901643262456514200623107476545219553062209409076226563967703182232859593609028162523062797685291067138807712746419025705602446123783078902648548600649008785877722458281102434493870661477445356793732071453340808324961036860031648711604557638529640009288990565903880787201538168686057845360262395376158436587641315689542018451668042531125090612805758605185126126126372701960423621901669912907552891484255000203166394336803204057114116042375798035856595631247499469569849513586761717161486134211876492199857402360452581553140087609299196474462881338290732168822691315735551490184217278167785213038366037635612900768544531563881090587180694081778190789574514335959383903513995923221581547874786726203342273037795254810134334887011269882527069457297044292547385863958940316252418176801033883738925978285637951334907225664398213604080607695122990547942207745586977993304444390441999735760797502802035252928636562271663753010434815414543327065339165099594673587113493338216698948567055738078220021731209391530078265261286845142429072659990570958254860430354523299996515557814617689528577805366548948592631729117062620382979801608412159318818869629028287157978717936884904025766919694789119701664230794471163004796916602963366541165671412926658386416765584258346626506690416995107981990415638970961657836067803458038588754904398366811079462592280948439890034735745765722127802050766361242474530272832779197536870946026921102641285052046477151131959097597847520095406773721741184399590135072729305996362535527518365125842604722808130501701636458298879529638747352394422898404127423076692657538919129379270227358715890678007404859216483963090839234039884009512873222983061853071494441245528974454318958561187400018095275209628513711725684572621954387878592562737224001189285921097359177445309099137601857105133655268996097982796691301664713645669707323708148465349387888981009948329822204546100201720436127512031538116582991015118694304911447593744151199214827769884667239091980921508515824456105200887185460698730137255363463299564455463872644523269557824381689553110896531340698420412186385006905379902901129655602973049646054821960184977149958716016018632187928577655514826098688914664178674355486398857672164079809930784644700415892529812120080775469404448690228534770939508682132340733873815211764044476048345552930529995893020716502131845576085163782416290715979408661795263226509087062500009785294598803412110825577607201418877274907101283893632437344755327661099462982029247845727959599586690604600010182553848674565658275750715858729686771675111487265212206589305147029816991145935759706240523820427201676090897193644031047142701890112291972783281602113559756325548699992243388504519858282629103818226122655992591597082919786233193166881062975254106841171086259870307144086083889081617340183945217867616910217840007057215115331818346398109048550598419080653798403931967652618254901449628263813136868301905372776290221408228253205031575814491105214969340080059171842886747423281889208221098707510096094222717960611868752310865130548794073032475585515857271295685166711502658575372152497020735665542874804818838168943809294719392497078342691198162104713083095702791440448875294465222880916426932212089143735326343470189414186549875808544389783754276111604821944985733991946416345105882759641507497086868706533308767468551708636722004133550690898227033638087248324773623842767127299827900047237503365691359648505894871179717735895375235172704532988089768706037171689381311492611799076386881757227778250303799481053099714133210679111769390824978575950173
```

4734327486335668431549974255543428798138728885884082866555063031169
2303426240065192461820851294051384109438338309943373235611840834156
1095254744542667874415394527438085478157481718054429230172577082542
1551455231168981598415763033104102486785934451395633720568858890690
5711908399969799521334483952287592283977865693169705450275524986037
5938138006589525705654871539925942499971731716797625183078071800651
7305152956338263279321271806269594806341649691021116023646432358904
7724347766517250437018826211584376442266662047512782523518870217898
0272672802771182277315210303587264208245289884331683157916664992568
2161144990342466951532463913570478076852689899848932052533721012467
4485594511686982516508631506559023350608946133259647585740474307164
5102198896466857650930833004568187275724168076705921604355468100929
2559395648953329502797156721892027325708150627709071738710313238424
9600991967666572621248871349920569723586933240738111770557323460902
1579847223452138277157958034722054025896644153905341213744700508903
3871538349390783651145807920272101479062979899235730340324996976240
6078897321843108824493082661908026220499901128597492955627721746461
1468993929401059494209733817594382878025044409968753401903886017717
0124591227676884675715236965521220057724245036539737696902851785827
2010843359833984544568178406257490431917087743824104031867141420417
2036811429895036772565460710501286018318843305902670413591446899968
8471783347040829146812415474309300998153842585056327604739087689049
2793224924095349919034162115446082138983645436273452554213715789152
1320603765643461287733464232652794907883819238644475577059500911944
4142257604748727334642460795924629817046415340651330840957147648715
5212860865784707352955176812758232095338163731442904741798402689359
5113836231903652213968694895392929861056065435057970271551124260864
3085927282057320382452863373360040537159776632209913491222622982155
2464413415294565515770151918986924072986258052706984831289548079625
4353197417128584257661140282009534969180216778750906409638938910484
5046640865750372940522104112800095473196600465004394421684859422090
1445242927222558490593663824402773328362645030305335399309698777034
3090712332576249414960161079242873166852638845275126706030057076410
9526142989664881812039606387340849855500941732198779667532749962011
8697725690414469020624776565535065664237591469173330727489154340583
0080707221480983167748193021736845370021228649151994480864391860713
6506738526628029015686800738658482695676254210529864116593386924825
3833787875213492229698895497703342047861740980716210184415161772214
8191100437333711693674308773266973085990103719739779496102842916186
8412757569913986492114247878143531088307012871037747664524240630432
8370837731525611944730557552379109846177353129064424104470894516690
4880695091460731826894492787888493093950009950702290353435392133255
8947652503280710528542412429468783066310827995140399264853819433461
8029560143112432856484696531717017391253878974666097145394227727410
1144239387958959878910545664104268147891162685728035996783039870978
6663444404744950237805374940891697917385372097470734527397946057249
2759082492782583350682569083780835456936366817395591500548911712294
5893425019397020896398720423360813109299527818850402771287385744354
7058197144905713041591925075571511856871245138617084613762199481388
1555082938848375691452590235639700631112601221180043703847770706721
5788291447250470385711950858809347550637483829353177753808855894117
4192632937495430008507222483922287543944226262695981911896956305252
7909934629461536093616354944787917503777137415907062317596724558368
5325998421558810316256244427655499025327501763136294312779601191643
0509716959532112999204527177449654633602651536565828841936387933775
3552210007523306249938917088603055134982454203328601498822518924449
7897136543887876073258396869412398388082043346266117220437998133074
23513

```
6784990845864816666286201110167877285493227258973179629008389380093
7836886224309281603626918073213564653715350504886916477877918584277
7379081886131475435737043839641610866845447786051856988364354553941
1467448836225690758229765668051777774848742973152174071722240899625
2027134463802893843314525169836380731179921467836533342174788805977
2842616020358430828924451439079548741920599467031093767769273460001
1572635478653303787050882558626169169547527360426276524262803824771
1129035653109206137550104153516350029477360280304265156068704450345
6586532737488831388713636012808339131268504056973058262367506066185
3976157041742174275940940477766295856099304644453696935713123533139
0184473101670285366894180350236163261932678725773121497249824508730
3034204762585225658713844171927986481349699003368236635925882060107
5142130599354051182398221393595842421288680155694960131634265883922
9035170296385493143120268575172092434167716759536738545958915630415
1543408885004160670533466540828130700832897761488249696289240160421
1416151036179777932102971347626579994021546997803877847940159881608
5214213535304149794348531891952830115750065558526423618771644236083
0789734582505232932436402643759245918005632908723050762970364843550
8696762133108287701771634937764001574077061929099773118327157053720
9205365402970776786726653277933085996580010922173623890413584279519
3350888221454365191134340143428094289321478884830738725770497425332
4646609483535166578176707446537836480284709692610131864502931229616
5994373555820292882023445072827713813735310873868156668468058416553
9524063151157367921549112632477501265298070868653207871804612867924
2880775557065292782594194300758842780120959101663775041401431445651
6093920421399550727498787244571094135555045015722897094705928715478
5784237549555530688277162786068182464764719997298003673328772074752
2653591039759496408864254765241431378861906622713920337483035553284
3444764459824363406532781363195780834389918402072956331227424040632
9113697622685654000106238986047816686297777840312794899917073967230
6752212629509652878963150378284676791610967455848873593475491086691
9617224603794332653671753266796427575943996049976680661204001653302
8504949972860704275425093720773858637004154410260595244937075850036
3784138186077956760668064617234295007523977651459432948967190018394
5085350711525082628454534527375779691224833371923427615820308014628
0176756282502407146025097160563093176724593076048688248790053847158
0520750744820305264966898199940251579494232115902784104325425835337
1777888992395174366574326137285181100529275734664184818518156994434
0408818037687535197406636304783372844055818192994312492820699574561
4238266530509813446643009698835798899933648249647226676786609483821
8200691764477995154100648314950923402313298555020760129765976548251
4322142772658066657557824521143511835737323773049243714259570295855
1587115638880779956709924041678394507854184745979089815804130829675
4681520346603969878439383081839237477162789771382844434051340951168
4277340921769072524763108922444664789116879432513222007365153456231
1855013874215233544503089388539861014611069074891095663596629481504
6854675622928941510892372943193195614918231825611290602583642878172
1949291753453882352799362858896363679518066994355394737960678838639
4329921827855684125586779954979546133028786214646515713991659140284
5873487027052610698170625680635866012816449797246666816416196987988
6773684747096351963496757677241171938898911618410167572490652812301
6396816931500308252014897457973889001526824023777983097240046310850
6499741059120950157077584141489180528324673061835140951749137078851
2597534824769265004236854623584360159707296182804430916802637005785
9215113722012165857223365413744447659413954964395531325161609658018
0992087790835257903757726750622322518588306075693231895633747331807
1536686998849863869143703937913796902175096258692842571691290542002
0081554697777
```

2690884691552481174499936570726048504395080918943285304474939896300
0603185187727458210524655774108122548587461398410245523154697286056
6159900491973013387453043160232464499265125017042598959818255652388
7587779542910909672190883553577724986861366152804958762154417326199
3041179249699714236480394563630993072083516922495396202008388151199
1837244452275263668892099295766770956673835188966195961605375350088
6023233648287212672794571825927178717732484309582827357398194107944
6656428415373520978922889002103731720275866429011838350240103826222
6941855451746236005539053336844479903780231493500910433515559836118
6501260495696025913457693658762226557706320751802591029709744929515
7888542021192971691266310414209140107864252386132081347634547297755
3174408567322103225460739301677418956020272992031624797537686278077
8459710521326857264537362422553192509518617187601345112433762990533
5554619591752548043038904417376179131696274344878531155019525369977
8077934471263842488993435819171956729612216520534622308553410454611
7535160285303531706014088121363733345863747449007128683413621307466
6431499196264587662383247945685549526493664650173730252699119087344
8893838082204903139990505627544398890446347223256585859879118866888
7408069701032026820399164596539398276313976757586756306611912485288
9248569949554527475825958380592669805669093152791187730205978970633
1378708933883220709508976733530085556152945784936406639124522960122
6695960009626249236235435006717356575093246211009787638785940003781
1122554818628659191302654661216074980353256023443563676312411815899
6469738561508295193180065715412630622899429863180944708829996977822
3600837319327593124537302930803197083916792112382203775938691282055
7040125772444861579782897032372098243141199521913569339907013764865
7237940901897310267731464770491543124633531492311649828461191223200
4432979879886545504885502817224127196412962142552440814338331848355
5485316489156555947284549415951832993178851797857233334982197167455
2209398227947038948309387006888095009500176018651075682619018212255
9879110673576574102371886627246993510757585531487585060688926530111
0183871898352111721543535127593826432969022339493804597637855809000
7317163495687503270898657045091638820524807942352227535687082560266
0318281292577270037991853012635237990106194259570352197978694603799
3409090768169039374240329422244856490624292406904135555797817628099
9397846780875087378892721735054157216861062524353129717528701700211
7138926526862619668687123822200180819981055671128721788669286651400
8685730731420302602941758006147543396996144541957801734713074532511
8466502487391866312265912601566023637862665201617416091315672128377
0430238318580118360359563761144021963419885177735871538027980839233
9623069592894450288127077113265979220538364752490063865053846735266
5471279601392705742533572399284392566821190075920761228272723860855
6213827653499339217228831328929444455418559118523325131830035127911
3792520760388229329076831775728434767105684327997447620079687854599
6090230370601547443724261146739763761410250891819342787823041883115
5567958045412431192103441351490269095501799996042072322609942749366
1962125944584701579942673840826916807034200373342817358824220480344
5776191805538441867061092786475446871109042765649096133678966932066
1865099048116796598605503404920596174158403183736624449878891035044
7061650000925499423394566216562460486362752367519584621270971010355
8678373762859455190356948078418442046116427432686078748084405425188
7122732222002621434798954295282674932403815009818480465700784161911
8386349257477692646056917675531836754822789203318027266531093127111
6436793381962280095954133047870684275861578398159667863531221264911
0741628340363758489867323878266137690359301362324296156031166345799
5033480696041468095999851416733156416636610638135933370291055809511
8610025965969335853813370266720930385742574216786429063642546277733
7124516142500896386538595275801322289186537906079328441153123957199

```
4433305971116746266490238943266717961130794582310441191900797838817
1522300067009440024006387592269436228510839890825228755833967504
3543274241265645394801066480187933702647796786435630154195928502563
24393698024440700414898101285038476125576653219679984997511651665
5256803543642604731499806941576711495717908706191447997252271479525
9327963073535876112075829068056459270752877176117312662945676036637
35713353483622574923160908849973395000823908022708340184421860239715
62268946975901121116417635281961788002013550898606998035550395507
69601752355717349136765805036634809891766237472777944388920986795
16938936159532508157610426498077187885831916660258754558558020712
9602035690143602411606765094417511639955251176046355458354558683733
3273783538558665765175565323846658898639838629579349798658078391
0288373221654180551015045183910468920950564429261871307271889759718
95224621314295193673784547251284191391728084319502081487214486818
091226214195079624858367872512008495905249253663525575397130128252
2666319312674727117087401687401981820530095690121079949369324046383
6341005226062833597847775099361974110216099153341241745632227291428
9845315460446793246316585082059900844430445292356835613059585727698
4976510035763738094889043789814971338944112155340478285383410251
5862734522092981378958015125267959050168838110797793737852314075453
6423832677537259113972316858792687904119567525558325589432624746316
95959323793280773972152341316510233269555100425671347816568789443
25901020307612993187061171311147244684738098761661329821589523733
6732356716715456141755516238807971200015234531119954178338724608675
9196531569694597543435262414717377027351623521869084588169433264
9543609630690327863678272173433787234212201277914530736152844291764
5937575452766551173616624937762583412326694703866180109952641614144
694368666554121465355725108823132604443020594782957064694620840
50663972063931736507351317300388044526236596854848636596942695148
37219194053748866482246955138001416617534413109439766963048925949723
20831753099626143078452993318016508452080323635826442101627431013
6612985587054229184691858535800025965709361068886707408368708490761
2579947164130996388859772806057254383677775945949487903959265587
63192110322765058387304399870435415407721708153371228169725347084804
606784815303398274253546067361331062553648078235171937319763829231
976068793186399739397093292358465259252548784756066958736726025
0749646865932053476033302670225878939971559384670734638222108716543
11598711083236359015069170462543351422056150023399316362122693161416
451634672248700890857559784286720908705035059539110285561256499135175964
49387846853627188016450215023465660857544006212932808424563547806671370456568519
25933592247464344496813893964095728803007741566740902382614245016
397148992671505880621404736388771776520916125774301134751954522037
49089616312210490435346518019000909935215196404714588647735602146
51224794178059004235182076679650785800263851082616667884855895074915864512661930983830583482629690713170673107171972808077684848057965875444137992944910704747182972801787259017034033300092303925380610416754846698957313506803868617426399244369000507783234698240692427033122344253381686955456854241317436885767212185233924551451954366292887790400439455946655074084270251388154225801277993624948276125530109575941070155752457017401978850976999525956172086894340915972589634928359294917641877073511887557335239097533861390461174419754910582378945359488173409788639450617009227355835690040585622723780649116217992575263587677173378254508192811081021590238831184952959703028904546355239277603766971804645500936638939527129375661836498772135574322758352117961769740289374567771171020960197086099888919748227818340645149632401913419859546667518630438217822980536476808596413487848827651335906070316166008073856450236740863265104795655555239056932413659061767319157743940613 83
```

8008162286942147836605812279660137868810364223934449289901558277560
4767214528875269651849840975725311412696979996835831311163623001667
9676374068208473522076481987519882298630528018228873740084633 58398
3983511917977005782448199586712374407288542554258820673303 86593512
3488499797026231342809325846120618731449057393342952618555 68315864
7234650823356311168990392980746237301858961751274620110241 35025301
6504735987391299668773165788793314681146209300688222308872 06158330
9685836479381171758723221188044075636045626651016083443677 23134148
4618712669394355809447299222058095400341747711692494857224 97611316
6687150949060130424278786117002180954723913179444184167702 45763014
0229750183193804488448160477701404081374189395454759655273 53961460
3519113393012231332991332925650798965230809059585740695106 9192032
7933473397266149554170561661608154295217879242085018926158 90842770
8999081541020516351796459815754559688069426018001303557855 47027159
8760068073314518161940783672212238517331773178365856999962 21593848
7588839224899291106871277741693137472569565133430063065227 379245510
5626692188080781183258673136960112090771466579443662883300 14408158
6309863172641906333044045080582281128154889161983229327318 1879995
8851273783872938509699050069095815055996862377712942317619 72940408
1394181360272405148208207379513631484335422793933427765368 61035254
0772583999654861874606811085441599378263442183839384485848 52903530
4569715109912504423138252492529540089600277653873866357415 63882743
1411023599533922274661428089503023576301847389969569687857 96476148
1338527462600017284007661035335997001107429588617909344856 88238614
0221202628100987841947785566957670602082972972849321728359 47885074
7856268835413960452050327339001159768997592348823789600370 47435094
4012621810109481571513305005269673475051595793024141924677 18837799
0789709674198562062060336577626066200393475145895121231388 96768052
1585832148587562100493982743377929100085634596084787274433 46055618
4821630338722910556433093467219264786656316489814420038187 21109343
8973898630381721295790929911274307671977729157837674854628 92852180
8203967143785079336373695007727664266755854199958856972588 89417188
5473245704126545387279293835554230412841370132131163168616 76495031
8207812335280786703605753169261111141319274287790446455907 45310830
3045956119947788929764950706463971681451462945312429436355 54886863
6124882656124006440932704627209919380249935389605974433512 84906593
6304283010405817460612320439445967861994375881821078870552 90972403
1508851804469767207049321932642732747494746573527063140084 60022706
0695596769687699358161220808761428908243828225082716265451 01507650
7112254877678312710489858125890314808011532348223548575625 01636134
3244575548970840185256248785584116155906291570640018619382 67871916
7145422978427013185563530075923391743715042252368714308028 69738972
3065940874726155832002885605643054367547301269759923912140 93078205
1634730568394435766080505495391291458645641895198421266755 70326140
4016526464718191682556178050004366263986812632605156770373 75763228
2557237224033732656343992610107277749134762717616978002420 24174542
1963354236834210899820509839969309009668335172915560518003 29123750
2797413833636465570545278348537476157707297860282642316989 566162153
6415061191691186958507630088773984133144332352216108648075 37627562
7953573261927680750591791975382208050553608592143706425588 20407949
9456805320998452161952903487471729158788043378980271991757 55284124
9516455389736690366797745851060492373164749334851389131076 70478168
9315092800566250807400336026255879746587338958865045549105 94418711
5107898947642772391413200859027313482305147114710862568442 44305561
2645731317975946690830413403496984189526412808130392379535 42339551
4516436858329717672703387996607050275380884466661324952084 70595623
6035132887635692831040423514230736898302257618939822104514 71164975
0864957931331023051640070274041872292552531255505075196263 09014190

```
4288158378608018722688533033426032418874199474309487098090077968966
2215212782040363871849869115568928526788514369208111989669919917593
9442222765985852960731611027277193039228750373527674603136498728601
4859087801089027696481017841925051376836394432779858978349967075106
4591608079978149867462129594299294951034556123952851899664838931513
4166342562538722904207857003100505766723878249942293043318762933107
5992163341034881853078945786213043844699022597151095378424839640451
9561395264994091054193480278333814105049750386325213441665253257834
6241054313724205134365610070975026474975060187932989700495263510803
8488001221708113442311592330182506552329000805329609505296747617827
7649903380464927564246078440062247751022984090446457608824800843839
6537572516330908693659501131668059031760653994130467831860450062980
9546411793222760643945450974640311900040461013636375665251476339220
5640853948811565665156414499546999798961551708519238964173504861644
0196028228370231053195494455715777919567588597530366609882202496886
4962402373769741490896227826267171647090545458964342513581072155099
3127870018109479337800194288116971384559781303437591174498305039727
2005088385100204864527669175972913171516690414586990948299639788578
8471241582151819151311936465926550224699522520658612371086170777529
7248009628557381117264350439772399159135333727943712149397486397926
2479245746309268806016126833281080137307606789638853035247624795772
9623303632060797531311700321563157739611414172670968457919889678233
1749802500904092769839889486946584061970883711871716267895059803799
2818687908359676744386739411089537196986182976738458954392441121744
3260728143441568333778396580093324162653119758863863145759699162822
6060779033373953780686154995433439666253404137239336058376135713663
1484960228465675347318833395976940602425850333822826967160251488264
8376703139366150304655694403590997958808653064775272076181241415394
1068185531517358800563179789508106998207123263571467145311627582525
0080620098353029985987653456158772655905776777052350680073472116044
9806488391234431496994566296883810992317937596151519832650120598781
4416179328900586332095639044967327409677561565792169512569575734306
5011177279446769975484639636764740951978746985740500256663043049693
0378286467308890740676217208162910009270841088021980366469032006604
8982952654419736165080870899913997268065256227964180494645415644876
7012800583944430038777135570780465643299132187060632208151427506224
0463573963323033417129205307955186159422189134174393464269860039630
4005080020428704157295937353099577166776152516245240929006876484094
4524487082963723479466340834676788924290451598405086071695341689272
6857026100718961752877525160511457579234875828968827250058296434832
5725019488704916732932741441469386161100821207301489450942209156113
5319660150600951530042151879680050092567027744616975269173663358847
8953104875162792541522915736474184880129370760082642006574185024170
4070543171728758494534967559692560581068000917355323392465539765805
6115062668571458886231368778250270750779389298522128983767573394440
6123896019462548014968669537166756920279450041465728456706853099431
1959103987237024927090104353255259805011571212263284707450745903405
9643855282087291911849839551166804404872154753233912561994593028105
9752503341685465676518494539988852432775783503720834777412746381874
0545863929254471150555432279981820868187969864701046561341186800539
6513134672323812494414047414159647131100723335520281233852214050723
8615369316608946059307567586266790750537016110407034090926282674887
7502859752375102385452677962055306027527774367819405779533840765937
1912339041612299389658775405042093316578069596534125892927690021058
3534723405610651455542932009170745043947019956698366277022470228830
4266506904551219438370568467083823573011816322854340018430494979858
2621768415619917919935124153094915801007937477040392763688826938414
9937580571750
```

17134475581593103274577418757637118775713224689227224249337777113957558484346931432056193522817599764563384463523667932694166365293829299473155416026227810434045971282582242670197609692542335680025383489465631124951701468994004640091188074087077329964303094404358183408414175801847899502624738956907547819266522199349674054172881911050332527900215854594317573458873276958639774133830265422515748812728581889273284977696911085259385652172391840425825823144703106476046481450202221028653330865637440225958804713218694501443668175385307315892005190657548015823449154844317770817671252046119649394501886256763741453768645600601421512612924246459673064284648851049761119188467204986645475999926801775664337900340056847037544756287824934898408714007700236296504170750104540300696831123531729340302631722131708617620296043445482095434867636952493941538476675380957735512146374990805038295646709020523046739855643558238071200134051795358177592661179297460148692132026306003931799564849444473161193725369420623475637450478267593973212703372805781343126621117387222492806333639834519303680389259309688995209252035278571980992380576236122849606523276970970764790391394231402133368690394808687684743308012268869946203470823716309724704725028106033141647014474120542138240308128347191009308620269749091536072252751286597749519507014468359570342661460253028153384827277644979007768898074458301080580762580282652539846712184990443942589188021880629759956314281638485112094713499524227290966256213105720027860252130271652435730201321995053171120419333856243218115968535314364280988660109585436852601085293446378411885371826272165074541415429092412576342816834642480358181833399866073577309409498606570661584407016735064684551083448304103407143306886135064816123133500844233624141744252203847162068581577800344074422408997737952507722722425221632527079828648342393603199360077015781454854997327914957152420477718325986255747117217600047591868613465766800747913882388825260595036961456375550948364552494331849375795834470825651120297713054890595889360490419843661556802806391016931507941239844261414631452720749063421674666562208207338740544102755527732642572666260325434141645180646462013591074636904814091394881734915019090588786588657560805463319115395795199226915101752611355353654804491538052352430920956839133923664186021848657405653138658589180388829010049544105395042819085217095689709852226604914977034425634152011335435956016208048334570567858284751828869432645728470941550706639004202184742841481507293211425552538487682398405964036946755855870650778052888118437054370766853940204366790879472757699767427174390824114225151702319553260149292053248523316443033614105813480812118784454016800498418637195377507912250981688395943984374349050092769074304972197321668269078681894298865543260393479960279152866631674245204993576832197598296140906096002775007541161182341365951954364768265974353872503433557560760309426459371768443525658456189413304362658549333964488136678141899403537812518636180986143109380468608423894176571709198375302735294605318217748498067641007278068935394877856208076607646288643497578138491675496948013336164585353923421874443904872822023274827900043809743722240905566579827925407920182719176407315686878899086982344333242984617134807794157926078943786937879321819276238320885621982562620537061570533650998660043733527800430297853858257772582081434930689509974690284212321480543625214410992658451320869835695037934121927877015483766846258848514803532821005762225953123843954998455977183661774696948771337360294902432014008936954352464284670390628296129253331756090545801524153362697046334156094771470387833114080455327202669851691655054580885262347227009185683811529132516075575147329831048174511690118544738905002707966281357373328915219473513171507142118196223950640360662507937661011410909757198751950627907671992084

```
15618383126232787053677949587209348085310337003707967698144333986531947300553955503613737169035404412274418482508972554341132914140992101050279406078134345274545748910397870395925576771973032662920585002184124305611014711726658858875858110980136224271917836015056300845061260958035114622186897039265600676775227127811508691824093126398323889514330730920806181836705332722199671221382439249413384503085537429139510060612140640152772992047216247469060199687536161293095944353196702138702622427471342529519834641150215258521719073343528760508969489859661873724647148445754004263211169130661080007590199276852772312294338453753734455619270731842077003525188819851000091058869702463614133946373640362916764850243139592226108914312458431080249185337663654737954281019800639467549165673882209372067955022453974952793604321876041673712529418689041678756050715819184628397499517761898470120141728492253165997642491396155346304559673700366982713924474617224053775638845250605738311722063309952246138275154384262484183054546161423976795807575792892955358231583791059988100013635583580253819304960874848406232442130196731285727975696380891589114151062682936713253390443220443935122562713425835719375807555547099528058650927489148560615014905867221863018145395527154337744115748430146045421047237106590937458945560185074706555125049620797634952629628587419106119868433743595990276751351242842162787382704073617901822642116190565452355982134650098443468474989342551941906125685394712155093835778399733985359799208044091401401301969205884816241657792074385061659298842954287592676532576461278658136538693023064324951487229156834194893397732577238311018607285992138274399553167071797786946310241209656299251563690707097976574622302248111836993379540037289040035528138387916696451463050174466783026773391565848513133733221345559120169428199446355869119901046702572488630391431318926902723427880765595671435508100852332873676188833143306258402854461381790916491511389868861020424410969493039946188156434692259238227154237325561865763731911138393508298447375787630908881906697487503462616077362010561476491958588952617573029866000284492083809869356386669357365831543219805114630291803035328239125122651457960451129136204814160742634836890487253477414604979289686654718043110963702069366180038156492646017632282354675257725100634810833246049639745818948562507159279851400688234565876643286169649944702876172786074016278793760031340305365372001633610673119735402165742745526613772464146797016342322109483927352053992161846684431657805148578748738995611735615742292710799789378304117463423317231236870629887993956379693234381409307730316673855875833658948792192292991702925321953131063137516995648955562792077326334439956069913401234556618660027238644091295776817456745562042696966397914924854631761555583478849112031329808109382020016670821426195383939135194943324558741577258369481163492140484733546704852527626699095914448570908316042386634335523479952419332174312708264275715015373811447046489614779234323918836597604173276069183964760678663226749291933231611318776739191327131564491305693705855153395058229226297936692800988901273744011072991307584839194837251638752515268120935615506896612815652785043774385673706596865712904074504021396786409805016287163242664226733761382152956236522040211884309169244962016703983772402290077519119901733887256549451670248842314466733016979564931389538586123981116683082572022333724698573778725176730167468852701156427758200593935709812258690125889277275347751245969545250389826116680212877573805636856315644421994581874028106568017531855645652955822886169552862742002819640306143910590032153797953969302185194232688079468527914072587719484690411764169152274721106824390965834936817407243912567260141392055375044387785097186906128308954214450904545348523815226121360913632796256187136414316494221393554422
```

060053382734515307986723066880135629301316501765553770471630091506
247921237391937057541387260377844094217302591125049238615493819007
039732269827084459330938371631480611283411794863130846199594307896
849641116870843379334405700795264780255324299882702122395890715726
215449188311989117964922556872579518737643726521041961886235970807
637082519160197482234482099443332365004015103308033450987342082127
921412004204801805010797985617232164735044013698114855410588119726
087395394254908628737839037468098832081722147968307431302693815436
368453784576155752019947911774123367085935717692095928402888000062
917208716273797741535129580502970994424191380762872308506357855702
200290134327092777298737515761662474840473928515508631642153028208
352650155756311959083682307340304392715181050027526500337086894984
288132356849650072493988474010569473433805637338402382436072538873
309111373884076450003773447847091001864804554117110025614054087836
992886952741392619379085138522929789581062839805904499241387273763
985719482912844834765974014041432598188502453910670591768324622694
839736115718148985287706502379213217892695361163793044646771025399
165684431444320202981168593661665925520655979568482691676299777340
317373780308748208117848767254586837334246334524199414107801536921
241598778339974669973954295186818200906496976103678215280989529876
069957103569096028371008599789899463348720957080217923366574870711
467773673609724639922157532194023698804256015000075840411757319574
984167403330352603948097378856539028866590990135840319648037329389
860459420398689661622275489436550760002345814107089615093946926452
773942351146940111277191491369254378585394835272648575521602087204
812491691018527179951837560732844266771847679540711162180153539879
182477498161858356464522803086323997713849928359209270555307866515
564527689591621869203470156455573402876692638413257703601605964596
904032255123102029559970989164180907129145748986244302977071138941
462836484848715767856787814312512432935502476872684689469338789
309686193721724524216873927185950326411718319813570892707560107929
918514562750286621924369798417811414045403196091642478439214390278
338683726417115549439630419405888067523818774291085517880020788117
679147787731136388027728566969401182727554750200093592740494837691
964174174743764309935882811490241585671721186545181954032744630850
849001867213652717887423627513368543825843572609765763398593536487
906202036888810270158500580830280052905250059204099540095599338281
560551578080569277503764059324228538216945892473083726933480345155
440890818030000971359031387603695064629525581193233191042017397696
851107854510205884117474295667426408627622606677216076333832609244
311716326610442814595860625069986860747754290412444646328607846279
208041631617188773654072051469312121432516923429453543324728241729
604332479029063540574426435510165761886887575528924905830732266885
794063610726347131451280390967940936849793368148757132986978132119
247305994960140277818648319506098399949029248482264519690766949366
809185292465402548007721990891772919609315660548678027148447837660
439060031471464522967233738210187250391731552458699554238861364979
298934057309118689822968756922198783526788848165620121799323557181
193394789972941131625038237716074760122507890913913600736981616449
615507711562475184867186427418752220983699262511079458767442710260
549101837714149395384601730899334493604769733019287791380270313507
073210981882099042177479582446759902008357116817844883047873914753
449351938140117520881370598439846549557055010189474633178513544780
605002453222898695956109812744537200340506843316195198363031817037
478986266327072440653794392777506117384377391003701560450854244171
829462232309874159926137923103063979751962906214954936751493482955
342557326734057366254563878208772478017012519110806138076329419104 8
376862061550399017105775493794371981498602274574327687358665472119

```
3724736483688847386369550472304586168757789926241799192428880868 46
6327656215489453775846426936601705490410696791396585650472314269 79
2668892085692962878423316515400879707948404460626602059142071572 64
1491184272577254451851792252299228998925524179313295561629333876 10
4160849199666317442308779405887350839478730728309916977398349794 36
8477463448015790691042083387495354926175917185412293597518990089 222
6217219144593067886197603562218812780638813224563555606806941525 52
9789749690521025558711666880394625316581559026470171799000399024 83
3401918474186111779142508795783220037431338999438787901749321783 2
8570913622593452398799211941358296486042387182406741709862281219 01
8573336815685703235943091990841310032742416308560704018396764542 19
7565982152583422886796490617533288038337592518802135578893511916 33
3635912565307619634468859555567903193134267533833066316434060769 72
5033746120456578575427494456057731809473490446364211529985330435 36
9838466098461376693430846170005490836101239165487402155201807438 32
0463746783904999935185678107922897258746903677495791338535035133 60
7550732132560029191031551310728317711625077255153125730496232722 08
6022521464840220284279859329283668799077140819239883785035622052 9
4533615680282037531395403317643158940563253112358682394728921042 81
4777090452957049128759352412051358687603284514258273469448854564 31
9334456061039277195821292194131087466667665924574913853915794463 55
2398869067679969535565940340083926630948915637051551833293940005 03
2264170884889946017449665907668684722866810183423473358074816786 08
2569926361457941434157737969727619536251481604750464457139352852 59
2175783952785644120276963185951519925370647385437507348419804585 23
1099524566402639452567114830535968678311130040816192340692340326 0
9897041045680379348360105449292069273132391092894894161225287725 41
7258807157698002902327692992653967222231259542378978187961729736 92
3126986290413294069304779269034079608593696955308287063349885358 98
0631703790655102345550359811047226307843243788750268086652866619 70
1235843107548719344699613511024653823076326385989468574353065605 82
7530017359129830695156395419433781212111804407015361531438457987 31
6667203618404665922914000728615704709231838888371259011377511015 46
7281568312617313584544955569340401606251591221445202630400731678 6
2421234739841566360615700229575795125960678909491807148721992011 51
3386033420124903343269019031524711111770537674903792507047710800 07
8072437972199974867805127054386580977383660845571415922313112507 69
9438505749572084470616176464289701673424853130726531131411329692 24
4997325898693793362053823104304688116727029678179353151479252622 77
1508731784134720117508291991814002438516518729332192236713933021 83
9371801828431923462068612248771248161446437262384667227387169270 43
4322667628213359572086575925299335704693016713770629372316184028 12
8146654033939299764799450835563529313404481499746082157314367827 70
6020903620000236561479481796166953389820330364315197605893882403 131
0458646245390394575637688705927941914463513165656385303413805511 60
7383011523496501602628983311752665408951427645487394364290003104 64
9756341864670633839370264043271999344450176536211941839801405435 4
3120466110710229491479572822300488815098928800520298222195603137 15
5531918072367580873515739494158638634659242649298271246874287378 87
1072117796093428528221850751761203163287865050956785978469694397 06
6857436394417334190563835044072943862175261006067399446571445256 50
8218511081123473497709235330607315603438336668128028972835529497 83
4686120793065366622984886844589730236869505731807170927104880209 36
9886005259423468558242146632371483603347088790508346751416318599 78
7318213771136093379679226713048080400635712740447619016990212805 036
2495514649375628572555347220155291627360048420717450788079507618 45
9136069577882486187479496027948214683255363696480557947519580422 65
9618175754553725757800638500788289428801540451472866450769363642 92
```

6165561464092376099194423025307177606647646097489013007128320670095
8344414867959642884426565334806269850089001435859793432049547007399
7901976240218318645022518735576819538466957130700628882926375616033
2787642159655931252924924221613295745040653822016726239861866164855
8143429888315192031590579600733663059264478017682428057937751925499
9116138740816555196180080619144877294851166256997724515082137146322
8190365180877334737532213901795694554698558946099509944819766231600
5827389739243085310494440787084726990640317835935290461384822406088
1401306739211940359265892291196901683043436227971530484458073159000
3713539908523055541358503033059942630753008447497312132922813900411
4937292573158103903671573439298137236609677070372399756471131383655
0360610405488716098619039618499361053903230560359089527165216882444
1207600029377720542005493450599593284765791445138948041792035850855
2529938744500649077050320426246039291347918605296418151407354308344
5877036201626136356475367166760597478008590314293613337929331917500
0848550960438971811040988775200492122237069558581249625713314476066
6506933678827688873103244542439828907735107267733266784393233220199
2621936564466322054855219636285988698212459059484145389835524317199
3424912990061814639592356382859406169029756476311262291466746536622
6582357583297221661709968921215263224954097253009276090968909298155
3985477810475460397048056409701943861124378321613301721735201695388
6677898305184729999611330175309536392020079729438433442713241962988
0107195951189408020760785422475347076597267957086043738013371561488
4930232571019813287494389614948548783732970942781633625443633308266
9399055796881049489203758750785453764050536575757195557194024139211
0826876090887690522636865403018708227018835475847239992289403407900
7951367963796350726344224554191280957705903158772555892207789691111
1868653692807238302403892362710498072888312875535071751133424809699
2876972015866751891421714342557639449594698580750060927981004330099
2494524081766250952741727415601614543159451852217185574955268475277
7271673891390290147202350598954961574173169890428553994402830278388
3776236501085909369192015402769486814408826839215934253185968629688
8677073556817836034197051841911679193966183372970001938229801502722
4830835080109717730911105870894894672305428927151182464154409106644
5329532393545051930527899093172811499649272530603470215987196134566
5002063107133613651786165441649703573682097625837494386303922487733
4357175596671101166931279192046208898287538871071536313688155466799
5901553145462363533727710941292748404169131454197001775401916619411
9279523260188825373033775233601219617116125553889783561767083773877
8526075631342058656819701929804205050345095013583730270205832447066
9646396922369063859331108112201396771000674772455361451739824657877
3343641455185212468580407288018781059764871776307978933254645800933
2156135484194842177917559330935785967194699195056191293167993441199
4597294243460001028579758994049694365666190975793295668054246701388
3744999094886569721752978624999444038632564887331676004076776907177
6911021713324616671369335776775179668748237981197416413893296651099
8321913188912306128832130617534730645943263123690219424876504426566
8006403723735652001243194823731911164158611994016234561070555880366
6626031622166878471348964997725714436357031875007532986006333082899
9705127914581977792060780694205054949268204440463425629715753409499
2743557972516015720797972660701996918700986122241889692247833122300
6988351930268001333515823480974691137836974486763207815466488126399
2408284186516024914954979864472098660518203571764568949935602043000
7104892958158650639519173056385593822175143013143480759866933265044
8747990380564683509565616398416023155104796598859316847452297845322
7115630225567963824580708738335984861594269992353031747205620220377
2615270897606684602608874471195186752852500561782972888719675246600
4895413107910513002573103926269088874237156518309916354673745723999

```
9438350009251653919181018423706418278446319964905528885699393252826
56262824286907604695912293388882636789052588962979926004365835129
28591660168162711585038595099200450238288052578716079991485779511
410714587892789285944554229757489266391490606122559018467424204898
30696032609924160537319803993095803184587418756119655169410302588
274613267715286041675625997166890091974462057078876061938247144306
82007869995158218691523480946205994733672841618743801837624468431
46227199718354041990857212670067522055708177908020764223877008302
145963243769724843022813747480149945967829765245111164756284494882
3911265802232072339396724873534837968347090372172780718219930457
170874846683226075483119464636316295504614289181870344025516066109
960439682279760085105109039362910919942119388266551364311045937739
82337547022348970989382383349606222414458818157174486985800768017
8098313544889080730980104598298840671012861381855977913112658579
6279763440209325404642565232144878549983704512678648629596772359
3867028758906282699279492148880889025975297177478906720299367123
8763451986595708011874771798648451089825195533914045264040275752
2201560983909743678839243336869029379490238806297699255692023125
277051089435097832023702609078772210288838691730652029707426870592
35430376889847491331150845727240892727685293202568303822902698549
30926642798169621548264378964612836838042073209244634810624823762
67848195810547337889172165033709317162300827835446095355000157087
32585371829606975508170435834992204347823973727085823269636237017
09767484500304109060401168774813123641572249254136735065969999743
1468311300047904376338946838115075044798362249775689187063312159
5736569343060981010581075128320284644444466922583587764541076542
446160237778278842301432414837607752722866645863176868757284362034
637872646470337810455803840869900184700132949067201629106732086656
15272003570377008772363933708461915283204882311403505825354128671
4976918974018370111971124740816654018970145776023023745038112311
099710264661414041857261089563696058312446625103344217698695531230
6918353300561885184871146756537471284253783753602700254047815267
636868002814906708268471436627044938342088682979560559153091431959
305379389709091235016831752315693892208172366779477179713627192414
555888080601903804074946015109518157321992631630815367277863953398
26503769350931962174930710360546827463851923840108589380482153796
5703755413634194531791021440277244002285950510525078853005636254
96203963051416750538902815483989382605618460596925430923050118448
0244405735333994864623246986164271525520414183945458833906450700
1202816269037643723678632709238480835704928556654225657004171664
679427056693169465903559002500981102046159970692226960430393134150
112385202084330783492768521280322911525197379137517432840567171
78654820096834839493549870633410451091155802399789655537286716719
80635621882290898597135945659956583900719908411352900703212798486
17378763769197501596503476210492679280029798828161442624704549931
735873796114461220750417737680384233088995124892738217191170599517
7134534299457297252152140383430460734029321292971835990233671675
902004836798893485785428130740917111212749135188966503880595036488
001930517747973772006038594794431466501041077192351722447258169876
135731553947360636102260817195494774873346575307697623829299706659
381130355666982838308327669547610966886531811220411325508888982062
7979806480301121722792334181960798412999720720088418393872211390
724731085153277483669837824867965448539605467332451782821837371290
68488432260975031906355301794126482389535114738786399505486022460
003357691360318382569522393043941627677865022637159054260821794162
60627865341378178728420381565930074463640673989667549268764939571
49031321211365620239026152298406287309564812816930350186968503713
095472329376747222478572964170819858940521696598105253378892335031
```

9872584948893728640768329664533840034139733684656642998129620745325
5565166107548253738167396922771695636536682581378539295280486393
624068004561289736777656499264445275561622239943174891109978681413
0034087861609640689091934466010685781739964966919294071519797706119
6735563278083037486762428189532993799350174377033041267846394107 42
3900040751986059181564659477586096999941255968962286988157890242 65
7789777920452894572685978801512039187864497160499362226461249586 8
7721434771817782721540331579087438333180945029353819157281454183 26
8211248197232597214322349402628954695747621010807874258476571478 01
6088334049625546506324147444237115967899237058982776656858977194 57
9259926929040833893272332479302542032741208279443696354791397957 9
7203963663957821049584163144039654240938604752833259243435007813 06
5949179499077038816705671448564759014708193628846063438708308730 13
9992537252983668910410331359439434771325452511125521110927987277 85
9513827089163665909520741709275251299026204554103080348103227000 46
2081993134977410339699357052008134906942080378722037904643828902 49
9024012213804633979802421821068393468508849301679128896621304254 93
3387996548743861093208514910533275877322690267241292966256736459 06
8755914896312050174243945263893979024423237032649035968525782137 80
9651504544989318660685590975663239442261822295196564215725418090 32
0998044966138139531209853479671146993426949382451496674751598529 00
4751805276612260071977572249670815150580391434618240125218092935 63
4426976907759366545209082025060278046714933632677872058168159702 50
4818400764542843654950033719423356553170611002844230300420530529 52
9330867637602864565461103827537415474849100931287259564420569761 09
9930208810403531866948926239609953565722335747574315878618459048 31
9664296532227261052716481983985463379437083657296409394888203974 86
9606943333151457916397207480723434270697628656850889473094981597
1906831106120010286752309520111063997859704188194278437319179548 3
7460367190355693038399401548373818626248926181581754672309466283 62
0556512169174703278872845703153454448585223696069798688922493453 28
2096934356761679260108472382625897599052637923259164150327636255 94
6077462741704332544934574448894772168762718277270729479679929407 03
7256821061295089993702462171998889944678766862734579413522640334 98
1775308339939067029665213380346983727289053247600661939254582065 92
8970141526129507274262922793246579170438371626932075365011196015 57
5259469406191818184873771342683444424052930660057334458886905888 0
3931774845117741023973587752822843859586720282398743743529592115 56
2432243892896300272910568728876268161611773035695272316977436959 291
4248446211898945750116903129574251482845174419871337174865767463 53
9747457615954160878152194938038219063171978546364806877248861810 39
1894489750730538558049092079632148308935231848037909066681345271 78
2335322466125219499267652914275908909226211751081744670500059568 093
1351952840080439007572617866577512574528843305355317484142917533 74
2487750948993354373583595545788270603739739129226937030124396568 97
1237739451673185967041931739307423102053944927937255669514349788 05
5457033059083401130455242088377453018234714836854057038398030083 49
0146661575627829724543844947365389473998534287543282747853813731 1
6324699293836702958321529676293169015770163764597073115455682766 34
9019482504203271623554376160628961010317789208130071331349683386 54
8654072526999424381887465482728672722781054698992436385383891710 0
9159271708230490667276596162378168640441085875745479366675438596 98
6709554749996591202364718630251342342866031230832887254261484650 49
1333914084557134897421213326279563751415885938343702328836763614 27
2109109163264381199307118058137053205218187168903404084228331495 61
3971410009101715099373550162504986980212807755241862004587089684 44
3830634459894955514400987651922004434826887012701983039406922428 53
9144344376925256906037856331636359169597563628551168556316245250 27

```
7545376196294289043661945896802391851580679143860655457630666653855
0897916719672277397520763582919057664796718038856453881886603506645
4316833551245320523828327827721092596297947436508273341906994841174
7713586694162355151541897665027365243778292737501090510930825866789
8462418684947221879450928673056564729372657210556932497375301720300
0342984629399035760405532694801975212600306698038435039953622458644
9675717353644866229608676650221147619719066836700787861952572772449
6077495301582704019156303489627631553591293521702092981509995711889
7771246908544676144850835054133339784826134395314953719150241321492
5257011457627010326835919788551641036147376475962509762230288111889
5404713480424617911538541632328400543710846426909503621868337287755
6445555844513212607093650888968996261040660972714901582592651684777
6350623657335276719538329789200090672985653234522274816541019480007
4074983918823027932639144942369573528899527704109953394755282701081
9433573369718431950816575181773136178920372220046232022502571019599
7579524022444777321462083760083485538773062739020918868352510196397
6707841850327839303456164014187654569380004166672187859830183324978
0430668413708789977806097087513122453733179210477653219632269292062
4441186024038239395826938487694386479921582750767801607506536356019
2478163288489506739317047508196646271951189687925950485598142253735
3491882022522322545270640311004505864934019626832439967502709419772
5799996211263154981806629354071558361027491906518427406565937254512
5747421356527406125514208736831935891534018300564376147556000590188
7559432489987342354418536298897724641429112985184953106090530703685
2909517474704662175927821270284427202763242218865003628293273448127
7819082473719717873312282624529339033105661231369437672159701905627
8625102314965083850517849547462579286335484676475056193895604871272
4763153542713060257324619707305889144995762866108051940160877383993
5947596374922063061649761016293847437876270839809365286890936241353
9742230974044012337734528350622583007681949535057372712472914630242
9342011820559428587540967299824774332995253289388910288262385002918
6860662230600769541453440141543780274354652779811248059501088156886
5390958105517925178926168594761989018512885485330019719136580509430
8651373391567144253106933455853593690680573111213522090148984322616
3964326307761140249595727575518017958941940131977457342289223309973
9196245423781531637399205324766455348061014367306832579576051667436
4736620234621205488325796206777946589615346666284962251255998873663
5615457380994239822341397785731811852669450921933340027839566052219
0434390795218769528629536258345114288337418801389766833483451992354
3727595099724884754998534821287541602121420007167425273228186584713
0243740380124721275771551735438068693217817098469304772138693436239
3518517720943809190247679191235016341974983001943492514392273283998
9527528454309800613975570079141708167825793398258034505303504355997
1630184552816829264227963795173998262569721393103488869523650338876
7235345917921388311578797662440444585686266118761866077854423457825
5621751391515121750699702826712148235376167533902997247943869400984
3980337239260825759149712252496999091625168224188302770648315381122
3687127561226085840232521772823899197546169668710046806668395139405
4683014706632437280971730852617500405405846357996438713060250466532
4509851371135047840666967408120622808495247082736778489675066868066
5695204615935906403278260228102365520837977749099988133930572493066
8665438786938362894312535175161385304765696084834268921637953176445
4189162730517522167897208041102237228388620965663043269375053812605
8074357155644252030153606598273724446319420027263684000729039135232
1609780682089800250397115413563807418433383843775594568899343275732
8763589953934333013215225900120838600512520109318668826735672604998
7993512265864607687845448841833834136625422196971463251892117282500
9741219838894
```

```
37996477424611182875649274008010958068107163190905554406637684199248303038244538612047639180787774784095532936773126665062304634915420945503013186992835870404977694987623086816011982250603784077829331371486931955769041248096002894285901471563003599521187511349609284646438827763668164442908723542365626241849131109707115881107599568488241862765942931155326435533657810786249366068097352567283282438804714953365163044632204199356237763659235469498248612224043693305064454708669838194561327173167062872112922330882782287685661129367040431097366815821566525309531927357606575536633813081141261504182742591979158468609756617111553592650472452890139797307483656845667637660750300080388682744809256019525018228778677511683518513900923990735105970327066961915407328728911684660750520909200607145646383935659156554266871106258607999663404577588827698230347449917712787416589237797961170443306654990881949703719928121853092042455010101872809707443290433948270288632007292968230071606130096726729562697918386254192392746603900071210997349610532335584725675941583353650389695788836122277161020990818078499423562309210965202007496819097023368204647962109385232105587621508865676768483543211634698215737876550837832037338143199007420263497842810116848957540102189754507098326654276214693339080399046753111520241502483200566561580635979236181932300762882729466887837907885397404896953393147003113132449309322770532613002885054342907789006340319100228559937419959054534198294838865764191083821664299146114191054104072171837577155061513515392771400877552001228409781872581662708931273964546477259808894904638744412033834039847054748264843421660150604097870387197604533296815945603974179277038661169175403060560427594749273731758060875311296607988071723021883091816310355469967899967681411322384058487215045110977754130927334808561399431389195645917913746129612274326490289459358269018379663266768184863672978442961082457532735323785581012799169576075366163284457154796775700222592039479012456471885952733235380132049867071615509158782889567274613439615495902481052675789916395615629228002473414729092945654241442384279751348945730605833955546620662702100141027670794584352116489088168624369796568234197708223331301580282187684116710285191137349625550441565003220132187807208363215672758328941194293009420176277343107493222163016969037110211968178145961129850803567824717557225952337646404023992449941171332270648140922089039340677416590793358224796176127195757906232160753334804425925247216637653281249173787913554545318283886538707564763973408162444498793361431231856965340138644220930574391287276338158138712550673712242883009985818632101563534940227831056311703310767124990400513200129348970272130995215492391507859042140268931300460986561523614052530392725431314097867037236715981350870414441556847409342428580682669188705870133146463205081915056248476004435207080754087821149494621150927923356416767368335016422842786529339283279284533215152892040943012000817086185841075044157621681026060833568283697384319713651082936212468002579767991155399907648403804992817180375653459518384595099340093392603110508797537641335490529395708765991342899729770181614294760801328372843715905906287968664004706149178465951433808979790174722888221305314151452675047969517343623347261533030009304974265653945794747407885636678194708758120346048621221197326839850319839880675123556072123142248397682069335797025454114267856882868576218146166824675502952377526614089492621794102342151635411775702690729443076957090896064414965881671742121668318114963709144779139340867791720363604718337590738200996909450123084402978243198983074299124747509659505402432113462983344156393868466638451130417168804680082835017990969544557428581327744030140033636837871236116275322391852009315108695478540406038514296753370514492285816823175467578599332489704331947481163136568762
```

```
2442092119616398478074939906325506586104726499462785709118482930 76
4005230239571694045302297748433753449693479104278804649755091689 28
4811027335593809440469348957848319661916191568767866474420917676 96
1460159614300711876371159818435709487634197399138056286178181951 6
8335660513197809453225854265525165340525641898360419180987756475 47
0093335456463863745881837071930899277747477765194007121001602129 24
2904288437751885569693798413746195948786640495288517970299440341 70
9225712698364347792342000450897240195642776843574000469180688578 8
2963825556857695524334810592353696323776654121361365941658964893 60
1269083039121890796693463878269946256898943238426947900195449176 49
0799259672833320150204055056395822883229865421520127390385712551 15
8338946014788267961307059368446271407317663585074877351536087854 71
0599450815737503768721757586689747637142045085859347552037159289 41
4490384555188824778224888605676817948448850542482717656020412756 2
5108169873029478991692904177807320820294539123872885057804711502 79
4340678197206798706677346899175968570170964221498843862131723330 14
0364840906229633661397312051267854801975140106876149786782238295 15
5301447754388009420919581119084559317284191284475245930240434415 6
0468496036522322070391819795473902374792889430628755879895504346 33
2729229426581981899384964339039017485919007454985194324377468897 15
1635061784044765817263836980897975093316068670902736290679673652 82
7703154632011642375553779929847464033232739853551610977778107521 26
2296894986051351716560241028710377241294082780755589199253507584 97
1547702149091468336554322310865474877713862288757608100792717858 97
9025987591886351963060456666333631921740794453033459277301240490 43
2328916988631072549085903950130666659273011702603766298106832918 88
0154007740068222930213859576454235684172436497530339103424759546 67
9776970800273759435800647152486835066819946207850017810354281282 58
3528653403952123279660353634224231808982544771052047503703422526 47
9722869915914522430007083320007429597732272573950376529937676872 026
5918931466788798396187665084089721207162147080505329655306838233 75
8647809970173621775251826622594488975554791079002943280737776954 12
0378881938575336245355575553862151372157904856451955247827238390 43
9225555860854598378324204224899605866221584236888782818875032877 2
0578409778708991012397962235928130415428146206709469072943044276 37
3570795194638240638535339753893251455320403986581318766650671801 285
5292092902813884649449913148962151109657353827367110519461256070 48
3211206288125968749690533254651660985515328470502072184489791513 03
8599618270755253508309417881533073713333483247287774790518106099 40
0650621846957914160902586333765370269503363251590124006107726551 85
0408574372050402869641903450601543414825874821359489668051697162 20
4129218909013651942661633491015177709354187823411594434257301845 84
6047967497734112396736746076937584906354299939745453007174309149 67
4014521858837580790841009395282512339939418878000980008529832501 179
7155246966298052393594260533425668348417106596468996024067593181 87
3007607716569646002749184784539283759773956101054362297228330796 71
2427595819133817907834096214082773026094598302411681339242540210 24
7908295842719227209123104987777436008228204047939823835763173244 31
7194831569713300108285253401780917584652294174735919734937221873 34
8650377566376945451734805841274192964806237884746960032363296456 07
1875008561994006290196361814327696107910102484774499481774730369 75
1899228135576935750144684547038179643560419274820296641148426475 53
8846160928431736673260951171414551466420877593721160664005713187 18
3194037824930356602642114555465509638156171759883263066063541502 91
0121381757407054603475894377765734334744331361457069549958552068 15
9687192079552646702350322893258869265521158374045717679269786983 09
3658441605217539839796914164692130528871247348215268404863354416 03
6667164545205728789206539039689657009883303927822831246398832259 36
```

```
8184888973007620295019139221746963919008129822447578103017840712413
7118133347420691538063731963420372270013531282315612820927307307333
6065731882243303526775361685144012848142160469279280062614904237267
4752955289806723868980112463526170892236094195142983185054938776427
2055983978423549606838430804446309187389828110323261749424902459297
6870542909598932771886727881814902205185942496497864372201915084587
7252415137733086590163437389903690961839418466048047641285774857337
9602432888485615948165391309950784326152761242743730419813219131097
7138233235365219625656568413210099779346586712530980916312369454567
5524086709902579573737869073570795762333041520457760151388345584747
1962374792667316394317081104616149280635883891893012927765043664287
9222295248659619647425015639365130455542218413698115505602264569227
4268844270921908249138797460468842621535222232159695297204600356287
4480180514309235146490648315581470733739099094033063516284763645247
3070399022890691032269063357760364860551940902782680315937808826597
2838677885892833398144312107432421057440779725530487580754382718087
9738160582946051048302938386321120440632379853101812009680047840137
1210419317231158801989412899950944905182352028550174784547276205987
6369707009621505367367800710401866180814138596278076915303308597357
9792227429779680644323689308438222161613445029092444424134286820457
9892391441005864948555982060284922716247787026995589742281427014367
7258362020191046924111432481136567823885316616782305910130295772377
3949421822062853229253296628105627894293746615051753207102325403957
6069542024998214315397713255432975868552527248013252592049623639187
6428240229505652917173498207387727486453474499266683334680804728437
1021137809271950366939837088898079287353281533984742606450074080847
4329450210486602352792585313312965313224536877330895416706614836317
1068277941901052865443855254758821389430878387554697438926764549667
2138072288425723934505208345421566445773935903272319758171765916097
1499223005364777283812733416662533841472426299424119246224009785.
4472979829127844039263998169698249831998810282024020189496606712637
3656610074693970892064689403357049238092701070510535093856117942737
0216979882535416280152727203897968351604236902381883598872104029207
1907105608751001679037111105179391713754662368383254144717859386537
0297056446262609481596059731112820725571828111332460761042177477596
4548391117971361887347487868253984586689749210617703503217366706577
0821698555986605315272702364292962106033276295129349217521429748837
6174989730538729795231771376516956560760094102572096526413672280477
1890194845365773052324718457685643453133418091260257540139039411637
8861092776307356147710429820371485588099882807701182076886043581807
5556974289513493920850270360998529136566724200040934068156266480007
4775036926701006718756549830267840394977902849840804112864904273737
1878732357492335157779266546640587552701973174152553436934333587817
7743947667698653410903424182885600468244271735589195629962507979087
2737456067765384902422624243413944410514766832862609811698696299577
3291894803130938365787720305440635688808739217336431685630197495887
2407785656469110058448506322174856027869870825449234350094624287817
1424792557092875881603713337049894447935541357861767774259300350197
9487881893546457069989802388428594340235293957359036387799554858017
8444355982316908424883535500656784002486228853977905919021010083267
6439140423785834714153921125211966441271967985001403777378161139547
6945556263934339637229169839703443161802263801853507727479038358387-
6038137578386470121363152065502850438209268547160480494467248770517
1152956399198461966070480199092254387591936048994177642432378782457
1275097624575285549009194966343005632504215824785039438656573470307
2650698002722496538162275541258123830022466850559270192809527663207
8055323913607488598549525769899507927614076643457646429097181815277
0408434116864875195291524250698686972091219727276416639989480352937
```

8155720610365285429980422793399098463092628786791888447458228183 84
9154137902575761730557372190989173358087060952118139139228370173 30
4768818085099171090504440130249073627223745299812479422165881185 89
6380881296789286027173502479061364226666970965563306010179050522 65
5425750442591979884309629281030657817347163705682133169546753852 5
7041275570407558625868324966666399960771750714254243476380734993 5
0925572652501928764086492761849717304589762514871648859159895125 53
7522822295535780927551577177349425449406463653286438873433421753 07
0279721078884393578408051947775698254173932129280352819043283042 26
6081152777615033728093222216146272802255172759402589140495678040 276
6853683560064837512119565560379290890174970568828924953768000551 17
0445147090402764770952661261789116435270849476633363303750476266 81
8134938316846983860367178618075709038409994416681888508857156733 75
0859452381605828850594971914115773519469163826632910009363196937 62
6265633997143885908306240500221068562483937545166453897795264550 14
5438489917421968312193140137299511841009750979419923746884095425 01
3212364767075328956871649059351028968444317033151388148484475429 11
5655149549323986047347014309945309592965732996406961790565718915 57
1395922522237799661633492924092690021217235135430809375801321612 31
3775451234872903356146091481642758104995200236087135985496480127 59
6933372611487822048271416542861097287385314981069732753696855913 26
8893124658863973778605279647314577443870375512914383631014808801 02
5549750185056343837423264942884038079814325557800163924992969085 28
4589836391329251793706254015022668173596465759859416332244151575 73
6726621923042569556660186221382619088019258120372388154600776003 85
9044903886176642120015712766244087630529283978600293770835310900 43
9186588120008743195074102899806565937988870123097310069701795579 92
6044738696361160786515983764865016794328593343196281286555160845 29
1905914267792049399041189678877878667430392997576167646554681342 47
3563258183134122662690037483369850318720011746032135725115548751 02
2769220143344417041475936503892095454997699002142804930356954589 20
0600890881228980848054976146423981241706535745430437630406316824 99
5543589767797872906794047694811267909513557437820175241646753461 32
9758000981295779099727071190393638094497139562962587268238358947 18
5416563847329242758695098427673777219233217527653986660617728237 15
9657082113035581036381518279132569446119309158813353194273406654 28
8407415997081949240291838849762574831533937525466736508284396554 01
1389663016763904630178354753694786523936554798320934681476337898 4
0657847245614207599449897741287517449458145346573837899979602559 586
2692807395026992775699077608492022155897434673926377917530366643 87
0530714852519470220957089282863695049358558489320905586866702334 5
7554319254514425181288007849915141850033013801828358291916795101 51
3506325891573568794876741918382330615913768592234983322508319995 52
7848625505908486745504695160242052152523566763826664320624401134 62
4618483553823191903078979048915649288167569495129760602261851595 75
0909144277224633135683572235099411255280916228242406941132232568 99
5320003903020219696821738613098796980072131163862039032729719199 55
5770591894651777093108673343597019086754637507774941816421366245 87
1228362571309690452214092741444428629467641115733390260689928 3
9959142073445918210129878938271304750373833166795787273900628348 81
7212343279316790078017927782057627942474196395117775094573952744 38
9586335334736796607055052701214254429947908049134644735738109236 89
3078603566236646115074415941923079912263580537526359624935883885 49
9453578608882349064790166624557209478823103870099172108651627001 7
4127764789314306360703172683961166817967359974052437218012062348 19
4046773515110115013575303935536135039838765404636301729240400443 9
3454222886650437559521679638559904741481073663576222693266433064 22
4662251361964755994793944751674283039388495387860866313656608760 8

674016868254243859509309839009508247414611518279715147925387823632
311603910159790837053267613356530501089255973694782566935222898154
208014466204855019765323210218161662195303465718412880165026448317
775303785757210757216727037351922240314148705332812556025237909652
855171060447447911806731970710020686033490952336928994351734601699
910718450704909528695777413179412053056639315825980800945415945684
740167337619934446441859524845857806791846718267214579330271628648
423325497020868147406915857052483014262513491301317931897383824525
493171754034351063059441518585179933228918463985687661286780829821
411290668500392562077476960056653243485162514854282704856142333971
063396132693140524821184022802087649328246007079295186711877074641
645736456342222618471812428438354882660565417559049879536936295956
649725411837193356979846993998266970823283120991093412559948081987
322038686457497615007315013080359405040673405601232570978746962918
829946496700955322993288831623762277023446084161786295841810033059
517722906006608958130305831313955885880482762259625175518394264980
631200451271810019222194970576697488445965926929976916207972664234
143396980960850145452991168678452787722580150857428597643180504071
622549465121526895079761409835692430941746765451817195667472044498
428603269680371841082593827335584974386855805135952284552875963613
860275898194531001707608944273324746872429589116478218853620984582
946830304075110083054667661213169494465638662336973149053630487890
788328740420726733833969258348281353332462611966397276729576987444
036547136001659167477142386181991645306272289815577356622922661089
717797715008346279464409360584315732063783476195170000165810602100
928784044356820652019527028568264322176071358160175222197346722333
277802743989435971155978038127627806526046703857508556025560810516
667781838263691621120275954763575092735610337565179769946577949596
114491162131167916004607234256813482210917470416102540842483992404
235096219691263681209164349037926693492225463510174034101546543752
831620706105390821226693539714144670163871339195724562013513920405
091861473232182936195189123645492088239049722488287914257299133977
822247818652101339141437160107780810007161296620936804672633770301
940591847858596557308893645078579360008786286866338079763689028078
061985701002322447725140393303221195720569671864238802321863347761
125994354864992447475166117836031669526375416043600635663238710592
793579217568711999822811110891424646101546553565962127042099944031
975873515343983331956098941730938654745465140999389397693553922458
643035887623157615625861587462872818781337112351345878837855804216
977643985259927890499624290653889621582122189788781162583829659070
363248496977987612007130681883372519003703774034872250429734960993
476607284864000163199296066954370714271183192140992442394695825665
420541914512045536142364884148160260537748661498641102837595162909
996220912329819216783392396425613907277536570773639372511982297369
678692468915137165264869759651344357671228268583753144012628041840
462286935889735824637378784847481641210733816758775922822307915490
822108047959043483193387634330733994992519424337213632119153658108
725527549390349701179531056527436888944085474666472727078090980800
469973094052028161295824460656291655076968023561451397859995356144
918568579496089902281540993189622735210747582448567245261951004826
725615270172300934394302906880530192645535304297709997828918871272
977567312250801215690898921046206103032654195355883084346331184232
432667935024698940574739104932355738728624978680751440498738143435
118385255825859650848619765348305165577465354849251847062358463611
289612310634756134878291962080802902154188956716954705784126360651
280509700448653394569212676107464890218260151360021764042075934304
251549604712165606382690726688106032814204741220088866734941517997
246444314878523028195667730092434525278035472371332498112111447527

Los primeros millones de dígitos de Pi

```
1960517285263909324000741008504101353495340437750708682692909589 64
505677769755051816997654774249074987137689708054222310307369986214
421344497048083338862903619246209941700659527552349945608408883527
711995125641178874877554269069537890166583717050597606881779084911
618570218746070392004112101273866342584584512364593848810490498891
712468573926962218064811341034779991028533450433635293559946999107
974838607309383222418565543650497649458385709575475892418107954937
764316896260734364589130152744656521145786141557709921049334371327
654855020781975775613019026316273124397224267414660169404353621126
647620668955718147149979122039059360453171295309555401228 55108112
121026572969756546972317828275358932526338331110696576581556117359
486795475942419029558201244575090753733704603536226154971039544311
293340778323908570180904613579628848552716340269965063129190994269
695966225589497975628721287757198542419673475301587463470733050737
845796145354542520644230878240841408078462796736873887889585204470
927908101071211987798727835924233933557556193713249979593876098414
779898213818265034322401306385745448854935897070486251427872429652
100656649787070156838838645399590365080171114364104266278696724141
998326547334111284879330934395808667890754340702026793784774345535
265665129290134337234628978010782011552218872393731201609370970406
863255367709261919003989418841145926153701166686589563673150522163
304107798488677211494160046621106586052485041079547948381425140499
636824970739689414424666717487367463168517045637754242310 51505809
864764641739106287459904737924888107274308142629524890931985495762
898324171908961998384100181546644378082375332840225441604148959931
908730084724728557488183769758189534793908801984580628942112361133
354632540040466535717316673238652078450308016619577080902713241189
165462019807089554609187238543726113874966299766658252314714818800
323795003806670118598942195994821840489226045885487688802337594014
215791542952871235682271939416950006243911835934267816404 83541623
849679242080877099637573387339727138570051017121639010281400 6199640
295555510920514237278889395862250635820057623558604606700 33354514
888308803206990796123184492379733900331150588294380206876710 2409
164859588883944324656344667574633584953224141651880328254882089918
241029406831822065117122105635810950805267608243003755064833828150
365835077439401630802437480979848295664872770213417005589113966218
009352304353954888255902667090006571188533595233013070087619042828
655767907621690733940856070615889361930134878025952499670315914362
442199778519830043798444145486551659082820414113937673181040877195
965789360890060092985718784824543162180245386116837858586234510782
849182169145864330972476771131495903082734618524789221595763617619
415803413031319184160775944101215743941774531300010795056442252510
930673752322368854324279121353055759262100311221186203829750275381
784254173117337551711968165240928436766301402843312361032923452318
918370223034445497141188639739865083728606861694362513165598064294
041596095582815279474489407960067040156066354233056608882241092462
255818735880428279346966420627411245975215220276131826209673609273
703418630680429620948015190112156463233546199496049740834443545314
211500672682516687795066725418216964868333082337244585492412921673
190981802291517170276395390765960845015945874597607378223637182049
117249030372172847521476818938282858524186640140709140991778837139
569216170769790100601923052662978421951009921840123220629140060482
178194901561947902646631312875029083244483715546248494038615 24853
532736635483810240007269503753672481333156495813195298329582489456
994701540983863588375105274450387542374163505345484390591298010160
337024065091419654406408930992874563503612249158486023751328733731
306177764383349114167974279563535826432656509343897438769712540489
099543976103094470122301704959677916134546024092072149464971044874
```

```
80382550964755792337840850157046965409260993752929750657563244547
640178182086899760355012046052898752372284096564154010430487466276
071995929003518139082264562780069174993818897575504124552628118769
537357505250127280159222927782677371946137192165164001807111032609
654657645725683990411126551032698984776200494525732076336611879468
546807565557788161683365059804799752893885934462182727482769757353
481167038511000881206002684512193161349872922797354351452516206626
446755043513009958875998659114434873302760578327386061081960325678
335362521398537214632713714373366852594289784092798477878664746644
957883589668082045147767271907031262880771077178087594465928794910
582812751317845119390219204362173999271041748174735530055149680713
746137668261024582297889026864070620871691840805906684021071179755
073163609712321042997983319216599464118767390473835823972710206691
386867582223407683714025128786024336013754569561210121118668569527
576098387624201318060009730015109487704186475014603471909560016445
913258160110887003424095108600659668246618613700340454030565015603
210896111956432794011332320624412968527189733900293043875268264132
523728118187341837726683170798223668198492551731114084292263600497
298366464717470320358925111903145526378203697482737644474657963470
343627745210955607492099970685966310831881197052675407608418520990
745264126830901434767342985506555550495836710687190384924438850171
624189592415970643895517919761248010511832662108395180919193168647
150076228549154633210029492313843480405709777013982744519348392219
713060823701654633725680139350348101212266051149768782946285862320
643474121126266335278215774732452483124135428660441401919056371445
619336167340996637827149600978057687541695344544059947939618148914
947728839344493862378544571071502666829049614037984996997990417731
453498520525154802967974626481966870228616423121477629241242965831
276366150132159956875563032138349578504195023669392820440838149111
506865684280960304485296973825380024172676987094580558823876675088
046999123811364649817803232713886275399981430647461240477541717786
963338613965617885964831756351902365389428609879813243105964107502
022049060393598709159547794213809864179132509391514302291823591945
291150294344931341236215198182158312032029486003940276690126632207
066257065165460052747522401019923873469029975061163166192818509767
792260931005135445649361164596566028491128455262247857268747061159
462603273049260387319098427270223022793637175671192685836471857815
155133520340200942557325702413567497929832606616892374772379092315
644836993982219062239598351292774874049218848651486180067646836474
766349043546852270441815032947346680598025997045147190867269754209
092714637247939872429080014659603061266441660222860405072133181508
294609888507098056622798154998927924314053239903486173808021493341
026331550511037223388751481620439881629614499371184147306543972563
580373206053741937671572155162520262879124347517695662745040518333
871608859843704646720497692571862630681746111178965071273389413431
264004219002284268846322192496026992853768096158931948902304258339
012860852902135855253522872936927725731124839805870962208930684664
626363416474317898670004740615668576378571075842749474296485796676
254876979594106944926811657656925791063739128091743329342766008234
744512264681724479134541128328974457551465078695658990528246653499
093871511116967951536432826151198278986688971093101695910417845024
882873523192384486242263629734975768439282263112020000471321872017
017837109757566855371393824758533811898056805524561758925329012410
446061386262529720144955188459248610761575320195237921069318224655
177285864226604778693839844215191391884947712040124803222614617113
859479756568591174574724441827556436675503186173710531284061591548
821249719371730212674392008204111754985468363984135677460883816733
867417100470330451223726996329675335035568374255932788505284843
```

```
7099534151765903293840285069219964260910899068429037128452934549 49
0793498403703950159436563446313995129824581333531389648303954685 37
7742386758238799595073127916663391213576229300823813749950880424 14
3677063411867945790202225251977023599544884292304632875492349672 20
8730074226185326239441584686508261531865605778576997292533518074 40
4638289730436121312487416649557732058303198526492284003382122961 98
2940003572188960922276076892173732137561281714012789476808601846 17
3476133583047799555570110846589918465264716029062432682309721379 19
9995026002007677928428128010218904655036864494068516374694740097 96
7052287174665334653476683285299305839175291925684229461333033502 99
2661474903553099705929443017566334383432230441543437034764664049 27
3950265810912648824151780638495584732129259848639143378040535637 60
2806068612781688892152483564543619165845905112065370194484792425 46
2055879015583333543255865910183915327556343253047913740702466588 85
8551732641557851082711621409191150201876161758170251311700794414 08
6348631483190552961554113186777476030955399998608079384374976227 30
3703716974916229200218300013533918129991829604023592948162240375 73
4996478981565262268246922466182266003346563155444069190919446133 59
2294764761753098401445696494985417874172123136077955700462315757 40
7016476128273409638979769774019876160194157601529109109253122761 83
8347867951852419370607979165590705751518051295428310185359173186 36
5292029130842057807392675741156313456410600481485906597772775589 23
3973047601761186109466683938317051367676598060864546532753844171 93
3248210350034614387006425749998217425218212189204246983459694601 71
4541080967173547847902896490057093695658507360279962669616846431 11
8237198194995401755550793724878019693376504513474123702327858171 70
5272875406768086778657331919180654146507023469304107602604380764 98
3984187762433538838135818313963229783045192735420000124434770143 91
4102028058353137615244683465400922414855589073720292194609497683 09
3804725225427153971564461393207175620510574794738255630340449984 09
0551893122525815170644691359945494107897660528393799502191260261 20
4772051458836877277420393934927466174231696612744888142028639142 0
2278124193533297421694509467954520673956977382806280091534195572 09
2962087021781623595731539858049405991309645978436746168803327624 71
3133218716363946718093667473440335755526219772548442024999633931 74
8616681168580024161019357181587639139371591531076342504338406774 91
1006239888597954611355539755839653053924251133851519729571507256 71
9493159144543886748094127009297425772211701976780777554115314644 41
5888813546404610034367546339543813657379417552022983704633781240 45
2763115958787429154142041620662489126162385007770392863484726233 34
3506441746226554888964328960847169212331084463333505337147173330 33
1901721153077481815975318740320652065466630383402472404436419295 85
1566207720195731935194885916298153300551052799525400109233465679 85
9706454051429106571050430262847937593359388054120084681207165725 958
9682779436299311192290462874989338151616124180754183887659727170 00
3193889665336565273596570472983705556510026802792385167950336520 66
5309178435468005322211811784568324368004432665902546285945991038 54
7579652091234389503251059583028451450194530989232771984892807878 45
5467496436275646169662618364866620367155784981383968252876195638 5
7360852041933202576410865853082078346093735426744174587917981650 97
7606748034235879437881661119989595666794464838215477158445223575 13
0963086132598323044566468192097250293449035786589888405205528878 6
4065938982709410986621527371617524492691264722285626744317906706 60
5132503314572067834404637951426017333495920626461812732873779400 13
0153571573662376126852832110391120166194811558779550403940865122 36
0419497579357189797408115563734672074274241577377404441091238485 55
8451967364835048886830993138982344212485495620233919819006035489 85
1804406713580331408724132658155808563355292356055624340622173863 5
```

```
87100591091666902011060008519210620615217298898708361337945882584l9
89297281359378463864081462097321574887645854545290564856934762540g
28991066919225602464254529100149820094514753886905850782l574990l64
23832582661233030842360171331330197402643659281051697460061l29741
34995436114150778901552316163627582116073452l9385511127230089600g3
99371087363400847445858281169291728401471592927127197382253553963g
87645924738369326112803742994013875808176175069360473808825916076s
49966028549415839794291304417893741349812851299433175675824407673a
17695102424433117320805419812250315547648257870165086576670230978s
27121343260960828280847222735516127980217943248638989060292519l544
80885294492491323857532148964128445650583365153439839435370632236g
08681847489163408293026856719785796604160121522883409864495030061g
63798475278879019534177434844467274800436348276180823399161008740s
11223516596774451783081921670275125143549469966872668737082784919l
99168202590371147765982606846429716828871519648270565793794566304a
49953425828271002028745751425313487886988080123918252754748629358
20257975002818219751009946291783785110346671609157650768942405764g
48823245410625517145576852355740815455232660177674320947901564520s
46687532565105251479763201112266026752483321395508993l268326349301
36851924284030942602387905323204787679384881578179912075883998951l
82420162549243993752925029268338089129651247232814990269823023788a
61443531898799215072001787269476593216105185240507686364891235175l
67193707377421624358856294062359477043120052660625697625096842178l
21148882988002661604405922232933162417612290874337902228780456170l
35772375061952160342686280629053786496887139338571256241696407932a
47583136988591827299927578294929575130482504366602853237l40205496a
47338073824577555825709270075915358213622487873519806447536509228
33873219737894509894881222431666501069873961667298992096442059681z
56961923183986619179340847425786815461594145893864060229613295003a
12003838976745020863385578266798810656903699908156782778516378293a
59936194336698065297922152215366628883994026803862183878413895499z
92007228937116950775706172400234487289868380888946932582l86337823a
35691207402895687188566870960612738621934987326322409606596069917s
02005453603816589660214387177128755309837099020713308471230391797s
57448381005068328095118932927219123165494090664021456835987446321s
26557573979283730870286061293977236838581491993925841574254914633s
15482041412850525611641438473862157948502590591694016701922227l52
05159244638478673684403410197602254850585962037452021034019586721s
08171270192646070460795992871312107480351188250682335304496981265s
20956708088454194102253519913136835291159722819779651917510914l25
74906675271987992843990372741064588671698118350910120568349817677g
10095484699100664217037510129640279526680792620134649082657083731z
73088770349853816883018041591073508780278978144452516540770812748a
47379655033182989360261051517090092011022207100166947994860649884l
60992557782103329254222023824316169379455244507711661278l95720289g
49059237178763071379162077328051900435950630278372052428607168631g
75683199449535965461758237933195492218355714063821726217011899062a
36301646834987994306732489748402990062675636866393449866870295746g
29559276358227417390476736646832709872540082565827407937301342125o
15787224693593360232027880213344754711692547244278823478857202047a
48109668249573259465069381839328994408562932954845234695473247072o
95768155000313628681830587359766552445629233370980039202446539708l
98088097516775900082945233938253873797516636684848199061917189230
53029327528205228873899777985775746443306673842846683423819777822g
94151522436389874249517010656678530267666437085462406145075109823a
26508232921923116946593605521624370127430023949246000846441913713a
53739088171054329719962592178595836890022753546934419927056354499a
46464846356921147395454234209303509561912596294276033231402838156a
```

```
1958123992168435705926115521864367293908114049884299540135030458
1668561511919247042480677787488387131898718967382619247397490892
6965648998157671704289017449666205968008681990195664839871279960
0606600983366508501317267050667807381053625332404361561098011084
7554948774942365851637194652793284979905770184510490917015335686
6324438948796590343675903495600216642655815244439282787227173594
4830789387202484734203222900521336068460531292940974975988932013
0501554663997880699917008737158891759567768947270611503019647289
1325767848161909193884597730528881739137963419101391228288186895
6691581750664019066425759118576388754829343629921171912710549773
3730155778381018844418606578305924104527243196692276439468819023
9366036893929143527900678345492052288961178860518754083104918089
7592609625711828832708643634672781816274725571485025357509356019
5337057042972793165183243697073638748560927282169570755935217982
9317630403988543895057250179465534119664384061183281712258058093
8653669016323415504235539488039771007125070410567877416202585990
0071768209894144867462299227628920255085808162173150838975538840
4942791905673448766048309707910866592252931017597478538255714719
4529629087845195651740959478943963376856887841336334073539072743
6372205280224459160534573754066183716958052421718003218602285837
2259788835018804231788756894023197519743744461335259745789740055
6244243249759344049537626823640150573472695398011010025658251311
7538915849382125129679967725362127646076391067226918441110591666
8231748120661947722805350257938618987107329311431962195583590075
2545492654405344858762379970486963982129062304652602371545697463
2185040240616064712247386285369145422758281589303257867192003815
3130703012314500162038355859708463628872856866182958803815141259
9242712228006580721753759956097530281681324319088267581121397864
9779915670771233413006140507207378747754227133477723187913877806
1160283389280732294629861094389948042687763090413828200824392764
8445694666855969135097280929656029683784248319063766489775894022
7652337370707590295732296764107444779028542205710833186416062834
2840393767133814809415308100383634620986740923141625772592601642
3107683838536096774393896453881219871847087835760284657585006626
0131835637759834394232563195673889217864742511539146483061056176
5226614849862117352993003941962679783511543247197921009990235995
0185045226336213662954175879041155291163005950929887093720511199
2095191976119111785656856314582374252733634874426217894373425559
4388272109955258344048078153363012318172504761120985862139119503
2768576842227060228805792280227899270135450268982898128670846948
8586907736873104882413520925337799281517828072247304329560570662
4561899656929407990430103180055883851549560037101536288339329630
8861183757251344292962374362569028623990818089667478407215416482
3646698525111835609376953883824779268205403556229310339823461721
4992876114310711261869817671651010213281748432268604928999621374
6489178747080052177899145979368325769082544704995573654607383329
4550376054556169384629935269555982548143695227451351596350128443
6576238782190283447784194348491675433220898865725107216380125745
2050062613832353331001746356326967882997952231221335922955987771
8425621528196600958248039796074188068648146222184673502384649962
4829002372167471513017617618348664856900958044527129241361077445
1645401658821009469531851670949653202836855634394275525867623093
0262646880252100234839881081031395915672216752103640311682769802
4708468275102160076529128596181232892391998983761546540152884764
3895640080091117077716866325847151888652134181009630978924681427
6744424909848194620720991186061783788272560602774892025077565496
2241537218489819139994930435616869362159642917710952569509706990
3231006108564855544823176816949189203353825938397779552017806002
```

```
150453846602234805842806680800540972724248870988991814030172108374
085197168446555068686682595762131761853474144377640981168974620203
712113186150318053481637099280510057939395818396053815727990531735
646204725646756465733752324960442866627542283341194771011586148225
132905747233696454593507786302813970350269335586720254206532019113
645684278522271130499308474015508320553450220711151829250378245841
515954238572909205590931555270937157304365071391970662707208366050
653592578075387996624278296260271908636785842034261794272927838720
742270392586478996988520172854373296389141798564954987123131742105
781117458478347148101130220066918811713906332237746391442787135013
391013614654758235473132163877978594229259092873266039806170514510
518935261384635649007582348632915202586551031103413814049101573516
178860757643964618834101756544148747743969587125931820683929218115
680883559712722653711952674639135472888909010252777742990668168005
198706232475569631647941994318772899895890737174479138221069168303
144302108832718736937223637159824851127737658543952206649876302765
981234613453697621047397548443980664968551500182428724139629300207
842390407701717530874006211038869812751613311076710422656095342065
627964803091959171222256860508660697491958719528511720186301457223
111255958058030059590451780162091560033927158135619396152450582940
942383067522310487602756833193139537061594056900825467163407688518
738062028393764941416952247897644827415924393890738587033683110647
482959165636319407597879773893685682536565679811940555829468907562
097486397051586280616049553801992987901072698852640686948961003323
272842034061884542128979432188689707273827362778501372701149638708
846640786079426555525554856648253672623885530195700899094418141196
819278225214743673023757726479063021362700929435193537520244824650
445028177473530313055878404289052956536166955757460304468400201302
583472857878603479642966228563383909385040595996338205201313459775
949549591528249136758265577370863098534310316569918647749352355876
985616764025694367949650826595164936185639067761340863449496109230
852815957594732446929978437875069577965234066270348934399220039331
420221596404753079877248547192899031903311360675387409926265876145
829524546296274478253060713708610093256561091062901593703234578465
109425415658486336759717141036824690682136459502259382358689803420
521458424156210977125941988605174184609810521802330913491593055323
640211801353993827390760960188127085700221614994202352285301197851
514825409266951856567653410404445485488177660629153334239355883040
977080382629431894438507702390408475017104093236868309790449784932
389215598500214358700771342871584700693024716766312285302839112029
615848332287621873127025440275098869775524186719725803984567834528
672337262681942591376892237327986963699571947508280574929908016092
963856488757743668130599330030106516567168643311600381784331809476
982492426608263925647221056302821228584359129114203603272060182525
323794629310925410251245417005166491749697850176586800128632544573
787252932671277451624334360127340397859302221599617751736148666793
967656332219514934298376790374930825170161852849338344242504183230
302641005578188318544289364087403203966008892343871002340926852388
496732284456687365704234315669893811311708549805563342411090390294
020698788366865009641636917052815658583564774755048831911648430645
989966327033980010970627143154871743704811217006209186084162459632
196275818916875947150823636892761717485163145845180705435637970723
278957450538758447100756455874737245671626075875582631624163830175
894812372734658328426433498421199067903327699506187886673063449032
827837648590916868065398440393171382569665959236573482235687609504
600206957367369539435373448928789454142994492422965419920687071717
990820275112322883020637409332430828407680236599622307450723954829
132510014623152228385669963646481619930610803501193409855128773081
```

954501549790983261007000843516322091409713166839050930777067825793
848915921320992865980751664776274042102287069580316910197690665849
294116301449041755241528407985584192045942224722408579545248996614
996312956745993178744978341350197476002485583093556978815369731363
214452511408292841812804502491992959845617297886498365296717374065
350275757846534187078421309805735758509870892321833860276680968786
744587673937042506105294559344800033794844118691034384898199272217
800456984088256180027740246971556963453537058177132496654317079548
795257766421120685694340740736941652110453017077751449502966420150
856734185613308793690799085988881954177426188031441417486935293012
862868769796349716441242177380019690974862799608946093642530679104
174593571283190402983113155059303861120619275400347429960129769845
672856800757478682568526558805500446502824723406212267230987650952
467955511675760755189736710818664873391355547303871771482599249820
906556362463688744281635475973802009270337279723575620585201948873
117573641520856887998396255395067204576563708667868496167399289905
166395473480646884163216126962321404300430349789376589552559126127
334944313749318755815220350488771542061283232155425010369584201
177706058113108574067217688447392412151890674297679952843460462085
104229892955901538861717778596259659024537479964480573754259033955
717369017939751600199875836990940353460200600611457081297272864924
415558859750242749010199752785695834533449432500257802043444408682
890750774396173670553837615787863853870009535733359025946681197512
373898387266536879554300184150448072052764944570257994686803499492
941686747104745236313650471152698278105520599626500224544073428713
991949802538333850588539364994173363696431899803695321146317461717
020388070866349064786340422458469135590424245140281425972094336803
940426469576220351976052537466919686468405748522732221411263468200
732680991283596804337124898651248471333865999581557036241284311923
713805206985546305223962860016932609247618752321257009959416454501
759791304831585226900924405531186581531978459317405135496797509715
913056364079678742743886974318121596332024245369509081085401074867
453223366948874174475845601897763958449021749345971047703154197947
217559031048955150713033750922642894743661501146171128540489836287
823217755403355815130890086002311190892831719794615273396398147557
956104816547218228209282412622440866173161182953146270119621366199
594108793583564320932964189356289507521834160949562866054760820233
943903693829441070690737842159371100843550809934951258480556142602
794888117357782314109215630977556334356928090624014704304060680967
541428500105312911014407193181060055619529375994408961264543744367
739789284558236168065730568681889329055524837773886978833848212690
033855255772963294850362572416179456068806250567439834358400688586
527984713205682033268015840118612253710729945929721983140398249546
430136414120937944647846329673080412403157916714681071721546579759
508437906546392689441643670202671733332142868727930006752568089594
724605400773921436623774703669370647989280683436306662357354918836
306740896905345419625492185959482963529914425068124219578493976249
362699766843201171783094789764534282159211054419253956738906802587
429523470246253627205862445299161425787499201547834925160434238534
924384341030380727377077657014743734358079845112149890213877261130
749312518484971289917459095003932190625680772393254545546917673500
211427825159153713922475215102619575181255589919223775605562518625
777871520402423564300801544064737868647177454853375685133039577305
055429841027452084882456380181174324411508866694172029225138714052
593329218903930234849521783732353344653262693777473250410920550827
627013601076268805734928341061501432117912584109328122674911529496
919441405798335403820079492052726207312385833278588756477905672110
416544166147076128836100062438413053105014008101079875557731522504

2463587242081346517078196813266473052652668700975390102354840054319
10303058505073284856662189230736101609798730109604578786272596971
821497774593191217242085520383223097743733627260091079170854159065
400695404757694645269352738958908946566093553216942712942611401893
36817558212336609288093686836108412959313689766825463416180797 3379
93114349199450619767414038367395910433250837896097654632163442 9684
4750471808775387966011594691058469856934631546715196731054018 94347
2532735101233055566492446253089798552598896344445382941448838 25709
67123605338919829313649034991332122842196608736575713694328636 3383
8749656941544771070613803436739395432994554889460443286211704 22810
2975764901084613036258098852044456528892538656183554374669050 75794
82110698111609436227278171946884422390136435558225224330140937 1154
84011366213884108247980900542972492869087707863943383569758089 1344
85548375376777196589593658751543275029493401163628628419330604 8171
093923998791900884203487294343721494612397017034303370791698316245
7660506136245905491835880524520307312984242588018709607849181 63583
3763214177655264846608626744947775131163374609853261567716821 60131
4781904456057708920308018521540881268882246108542068433312797 58480
92195444388966711314446178931474129366512819879025932919456527 368
73448363988933899843612116806898657975674885165488863376900353 7529
1987757693081057355173951443795272703800447049007285730925262 63167
3099074000068490459975878713209353348147998072978030685925274 21540
3250806206296797368029096365711965545474983265755760946724722 924089
2061371056217009793399279320665670945892120839049846047586480 11445
5232781360281453445795438733659918540295506010018789625823206 44671
4509639808919967566146598237014128736646880385940326652224087 50886
0528841067197999140854487007293022017220260304786380710886172 63141
53139237489947781917810407754525536936054593036378161928639420 0226
6964803975868226345375812853550796206064636202276341001562539 11994
6325786788360870252437252628303301021044894326226275322073667 65291
0916281998887191616786697698617210689500902364059291757218594 58476
3068921247043650275363283506500433461831897030508283915358506 05251
7223442293318962943725776163152226873950058135915637995009070 45720
0726096898837387536982426218631495121398835716735638806300562 90325
4751451996618172677820789627279916563774802991022509472440941 98014
6869018862528510042336659066430765016710023678735189804175086 47603
8055608827119847886391169660571257581116143322031623986195399 60810
6448911512990383218924496711518198579850277044697851841628073 29531
8752217073754278078367450606084368877693049830230414364689139 83700
8269396406069456288164169529166544373908457281969614641195715 8066
3688131248487829600519236538166969144131643782128080377458223 19142
50665372731866015855576310005458819146086341512013406605686183 0539
9109284222097222772766642007099875823159076294391295156349672 08380
9897247230420387327835086014741160482852042007439596077939676 65745
4574157343814376292956109531158482092000199683492227462223320 34922
9787977209325937345893185303632200218523329226604326327773869 92952
5440037460654804476294982724042291465600529045986614905305330 34118
4232774713475287632417746860051035196802595048933541617738765 02389
3191084066521380466746652964357719605228927287905823336267171 80104
7870741509786532744155522815509790153143256991410913299525027 69916
4121847989035341734180288807859437047470037468716698072913698 78105
1913482317431997181756973247169341124042193238237581583407505 0325
1210242327215999762255953608171639659554592152006263493832779 38717
4509876695534287878977466443638551706502650448577147587895166 39052
6126187671738754045938775924493697246870221984680515191826034 34146
3515337517354398346584036650078008251337619581112539605958941 71880
4721787463604668507755956087664614979975907257254669309501812 26605
9756338320451208463864464994775567471104882581862451811482160 24173

```
1135115533763941801619860829325848285029721564124935435493701472218
3714909313527465161404229884034725873584804710030497103678619969039
6640031890270141021874714397393047966712714696745248582196159044358
8575047471161083558276186011598867992523277670077913488062706784305
8230376844322408372855777585082162732677755215753854931391889443311
3709718797654930990630437083812107927316041468874104427329403072777
4363782884423977594872346291732896432364895042303033952547723285292
2518209786329412792277610699764839644615498030391036874763670074420
7201348680420978344656707808500851248926091270815723789681795389714
7166531635417927413249374555104906770883053829104660986180133549273
6471578823175170229529255747672943807184323528278938787305850717216
9878408709360848912758296731845035233009100824500894600016837289698
5534781567708986066370243799181871271374835942442963643209472757271
1041804433460130510702217782472918884095444291559247296793147664168
6467990945637704603699887007961285734670508717635799267264190775864
8297958015096149717986439323118705902309745168343571252335874425716
5025130783843967812489541028789968672155583518182197672923726750882
7191325928904570539216996231573413598101626063438419741115955987121
9485570791540409912608431534494729361825971466635209403043017943612
6307970778095387707949828645366676326353342206894534303062697485729
6018808465649020974995525667340133802823078862980681870520541252040
1199904304289199124015463064896075523480019294548752880557065055452
3548791789559874402509130074164191809399729468221035701898118676721
5490449502844625996837678251688727079295334993551398511723804911695
5666124418804935182119542314545793295497329011549763279700425725292
8851676055670695788189166689264962782660684281788855135682201059864
8644268973104042064203886202141593133433565060797764382861174785410
1318195388209632637397818675015670201035161382762235549907816708176
2580063265190907230973113261264539480612746157639746972903819915758
0630745875385173348334686076088964622701214040165795597908155136431
7926971432781160003950929530536640538544014468195674168914395005060
1298995325206242564025699973540563356851170626312937882096557630557
8326756161629221703945185899593927795463337352050168889846436488820
7314613992856015764619060882700521838829449052835018564065043364175
3501393498570510063500442327755328051663250155536001685586063216180
1678822889859277739807082344301218764982988219507648793745273249775
7164679437682597865380777090931582686989321856754102218113706628915
0507191692405571751537297985467954771694404608728583402007168255878
5035025806898027943094618467258018625571769991436669256776624788825
6367102390508929757982489522270941846744341466441191197624863088675
2269173795608464341636763558830851295486537112507449037322882719925
7272715199660002166693895605038279519066233710710296452611253548201
8081623405931612383383278721545090905442719803200644225323600124989
3448436367593719142322778515596265768452530758485537358308416515247
7784998355609967914529055371289933804173580332233138043482601916191
0280534759866238541512038956061132700556496689281316755512979967633
6653554047090793988866895306857810173302660568853689560211807721622
5892191992431173048925224971255312282117588225282650923582291225204
1383700828638795994087533142292025537883192590178881759789430772711
3160489156785086783738812236288755855266118657336744602261176332880
2255620686149584672266053779357525558360934098916382963659980073078
4500136994588212051974271662951889363661788724519387988391498507463
6701161462355909180891464878247698323775978709634559315457068005528
2070629464310763848171836412428448832224163453064177764928060031678
9700191373441459952908181300827357120244541781460612372671440187538
2252745351515524245007907975368799187115671028453031873265631128191
8735814205042307746297225403696352335748306562048561086409342738331
833463
```

```
4327351271592642393900491279730288837834637442360464419658158438
5319108290323239391500637052537701065942921907663931808108787655
5969070784073173239732355063441358556746002928122819448262638691
8136721604139546331879072561693081540996943760021476848236668959
3386445843391397341957739544589473799649939650197318018758215438
8580492440153865701887678789060589434397057243968067662330777502
5424777082377904412690412076066171751458329065681240190888065205
1445972236876022617302455546374056207480813993774670094125222153
3448841706368152443582561186966261363834029286644970066037996750
9376316763918069437678433862149089623561820105640614012377885098
5667084731143716888913942684794853876466509841171954337028921584
5072586019765152460415435606762746411781037958055110585275094244
9655712945889544502046822567201062098620677182166748686855967781
6730489413888303965661219189330587140477845513287672803014322099
0529021061771392127737590526124680357832336122316724513143018328
8987695299046550698848503343483983359922741648106835963179705040
8017163575811696110988752650503945545081890457820333988805527336
7405890660762567887602344899655818219507130679827984374701471305
0367804002790888262609687517984330621616836497577339489618134418
4168865022899678081627956256922749808740208876881035943692992039
7265613050681288387614411959186240022364452480039479994244058253
2682465135209489596658726936634884015099283759846464753424030561
9065105449169124218607878117680038993076090690483506727951214030
4045948829208453567271632950120071121468376544941407069259621433
5678745746838018539304546243136985598732642070733736209526825330
2465956542110218831635555322102232583541986992666491353192963187
3490149158700147749921910894650128017261865842411995774784463808
1792358967236549615822753535499698413029394932056796213757769896
4209615618393575485106101873663140267325061995658143840958843545
7104275247448553201536290028879027363715117097611575104474448750
2325858148560788985128350955612212441353238781623331816561192925
2099918516879242862423080170586007655853464509921222138629193200
9166710405344413253099405031484201600328999231910328401724803603
4117395877373643931580475634461166744219590534169466563680049974
0891763261639369972680056711919008111646000296009990629766649508
0850800515867038581971813055231732463017352876930349789853304607
2670691519805210418792169386199911313682841025843874830863102275
6524082814123688895195062447293752240366903159218186432340269192
2376887151770807674952389899214924574176299185804334862960608936
1062581001413806306012314943627930687332687687714744549611824196
3717301173226721154889414471580764346364476457590703340858879379
8551175194674235340453941225240645707121446590466567348092426153
4175026364996764039796403950645360330584671065916086949364276706
4187525076396896156031731192926863383238674463351811330830743913
5433722790714103079528227165884110344434857882180908028208295544
1220038019526602186359524610566606314957612702515823033352249470
9046610507885186132600708705312521009241881403331109803432544721
5356433943220404659540269285044885564614251052654795847216630572
4563578827156077280214821750447870011247793657070567309892113872
3059290580864978398631943466325792242834020275207962010766746046
0717056609535133339937607492713011765060222407844780821493839639
1200547789380056657803599043114871016372770352144947284480659802
2462962863743293337500534210984024858609771594603462650708927576
8032018361905498852289280953768213151504355825172037286016959609
7642513950138220984049612226422817340434028089399726225773933036
1029868199221337757916373560345378075501813255961569355010328329
2384997475152433810011519501213178050138796465628491543324891943
1832694701926816767596061591878897636526032086512685226424524119
```

```
59018981878845082876944376766318492238487992413740076722940680731  0
52803953540236603520998420550430592120388275565593048083911659730  6
24501772525278790798854685084258555173838383385199434428891591225  3
64411866696441712424001358879607219106134942308330297896634430882  71
10746700052362997432610231802714226622261875057254396907738147426  3
52215524483240080437569669907102947264051780301516189102680092635  8
76981841801304352664710551995073160643267550404874531772816479749  8
49316816351888113254614996403183140120849999754505654405665114835  8
38717438107104444681995736346286893002713717643069604147832273275  6
78903050809576914347830867035401616202818491144123200843999282131  8
18484332288134255124888668865448527084230428400988313855490100379  40
26484476236363753646511055008102940660991524814792631730877440642  0
70953919991675563931676247589083224270729482954432815122952903164  7
50609810715170949321661681302220084899907335192848409001433236988  6
93791759977923872805644858636356047169644366020445259704868221514  4
19781591232274757877216398657527609840899889373777508937404065845  6
11540453448898263567944962864224707161326587499595583440080244940  0
52564753112758294582455523833993886160216709540903509622984369753  
60579443816778281566351717190156086785010229710669378772149098891  9
36845438672597300797493811034294535811892130291048572049967356221  1
67333663500764326274058829544861575696143204789633059172525002965  5
95468048765362628154975767658027787559023678734816250424531570274  1
83539064997237143086239536428333798525880936563580878758721141673  5
82000237858579171465416121120260342725573842155180158746305776779  
39529367891253297770050822625008193741645114168473736572522677789  0
87457996823734527732736062994642924169967155086229280608031678771  5
01902041616630204935075883776906618674616296470167705634418308967  6
26618874403297051778814524340125122267941041217761721828885081597  2
16420838479333398295669940349593790728203397800879604970137807029  4
01457061832272596034853028371922261005939564499124150927787546136  6
82314612894699816725882471189854476146641359747240400116726464033  8
32999040150263527121857991381875183821542253047992153889028461653  7
92947236379633479312708466472227370435410768537912131903433119245  
06345207673334380916812903926710929875717714802822273307085859022  5
91392905258974002437571021699553265761333518518766386027619970039  8
05239305274289337090169102367520745177016964047237538638287654319  0
43029035798193044682863204543018914216075051699668512336445188313  9
43158140465206850355976752840620968648400146329880263832549562721  3
25827573448535583000222551331859622886497724944819666415281904070  2
87971095056777558383647075089292801299214655089846527007269657168  8
97401324328795719821723119028109909224942106911519427044773587520  2
66021778729973938043291783216346721288728433697903169348592455772  1
75986332169229101312996493456569456831267284809584292509355156153  5
86820337367220136128517195799179067888794897787415579507858280400  5
19879514379310240973513754244522910665873007865462514188208080730  7
19268983913504925377543744202657016514854903903784915335783523919  5
09184229410079581794626130462168818441217468062207228710462514938  7
64917833389258535941543991358005859024985408557250448942910311306  
68410610525215294364058942822561951509029885349670118520896464332  0
41879321533366847500909379474586244050094419795259305808470573044  1
71422807785657037127947580934562908770479883469716932355169605915  5
12903946546491946979565801044772122115297178854242063014493599903  
64704881686963945459873956649568446800827974064859397628886154206  3
44959520477876479602222481404518711220576212828951209642426243976  9
10777918759891509169674884969014041781462488218992047215397897010  0
41004451916374635484937776724048963056176085749019066419920856498  8
24416659259136411497972110570920048346356219112592053159495207728  5
72853502277178691134317095074741774046112597710544066392888757183  9
```

```
3323600024450260387599951742135949797649404000144093986809319 3286
4233231380731072605234702226995502975336413333363768383076991 22239
1147770558599778428742569645259730458979891618440091187547381 04698
0438055951700629630329433750112437691659207229530151254321394 05443
3778916278191406215516820884736345341979998879516117261028410 63233
6985345662271408982502069128670444116902582047965765068060833 89354
4908621143873825659946434978803232721758292694516998631267358 75109
5484558784631407597172019624337085219967792883082041708362821 88671
0429402426005844004377358753310704188814221920924607149133502 96369
0584664488320319474101734611287867351794220941454660418534030 15518
1556232143165747332666107989803109068170082688732101936459561 78585
1734505472858980078728721154172567402441979028843225315410192 14013
5091238671110323213731459405115614706721289593263819675803769 07231
3032161582473040701388589334636633597677154707019773249548814 51714
9561588915972704031644349512185974704146717150973113294738480 85021
0707300489521237484215403899981859513224901441857291935709437 524159
2155456929631150144938470339489307624355383423543950785791770 58758
8732868726361377231317957631881191749399736458295599559616847 14478
4415189854307741455943009162727770640067845262221886063381067 24847
2690244026426741339072193530058424406225946425394836856547845 05343
4905296743058974864956438929352506968728255730738865347979569 73796
3739416312512211357236612420140264683198752349137532591965158 06193
8726661939160510493592652713216922096224639699245339494168148 76975
9450227569316017372978522259321139227972644699078707972112927 01007
2893164141328975540511298607130045424497219982559230173355939 91966
6258862848902801610297741472814721799607430468636839435837620 96637
0592178003581516991294767315483262434722529800380095958755554 51363
5248529233660366613345215784920268506151949203452902146178514 20324
2331042284632089687974218454003873494172832011762737822647963 978
4677713658735111930207072256003750749407810394633895199845441 6631
4322973160808440498281354303083363163531454052991483164256012 5106
8208565690016030297291658467891832210586994891004078010769247 78257
2806721865866449357592377066019997260659525543273364250389479 8336
6014319930730840934516150880480764636667529086671693620624928 7398
1488799043653338716396911672736970273126537428408609734869729 32552
7885419930190416842823213958579660248737540654392608495318634 13469
4686789235833606803394455761856487011325964277558202631925680 99715
8944893454073545166932844921499118554933828244577076688230525 4697
9612822440415996689237159295093923732119547894507408067744489 00380
6244345752246115557238942268359305152775497654543180834902387 2919
8467486931626088717921512482924761589351414914158904235105073 53496
7969487491863344304793625203651055672156988823952034980523015 31223
8521251326166449473704612481860990143965654637271017556216112 211047
2247926506088187921878564564770201918708174098274263885178517 82319
5293419048193157156404001782600804746415453642585796882213147 12021
9506870737039312153332239429647101433881763991811507421555422 60482
1990245008205203155158803107676568812198575038451204473602796 92388
4894398504077669391919178038513117904637264578728005664995015 95762
5302767342474903557787303206946697620679371095314087874660907 19090
0547871502275738615622840311999793601481740181407268559346424 70818
6513726761279734277641240894070241225057591283320448767508382 48233
5490062243196257292826480566009677509285325730388834182425044 10194
4383749082928907704415181513432790126318627093441028058333197 18393
8084511247877577905287996142480968537580976676370156948434874 3174
7574899146388916335043383627398851102955909972689955904715112 91794
5559126983594293067385743048698989855944326198964253434921711 71761
9498688138115373601192528376348122187771094392593220573709562 69816
4645264593052541308176804768491799670945909756270994574641668 73129
```

236   Los primeros millones de dígitos de Pi

985177713155886207655433151026302360849223532018400246442694982220
093885619814174235294211012044888786517620477231007235577371175696
454026773786987829323848846586854824307251322459971819517637820651
677017349639072911973231521104508388963690034363456497713884180568
029841405323097836878788733235745843716778596231931182129965442642
274603311656218995807385709140748170907770720601258255372559881825
540001709679090974133855179150503462413627962943375279803921216124
494228573480554092996174221867552670663871540197164959258041982845
727233943587273849129806250522990823041441796420186323933597564085
626472114098710275684232847105442047692737227958693432551623728706
130624894831768300595031627353927222155596037191260927056320900168
844642239974599076283603861451560114679086719522744225341537356304
363680765820929448168157562440758354209445041481836940072478719937
160807471437048052724122720576200148265567384258527615204225756167
756634489083551590403475597055278114985130250874121655616058542729
230289933165473549907915612178664717813433928499415905014092363 20
169840868059967723646311800323091723144906596018394433573246799472
136366714309332268725922769959786634219848604764038331215159824633
481575389136213747050626776094939156543444966503071575601905256149
343412398650086334976877258201426160358764218865753091740518241749
178412153032223830041880663938545588917876200687881404876692760597
626388508418767172390688215137534469074205279687593862965749865441
776294251870300911496135284438920514500715511087309466495949907089
979305234012957349386688178597244230815215906606499607550272376 8
127238705851213727455288861773544544959385158956877519518026877985
648252026624094448618828672705420747504353679945846802118161245 1
917916408388220977886418275681058507677565728648482836037024932871
581980604355587998037575747633172000054495984987251668856570630335
287606809308159018141059372137856078810315129253175041105096097516
542537103085517485489928079279216508267024775243749983785047234 1
487224038787796856216589184157356593968703031935075029813828952 9
683035730430607120754662998058479510773229041914306816287029509007
188141342145828415611632764589797794318524467033357220151830080677
300984342814598555943657389719903262861007167469115090265946427923
755624937423512174450803121349987410210504026254115763114123064033
738402302484473936132777143177832648722787200003132437991158454107
320083254717655335778841973881119878308116128253343500137910973264
580456753562692848345510253175697613783144368252477854306937063143
255096407622494270969727621061679816307458647731362102916913190193
505391736338772095930772880211384952253085233564200914758211321508
141634559373276638164620996415041814279261478485611225096974418073
994012186495761708774298539083941990118885877336373113130171013577
790334756204439526260767797656853850415178002862202601739831535789
490454442716570559649205222318835447428311193469603711941218609396
474369683521630084113092122137612361931555091187753464456042937379
215166896202425471680377818274638590796820735640934299433427179208
028875221125433179011414911600479638960331877220471455192593058948
693350499223357652070639336657861080859200577595735770605634693457
603884910805066955160938106943662128758827331613228648314314717672
115704619235614650037740538721762741113660178235855845173100298207
789993646817768759805771969044293265641492888950616174327395453482
331666399791748498402747835405359120022260943990531207076601966727
432146673132505991961537491912061092648781953777906142535189223466
139609531960625261784257158699243782660916171746497163472047738961
314867194294824902919894191675830888923397311741555417268094753310
273777979970981756504505473602276786210697540450592614388377815161 7
925379010606402291673802696257343430464530042110425276623030552072
475739306792726393713188722880126958554904248663228307022774015552

80342205573172609159292751328720443377723638154660224262722795 5242
64047906912853466474395670390153666448251186234027804025378088 6661
13535664410691376972388236540537057203264851330711800188621777 6805
97953218065436753210222504280004399406185181288953614073372395 0663
11517070000571386315302132936855380184898696963028510893012021 79506
47072487750320999483675687172470029055814569840514467469450718 8717
37636802873473556196853175307566120156930570344309876149723068 9528
66444156407483458808986525661664379720289586844220392181943171 5127
56411177614756371405936864000103588026389125969238170622763716 7628
74806283816022759410511462692288809129433027766495947249738447 3093
37632746003710843590785997667180055868702873018322966729256651 1959
26100594158100365089290626039997891076469310195227174464519944 3616
99915556415641215108714382080886807522978508148022862341353184 3920
56663971152460890481318445192314929106328154027922489378228251 5457
68271624596117639566886461742395371586574462664399615547890516 3732
52182578333253564458989290595192605865979867134482744782626667 8984
19196273605935202214966815704365569041670825752744588175728116 0956
14818572243695464750508302844307531707792355713293487611783908 1302
91059918355226223746867115757059377490937975793819524733163226 6235
98269569980473433440261687965475130429346162426613460747325269 5703
11488146969164293369071948154548179082929107206942973187597197 3101
54261993356461532836182287015155903310706146530421700668825337 9701
32344950607141683526860988131227220540903094664606618585799991 4153
97814484774156408225890354064490646351061543371940040138616035 0714
55973601427862345148657347962179784675702189899513333644381929 1905
30085773995045234934957189684612711376889575979332349533208953 8145
39846770285124109139999624094286153561549520156418899621259300 5126
44209865972528994184350366818804807529105972336008365482357019 1198
68550926035004876573788295162923741832132637686584946400059670 950
67783453610036744259491885819559592690251239311072595121211563 3824
15896067374800718324687784130780969382414829151895604275501754 2065
17442088134014543607071355602676349959757596004103616096121377 3621
82022356398010145592493601568971489793336585499186349730410349 5007
90550971037329489219764058869953201896649335082043100488523059 4298
48680178555656453897152963868713982393892788628313053889870441 6338
74853236655056254302382861317683147439934461560931076538494758 4648
93162151583588989339195673294433479039090964500201525452974223 6093
34873774857090601864807051699125755933251820304412057338911692 4949
79374444181721018004869527481582486075771221724138298525297670 3526
88504213303463703205901112769270842312247374039903446761895700 1025
91785896614704561188690554318000135741145453848091623845601939 8214
57698015403674473093324214164727555219087739691741737350641459 5184
60785124018137745458837629851790660942517996950365872351329115 4069
41185558004057561078043579191051543895293017860705688578117217 42139
15509532072119708984152215425316479193046160498117600999404341 3190
99118921551365122611550181311073519406748964186094028486928305 5022
11992434386630966122998376165898127473066900407133131532581930 3202
81496745570289271198050230834294907246105491095799550789366026 3469
84656628188055490104387899574409314152964143377690260506436409 832
68217633628709882672397430230055063851675289226483750950886137 219
83335346069848906855685902444678886336439604378182364931607506 9795
25366177704480786285210468209326826682897220715910980081977801 9264
95253830472463607958939173700369328966358022050659802853387029 9680
92228675427129133869994026633577360863754047202114992733399559 6386
71394141599506355503816227131799287614329892459586632102280507 2720
17663282902813951362463925987940841197742421478497488792853481 3292
26175804296953605684964163335883612464776047176630339853777267 17373
23232435192979733423764606700725905697847782259010224718618495 5108

```
7004140155276349224305850649791746999412247016670031010443276265309
930152842068424685952359105309696810584311855103760808536810333170
953490813488313117223593774387414621839265017156090327940281899356
126944963967143320782904731916666780851825519771728800627735453991
592789034010786288963661157080757926371251575321256434587976758227
986056217853904634438782602247698316447309116773137698654394413974
813448003818298103754950588539835429146322753291226062391782931996
213986918817711118424419627718789923057350447245775383119433851793
221285766035212168779011404776589767784356963513653291514930963803
910475450116996758780279997955389558550059045533297935637026407703
334811205596791096608804654458199117569673353817940202977420844671
405547625380016657961957199126200807816682028859158624857236155994
016255477707914111600676407826080771078947343728991156761306850732
249631591231634197588462764728819202367627163751947669533254204908
916102491648373349659172708001471152710129089029612110404724620656
228209632836266708889728464849194505485241475581339237736269212762
680901070396032994626272509471411769121429133539751301514317746716
858402905968622217080111036660714630206206422073967367402754445111
531868035737119706126321435523468555443824565325519496223092442226
276161810763532712184867110387486332416707890468852233292111150197
900987237667401554791675344748589116281268686736042229943560768269
783317351763941137568187311853109391473316134714642957480258866120
984333362644789232779921718938110490257508983329575231138511638411
810192449913293008778472536273658801679273239119566773773460292311
671472527543877323954096440741744930881033569016899447326506293568
124074685916892546509211091423164339664349635539990522603047114871
175019510860362143788792840744982527033242516917795343239338053753
415428633449200572757968191874218427213884866626602813391591226508
703295562974312100608476642382406120209740885851097134502445345626
967484521749379519983660135959959804421055339305799463541215659260
373954548130709002681616473580753090700579469859512185766928204335
931333658021043935801610790827942664487820352801574984777718753666
388687146928492233597970201859216375263706470723923280711774975523
653624170626315463270059026630402473980453353020409393130497397130
791718151488632385160351409187151727259632060397751818987737942983
354896214929883065168797261732334295186029197912354209146617618580
812065785097554051812624547853587142349872282450762802185554164393
735572873413177079533182641069580231812678272926217247904786733132
302602879014764854335809993244372349188499585994862583067600012204
733634466686800302177442830895673212065731090929852126853082935352
033162609612387192704749103169411516483884747974567712343355744298
126844614327533710603770238115873068862889693941323630060605042899
652004510603748676961364917251172141710453972369837657482509286253
199176103796050507004745275198706924383079720813365107458086253398
704529503657773947943751943255366001421055646414824360616467707917
165851176561085923563460948549764477962116551131870096990291407315
148390390899181591857833265027795395784182519705615246751810745633
045708295944288915066671592976041280335474515510043994939991135740
036810821452010037166333769521213375323959064451506523337907475042
857815969527569618178470423817842031599241711215728175313825528990
831722270803193340184997462466150686413717867935948059327285196433
573688027414315869007652087234546637363983186912020965620754134887
411550435179457052021920866286215704650129595131279374407246762041
922665567445333444729681714873544938733848016654282642378338483175
654383333617440873218792199714309719390756152899799193348168456648
698943157601438028626335331361857237931672366063675494380052529671
399740350994071219337375857120455594960284445640461306033622263621
629341224576151165419387916848132809624695244456954621250879118930
```

```
5398322196378999498705755174877188610510452587091200155027181112140083303394599977286587045234191667304068557004717286117263358849682710717450035389033631066658091122161122795352059735631542387862792211740027929927660272309100878896448671977510644852854236760680678328702716021491220890738359867916779079846546847654432886332754592689976471361182191936371970943091897609589330741950915357899815945626817403109118621361123870326632874592512380172218592375964203971780119733013545486303115628764539733301035351993689089171658211844720253940470931783330601239641672709312163693791933239184259773052761479229302123013163652956137623330528454637744966783855724163055532861053275520784389404424723308700149400756485394938970856366624723511554968426370742241985340721884331711808624785109999817623225805812020490727023675155996038558466728397347325959612710449694899692807040872355613550188348609827334494211927951159638914217013371362540595915840065763710336218594354090721495079719264247416878866135096201313031939816564431842319103674142051255686332809855207709323995574220458372892438309481108423300876415366308472416897637519419399848086392769531790164372780297768806162490841933764103645096126040651273694733432136475166867454187542353324904525140012619910255049422060899086534891218519778520803538297935164736163639485284975628497148856270364254376152530348567914218138341546765630362935943271568888511396453417550113555234226609517738178180389386443090830539927386531988392370825144349766957951254066405582132495347608244642379595204674037169104022865060164401188212816887278392342736929260620640964091959614590431451723416161791510706177671741511297009743626357169179809791310760755444007274823165853639170769125919005551128507328081677051347490741450119502481084276777357730810360845003755565026865827089490664096114629969042922698380843496813891492479886224871671281240892627970065093741291428012018819220654215938973633819322591270713038489421629319110049071492253628218620356176446854469959430764190727133878182633847902690514134885240883415970409316671764584851653904600109634729323170245268608078649180077024542605338592009166331507927787324832590160442171566874940579151896771159131892750178044518249937438743299329143554374680946834026083464252681707351360267844117117547680302578284327412712955509267108574023047469600264457118930180581121892575725002417910664730201129469375495333839271076783815855808875670613299964991589394990408749778235503921051363016467163408622693653940345676951865277526856031286808815689169916046013679356000288784865017387036118613661682337006376249017187035483916530088806575237367990681554788889386462338043367881447386263697514446353315136450336525098779541309399414676011222285012782734557551595619844872672888621691139127864441826501071593433318160552880980931375760219544842366891814048761296983574036801175518913300572269947591922872439694710724497704047329675133848537289891985144879126933995627276286301571782705735523845019366528869425030157128864909899305589774514806497400710813760206766061002833539832072435945672059494512168440253056141611504723767968712526931563193098160823297950425898166748008781526486773641449356958428795387951111209004138824350699988209156555403289250228805141696787929926626862224670525490667495362501326970031824510114073519298152709116828763161525453362313242268045222889614970917397113535255440123608618815454147085320467229946939071488188603326828261722826964785169840975561328091090492994205890209975868027011829714381130616650165606940509417447084136593172946036832314886783783401584666526277938110347185652734290112646968995135220438138835925408450875742934048304805257026367468199997111392499430823809481473192576011528538247357208314910527160816992228141867532991179552447748792024698247835770179058176843376667768902177649062193699589654
```

```
6599694287218010978136921367446220974783004092718190513763561232 54
86127214522261680518029325681831093141396659245310344236884339706 7
35287266383000454195146442303262301907189759856124702358650054207 5
98252489819907503165380324950260169372305831481731475243043594249 8
91487918906280263409122726735334485377798532768897047616726158528 8
351406035252708851999291713307057857637487493937455594009676153752 17
78280116269037726528989620344126159881063216825320644381640612917 1
17212009556747383916722296235557461243901559905448832262644162568 7
12687048500344921141575761431548788382262449382571907205282243565 4
03066864339495278663919782619662128890293170809150693354760936306 9
50387796483806500970877125842074421149971698556158998974787651375 0
578536272453652178066289777507327157034985477471678029566639583 51
11199772543088210830083871970300163603754823203181103451963419971 9
57080162637542560696966183436297269070662230614313186361811611331 6
8418495161296479946354081551662886453122010561796238101443846201 41
13252468510264137934116621666604435554339672608390029334249856059 23
047725430160485969897816153242523488947992749956804057508785961584
65639968827705058248080375262444099228426558107196531396214742222 3
415350770031361866522902424242733975223220119730089596891049854054
4742769756380596262269087884764367655193756819519963044228090247 19
65977981411229976113099668948406547030430616154284052898460555610 5
27743167094547976542569994432561515127041177684024726299051846873 9
3844031749092277867137465048775654003526182336135822096915951653 10
030299470261213798326995515479430045282504041161789922994791117641
2173992693774165820202835024261155795357710192869502646054359241 18
00668078233417498334223525119403957869035786809979573555664634818 4
10923535663805321625058733961273016517920915269630774160353934361 4
8765086569589441668759310281972270842130060698903278124681364308 8
29145069353500784269002833896289003676630651962125691137082514952
64130730020572342600614347947841846620763374247401965234906393029 6
62233773082064022870408809540394489260237559302757838186727111955 5
9036264381803694410269895609970224026851892905705634115763456634 53
530917836449127065514652145274516095709269601981935148250423083093
32402085693823257373246556197838050798236783914896441321211903253 8
3719305126121435120543467213802491720844572406756078389118361442 06
1721960932418878715390653119345624231430505959758138968001459327 26
8036990315314858981784218414086270354132340571406372423344162305 20
11460053724335454408580478491527383560537008329841944194087857728 9
42894298905564111848901279881742427130941732502246499897761849958 4
4482431963338771360641700505758811206260189035461258593451545618 17
568409731473384201495189375815899601208752575627603329500301183188
09564291086792993649140874263226672138684915224129903291462932026 8
23734909566257903206428045338516755725663359643282983690679715448 9
49144144284457366131214716525772928322838722519122781850333184575 3
752311813889104687301120253329433033228176744479092066563250188 38
8749917831245277956878032518570878771082132181754229913702999034 63
40824319822001818143016950158675647723184551735160193539741180681 6
2554986334692974279363836831228620901500847632960271542055409234 72
197748755577372771253584379299733675504135390096260754601770478320
092090000437030477206239693112361996923069451921228075128062610903
39608085511993936257664560584547489298456610516437763230204762933 4
8833136645533457348047357156744499773471782198157392629435661485 33
25635257380075373424585696273226443292539121854835008471872615376 1
19359921175544946875172209534021714967332300854303127734300844217 0
39223565805237469978119523847444933383738577485114274622522039346 7
5721232785066105269132797730634628873726222419584671667202215168 08
29100052670223641512652274077600461979496685044241492903303752615 3
2475565300931531455774156078548884372041571406008765128076133114 00
```

```
0215176092898248986294506264798639727812087334479298478545315123 29
3340514068472557469284862631503547709257191442014221858878025727 91
2833117798221233680779311687586547771399946239543986001782171404 45
1158779337645825217591991088192383005166331028283723613412721407 22
4623795391293388364187931553299328948798748615386139152307468917 41
0066261860777226791348713632214751656850844199178069486195460193 40
8937081923214192638277533759194570326450236304347568717345295839 95
5367097394731137451394332819779112222693972545912493837982312660 70
9638222596701900838145328629046106065868563209780150854223348481 10
5906173852298620528178960495007325704272220203936136382479583103 54
3259855072621403409859627786017216895598750303288281768040946852 09
3886403363652364944285765333810979533420258752306609947377791748 34
0996405620837330431676710875929826666843546700599704858953748415 1
1522145022499454415283865780292853017658562910138814417266938379 02
0705003419101213867913463546522874814071533820290191923514672126 83
8275100017394805179223575910310629411782671583818637819546488431 22
9736302075907294961313226423551084910264998474188701812740398720 30
6793583123154828787803868672076345498495199113445099124424731050 52
2725276683206603485380567348512636931946652992516290262646589416 34
1396091509721872364027550026970108838683249414212571204886964565 82
9636160986536859883788390280207060702963996208929169242011756462 92
1271784144386609444841530713275382741805124756047008456141960786 04
9544859255813071615271768187109610417028646244510638699279903132 98
0239383229230786002461112125625374929920696236055497397793370905 50
9150615995807462647693070614654733657295388010846593077370926439 32
7096173358979875513329851735335805761982037560717396495121026056 82
4215335943220657878065433368166837918392543102962997862558313815 08
4290234604146428506331820780266740875042965493539544948651852756 4
7088143513231959734978991714151693732568833893316283389645184887 03
2263989305568945183919124308293251565402367538500430945522752298 62
1936349993079956068968446618745989474882341366408518853219367311 43
7589463565702142223037174148120127262829105733185783922733479526 06
8004131224044446906957003432657910956173422846551383028777081709 28
0043703275264455762009029489870172647182289327617788234679959538 966
8011402866870526336706006304261299460849499563827559906026477765 21
9702537583064118146128754387609857828996342210595022534150439826 09
6187609835216523165433169772144125177003803902159813797489132029 29
2775543871170339116322480752465724972962312476509351794356748381 14
3152864133302908912377146612469044864551164926799346341556211882 2
8175642302405169489544428168314140490438057886059010737006718298 49
9365040749470278557386272032710842602732695690064120155580946913 71
0129842552905449576450645756003740314945879082105473559113639906 72
7806481459191706433870697147736652477844338630255698388102589879 30
9501971312840708918719696749394002657194057221592958688345786698 10
3181835949381027193116152515301740904031945172383224596330526786 26
4210007457363367972646143529714988846055291907822957213456926463 83
4792175940578051303673488795449473344645606796676912782679904942 00
3628806990026035221665252664880972246721212946167822822474271783 41
0535858490938180843820769671226221556492524464101160066383911818 30
8730856354226721501721889134911144340742316720185801544096839417 21
8455292470306663317439699203209991372307939208706332681495027024 18
3632373935575659483558643427585271530364753467460118162312180861 11
3799324835451482289863062536933279374737264046931267375653401997 30
0907614262122865011585689448208037142836120485831617475039077128 76
0465033612361352243121420491140962045858292255435749009027171143 10
0562027796642732820368408835142189973676612851541741701550559669 29
5433553384988687023249020610644580716922863343391855394434659741 83
1033154532910259130360646226668797794557349045467488232753173759 95
```

```
9372322731037104452113311533828930424773972419572744011654184843155
6489404892135805570855762755849553488919138564379163834240893960220
9788019587504761416457873384344319808735157516674968200379153796102
9734944321094760732700463633436612590711792603829657765048983399682
0052846423420685449469930387124964664248581160442000466693398574168
5551729836982926358491044717933844683250433844717587252699366862337
5707985863799511764743877442102959326217388171799211256496076654905
0364753011284605971998642239727843391967774038958231917557325994193
7900854928259806607678949854843333553305204429781468642262154639070
5667804793891317765192204993576166388219632235722413875804881872875
5477834305533714162429159181440724910183373607258613130585839379636
9137316050463865378761619976568352789603916541221197123163706463843
5087505880465755319672008048106320831182153795613800983535595260936
3700064531708064420288837726690826800942475061577365306953699946473
4442641799088072365856916238996365175780762373186136628030000677595
2545698303593502093103401066548823876059063096671525803190270180565
1077417965996417788950664060278847170680779275557035102223714730679
5006509607538053426398202615407127213785603227432886168024173389459
7905050321379748466149030953017402300954957526179588969836097031429
1408480458384201770593330872789882921065398608549784177022680019943
1723125607279669350937846167380814534710813293763452196474416319331
1786906499824823727616205615024443944723233791069608396885603267436
5944761324366862391058343526372587026552727235468109736136753799885
4340224782973219586473847079849851417285386752779230658409174320605
0109910223892981893864572160416894923402085594048059798887199075389
9448362457591817958726478548243687178428051181657010359994896167564
5814411774359941557415640541980940777060781817873278088392351665272
9811729470451824894886940253978497040401257850170852522948003264485
5398293395410250493410544461435613045371236961682202427087546803225
7772246764538690691735846329099659782702785724136068529472284189988
8111976949257775673473149204541882493953860754485383273493160249445
8301840052011005971211224881899260140903390584301410505598071884441
5476335609338929558270335638391892072441156624136346793755416738908
9309186860803126378923091291660755009898080404308771738687684930623
8533350915041060000383060163948853687921061238941057439403460624016
3718548425217716754516397600255050226439611525994294308693498690746
2978375997016129503084380366066005892265852930563788669584667848757
2600253291839307185472610120143531812300826282453907565263848166284
3067124140915353230173735777223170545453318573303986361162909280796
5140007625802958683252113035625213499854006783290579810026266376780
5172062475401635370252168218735528720401996359618873606934730672840
9608128864989228165452185240832827912818493863635272203008598275445
9989899958351115743687878881270485571738148574030780362942048594206
4433415790169383959681533585277508781574397192432277988317060546340
0533096961159954373203941299551771974092493728193869104247191680745
7558054131728168336553796527595104025829376600693794847630502436866
9308749861291151557902990891475114714361655097781089168915938904322
8611630980896160154365423970713173398762556138393349278906057471453
8169156926488201510262147218325034091656245429353117328396837417555
0697887724604398556261085337374028770997288047611491577857651047529
0891138178065469222072171325415946797805559574054495325587792843232
4750482025729610721193054272034454311190184326515998329511924254995
6886629245120615544354851877843376022845731855255302038578067996423
3347394328325507976814317493529036535523570833622729540297603622459
6787022467961087290065369158110329772411271968718463171201531087202
2829121678513683286828899841006308305969973295124018343792808075866
8778898496043772754027589522929366853922675139928237161596447373298
27017509083
```

```
7568027446669159111149779944667113569108892437919930942472130807308
8198426259314434796579085670082562885883611446330706901910636068599
9518538704171062385680432411229940699769765217189489934971880450388
6432175982864331340232731735034487552793783486413104199496595525778
0669045671843550215620189672793973426821625686085922488113166647344
1429891013875712757048305145943663609924661062720112440987239997100
4207565439150686310201357598460146730265119903429865063967600069668
8795828289243397825905874856782626926330346837233212406615776029511
5653722610682290383661336834150499989593428093201865424703607359077
6560816219599759343820172461807695817834722127150399123937330805988
1634949462313671749599994630421176381814783019102133447356926562588
0571016446879455661720375874281490998433930465239312200035644248680
5028020022103872381508554360806108595381742785324654979231101510188
1266741384662946267400340729092430677564917857934277516529509846000
0986282198651935014863141311338234081864181019598887229593585603433
7224236723960151462789656548533533174007419842426013606673552984077
5440257317771495402192754876256636632097951348389232398473093428277
2993909549226286852582803762571040814041407092153377982471219334644
8252071838785374450072385259360567659576220402194519247929124130755
8546485918127845559512533948537732743954653252016862250537285001300
4537240004647444790745978251029444790475972689949375374692808933111
5543550514205161236368344100734984299470708653487282616826119499544
4459888850359607914367111963913932091120095413351288550899249339288
5379476656164159254527588534790680348593042101431778577117245113744
1846243215533722405654121494232234673410032864092372275714731703800
9305846661141052866534929215704384371938758254891849894465897489211
1239804355925364919086589066917390808867500913233054266548207715733
6402520816248301658987303608659808379615767364117736273466976156666
5392134829345642399129280785997988815204292215190914169078549736199
8725169309999132270006749972335155765795143664747023748766149644044
9261348608299760978326049278231738894979224685209775995080498826999
7239249576598722306469511876779916054956726996908515258226529522733
8588543930217342747557439187441137663399412859483123438484881279455
7601367100667616597439589632554530670816842945121140912212009108666
6989989150010205569248485237225542131071661391982827657429818829177
5183372084175238696768280591023151992531280144537721647436825950888
6088863644346720804079957456104290101965608808393098287160616049122
1636045869086222897375645574135743071591089367242331664477332829688
2418831492171649497251401194936905670952961527043291961756410101855
1405960839542210112530043203244772904509568672868692837978994453344
7325407832005428354880451308874136319369558168287460790465669459000
4074428841873812325676996716469267998695588605208063729838321123866
2468120288170434815581406294988306263459334499888403865260573742233
0738578664000237741531288590945512575353933694086944293940752218288
8471001077665809512756702014775408298259436553900777906180300371044
0301910921852932847824116551890922870290124041600452149317093577533
6081634208565523320144384538895834220684171388239953227063563872422
6113302172360887531969248201179065222750848154653606346843208352511
9510833216068431733436584680591301574087870182295987658228300204255
2835566932045019819881714582611715984000117232324846223680233784988
3905719584208339418833025000410026003788342211483673054749609677922
4297044999837994790440543497108962658967669130028499096038606304622
4009333797909203575516255166640057112187717239030015039609540518455
8169993864304498040103991612865934744955827606683482489093373386299
2669896469705317415608922966624289143819273723567260303050110341599
7015039075941159915617925116562289244176755772026392710897852605999
4713153357004590483012453586022457077160582123321852958758220305199
3728902001773432061942873421475237886080300702997965315568103011287
```

992589391833877964700675202703688772405840664369190902874387633882
097145801017495101346458402812780113168139897806509007407674642209
638998045332620765149608259774522758423904134502684618616814579533
717594622683030636661453659920280300843252851498178817712725738675
355028513383679230567432436869620727275690495694721422424679884360
119226316915567882764842222391196274036714598974144543180061688629
376356239752548161092018062894420650865088651743884451744029361570
891066530518191344083524173853908952947331269090022881476173592405
472755741008722118602480706552734785464670810033252880494872818846
476645138719484647002739836639678691108722490689445254499301361359
823021009664966265824979074179330260447961646789612176304735470941
059054767787436276981114648195946765395331326021604518805685201238
185383599352509055867304816958939312668888710724516375807869185298
046443759849390149864088672912156151469350544680039277537716280028
444617088728346133201602784693514171037189813592856544404738893533
643422529953563067148643575822661507084722421213957490588123647260
807956653918210780697591919627299613768250527190168013501825936503
904314892374222182997294359105047665101984354967715836390356050902
744094547376200008662551895379897398695524944209452836893729162255 8
644588185723220050973402112420242701338138097506387073687862241346
162660761418658903675756728049468513929492469474976704482862785037
993942832787912203329713975438436447227794195248300533133083265941
268165481431836724185190716453711839456188537671861146345100987635
561039688240346932274316386856389366920782628786664631623058656232
080344670332241489658442908620119179775183607898117847087626296153
194003478154640506345659584539593367839204717781619611519781599 15
334832397561116212221045289683087138354599806585780135485937490 42
639560201729578681154940798878998952785944953129124758248171371088
590969140706193303618000303323891913216840242371178559414793817512 2
615373552928204846201190878355782410767958987282648380188363060516
258745813238071170212707031160159931956653211055908684463723011219 3
935288299328435695606597198930148418941924696514195047131003620913
846840871436786883238124871873805822177969166876277052869491723296
929757412937157650310486149826499639425425153552278926558176593281
228135199049986283389176950986498709388528652246416241498009133604
809416167206933424250017253335902412245206966274283806079157097461
019323432744228427903009219716781979659790595491272105538644724076
008310005880818190724478703436574542794750466602116861532820793670
422831576774109787065652889958092151207900910624889386465174860336
630488088385858365475419590635290169607959866719791951547267539998
847762188847851073660556792237455158009612734637037295470996414489
544035707005097959712497079149894057504201650307392100837573941328
165780857198028511304247961345145042777636660548705739016497996388
006749276335699901742142470860427633687015388954255448605196615601
145707431101267836061897633765408595584416739699898991714686664840
902419001493111173462062958230778705794867646385567587210995136468
309977716094546557201681228539377673740994283039515574945316920658
203714520458277535783379827116157535547547595988090288825001513269
030621837535588152280080499462199263139514759007671504441201028640
422323467572146522255433374645407695544296373365183294408114816553
112317888568534493625651092338223250887519700640217856262405043920
393115512742419812786611804575203790313522638215002107721305024066
241830028624776559111141308947497641704427632877747366695141529627
972984736229019636223154363191418417999696896280359277506155139875 5
785367266353781400817153183187933147980316630735418382498547746143
475821220350330394913462672508437397313313461349718786522154847952
113280655897451002032487297922392568927537490270425986685614904053
752845046626144264259912295769949845956168866129342741521686045369

5085827710553806842470639686077813289931062855112879954394336700991
91520888614455564574422792533094751032786399928608664778246977669
93646959682093306304832523027286162884091854021075857505952335491
7451756350558943167491291170862073846960048789782639109056257395994
874924959790110901916146590802074849626393582792650583647676708383
01196885550505186157980972185298078202754679077735284594885548664209
9571848095773550264183796622010560620176724101647596182317714441988
810096102794777608196256246820854574993759391755772555043901644270
909099403336820210181891880943144687251194488397607261064289476377
050838168092847287045308547161072786663101220366887582906462496532
944215040426089607955960284837681158331065639818871541022291856363
75546808614676806062617591254751326265896334165706265117268170549301
094065863026692204229894830237644323671421946364900320018910295105
5373197420393993038094287078665529147692881385645878149664779808
2331482664021665548467134062401859714121754244097871277182877853413
43837382580995377745556686390309700061492840773024700917201995246
2062453919858592371345074239998517182249542889513234350318233448378
8319295955334879010992117189922536529429365336258259539094655296358
13744972936997465118753385374870942177080817457017422516040904388
84612157412445285020237983903699911389696734778804970420888639312843
891579868614995357206376948214920930628125131228080499666262553224
2428383991735202566745252299084099463258646834111304208458988032414
287824148608262105774947533003770602151682554216588825520528913719
3877249869082025393362940473047505009970440709469358919699005334
7830446358119649104831638160680743239747518873774504853932080118920
921762003254128590019212850780087801080961218699721567278787836037834
28505022335910473864100379003368195821534795312420332192379118697973
81093285010367827880608127452883103918315704414803727152691119589138
273502062661678813673893005894349871926275421758678375786169291156419
69549780500502717441482142253177166456489762559437582676430949126055
29285775355652731149295608791108215961940175702492044626207794680537
769554416379023844428627076001335882937229058956135310992448792377397
001263801039062103629710054009023326620528685512923889365400766396639
8392572450824496989826245992439438450876557890902818985683433451099619
6384091164376705960548419525350568787230520679162057973980086958750046
56119615450401629767770096547018528433497764467949602803722422923120
92581552380645150731758263978489716595610762944958737945685198459060
93691349732270248238293584834762009727957320397390824404902652459373
962572954491177296085988591097983191619192371557431477730561327586503
018671287922333999409221062679094625850811692827966923817237985512762
99352386088317714689728571559104796911352900853677375489955124718689039
574466000484795401447802882232082425670184511475458385946399776041212
3218294512072077908176823315161845542195987497445589015119927062360518
963407353934875640953156034070693595825760816676955874920982404806665
27562455192322003251452941755396468271902352195763796378975941750521586
754201928536559666201450456338552783571256712051282275196092953909245
7841885540127128286062203184030416252304573349919862033683941854919174
43128141702746834805331236365464080095227986799808167861438767022991764
20421935770303028892406338233711883166689234725665314715426197369248818
56774442368306762858080355776670852493943272675918271305802820474498683
10923884518396569291282691413580228508792026381557594458857783917630415
382477745027363004796768568959057429077532824031838874195328472505758236
998984185573609737934792621075648001276066005684856289529627036503340728
4992457076821660600430851921449939946159274018679067024925091880842549753
82500057364115276562788206831683745613611646610594529609876478761781065732
569944130069604044127574848059081543152521914759307810414099180436770663
956672634

```
43535624561935640751356546727167909411879488480868092309383287382 2
50042851308615564673823134489119765303305903494885070904364085511 7
08968159681885355596836776708287592695900122268130634079052180831 4
17534288387501316529218766333357431437101016347796658883618869883 4
99832898116400702596550204761199068845930641188013743352809379510 9
83052205865755190255331324739355184215726088231016831817640972417 9
66428217055392357331823599721055914675809906015712545362591465735
83451080849769670807172669437183081249664139285293242058148352262 7
44693758585695716870345022377577778359815858095456674554627297947 3
07975693205085626405035283025567228667754448284086209981389793037 0
92532642596403853499617054638608372303148948100137199901319701262 8
01084969868327908059952507493775423599997878374465778371237535757 8
52677710638143561367890794737247924261815992801915542363584092241 0
92695194986758370140080691259459445559254670473203928004701116001 5
59541702028795035929201770396860113456304449233397743545571654572 7
14951735345290462215877669321039725654053386823913058096600212123 2
48311387049072616349881777525063398803735283044137885040535291419 5
73448626221480332949544888908545079248054268374194066918855516757 2
16622110920899731852667678293526613290427617120717343300234525891 9
53735574750926874315293634284496407717856739958438148942104628518 1
03849643427735519244385401105600364091860906598300233736845914995 8
40144499012936937258939528898348115564558106103079454580475664650 4
89357678527521118340799459874420567550698461628297481692743403195 7
44811212692198913243550319837054664442496096363374848655871436934 2
40008426830694664726867821605430760555551571130105499636942141201 4
52860567154928145035636088579354204498831255719599558707858365330
55121083928499841126840790571297220246550138708205244749272341919 50
36030393946034767708515347254338076913543021032331182709941052543 7
31637179189960813384440367350920911106317337658740160001869730425 2
98420244888527033172514692497475393198235035252261761609438480970 5
35124570875131868926737005074427741207097904073463122620529000639 1
89290990331964353335337782773033800956435520237281189341422221316 3
84124662187626562926213165374744095230545401691905912102983325487 3
84431499690081791766624445625710550014060366800133249580906410283 4
87716419356471430409550576380385738522098716167959104852220807083 9
54438166529535008774606811360273082488566261392866772837170303237 8
32334671640641865105991624817670706345653146764074492658990400249 2
94338203476654827303415226579042351013109297567830484813632976397 6
32274673272990989392744963857214412908487064480704661630671832626 9
73018955052261750367044376560638608975474809199526394403536046543 9
98237735619024650269312958914022210598873408816322256258686174453 2
44115894930355509977482474151507373411947573337355652762741851916 4
24514620104987826294536895088446232117635800351184183592675986429 7
12813985384144690969171907995167404678189358750274435035511807996 7
77624987062847592913272616884488849391411287453205724835916236067 4
16163446388013123511612633214157350735873789089864603319101047904 9
51088053276243634380195320531364134355459364704198439973273192818 3
02576008576753025832169671464683435884003914203707242670826017616 2
53390298986715267562219813060352959484464640403968856006481766109 0
33056079065038768968446731694854343891836893537933416898764610405 0
60241093598555326643129997593902636796969251376936926159102285117 2
16541488921572622359773667701463984585521047074763889722549022179 5
57834738536300819334378988748156802769759994951212544157027137649 0
27751507877994910956148957426227398794033221282575324578456195527 1
49717737489231107175800448526108753397144093342364167000739474760 5
33876638025429586355293691303476986899061333624590847353805299916 9
52374065057657039349015473906556528925808194469628401221392455111 9
87603807405660994105231164360192568472205328510725875883708878783 5
```

```
40746177976015317304950058293812475052503021700236109573670907840 2
23511622259723813014440798479181330321054432443110271979100591373 8
09348377586361399771943672006559245699381470276191846661211804296 1
71866528310695776609243771615983151245936172801039016365520466193 7
09252512536313965592011778214276801942804765865348581587470311992 6
77097913350491107205165243246231253831574487512954156035527502636 7
96145461093444168535781027313899699954686734351810344325525951693 0
02330050592572799781590482022358905260479203482507504217173455466 4
25312528525947844068421333789797245599838145290249134127724342450 9
71795118644615062815283928650237212926436840813268942316931518881 8
95385268180047631030778038992441215187198582722254498999677875145 8
79160239707666604413330594001772519682882761813890254014214115403 2
22188075221493138730394389483863488048858725731296054402267540119 4
44344271239556902379071500713861064198583888795688054863351728084 4
46447248132772385956105213013091015106264293276316247222859852571 0
26371594629994013226550518804465739898003775442184629979193304006 0
51761618798602655576076891495679624033020920353382300641985751212 8
05490876812649998662968202160083935774256923900145096765518968300 1
14985803950066246338616802255066870759127483197530001455406015411 9
80784113494829465680601707418219448269420291459193117972944253523 5
13933101121868831678002326637691951938989304956559636443049982636 2
33222213173795863375272901598026762438208490894364283124967962162 5
00163529966893044625845804167249071090414279544743227764055860644 9
79937748159790612922202930619833526180042611796549675805482901810
68947372216120265716263043635302282129337245083943334370967854324 3
80583128895052786635657171288036985284548714950798562466555779317 0
50790289986859714364593077973507014015227544766934198239263898929 4
53534319021801693875850287786879702046168231973519928076697586512 7
60646823839169601486711150096038459388200510615266462562727086373 9
94715025771810723089620436264155255715212790458354295905910120518 5
08605199833582952027644524251235773515361451329122133578341196718 7
07585660635000297664587218996568468098354225556797699786152958316 2
06574320737210996844061946085275213997207746028379618294067782659 8
09969835866089743865103656242556250842354345456301512197111167328 33
65507058324791727356514276941098498635706661880252843453611977423 4
90001604109135980658253251047772348737585884666978580299992241973 6
65041155119628160047321576507005166289845399637919144719612753684
96384841840783539219495160760752984767084138274604403017707579996 6
67675686125361051400391716817256780501389783718658379689761501720 9
84806022721512087636711163552935619613040209273964185286936047265 1
39668755630400875358568683131412868660922825551242269595679930350 24
90113667709364034990374845874198910890189457051985781247844035757 8
67139319708554989380999706541057916902095988749873844727261372435
18065616499316389735119703310939780409280947997343377265021224 97
14340982378236519658928862792232779903941820506856983767116623772 1
51441202276633794917374373422831797279401193745390490579714461718 3
60256732214055219462186285914543896562340248945379811955964968707 0
73021860780513193094678528484442021284324993071541356442307938627 2
52658520849226948439939485305352270682335863948608170577407516973
85212021062895941771607925413069913460814382463286693523126590734 3
03668095385956084501673932290965428288540978637787221825907274341 9
56466116595934087134481202995796040005764146848563841920840258326 8
55212379549624891158626009400987654135858706192511365319481486085
71077083760209723746595531144030733949423484486152523722666253172 0
90816226940002112275918342552982816899719687610143851919012898807 4
24280528355553325232571548587561447752019468011155094405429657310
19362159591875821948220747561530783348030085499433087398213402707 0
00311285887927967396273660920712697115138195377155464106337455584 9
```

```
1963169175525559918922408979783312427354538417960278459589864706000
9528418086646771109464159843150009597494702207595874936960934892351
1315530879522675319228875193269056992695901124280084378089758022372
7211128142771580921578619031438232822215843119736386797272276849581
3632814701827652361699870383165480571461752017797801074900520098622
2538671343789879848810445030271773860682106718234856661032815984091
8571490847707412577372152962362895142819394934492310024755294687688
1422826882633199210705003148229690781270685023609679524561563176253
7844390868388545471766250548668861453885894019065091841015885208833
6961298773167275269197562386427609513694583842618521833895705186413
2632025229313913483808212879643388136298455390423731285738559006232
8719791590912181710334920882873657259600675103451691730348406647731
2472853649869703225505802851210314581397165500540219991258467124752
2962330479476204174835733965129338846259860546690206872743107989200
9360086299625852649556926342244349075889871207540557239177888983747
4006283110359893639753683143163791553508445994998151790357191664595
7972640535635796228522323209995625290729565968625666476118217436889
3655265842097358804838235632703846291741042746340327640442472179196
3389233300452352920028757301356303821117289713316943637220617508581
5202908497246369055667628921842626517819765195385246430364256203212
9591608958533598154070650245252165708822643889695532003307123860177
1994269799874271196603530485283581844146085491345064443171308666567
3247447943228054733913760627581890428365658659895466488561709859023
3571893647110221915544801416081086328652657202503734779658698028969
7568759695665517157299781741491255194508337794974466980602686431815
2342292431677632651015503746777092041564764624751249672301142884839
5397060605072465314227321889583835501398502247980616382349453661289
9404093559178092658682360641984947863949273925514675962185564843402
8716399842416564079224320499215193527094274925509720983764055479950
7636962370089615853142082857806440657569461070412428301167709175408
8048806266575048744970010064481728170337185716876990520504312691267
5894235464242632192681612607135255937799846876848766637463737084830
9130230318759755192524399178262640279966163670943691125300862843502
9788667148387735570095408509510925426723708716285087204991001466660
6934352543968132422775052041208431177836208642591374140370189390584
9130885307671803377759779815450406004508428169265395494242417343968
2579794296332233121321810780129321979360275038885263104587257887904
9933017249371699290336354529074965146405609127548752881574874850466
5647881571336432427015771206508826472570911545293554151064551035094
7107201788001792464135972138429948710459775527984274506977426564148
8340683008092305464626038948326722396040624646594574202522108428812
8266889675278980243468265578962656266379745368910929346892092484109
7023571316275330238902076986731432584276094818388124585758734014097
0686718956181311222947002197844824158154450981988915294242890693466
0562607956566439433934279983588235711675751163292556214994709518352
2331245810913158655773591758470369414848815038632640986605244160899
4421423724467318576854052616459608035904616045947747232056287891088
6992342019575526455549151862881037098556289818492084536281760417557
8224666387907260467755483451744348189049688056376503250353592627137
4514988624054829562473693334496233090273911370810584071237265540394
4406661654666981279401611743803144254583611313870018005106422250474
2126749539970759097152710314165536334773200549635491466719499256643
7711135196471224844213383344829914740191692970978273304820965702365
7441662164041385975719940110755054813835675097536770208621480224769
0575931284579612052010606527221595997455895639292741610135447771486
6027222280787891903104933048606423488894126536509198046804726679290
7970770229050202576713844368458156348290022266587224538924207586781
26480
```

742598431037231448350739349163285687087989353089830355384383950079
707801508993166772121535578504768244806681206008160925249005506560
688200539439752940429777997773909548121823388281599786284393448937
918615555638458479425929894905438450373697647333225685242402160195 9
044724016399444925891545222094738197285735608141629442012082969234
213675190569210533735923778160066566876364146366579043573782443665
166851049351957765790791933549005424537483625826410516843786445029
591835898396440568593688826368637105027687838531277770566599560300
157235823714715472190567142601433687966468436491439499957272215058
042899218100989507993449442141990214468925539286769175103982467582
463734380523973508302806871873446064187629932031217040704830461291
642631982086285078695172901899700143428968262441780781916264417195
044507576668563242456745817551859136043599958574598825035538466741
328204525370108050902351148404819530588806416040823552351294128140
484544881037085694262600027163923010086037214242484291264957195698
732190524275633949016224654462593474567030056728375084672498252798
367349561770898365165478278894261861051832769208503603621780033915
249337148444550141579116250506890910713827580224465050986098688327
677971183257939187162167678835622419886753868393157565897768652016
394528273886744065178756600689498217355748074443255775906927363784
818051335709627018971520589097081198620052276793499133040582845672
035856647241058894553087522364618384396402596011254852876608866284
830763601287006667228026700036149423026125416550458296169931638437
058296750705322926910916119674936127372916312058636884790525095273
515438062221932730028959924079307443857366909352942568894401073 4
221780243707715281612425319088227173271543382374014745436218433325
680295994077130149833237045109699654532027453350702177037070611381
910516358803074747708198082653195105524034346189080408772855887102
619129910922959508822518192058518874419863486251882456654507803295
363481026348433030837241811365562783019391016183517403223845097914
687521623877144239223232455763641079474001255398324712260190530488
666649333228486329053808683517096435404402568667911688444342169402
517726916720054236587952458648729193194196398370591083465955654573
745542747225256387204919648468045612163467555780018391145805072029
104091774619788296504861235552872697552000423820318320764255364 09
632089339245449675981523092151894730501978535100152995735305428112
836484236594743595960959569801620275302395941995334462820826497923
607942188680411060241587415085751945806156888083430185412537819545
969741423677874187066721584275223193527707018877628030323374028626
604207305052378520354210425772442559140427008749076435248269386810
716376693073037272374171754245852247735758270295996649854102311510
138743237047915917879029944855016825586545153881254857425414604 29
120123228556148895327177172401226279944108268691399729874382556815
811126238732626104264249191467303139324078996737861432904142084411
467415351674268973370321906902874770602008842219032125165528911717
385674777311366153734391751962707954921617093780054340457873789689
579406584026092226706663974706474619148511446524438074152055212868
620200671723263684717967231549153359492453428928874859317664269936
209673407497745053070568431410133263287775921305762314700874373845
076260305875774978732420714066513617994956945601081928431937367328
417989351895954235197022893472976977104975358649956731850469509873
966280139531524733606745957465367342250965950109876696237341406068
393503481983827182118684406017615765602547011395373572678345269455
960791770944971727234694733436780387223775747916868955520413621538
014282548673776952837038414279340044001305689783556227986071360705
960446853343332247081996051727615220108066710652379501907097493 74
182163352993865189170077889883476360923618805269060064082807971343
497894275959288720261078515554112397373046097592317883468807253835

```
1059080021866044902897911896725936755213964729068579735073675718 21
6974036670698961345787450610971203501479565375164166153121647325 44
1678927750724594362819238256233629810375653289132823923222725067 94
1709469131856699622676300847493329492377248202516805506663161990 34
5780050296216095097127831349754974849708075014692861779720539208 77
3557354263446540469175078783629783037122212634499537604587068254 66
5673292775397228603678192473260758753750363960555755152470447904 68
9279007417440809916215353523795515931682503917084115733894721483 37
7058789369541534827316071703023202492909454665531205525012632253 17
4142737294089358232313041403596709104925718383520193577511103030 1
8937387366729568834759002804669015028041569220627941078976828096 26
9661012137488119556311967779804681249306478374053162747606283458 68
4716459438243677534276082695576532344276053399712987080520898985 61
4420659347221575351357313531509643256863269976011816768872330904 78
4738782610883002718765026082629252331944769099404167002640065555 97
1369918146697911356778065745105729647119638264380698960233881135 30
7214985853687086285871789268796297801608941639363012094163552302 77
7342996301526343577512504135198341187362058334547311853807457268 43
3720690522085625501050610093794285614047418455921179339272708597 25
1152880056940280536141144924020924620879487418362248544537016734 79
3590201500699089471119500954771699606451569340980957608723061167 98
5930544742494585592763754265507909850782622745241428056419619579 47
0161814101885939670292884088175071326949126451479245871388347220 95
7012545376287115461358447101311323201495490944640147600030237632 85
7171395365471490013555869633069258112640479200531728092117912870 09
6788138937329594906876916230917822286435333405933967916024289327 48
4446631559457485611320451783064649166224181324629576750918590298 83
3323065514502362940434740549255611764221609388471173418957407199 85
0352736698693386698517025739380660230279106280853525349359316619 4585
2938854013476198182979019270269975539762709721332077521428883136 38
2794037795481043639684621695249482298443229689692085335553085317 40
9539710027448732528352757362479458012780455036106064558578035736 2
6252556360647734905686383246005882645729967286706470688197188048 99
5918209538769867241261058123133718832815387305324063517160488373 18
6348319448785524534021310596054326978736278990273623581526866772 86
4841376321754066899897348826118601800293600223626158849590389381 83
8347815021647310891383695373808683164369908798085930128373528762 20
6005362275872876794657916805763581432409253055023886548294925725 12
7609771043084142413271492230145550249153801165157010725991966088 91
0334458778020184201986872557983485892794115791654898418079655981 65
2924400286000892833089959846125154134736412475537056580724960733 72
8968639565510344975858300171880139293408159346577407491687314019 90
3828427712262333244605887567398385935007695131185563168457383865 55
1229294080306842203625672459181138606350480155226167063564964286 73
2345965566937992435872932911668849839364206979703901915931945597 036
1259262706370837171360797222944388973659949263221859430952934455 1
7054009459274870328435199388140267085915289496359507636380732347 05
3462309324415095756918504808919571739191653100024157142935668690 97
0675538485026108040743406457426342832522110207103450374538340721 71
9272860930797090877640274037560341962032609518023331944660470439 34
8005406358691029418314381980766263692292015196267454788905487300 85
3342208815974032892535678247804572344855566388429936517859381542 87
1473470540776250407980710868325712720965952470280931298490597903 06
1967508059944421798850698316109638043185757349320897027921443393 91
3428290098389029276009981034971675340055350266575485135820698171 89
4317365218737272703866524342059269683995858771658075362930491745 82
1027533012670236222733052137092747575492754032248665363239284288 78
8071811943447754439431574633737742190514462638401483845223060132 63
```

6502788451471704790583180583489408569494249944151554838633423772040
6999601933580313753449760284449951541090113815606641323294310535403
56663349825009005341362149597475298028239846197283670062105846139778
1582746765798260178472965764639589418774249633169588422839119159056
5640228193496801758163840139429208142088204546902994637652059988197
8317544801271199655622131732442716080219316644607184506702451604612
0117976382723921134833943879896290584017968636094325530065062888973
2392513616327023907523959826534893994680658059487686462751410940649
9311534198732172991431259100977718868694557124444935828613812597646
3755113427984573762023435625689831225304205902149070999674160321546
7075388165029658639915531513429055133316532483088503470195490556744
8410103218765899567583945582382868831081418628354731947552527471157
5402543480466177480387868598378715694913427853082947288735412043190
2320905952954328610661326976076266926611352114662527698412773408524
1913826858280955075837578751829441953816699647593380581097441970408
8768832525737438561825911089750196431479372572070809405896055397098
2858004455630785998611082978451980399882309416250986802635162822807
5608165070483489644168361836594632976919733266450443327026529644073
3260835948712972056368036299922692205555021936131309439292561689825
8938095311543481328951849165428725462863519781030237300349037991793
0768861220453265131810138168987919567846678661443310580143812599127
9141588766717029067599907122292817274527854431917637751864885446905
5214182947546075537345606855634642039617667095752874549490120466035
1964636873577292974282347505496786544592736062760898924697824189071
3669103009266781913030559195116956931783197540796240338421104664465
2404581868639326096463530334711292131543695714422067237270190321612
8316366083535359140279885260953147441976705764010907530604721386570
6766549972656139956259081850853030455592840741412465221809965435307
1631850748864789331371598040191058010242554171356618961206011069761
2033871217695362774814702404628795944796568929166656151629117736946
1849461776831663594528511716414008796109655867194211638165457893559
4374741659601910402650699653760891088490540908807662422362445253132
8521785687211710750728725802437027495835664624563513977205964778347
6721370969778743722222285444150516258147590016001034987342164287379
4152091728087438528706874529967585063462361565683806568468586659128
8392993987491928045097599357621915303453396402416281637564573379859
6901282927418796276250380640305799822393935095892199527851029164638
0478329362091927804077150418730068917857381782537931265322695642984
8057505704338593699343393456044962325937243304357667147711664262056
6716193777375577018204936159782065517759604455742714015958506242086
1432022102794700328644097498531194933972205256017243806783980806301
9803303871401082373702021780239991965948474208100416246313999893872
6781296983713965334369780639466764286002415282487378563941292793538
3607707608300750085468836684968344738138000194809994639279397254809
2617557123230722879914729499627829318121179995311913933682914217080
0391710839203996253246571242671148076218732388866302732632605102274
8558768582482996273785630375020526294883169608949012916313726348858
0498192487545535248873262394393675045016547689340206821458565566171
0507751194373805894134256960413139475819197066823026324234090244505
4095883410876889880583600190580008561994910332388450133139604194546
8828359061480627917027425505698363038681904080769860746508844236776
1705462260845439722219403554202652033104455269007046882774582145696
6366744699942884173471148070234795179430778361527574001167542381049
7822651699679327017909913253596925641310212031767596026367955108692
5989193605152931611639993790605221621826257344736334202630750572642
5225525500696250372133805324484465377149717057771217385550214036410
9117838972141797635473176486099732370208765716623286273640666652522
44484423

```
70474312602701940529325392038812456116783922607147800119571847504556116152503844822082691866745295001945479554742670311953388463367504753411924305172890558306396064273009317899033971343931584059161008586393822138202271708192475778210015039163848666017090813909135953340619014626904240956805262401070564777661840736519965983120159148619124791045328208490037696235790452049281474814484658172687429160111256780098117726912220907023785148661124371445919846685763094737512094243352004465053297391251670830182554297130226067466098005260391962755798389509069243190047375640183607454934859101794475577162863150554887610286729181867586476644478659627827294039993209905335496913847574304220358026682005018352485651517034209943110726037475082164349588541432104573557419801182940065163845907783130947300992993954182718180599731995522537656235222616879880482847203149589062569689442427840761719747852121117086752944603670533555703336195269940643523330819095743708046560784123500619341564951004973317383620400422734437891578965349586115919181358972444956070703223227828015791485580886632670092404234203139271646896301370562218550399034622946791769783297015241275735845801308975952586398550215463677050900703329079755832652569733099251994233523426743245262878434348780393209901478697413172811254964459042777973691266877075337938105295979219560094519647245214566447811294088842597399502289315673204890035956531488181813352488448698694800612536474277550005042040462103442555588086621442523793246458613086709152614396887816336773496951240900773916726414094124216456185364620858380521948089887377463428514000439792350670242467066706973079235532297655668457047629025632259783196183339724915469525525143514347973072505898539350344143010372769330828701075552612213237948915324480154784570097745683673939570646245323167160599513253350384476461804529889100892576142364568920937121623357779190101698527465074331339403860558383560512529911464752510497400839238188040952466569782190675007745127340413746948598903243038421773757608092588363984942852491661239742134030663996839945731531459218956185429736941639291274586602149193256062908354788945387058909910287768426344909242758195382271544550755082820784883600938857504071338064314464351066357725420010721512821487380127832552194772666696435196399513880976645324332723557684264153138097822980463213153774625235404290603580170561927446884847759849178086745549832965851953461620010812542242676672446591985003737246700094531418328513802244338672642501595675921141474962451849120472064675609405933598879179790590013674885386450686962065614990834968225785681134556483957272889037685647348587027874709244378417015400337456982748232469221776707380599850755861668713787186830968096765583702166111407722078522106402682698873072896051684378352036740225003301294220879972807335520332084982518794763661742905528375912856416497413728193651143325413215966544797508896637844058341384482455733859312236750877569174580777066637614313837033604334586746501571999949357092631498313539476010997460000053765814494573326745861063304932150297383939354427370993864150604817313381076058253094394198785753236572332304795924957505802346554857601740783004076489467682586409510388043743992695534150692609552099668496362196097541990256689273001830398841155263548758410191862585651958949917543670137752629621235562608907598144724510634531684374203926963412512254942553244660392238541492180254748828765753640669566568544990494814915280503825352855646720044252289431463574597056054132111347761834591435006804097516578939671178548516522920677835710752551395314528231222460774326485780214710696712582490549532520029801187432980385609820847498781051624257385362174946834560794401386804272597372177995976134849268369259049454472854534855547672855092626966333515439531919926209022290117916503540532053541557323962865877885010012105094483
```

```
3693554565652987025104273373112703686432701853930462298639018498 49
7790852704663810074106064199346768348792149018237926231535776760 04
5253983094883499531297315673811035767138095060268988103260660443 17
6435502995330743512178353637422630730894118909833411963860551522 02
4968443939425305314272823845197724460166040399583547279137257994 87
6905630996389204706293760505652182054213457997735548935383680336 52
8207608125148943624690017425014836948910324978639419114600540230 62
1618556990861024673154864609880202781073473737770491883439815296 06
9606171715477091558045391472137944886307027510625910079537399951 39
4861744903022978921815233955882101576496402094591940900160611658 74
1111198073433510338190204012029929324031443298771647219418758925 67
6345923219909229015572393372888607136940617761645093456715228049 98
2747509278302635993198163991685562604495679935194832038447039650 09
8998538011265861333379477552130328891619787933732768447413283162 15
3821350502232982479519855842530644062732756704048542157953717334 38
3013657922716976581525422725319026917215835634790655014339322211 84
5457743373186545271855941021062294882520434730878381222298316872 35
7783733734451559948232923392695789294479982420094939266427073943 23
2747132009716034757074410728503079630390757270283805020959161755 07
0005016627792429318124505238672399685851931779590388404675565133 25
5758214943153517959498790175939954018699586162066971538933325756 00
1809207779578501271585250132437026798381532168315105880273745589 398
2251650796556806740552933580416458692852316528925062441034507254 75
1746696957664759912065568479831778838624441646954191913411663831 35
9509426984078970554946580729459831838654621775210631145510433633 53
6617757305037406342920891277502236209418309382037942049430183256 48
8151462174731495312272466519403326669465481742534172522912474970
5114616160054281880540354198947234572559079014198518298148145990 27
1405143266071026229634919481259342145337898724583097604861888669 58
5130390729173392077225689609836520912793114821797475064465597613 40
3875759224022396034735708491833781121498925829532335444378531833 36
1017437217127075561619143805327266024494866847503438075251839224 59
2395717830234714190223503503807941127277487289504002308047407224 55
6001247620731599212504578861913386499033912685147243309106085594 36
6056248486764753301033636598577489631546413465281763741261581100 78
1736701249544796541160122490093946034993309994023927494381350400 80
2944899168793936676108675503546923865708941470394616477845589307 01
1895036016968430078158866532913562055689169725157812754395541621 51
9521053001313362218719381457197443546784636798831874133330551292 21
0015747304782227473543623380608200983366453685586892563315746920 24
3151683123406729773141705079853683002114655362735781206338697324 68
7906485958758167228676488743765465044904838056518022973211179540 56
5437944615042021563406645608062174908344929657888829537930350472 60
8621682320154984933606588503695960666607613634125466771426576696 69
3825333353829686677801855476375874137561497408516836293864444543 72
8252821275965733418806978040386375624321359353338276914364031872 20
5194448826998998678043790503172651953332428847616800651629802990 75
0232478834434240656782881288607696374064960256307156567675052037 05
3083913616628392164184509284467430512284442398334641301530273921 7
5042011926614572750828139037673363576392544605297160176537577389 89
4691397706717184212302966812872049713645325528993086401233052322 60
5408161138788925319487861723276315274802047699701084142223997929 11
0102895691963294280332770835352538903514318588286319374292654222 12
9276285260042254539799810059553667839998923929180915038777361400 92
8153081940786066474842382259576352851784924147444843684342520668 21
5659669197697288057366703621563551249944361226689330580394804546 27
7509788735672716123758257138391394108724319551951605337651555589 25
3551826979714756066893173531053191521229835917302302675839274164 93
```

```
1422439389744310087449119622244807371585249475527582841371687338856845139719357174351376651048952390290170630927122646840669278348399886285959423967936456417355871840199018757254634606762070626278962322034805371836351794691087763851991107837936690226478961426528198994989440958364692651443165658212471792078920335140593667828494017798965297981505475435803177585622558690610123023401093612955353576358432997463079288408167023366788970128145958847428199428749866143771185970104607861183122285674946913190044825643028262007248787525394397901252203517990670108864444173332942703850477629594843814990998912625348880022470112685386605943766222703650826722123222351572550376503854095253101757586873383531199693602416600396509280727438071375470484844568868489196872123109819909873074795320541401039597361969675230524421640561900526742759939791372686862785354305517912575047157660184923718223934849391969295394499883801965726625036517574940331196959794117212576237138316511479626055791784402781881225538340896398270497890725743044303341179108109059950541712207737379747750303681258203099584411948679998579401117139332423952627036199270637724170339781113332382715682773420147905472616543401932267144218019610533705026333742731904551879487134852498626682222111113189144557622104228983473903499812597781108090131864256708891036742980304913636514213249820339892382623311457754007631638251268666848503158411111411558864267907213460409221705074598247207024552431403520119565313924583310091425363495878979074393713659709552725556666007024202839100745946246631307454467511305993777512041192805564972915123491505532781022986430608405376440989174443107699871727600381516344286065218306921009179927941709319362942477458068173353359701759893286031485320156876979156521241896700403095917277570816030186945971407998244363332875431922140735996952626830385659584520895655497778101327453943408643865269541406604205250151308378086645729974925690376170930028161622503187003032737144860512516407239007007008823823906811473995804355590351241221823298274366777890385385862391814781588353258137893191305164723901590515007329258274604289143926675349521549429240927856129414258693729514689314270544422700093241610933444781762618884916441692560813590775794473862060159240401206337499895425291163409524485314231824745868679213510269662875170521064607847049746661545188141510351673498157830880506290252472784913288358585719687703163300975539049048845664489746888824842250422741076906915478241586198518421957909459139269455393497074170826012991361372933199089961244761127027704388927170172348861763196368502467208266987608481975265151178468397433083172604878540303329427864436091148976287974130203367539268931859458016183291794401009583249805875064583664127695292859826577033300623458265495553231665323056373735121952849214896392942381059559822709275997303299473750568744987281293470260662447761583466617049162697571797587242929114187975074878217153341997452680557322560031417046342203189757820773023738624697850416509797584452716458522043551397592875295089546522806626969434499014880200418118642039774220404270266955446032990925495943520252796488734580054345846849452975353915837929113057037617736633757952397710873933379547332118548790619268542240083953610368778991522104521065020038005180834770931615105441297268508996642282464489776423231947675602438097694631001688776057256798936928008650248744676082454595750132838100012297473056539991376611276067858345129580303840502530416631173982221137922074743939663003407049607643288219873398773333802859793609821535465591007243170971570609710596868690664790679515081011519705136357516361120759637386375738584999837864530579030443943012950410974378372747321582107022267657039661418608774439690962477761429826812572551820738210629142917289825779700233074929888582353993193563942526806194864206708332451046817067040554213...
```

```
87651641921977618868029589218724367391297929670217002604707954 0759
98806965382947068262947500799209178054501087213183671030214034 1239
93988674101404729131764442090801109198035244321133365358285271 8284
32623672503700241162594822559744880831760673701548562891186654 4655
04563052137790450573281851201979665409430270049744632546121224 1411
28329366437940321984479276656109271707635594012205535902446730 7073
78406810891604840226316131653788226130623476493228155229195223 4092
51839601714955706253393019190674597189900776543585394537305708 5876
73393775225561887590862665572607148136026843048094633781089487 0533
25334693152865228184850150399380033663878973389341128843457735 2332
19997625754387619478290608410492317086979272668565017717845357 6014
44068717168690095280680343189335630427097277870650886333372970 3100
15932022324797004101814946764613369688447909453611490174462989 7493
23003758025319176955052416250065528426114373076226542082682213 4594
67537033662184218165664434775720963001368851514596794720360121 3939
94632611454144468275264866158675668160232392170474512570134865 9061
64308600588556879208478336062463041958464174708303366065330053 4206
20428368631888832426681603517521400746402690075876108947946351 5084
49596170005018277089668242632747552939134464826875600962762224 2507
29627218837874695585396808698731268923748126981350128702594852 9870
93853722712995055630159371662858218865916052074038057260330451 3197
21679291477186756305293557276882390292266219730580487311401175 3081
33892170118618011733725143663530875657342089417048072193359887 4797
36426861987941028542129529410436548061666466560953506812679860 8377
23426852206158774774504544085974212357281362939502487721322918 1447
46035282409050040101773662698641702181670351818974670512042796 0543
66279452174941485648640342337595905490601360969309168410629163 679
46892321891209127401951706180387212284307087960773113725441306 0541
72989950548378827727046663864191137798869740632776799960810327 5565
62870906770161485811851671525572067310925943266024855593887184 1243
04225616774615108389728834242258914850508472905176061899777583 0070
65652520847408208842173373910767398114880773332201658891141005 1585
42238840636728656725089712885038452940316291883714453787866130 5400
09170501111547185436355831033207211981334858631153423601920293 7183
04352616908440195500481450658937687152384712418582070564413530 4874
20515614512086668096886553647307014517115558399645835678003490 9490
39327445141177991637963103382544506126729662982076892834738348 275
63761713839607939250893828751938890837424828395334225664013005 8887
76657917835977404067075017710871939114578468254250012110401156 7813
81295662572551091764603659677805799613086282001150125167924849 4760
48498842037333939543468668590235457523095407381530411675919196 4033
95008232212122031948582192443475529337530173935181814669205300 6768
35498326089762673603011784585548752703073220035324122391029670 6648
16719559254532213478249740250027027480599816837621411818338760 8348
79258098138151661601466420807520205374549580130513552975387831 7955
60660953452750289995284305259958631497799031259959268523867599 7576
44136022576047065119871932352626491081301935915996762477542005 4683
32913608093323184530910326642695702736368861586841986355898696 6216
12636942346269870652951646036590889776309436953289214971802597 1263
10791986342343368337985427815924375361059523136767058842514726 8669
25962255623338825444915338951480780353160096236272362629321093 8381
21344292596168977607129610965328581263856352840691870726909508 7199
08487588059768061543438498330786223732995053859544652872580091 7384
82163952476186691942844092020325285863597342736521084177924065 3376
99487091904000653628400265799102780588169428112419867803212676 6119
08212068769439025689831855029507358136283325881329349787561199 6570
64770323354601359330157371869985275952788401552313044666467007 0445
70167374730294477842583797133957981023419274301141663356310472 0020
```

623034667200434736336209186074063793874108377983726591022622662816
683681746145088810586794020916962370702672270785567024669662152359
232489065565411423216530012306683158137095011751649747417707710478
671144231270308259649702806523097265225953502609376032046418104012
825702971529099663017972874967160781873864346043656031260091308019
905591344969824305981044812142232391988323305174876177610603802422
486933607826983487990531871201936565718811379882854700036618033764
616418080056211065665713544573803557216270206698706659611630266928
133512859723422734740435504503018436615705975860259189729717629378
207585152143663005844137543530152873638639375592024940199122961478
312053390204021524957162375177139207404812163206956168783744067514
276611819357040926225442812572446747935669902240001616279356999773
793622293288995109667188147254724474423324508328161135885062617781
347522637741668930679618906981738542620711683452020866172255402151
315203014261536352924176248872401938432847031453356855321163460324
119109690049806616365370483004401011812918656108974698069557691913
585155593833791589067981878573696873349166531702934832744826234967
893671344072677226840840390785044733709169016194834174928447685766
055823894997626657072609591728102611237088220424048967417981761059
712165243418987697325405183576390689675246430494598140399601983368
186282170586073372014699356972850002318515413576999413002897984546
387206092599165675004257455772138558216066238188184326085590864884
230577290245837548332719465922189060822557719303102442845088023804
118245874545954059911879389866524346777606716241118610010104090734
913030671369690732159434848129745453214650616117015870792378267767
522436635663919196042731264289021440187347592854707425670344996917
675233598478138865565705899983318601234615036475938171158603856970
478924993590444127976041889820913034833021495306782619690302406082
509918409496241117147501936682547196684447339851530387850051106979
020064973535455938575707883336768892461107934627144419802729030596
670945426946680003655724825053853726570034645529843754856057664 36
548468959198703255509085909374209804862413099267432372863561176180
971636873658852587542928998684070667409131052333116913901759061177
908405550410409730126750877167686004326404717317308748944579536828
065166828841880976387687751677225401507003933693798837135823136755
015852875240337553986870947839756157946308525991462120723856095229
220102419422643655009643728162123659295649212034193108558048057925
207056097073311003610872573365512443639741726877515322065422563933
914249879192202992430401513532618304251639821759987994032717706306
529601965946603316609193225213978517420275604532822558009110705570
160851977806571014316301211880912558064986030948004914667610772074 5
502634506956158153283070441964462644401978953041673808332923846545
153725133316840331525638965894711008798811829532364680046133945376
701491217704282194282850506622188463050880409783570115326654916255
249526385096275796749475771603492347359628017615562674390623303470
044538119409528697550938580679702661145684844846308991494315152488
178024416974099890603908439441850253047357246937305616185379340688
294601425402211423373139724085744945862377619322551855689110364637
684070516003606140643570811847797770405995641200104601413000890788
089377595295745047655039053183599146854554075702541944535881728230
217184087340156065947706698217296638659132127716519251666291242160
026082404556418182842071555930414128479212381485951448399656 71505
764602713610407345488817072271800832968140120396622375240917625930
501196457437538992864618902187410750169415517304879655579 43412213
401861945711111415143476791105087385843795432281462392510321525178
061022002985061171511522924684406233670927089226453241078178623493
002036486152993070136846970506636958762130387191849673626286128773
135307721316622088806901178452231994936532272443177479044080521012

426828275776057685207211032353363551733222846585385579072592997658
497868869011934529274642275255585048782417415962774392726950863003
739197232432809642332098580674697455115723670387955932445758453122
600239564518634241370010986150265195096501276333828196736597643559
400008983705072192268375625342457964215208141538140352834232745745
282188653998454027744122254522942265414501024628838852570646391990
412738586374723771970181661501559306552580402449092982449535013277
809532564263426263432798995168669229691978769462307638213428791853
401663826586138981055665067401063420828539478180020453642269679016
347991779681426970196243141837017933239208206963911456865343575178
937024664269595259600654326091604270903277334124879376220897854569
431847419434510620397466555147205617061019461222686681596904838394
290430992831677354144429372219257639217779234223773397148488181910
169982018278621131812845363263984386215655096776531988541783185586
741582390043053451170737372867280188233545785306959967788067417964
300979384132540544812380831903058654085153227854231354283742353758
721688236322055070652706495251356963675212104632064184322393563779
520998965454720016968351074307701939884197870709476949874864200855
470745726706021712740956692665431438337769024013142789997756778724
179571357223060632305238563514763132557264467597733776986284175094
033938121692142673563864623543402066943063507513940274428897658237
003075649301065734518698212694757885041191961361046093431644074153
374395772435885256502313780947543195773054518785207209863861162273
043345329587547485512733832797221918503504787189788424928710689618
210899417158677612083801516188865145400128585971646301364496516055
149382279283444908376743281989211429104310611108686921655279207982
016493293745813421507655118784892767382548793511783235161120855178
410837621175281500785185477818607679428641484323323319109726685003
293412891404585820443155761077878576257742383848993157237395983811
060781246778638556899652736884524094252870459643592076057934668430
241453255963562487488211791208183970347846144849291422486198816983
583681912923190240717129570007687463345058546053618974136529114874
878826670127663175041210072031578108892437664036773091175530904092
817119613621053923413873342259376878685262571351224341348244924378
633188527682753743104903544552421435713693138564029040006569936253
681779918785587184473077058252974350574866412708465442603847274453
318352984893683898897808289018623074484047084490852849403039434295
546385274085475901526881600037477252281178116115742371398195074067
417534318414635054434243835745192486115808800396066834394019089873
781924404002198322845207651547921136925507478741658366024221854621
946430775152186135581519887540463551761409590543738570052501358093
904859672162021606984416156907877168406812741437661409111813963108
559915166148107954451532495992136682549963271237356256841474541431
231206048819565493502823579799437677571835665900690204179933690917
282410490623132712442494160142851609628077906360383358414199270915
422768425817749922199305725803259512377120129944248407012279686794
444734180679258265793495891476788837891544093263165670060889473109
325610561988030860548652087745645452474853531540501116812428474957
904372159415539436702907125778653689754228949640116185024437131408
434630354358064772127114350431362548438660924361550031965108550050
907158337041502556889102458400418193352025124498457167679255682218
023266396231570964589079686994941373432621181495473897856248821720
105582789845333331365484894508887856751904044595926531952158119244
898113529022134550383565982719369493176565781867600470077316918164
555034194766774380181590333099302566595666806010250926530115150160
622468616389719309021432141704002191457726858407865209722168098063
403409743086907298822309751951983100298612670489081778827687757961
178330223290184600190716087476842315224050774360779330699714208266

18840794046925806327424727504156574254671472330996260395728653859055288800591122577468976219282389040655521371974945223212768338451551457684661127766882078834758858600648865735763165275569994119108346614456186706812749463392864273661511558912240868597078927007503394219875836535973430041069559226761035533059931059176312793511629714079606501253293619401366506307941570050211880435814945337913208587325484304636596357544534702368957640754770441557149317686793022777531198821848373019117862893069401115893599512748299120530681295519298249382721477955410129443773451756425117165262161669991858356468746493579240977245513328023629366757099076978251422664119119358543450137409607937600508655283422806572647802204206130795169963953324761662289154668469409691451525256341542697672709654289236696840319253509490673845090202972431809123127018255195138346002937882176207767661470179105698709532770660030841618105920658748656005148395218482499254325485613250858519743641707255380319640692807156322132217334545187661557552639031833939656842002946070111912900374032234397670106259189549411081661777562192162312113709031397199510930006010300715333345290159788935879859588478418005253796008798347110926578754895419075386106622018995978954059343787394706384236767750218336928872866052783454452202405805711362960075974665197771111263096946950342384651053143366709511076068629058782907882208713346420036439036633298098850085133781496316618857710806631255804432420769864751221658236162083468148414083152527539605062706669652630190259384874403412660635747377192472521516522939406695524534224812999183265659442375912055988200472864204206707422287275907409713982157237963214549916729673080286486448406832219033684902698992971020092041186578702517859183575055270334768877563858546273960750997614740057219289818296672620120311458260815855382692225101382561102542943067962436400897810054400678021342767076425499259367101022846748662259411752940516675558182694170593997115376753996650983301615736970922700557309695955649272385182575787553417888752639788555964624474923264074821628542338036335949374899526806016754142197883509023731057687503281918259052125331849318306100702202678580527851563024324195553938565711330622522462341479711447932578993736265220222845799230346011771041574409412468197295002911413986761550352599819480735239154528581118222981815649447927563553223506290496237602188857729408189351450563943338935339776554563408665552826581360008164633345254494845059555667051631077088725052066260225605736292144516747211388601691629300542051240641555527240194558735950975262553372909389990752880852423425526878962326127435557578081715309102459635355394814762771969164198426111827588625890580436615487562068163743408004760016441984380293734146828677717610414285412606425641580937439615912924271363136731776124458993385917773061133298846655245748283492523119458706998912381060008382022702659856257633391903367294000126429069966838423817943612746986659318961904532222329360316632960149436871828093274304915238932256255191114730075314812880720642684222698113618552015447980876010728760945026924945406148795259778098636006966910137781412349002068691983892641537672255176874951520401488303120411302022780645964589480587137799676887349391870379821439167206459086965189722569169850999031020309665736330187721579107878142644572561741158418587769963563529157661151716117556191214637721380113652263627127850352145333065842404271934657080561805642862699883193272737246850808063725345867743143564713432991361084587114567017680602415639874524038583363793983563393494459503071442769421392165933515161002806826001862171080275899091634546246022698586717454231097729730601950455750212178667292686336651258071050500174721336920726980719277906330129190334291822013011713020686124637361536176394805561122679035959983458207368030321560508366401669154640260872

05066519849075749621296331192046086424701059966275204067990852111188739395262221717183945674358436625025940756778745520688317702101822639289293331994618955621433939875377741823349077638559935400871935321557810634349264692166801973069587793471722254480791181111963926392764800123517725719274788305783971136690606455254331919032228919360954971843249100904540662729238502740563383854859018826814943584364584398026261111617176584281609795765250678761179511632399263517003261953415092975005534048866409658351916597949193508634882192615981448436924375455651122041948055268230753324769740884727787435452359272108804052625835368689199319844609897160844674263673591680055284786340626912717217317175606167717146347556161980788439031135847771642605104747457663614383208549936721974573997978665227750353980618914088883859093213743752720336230257877956104729285638608513091577846496000873633392031048977816919904548372115769326147221016937339567708656913761110869153278354055689486050710822954248091805580809585284066735287814803865380214664675714389654758086043451295539355130958693211086299311106058399394249657601065749524026449463655244424073059903652849089666480404679455176056890276317171918768727725748903365671778563823216530569212911505032641281573270750113835519789309408910748803426109088274141371194091230943716786961363607247765710462348615040606854704645771878916603821401434750973053691031108440796955045623775381198275521595213650187756339707354395801204719660195128825105450331730516216341090518192260525546312264355322592957475728820016262708082360424445903581361990459604491675403755372720618198899951477716149327607979993540532317930374352758499542681718721374730002593356153619211112926163891621846956695620335649705965093323174536515878420333041807503066505556062517416050526233166409192522382588709552189028812957505217116559791713082534046084330797746547688166691968144768973284839179217767764271032151745244795073588076328905416731603181192610241700381775659611825654152518096798760261634301727837032796173292508134704765485765605901072767352138545982768929873329758329944685365659919272027231284196896663259359477266722350011371950264673084492628609598526205224095218223592003147069826977926672250423655929192492054350354442390940880576201050465309269773134941085727997638011304927973986558419898876583320159334396104687507963520178472987317304408427266965840609618054654656319302505014959888401925085596318809233280147303879129195795825101292043776533474108918075807247127240276166629686262222231660704487522292147150714615960773351238272166915455272913078876136704003344771052077005942899727117736591924299132120809706489631255884391194426424834555020727461522672099256445652834679899490660341741368476155773134407346980037980421412267132037246532107321735737604919320627556467665490391302868997801527791202724751053292459552739864206624529571800868091573355539701965129310048323147041350494293596511826572404982044313975670314705370985061314615599154596790803820633271127053976438946130683352466915676444805847905318562649578393545468362970975088640725578236692990650812706432076742539043688571381094074585565967418113481026729780128765977058162672845756159328126660645753286983567541694373351718691544942980395328095625329671764742784192171054963853414283219862148618952679148304004542302437244624942769588188513047879480515092402218472726874326028962048598568318074375214862909921339139921806953807443634711062302102023990801664283121979039310889890286812774491398778160123696349353837904833738861649739886424085640388600121735603712566302824193284413937152603550255365006846913799512533015708816931761980595766096113281453624863814374708137609973392793407138710218356044379465595763210859726380561131738627799618662828106580000636060566965160500275463200064283839900470686106215897801359187080238837576895579111710

3270218719138612446092285094662178800912356646714252845813168832334
38617026345453106357326861714173268252109927195832490783232192898
0485122982303379378592697226931958950333541260677636845192027990112
9435132900852589604906134817684612448185863452673249441239503370
42895528566745576377654831303915449072417446990333489630103269608512
64053688782221214621521942382509078188940264353675156891044885683
29212836025815748009984583205487653084082425613508935972296031858
83885803835818566441215386708767601248310104630844744321880144790933
674768844785641481744590912453981032300885920637101563587565164
3095961127396401586176978131408795073714288317760436689819626413475
0069719405651950455051677423979401968998625278900852374458073288670
6974177396357254506098542345678985204250732286070942026394841828
6692566061665444072045775683939323122654078124783166688018030184225
045200535518686848505584530852538497542612057943053533080747750826
496088529445572785003441395589379335051184030225298706162915059642
25999600585648957233653179869136696994427866578912525684626041479
8110865685571739072133078933108525903333113718587728703492627902715
6732916866271667490819931825831668328285001575707801611931692219315
14754937755159804654092839991094937420103717085608605881785449005
704104136040435137642468998152680609255401123465329504349180537477
356166667104692983095678920316482063931739221248405512034780632111316
81337322406321645541558823784609194273808850283831236226654974430
0558099898299574258432353764298631465635055283560477090757473282
636770439630979234656297949344566413960851464371303932136774212470
9044527215406879215426306425972602920189946552981151426126049007638
6714173023572727683904155972345066669386646058829201247114417883
1782234821533891876058363276181819433227695553112581904847517462905
62001346899644071619823205434718461102051131555093022682510749199
014960817856260510885903658474515037638491513400032951639910621924
0557283008103521761979616832213981692408357630956211657126112192905
0871632552585586496166382541935914821818761959232920569955063764581
82685575221152787011802994335467415362762077497854054133303136335
42368241010846476374906388527984149007646469764854009479635895497
5461448137636970591635699836811987525054793069353207570766780148447
701424716241908166822490074207111864881547728917186535967765395799
33503342728214605416964960098470697958559264304287036366471307131478
23330611576419913222420646099898830762685836055527409904784676107
60424178421506285175573529996478625529542836742987066457943375801010
140740211618614484329765744263428528704778556308309631435278783041
94501970294657577773281674685808745393160393725331589928057943463
1408735860861778826334927746151184911655130681846713677348823341085
13640394793920887688633633946138235844794081569610914293877347138
934237736191096460564244474779082076049660271356168954106444832136
5980829389097296189121183429149061638963861069375208953468839833444
6718982124347807238740745769755450743684674713502485881839966556819
634452881194183317263682505061186490039412552057457120360355780
251419043526718372192138482990580322469584243231589844325103965443535
053543229216747040778614684859762557446153511880031430569954927847
1674544972697612839332518381972223283607075227812928130106569412629
487306342688733818174217060864754827639424239140275321804295190341163
51704698074233515560578575624509992532017874996366404734770389855873
0650760387099773184312810989789882085435595509432539023718952168202
33442455725753078792633985509016455942373396625223351648750589556942
1729724489599882508923211203479589415465460303787861759157166139886
93268737496847305496532937821475648105793808285300532447080506569294
22340010959348294614539078890661626402150130735330033192074563726377
07709993999228862122432488020626348508885303601072343689013606427581
42528398785949179979611219637957651924521867

9608809213711197750008781593043072934488393095757415924137528597 77
9729189345385050803831986774590025186579172370808574164297153807 88
4060713068680361982419715774763895072534684045691927595319372237 02
2290155800656076047385473599044779967487499697694271376686955331 95
1253377640985870966838632639261649456086841403745684207194059507 01
7430354691821509004664939985517413893851975731215682616228622318 81
0967297476060130283311937161140874727067625585677751199566674861 51
9649129701933180849941096181392964927893609021253544332737506426 06
2429941203273625582441749834509473094534366159072841631936830757 19
7980682315357371555718161221567879364250138871170232755557793022 66
7858031999308108305763076523320507400139390958079016377176292592 83
7648747901772741256781905555621805048767469911408399779193765423 20
6233747173247033697633579258915152603156140333212728491944184371 50
6965520875424505989567879613033116462839963464604220901061057794 58
151

www.ingramcontent.com/pod-product-compliance
Lightning Source LLC
Chambersburg PA
CBHW071534210326
41597CB00018B/2993